AF233955

Histoire des Sciences

HISTOIRE DES SCIENCES

PHYSIQUES, CHIMIQUES

ET

GÉOLOGIQUES

ANGERS. — IMP. GAULTIER ET THÉBERT
4, RUE GARNIER, 4

HISTOIRE
DES SCIENCES

PHYSIQUES, CHIMIQUES
ET
GÉOLOGIQUES
AU XIXe SIÈCLE

PAR

ALBERT BORDEAUX

INGÉNIEUR CIVIL DES MINES

Ouvrage présenté à l'Institut de France
au Concours pour le Prix Binoux, Académie des Sciences
Mention honorable en 1917

PARIS ET LIÉGE
LIBRAIRIE POLYTECHNIQUE Ch. BÉRANGER, ÉDITEUR
PARIS, 15, RUE DES SAINTS-PÈRES, 15
LIÉGE, 21, RUE DE LA RÉGENCE, 21

1920

DÉDICACE

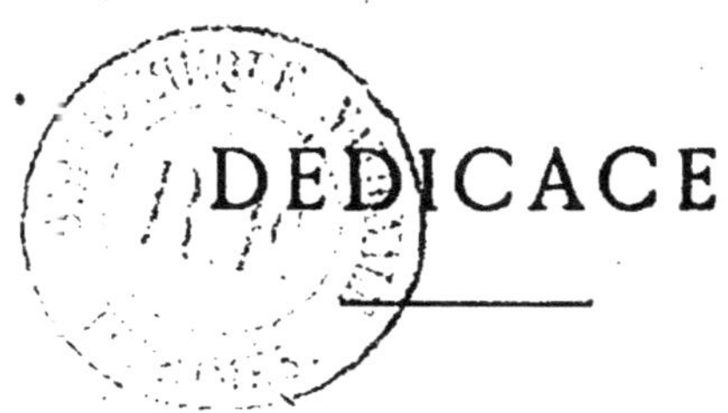

Ce livre est dédié à la mémoire de Pierre Duhem, professeur de Physique théorique à l'Université de Bordeaux.

Dans le doute où j'étais de pouvoir poursuivre ce travail jusqu'au bout, je consultai M. Duhem, dont j'avais presque été le condisciple autrefois, et il me répondit par les passages suivants de deux lettres consécutives :

Le 20 mai 1915 : « C'est une œuvre effroyablement complexe que vous entreprenez en vous proposant de retracer l'histoire de la science physique au XIXᵉ siècle, mais œuvre bien captivante ; notre chère patrie a si vivement resplendi au cours de cette histoire. »

Et comme je croyais lire un peu d'ironie dans les premiers mots de ce passage, il ajouta le 31 mai 1915 : « Non, si vous aviez pu voir mon visage au moment où je vous écrivais l'autre jour, vous n'auriez aperçu sur mes lèvres aucun sourire ; votre projet ne m'inspirait pas la moindre ironie, mais seulement un peu d'effroi ; un sentiment analogue à celui que j'éprouverais en voyant nos soldats charger au milieu de la mitraillade allemande. Car la science du XIXᵉ siècle, surtout du dernier quart, m'apparaît comme un formidable bombardement où vérités et erreurs éclatent avec un terrible fracas. »

A. BORDEAUX. — *Histoire des Sciences.*

La mort, en brisant trop tôt la carrière de P. Duhem, a interrompu ses magnifiques travaux, mais le souvenir qu'il laisse est de ceux qui, ainsi qu'il le dit de ses devanciers, font le plus vivement resplendir la France, à la fin du XIXe, et au commencement du XXe siècle. Et c'est un honneur pour moi que de rappeler son nom en tête de ces pages.

Le 1er décembre 1916.
Albert BORDEAUX.

AVERTISSEMENT

C'est la guerre surtout qui fut l'occasion de cet ouvrage. C'est elle qui, interrompant mes travaux en Extrême-Sibérie, me fit brusquement revenir en France, non sans quelques difficultés, en août-septembre 1914.

N'étant plus mobilisé, je me consacrai, dès octobre 1914, et pendant près de quinze mois, à l'œuvre de la recherche de nos prisonniers de guerre. Ensuite, de janvier à novembre 1916, je fus occupé à construire, installer, et mettre en marche une usine de concassage en France, pour fournir de la pierre à nos routes du front.

Toutefois je désirais consacrer mes instants de loisir à une œuvre d'utilité générale en mettant à exécution un projet, ancien de quelques années, l'histoire des sciences physiques au xix⁰ siècle. La méthode historique ou inductive me semble en effet excellente pour mettre en lumière l'enchaînement des faits, et les faire bien comprendre, surtout aux jeunes gens. Ce qui me manquait le plus, c'étaient les sources à consulter. L'Université de Fribourg en Suisse en possède beaucoup, mais il me restait bien des lacunes à combler, quand je rencontrai l'*Histoire de la Physique* du professeur Rosenberger, parue en 1889, et qui s'étend jusque vers 1880. Cet ouvrage, non traduit en français, rend justice à la France jusque vers 1840, et la place au premier rang des nations pour cette époque, mais ensuite il exalte outre mesure certains Allemands, et surtout il est long, et manque de clarté. Un travail pareil est le résultat de nombreuses années, et il serait vain de vouloir le refaire en l'ignorant.

Les autres ouvrages dont je me servis sont la *Grande Encyclopédie*, les encyclopédies et biographies britannique, allemande, autrichienne, les *Comptes-rendus de l'Académie des Sciences*, l'*Histoire des Sciences* de Marie, les *Cours de Physique* de Bouty et Jamin, de Mascart, la *Science moderne* de Picard, la *Science géologique* de de Launay, etc. Enfin, je reçus quelques lettres d'Angleterre et d'Amérique pour préciser certaines dates.

Les *biographies* répondent à un double but : faire connaître les hommes, et compléter le texte, sans l'interrompre.

Le 1ᵉʳ décembre 1916.

Albert BORDEAUX.

INTRODUCTION

Développement de la Science

et Morale traditionnelle

L'introduction à une histoire des sciences devrait contenir l'histoire succinte des erreurs par lesquelles a passé l'esprit humain, malgré les leçons de la nature. Quant au développement de l'entendement humain, il ne peut bien se comprendre que depuis l'avènement de la p us jeune des sciences, la géologie, grâce à la lumière d'un lointain passé.

C'est cette jeune science qui, pour la première fois, nous a ouvert des horizons sur l'antiquité des êtres qui habitent actuellement la terre. De même que l'astronomie a démesurément accru le champ de nos connaissances dans l'espace, jusqu'à des distances qui confondent l'imagination, de même la géologie a prolongé nos vues dans un passé si lointain qu'il n'offre pas plus de repères pour le mesurer que le champ des espaces infinis pour les distances des mondes stellaires, suivant le mot d'un géologue.

Ce passé a du moins jeté quelque lueur sur le présent. Nous comprenons maintenant qu'il y a un en-

chaînement des êtres qui ont passé sur la terre, et que
le terme transitoire auquel nous sommes arrivés, quelles que soient les lacunes encore à combler, et les difficultés encore à vaincre, marque un immense progrès
sur le point de départ. Il est instructif de constater cette
suite ininterrompue d'êtres des temps géologiques, qui
se groupent, émigrent, s'accouplent, évoluent, sans la
moindre conscience de ce qu'ils font ; les uns vieillis-
sent et s'éteignent, les autres se prolongent et aboutissent enfin à la création telle que nous la contemplons
actuellement. Puisque ce progrès est certain et si grand,
c'est que la marche suivie par le courant qui a entraîné
les êtres du passé était sciemment déterminée dans un
certain sens, alors que les êtres qui suivaient ce courant n'étaient pour rien dans ce développement auquel
nous participons encore aujourd'hui, et à la suite duquel nous marchons vers un avenir ignoré. Ce développement s'est fait et se poursuit en dehors de nous,
bien que parfois l'orgueil humain ait pu croire qu'il
le dirigeait.

Si la géologie nous convainc de ce fait que la suite
des êtres qui ont vécu des millions d'années avant nous
s'est faite d'une manière ininterrompue et progressive,
telle probablement qu'aucune autre voie n'était possible, nous pouvons avec autant de raison étendre la conclusion au monde actuel. De même que dans le passé
les générations se suivaient en obéissant sans le savoir
à une loi naturelle du progrès, de même chacun de
nous, connaissant bien les hazards qui président aux
naissances, aux mariages, s'achemine vers un avenir
plus élevé. Rien de plus facile par conséquent, en remontant d'âge en âge dans l'humanité, que de supposer la terre peuplée d'hommes autres que ceux qui nous

entourent actuellement, mais qui seraient tout aussi bien des hommes, et peu différents de nous-mêmes. Ce n'est pas moi qui écrirais ces lignes, mais il y aurait quelqu'un de semblable qui écrirait quelque chose de semblable. Les campagnes, les villes, les nations, seraint quand même très peu différentes de ce qu'elles sont aujourd'hui. Nos arts, notre science, notre civilisation, seraient presque les mêmes. Les mêmes guerres, à peu de différences près, auraient rempli l'histoire, en concourant peut-être à la sélection humaine, par une sorte d'effort interne dont la cause nous échappe, même en 1916. Je me hâte d'ajouter que la morale n'existerait pas moins, car elle n'est pas individuelle seulement. Si le nez de Cléopâtre eût été plus court, peut-être certains faits eussent-ils été différents, encore qu'Antoine fût plutôt séduit par le prestige de la reine d'Egypte que par son nez, mais le monde romain n'eût pas moins subi le joug des Barbares, et l'histoire générale eut suivi le même cours.

Seulement l'ensemble du monde serait identique, parce que la loi qui préside aux organismes de la nature est unique : elle a déterminé une fois pour toutes le sens dans lequel le progrès peut et doit se faire. La guerre est si bien dans le sens du progrès qu'elle est devenue une industrie scientifique, et ne saurait être une force plus aveugle que les autres forces de la nature. Quoi qu'en pensent les plus orgueilleux conquérants, dans leur volonté d'asservir, tout ce qui se passe provient de la liberté humaine, et elle seule doit vaincre, car c'est l'effort de plus en plus croissant de l'homme vers son avenir qui fait l'essence de la liberté : les tyrans passent, et l'homme reste.

Si maintenant nous envisageons l'histoire des sciences spécialement, nous allons voir encore le rôle immense — des infiniments petits, de la masse innombrable. Si d'abord l'existence des hommes actuellement vivants est fortuite, celle des grands hommes de l'histoire générale, et de l'histoire des sciences, ne l'est pas moins. Dans l'histoire même que nous vivons, n'avons-nous pu voir maintes fois que si l'absence de tel personnage eût fait modifier certains détails, un autre eût joué un rôle semblable, et en tous cas l'équilibre des faits se fût rétabli? Sauf quelques hommes providentiels que nous ne pouvons encore bien expliquer, tous les autres eussent été presque facilement remplacés.

Quant à l'histoire des sciences, qui est en vérité l'histoire de l'esprit humain, elle nous montre la fréquence de ce qu'on appelle les *idées dans l'air*, la difficulté de savoir qui, en réalité, a fait une découverte. C'est ici qu'on se rend le mieux compte du travail des infiniments petits, et nous en fournirons tout à l'heure quelques exemples. Mais prenons l'invention elle-même, supposons l'auteur indubitablement certain, faut-il encore tenir compte du hazard de la carrière qui a déterminé ce choix, et de ce qu'on appelle la vocation, c'est-à-dire la concordance des facultés d'un homme avec les circonstances de la vie, les ressources dont il a disposé. Tel pas en avant dans la science a dépendu en majeure partie de ce concours fortuit des circonstances.

Le vrai savant, conscient de ce qu'il a fait, est modeste. Newton, un des plus grands, se comparait lui-même, à la fin de sa vie, à un enfant qui a jeté quelques pierres dans l'océan, tandis que l'immense océan de la vérité restait inexploré.

Pour ne pas remonter ici à l'ancienne physique, nous emprunterons au XIXe siècle quelques exemples de l'influence exercée sur les découvertes, par l'existnce des idées dans l'air et par les circonstances de la vie.

La notion d'équivalence entre la chaleur et le travail reste longtemps vague ; elle se précise avec l'invention de la machine à vapeur, mais pour arriver à se concrétiser, elle attend la convergence des travaux si difFénts de Sadi-Carnot, de Seguin, de Robert Mayer, de Joule, de Hirn, d'autres encore. Outre l'équivalence de la chaleur et du travail, il faut démontrer l'égalité de rendement des machines thermiques. Ce second principe appartient surtout à Carnot, et il a été complété par Clausius. Mais le premier a été énoncé d'abord par Seguin, comme l'a établi J. Bertrand, bien que R. Mayer en ait peut-être vu, mais plus tard, les conséquences plus lointaines. Enfin ce sont Joule et Hirn qui l'ont démontré.

L'induction avait été inconsciemment signalée par Gautherot. Elle échappe à Arago et à Ampère distrait, même à Colladon, par un pur hazard, pour appartenir à Faraday, d'un caractère plus tenace et de plus de sagacité.

La bobine d'induction, trouvée à Paris par Breguet et Masson, d'ailleurs soupçonnée bien plus tôt, est réalisée par un constructeur établi à Paris, Ruhmkorf. Elle est ensuite mise au point par un savant peu connu, Gaulard, qui est mort pauvre. C'est de cette bobine qu'est sorti le transformateur actuel.

L'anneau Gramme, suite des idées d'Ampère et de Faraday, sort de celui de Pacinotti et des remarques judicieuses d'un simple ouvrier, à l'encontre de la théorie en faveur. Le téléphone est construit en même temps aux Etats-Unis et en Angleterre.

Et je ne cite que des faits saillants, mais l'histoire détaillée montrerait l'importance des petits faits pour déterminer l'éclosion des grands ; l'analyse est nécessaire à la syntèse. Une des plus mémorables découvertes des sciences exactes est celle du calcul infinitésimal. On sait la fameuse discussion qu'elle engendra entre Newton et Leibniz, et pourtant ni l'un ni l'autre des deux antagonistes n'eut l'esprit, ou le courage, de citer ceux qui les avaient conduits à la découverte : Fermat, Pascal, Cavalieri même, et jusqu'à Archimède. Mais à mesure que le recul se fait, l'histoire met les faits et les hommes à leur vraie place.

Sans doute, la découverte appartient à celui qui résoud le problème posé, mais celui-ci est injuste s'il méconnaît les idées qui l'ont mis sur la voie, pour s'attribuer le mérite à lui seul.

Il semblerait, en rendant ainsi justice à la foule anonyme qui a participé au développement de la science, qu'il devient superflu de décrire la vie des savants qui sont devenus illustres. Cependant il n'en est rien ; non seulement ces hommes ont eu vraiment des dons parfois supérieurs d'intelligence, et ils ont beaucoup travaillé, mais encore leur vie est intéressante comme milieu intellectuel, et à ce titre, elle fait à son tour ressortir le mérite de ce milieu, c'est-à-dire d'une foule de gens inconnus. Beaucoup de grands savants ont été des professeurs, et à ce titre, ont possédé des ressources magnifiques qui faisaient défaut à bien d'autres, peut-être mieux doués? Qui n'a fait parfois cette réflexion qu'il est dommage de voir associés dans le même individu une grande capacité d'intelligence et un certain éloignement de l'étude, ou bien l'absence de ressources matérielles pour l'étude?

La science résulte d'une curiosité de l'esprit, d'une envie de connaître, presque aussi impérieuse que celle de la nourriture. Mais cette envie n'a pu se manifester qu'à partir du moment où l'homme eut donné satisfaction à ses autres appétits. C'est ainsi que la science marque le chemin parcouru par la civilisation. Certaines données très anciennes nous viennent de la Chine, des Indes, de l'Egypte, mais, chose curieuse, elles n'ont abouti dans ces pays qu'à un développement très imparfait ; la science a, pour ainsi dire, avorté, comme submergée par un flot d'autres occupations, telles que le langage hiéroglyphique, qui, en Chine, est devenu une science inépuisable, la grande occupation des mandarins.

C'est en Grèce que la science a trouvé le sol le plus fécond de l'antiquité, si fécond même dans le sens abstrait, que nous en sommes encore étonnés aujourd'hui. Les cerveaux d'Archimède, d'Hipparque, d'Apollonius, égalaient ceux des Huyghens, des Pascal, des modernes illustres. Par contre, dans le domaine de l'observation ,les Grecs sont restés médiocres : leur esprit avait une tendance philosophique, vers la réflexion intérieure. De plus, riches de leurs mines d'argent du Laurium, et bien pourvus d'esclaves qui leur enlevaient le souci matériel, ils avaient moins de souci de savoir la cause des biens de ce monde. Il est curieux de voir Aristote lui-même se contenter de notions si vagues et si médiocres sur les phénomènes naturels.

En Italie, il faut longtemps attendre pour que l'observation porté ses fruits. L'esprit grec, et aussi le tempérament romain, porté à l'action, l'emportent d'abord sur l'observation scientifique. Mais c'est peut-être bien de *l'esprit pratique* romain que sort enfin l'étude raisonnée des faits. Avec Galilée, les fruits de l'observation deviennent extrordinaires. Le terrain sans doute a été préparé par les infiniments petits. C'est d'Italie qu'ont rayonné sur le centre et l'ouest de l'Europe, moins développés, les données précieuses qui ont fourni d'abord la base des travaux de Copernic ; c'est à leur suite, et grâce aux méticuleuses mesures de Tycho-Brahé, que sont sorties les lois synthétiques de Kepler.

Galilée a condensé dans ses œuvres les travaux de plusieurs siècles, l'intuition chez lui est si grande qu'on est tenté de la rapprocher de ce phénomène étrange qui se passe en histoire naturelle pour brusquer les progrès de certaines plantes. Il porte vraiment le germe d'une fleur toute nouvelle dans le monde, la Physique. C'est bien des résultats auxquels il parvint que datent tous les travaux modernes de notre science des phénomènes.

Après lui, comme de nouvelles fleurs dont les germes ont été transportés dans des sols favorables, naissent les découvertes françaises et anglaises de Descartes, Pascal, Newton, etc., parfois presque aussi difficiles à expliquer que pour Galilée ; cependant le sol est fécondé, et les fleurs sont de plus en plus nombreuses ; on conçoit bien qu'à défaut de l'une, une autre aussi belle, prendrait probablement sa place.

Ensuite, essaimant sur des terres plus incultes, la science revient vers l'Ouest, féconde l'Allemagne, et enfin la Russie. Mais comme l'Amérique a été découverte, et comme, peu à peu, la vie des aventuriers y fait place à des soucis moins matériels, la science fleurit aussi aux États-Unis. Le monde actuel atteint son apogée ; jamais on n'a vu comme au XIXe siècle, une telle floraison de découvertes, mais jamais on n'a vu telle multitude d'hommes, disposant d'immenses ressources, consacrant leur vie au travail scientifique, au lieu du travail des champs.

Comment la guerre mondiale est-elle venue absorber tant et de si merveilleux résultats que l'homme était en droit de croire destinés au bonheur de sa race?

C'est qu'en même temps que de la science, le moyen-âge nous témoigne d'autres faits auxquels peut-être on peut rattacher le présent. Les grandes invasions barbares, sauf quelques exceptions, ont accompli leur marche, ainsi que la science, de l'Orient vers l'Occident, comme attirées par le Soleil, en sens inverse du mouvement de la terre. De l'Asie centrale, traversant la Russie, ou bien la Turquie, puis les Balkans, où, comme en Finlande, il reste des Huns, les invasions ont rempli la Germanie, et failli étouffer l'Italie et la France. Elles ont été arrêtées par des efforts intenses ; la civilisation des arts et des siences a pu lutter victorieusement, et à son tour a pénétré le centre de l'Europe. Mais peut-être l'esprit des invasions a-t-il subsisté, et même aidé de la science qui lui arrivait, n'est-il devenu que plus formidable?

Une leçon doit ressortir de ces catastrophes, et s'imposer à la science, c'est une leçon morale. C'eût été une surprise pour nos aînés, pour nous-mêmes, il y a peu d'années, comme pour les Berthelot et les Renan, que d'entendre parler d'une morale scientifique, cependant rien n'est plus clair. La science croyait pouvoir faire le bonheur du monde, et supprimer la misère, sans s'occuper du cœur de l'homme, et voici qu'elle crée la plus grande souffrance qui ait jamais étreint l'humanité. S'il y a une faillite de la science,

c'est celle-là. Qu'était-ce en regard de cette banque-
route, que celle de l'utopie inoffensive de pénétrer le
mystère religieux? Créer des merveilles d'intelligence,
de subtilité, de perfection, par l'incessant et prodigieux
travail de millions de cerveaux, pour aboutir à la destruction de ces mêmes cerveaux, au carnage de l'humanité, ce serait à détourner à jamais de la recherche
scientifique. N'est-ce pas là conséquence d'un manque
d'équilibre entre les passions de l'homme et son ardent
désir de la vérité? Le mélange est toujours en fermentation, la sagesse n'a pas pu encore cristalliser. Pour
aider à cette cristallisation, il faudra dorénavant que
la science soit au service de l'idée morale, bien loin de
constituer une force égoïste. Pas plus que la littérature,
la science ne peut se désintéresser des conséquences de
son enseignement.

En parlant d'une morale scientifique, on ne veut pas
dire positivement que la morale doive être fondée uniquement sur la science, on veut simplement dire
qu'elle a des fondements naturels et historiques ;
comme la science aussi, la morale doit aller sans cesse
en progressant et en s'épurant.

La géologie ni l'histoire naturelle des animaux ne
peuvent enseigner de morale. L'animal, ne vivant pas
en société, ne saurait avoir qu'une morale égoïste. Aussi la morale naturelle ne nous offre-t-elle guère que le
spectacle de l'indifférence, quand ce n'est pas de la
cruauté : on trouve même chez les animaux bien des
exemples de ruse et de perfidie.

Avec l'homme, c'est tout autre chose. Dès la plus
haute antiquité de l'histoire, les sentiments de pitié et
d'affection mutuelles, de solidarité, se sont fait jour.
On peut presque dire que toute l'histoire n'est, en

somme que le développement de ces sentiments, sans cesse en lutte contre le vieux fonds atavique d'égoïsme animal, de satisfaction des sens.

Dans la loi du talion qui domine le monde juif, et l'acceptation d'un certain manque de loyauté, comme au cas étrange de Jacob, on retrouve peut-être une vieille tare. Mais à côté de cette exception, que d'exemples de hautes vertus, de sacrifices sublimes, de grandeur morale!

Les Grecs ont posé tous les problèmes actuels, l'égalité des hommes, le respect de la femme, la modération comme règle, enfin les principes du droit.

Les Romains étendent l'idée de droit bien plus loin que les Grecs. Cicéron condamne le mensonge, la fourberie, sans restriction. Il reconnaît la bonté commé supérieure au courage. Peu à peu le droit romain s'étend au peuple et jusqu'aux étrangers, à travers des luttes incessantes contre les patriciens.

L'empire romain tend vers la protection et non pas vers la domination de l'univers, exemple que les peuples pourraient méditer aujourd'hui. Et quel exemple de loyauté au péril de sa vie que l'histoire de Régulus !

L'ancien droit romain, très exclusif, avait cédé peu à peu devant la nécessité, la raison et le bon sens. Les citoyens romains avaient fini par comprendre que tout le peuple d'abord, et puis l'étranger, était composé d'hommes dont l'intelligence et les capacités naturelles ne leur cédaient en rien. Il en était résulté un système universel de valeurs, en accord avec la philosophie grecque, et le christianisme avait mis le sceau à cet état de choses morales.

Si on ne peut établir que la science soit à la base de cette morale, il est facile de se convaincre qu'elle est complètement d'accord avec ses grandes lignes. Nous pouvons le voir par les faits qu'elle condamne. Nous voyons d'abord que, seul de tous les êtres, l'homme arrive parfois à poursuivre systématiquement la destruction de sa propre race, au lieu de l'améliorer ; il arrive à fausser le but de sa principale institution, le mariage ; au lieu de chercher un but de sélection, il remplace la multiplication par la restriction. Et la guerre qui, chez les animaux, est causée par la nécessité, a pour cause chez l'homme des passions si peu raisonnables qu'elle aboutit le plus souvent à la misère. La science condamne une organisation qui n'a pas un but utile à tous, car elle est créatrice par essence.

Quant au vol, jusqu'à présent la propriété est la base de la société ; et puisque les Romains avaient déjà reconnu aux autres peuples le droit de posséder, lorsque ceux-ci étaient encore, sinon des barbares, du moins fort en retard sur la civilisation romaine, comment pourrait-on refuser ce droit à un peuple quelconque dans le monde actuel, où il n'y a plus de barbares?

Ainsi la destruction, le vol, et j'ajouterai le mensonge, car la science est fondée sur la vérité, sont condamnés par la science. D'instinct les hommes en sont à tel point convaincus qu'ils bravent la terreur, ils se sentent le droit et la force de résister à l'oppression, parce que nul homme d'aucun pays n'est par nature inférieur à un autre homme. Il peut y avoir des rois, il n'y a pas de *surhommes*. Le plus grand savant, comme le plus grand artiste, sait que sa valeur ne vient pas de lui, qu'elle vient de toute la multitude dont il n'est que l'essence passagère, produit du travail des générations précédentes, et aussi du milieu social dans lequel il a vécu.

De même, le peuple n'obéit pas au règne de la force et de la terreur, il sait que son but est d'aller plus haut et plus loin, vers une compréhension plus grande de l'humanité. Nul homme n'est méprisable, car il est susceptible de progrès. Quant au bienfait de la pénétration des peuples, il est prouvé par ce fait que l'union des races peut produire de remarquables individus, en science, comme en art et en littérature.

Certains pays, où le croisement des races a été favorisé par le voisinage de peuples différents, comme par le flux et le reflux des guerres, ont vu naître parfois un nombre anormal de génies extrêmes. Telle est par exemple la région du Rhin, de la Suisse à la Hollande. Pour ne citer que les plus célèbres, elle a produit Képler, Euler, Huyghens, Gauss, Cuvier, etc., et dans les arts, Beethoven, Rubens, Rembrandt, etc.

D'autre part, on pourrait citer toute une série de savants qui appartiennent au croisement de deux races, et dont le plus célèbre est Leibniz, d'origine slave, élevé en Allemagne, perfectionné en France. Il semble réellement, et pour reprendre une comparaison avec le monde végétal, que pour l'homme, comme pour la plante, le croisement et la transplantation sur un sol vierge, sont favorables à l'intensité du développement et peut-être à la création de variétés nouvelles.

Essayons maintenant de dégager des conclusions fondamentales. Tout d'abord nous voyons que le progrès de la science se fait par le développement collectif du milieu, plutôt que par certaines personnalités. Longtemps, on a admis le contraire : un grand savant, un homme de génie, semblait être comme un fanal dans les ténèbres, une lueur d'en haut, venant on ne sait

d'où, un météore éclatant, un rayon émané tout-à-coup
de la divinité. C'étaient les idées individualistes, ensei-
gnées partout, jusque dans les lycées de France, suite
assez logique des aphorismes de Kant qui s'implantaient
comme des dogmes. Si l'humanité progresse, disait-on,
c'est par les individus, par les grands hommes, par les
héros. La foule des humains n'est qu'une pâte d'histoire
que pétrissent les génies, pour employer une expression connue.

Sans doute, certains hommes en France doutaient de
ces idées, mais la littérature les imposait. Il fallut en
somme l'entrée en scène des écrivains russes, bel
exemple d'utilité de l'internationalisme, pour les renverser. Tous ceux qui lurent Tolstoï et la belle pléiade
russe, furent enchantés, on l'a dit, de voir que justice
était rendue à la foule. C'est elle, sans cesse en fermentation, qui pétrit les génies sans le savoir. Les person-
nages de la comédie humaine ne sont guère que des
représentants ; ils sont souvent des étiquettes, des
repères ; ils résument l'accumulation des petites énergies, mais tout autant que de la foule, on pourrait se
passer d'eux ; d'autres les eussent remplacés. Ainsi de la
foule sort une élite, et dans la foule, ce qui fait le
progrès, ce n'est pas tel individu, c'est l'élément nouveau qu'apporte avec elle chaque naissance nouvelle.

Si tout cela est vrai pour l'histoire générale, combien
à plus forte raison, est-ce vrai pour l'histoire des sciences où chacun profite de ce qui a été fait avant lui !
C'est de l'humanité entière que sortent les météores, les
rayons d'en haut. Les infiniments petits, les invisibles,
voilà les auteurs fréquents de la science : on ferait
l'histoire de celle-ci davantage par les petits faits que
par les seuls grands noms. Une découverte se fait

on l'a dit encore parce qu'elle a mûri, sourdement enfantée par plusieurs générations. C'est la foule toute entière qui reçoit l'impulsion divine, la tendance vers l'avenir, en un mot le progrès. Celui-ci, c'est l'intégration des infinitésimaux. Et si ce sont les Russes qui l'ont fait ressortir, ils ont pris l'idée quelque part en France, où germait le sens de la pitié, de l'admiration des humbles, pas de tous, bien entendu.

La seconde conclusion, c'est que la science ne peut se passer d'une morale, et que cette morale ne peut être différente de celle qui est issue de la civilisation gréco-romaine, portée à son plus haut point d'élévation par le christianisme. C'est lui en effet qui a affirmé, et fait définitivement triompher la valeur de la personne humaine, en réalisant pleinement enfin l'existence de ce *Dieu inconnu*, proclamé par Platon, pur esprit et infini, et en plaçant le fondement de la morale, non pas dans la raison des hommes, mais dans leur cœur, non pas dans la volonté du Prince ou de l'Etat, mais dans la volonté de l'Etre suprème. Il a ainsi donné à la conscience individuelle un statut qui est devenu la pierre de touche de la civilisation. Le Césarisme romain, les abus des empereurs germaniques du moyen âge, furent une réaction de la barbarie contre les vrais principes de la morale en développement. La science doit donc soutenir ces vrais principes.

Une autre conclusion sera de rendre justice à la multitude, de lui faire revenir une grande *part de la gloire historique, et par suite scientifique.* Lorsqu'elle rend hommage aux statues de ses héros, de ses grands savants, elle a le droit de se reconnaître elle aussi dans leurs traits.

Cependant il serait meilleur encore pour elle de trouver dans ces héros des exemples de haute vertu morale, de tendance vers un idéal supérieur. La science n'est pas tout ; l'histoire compare Marthe et Marie, et nous fait conclure que Marie a choisi la meilleure part. C'est que c'est elle qui incarne le plus grand effort, le seul qui libère de la matière, l'empire sur soi-même. De même que le développement scientifique est un effort sur la nature, le développement moral est un effort sur soi-même, effort plus grand, si grand que toute notre civilisation en est sortie, issue des victimes de la puissance brutale. La foule sent bien qu'il y a au fond d'elle-même un vieux levain de passions barbares, levain si puissant qu'il faillit dénaturer l'œuvre de la science. La leçon est donc évidente : ce n'est pas la science toute seule qui peut faire la valeur, pas plus que le bonheur des hommes, c'est la science unie à la morale traditionnelle.

A. B.

HISTOIRE DES SCIENCES
PHYSIQUES, CHIMIQUES
ET
GÉOLOGIQUES

PREMIÈRE PARTIE

CHAPITRE I

La Mécanique au XIX° siècle et la Physique moléculaire.

La Mécanique est une sorte d'introduction à la Physique, en ce sens qu'elle coordonne les phénomènes de ses différentes branches. C'est depuis Descartes qu'elle tend à embrasser toute la Physique. L'idée de Descartes, de réduire l'animal à une machine, dépasse même les plus récentes théories, mais on peut dire que cette idée marque les étapes de l'histoire de la Physique. Après un exposé d'ensemble, nous passerons en revue divers chapitres qui se rattachent directement à la mécanique, comme la gravitation, la capillarité, l'hydrostatique et la physique moléculaire.

L'influence de la Physique sur la Mécanique est une chose naturelle et évidente. Toutes nos idées viennent des sens, disaient déjà les anciens. Et Archimède a le premier posé les principes du levier, du centre de gravité, d'après l'expérience. Mais l'esprit grec, dont la France a hérité, porté aux pures spéculations de l'esprit, a masqué longtemps sous des formules les résultats de l'expérience, trop séduit par la concision et la clarté de l'analyse mathématique. A la fin du XVIII° siècle, une série de mathématiciens développent la mécanique dans le sens purement abstrait. Galilée avait fait intervenir le temps et l'espace ; Huyghens et Newton introduisent la masse, puis l'idée de force fait son apparition. Lagrange, dans sa mécanique analytique, porte à son apogée le travail abstrait, résumant et prolongeant les travaux de tous ses devanciers.

Bien entendu, il ne saurait être question ici de la Mécanique de Lesage, pas plus que de la dynamique de Kant ; ces deux hommes n'ont résolu aucun problème relatif à la matière, pas plus qu'ils n'ont fait de calculs. Mais il y eut un précepteur de Lagrange : c'est *Lazare Carnot* le grand Français d'alors, à une époque (1780-1820) où la France marchait à la tête de toutes les nations dans le domaine des sciences, de l'aveu des plus éminents savants étrangers actuels, et cela malgré les terribles secousses qu'elle subissait.

Quantités de mouvement. — Lazare Carnot écarte la notion métaphysique de force, comme tout à fait obscure ; il la remplace par la quantité de mouvement, et par la communication de mouvement, se plaçant ainsi dans la lignée qui va d'Huyghens à Fresnel et présentant même les futures idées de Hertz, le contact d'une matière faisant naître la force. Selon Carnot, la force opère par degrés insensibles, imprimant à des intervalles infiniments petits, des coups infiniment petits, au mobile qu'elle anime, à la manière du choc. C'est l'époque où l'on étudiait le choc des corps, et l'on voit ici encore un exemple de l'influence des idées dans l'air. Ainsi la force disparaît, remplacée par le temps, la distance, et la vitesse. Ce sera exactement l'idée reprise plus tard par Hertz, quand il voudra expliquer les équations de Maxwell. Lazare Carnot arrive à exprimer ceci : la somme des produits de quantités de mouvements multipliés par le carré de la vitesse perdue est toujours un minimum ou un maximum. Car l'équation de Carnot est $\frac{1}{2} SMu^2 = o$, d'où $SMu^2 =$ minimum ou maximum. *Robin* en 1887 montra que c'est toujours un minimum. Mais le résulltat de Carnot est suffisant pour en faire le précurseur de la mécanique de Lagrange, où nous allons voir la traduction de ce principe du minimum.

Lagrange définit et étudie les quatre principes de la mécanique, que depuis on a appelée classique. Le premier principe est celui de la conservation des forces vives ; il date de la fameuse étude du pendule d'Huyghens : $Smv^2 =$ constante.

Le second principe est celui de Newton : le centre de gravité de plusieurs corps n'est pas altéré dans son état de repos ou de mouvement par l'action réciproque de ces corps.

Le troisième principe se trouve simultanément dans les travaux d'*Euler*, de *Bernouilli*, et de d'*Arcy*. Dans le mouvement de plusieurs corps autour d'un centre fixe, la somme des produits de la masse de chaque corps, par la vitesse de circulation autour du centre, et par la distance à ce centre, est constante, et indépendante de l'action des corps l'un sur l'autre.

Enfin le quatrième principe est, en somme, celui que Lazare Carnot pourrait déduire de son minimum. C'est celui de la moindre action, Smve=minimum. Maupertuis l'avait exprimé philosophiquement, nous y reviendrons, en physique à là fin du xix° siècle, mais on se demande encore comment une telle propriété géométrique peut conduire en physique à des théorèmes exacts.

Liaisons de Lagrange. — Toutefois la grande originalité de Lagrange n'est pas là, elle est dans son étude des systèmes matériels. Quittant le domaine du point matériel, auquel la mécanique se bornait avant lui, Lagrange étudie les fluides et établit des liaisons d'un point à un autre ; ces liaisons qu'on a appelées depuis les liaisons de Lagrange, n'ont rien de matériel, mais on peut en donner une idée par le passage insensible d'une barre rigide reliant deux boules, à une corde élastique de plus en plus fine, puis à une force immatérielle, dont la propriété essentielle est de ne pas travailler. Plus tard, pour exprimer ce fait, Hertz appellera ces liaisons des liaisons solides (*feste* ou *starre Verbindungen*). Elles sont sans frottement ; telle par exemple était la liaison de l'*horologium oscillatorium* de Huyghens, ou bien encore celle du levier. Toutefois cette propriété de ne pas travailler peut être vraie pour les forces de liaison en équilibre, et fausse pour les forces de liaison en mouvement, mais la mécanique n'a pas achevé le développement de ces questions.

Lagrange fit de plus la théorie des moufles ; *Poinsot* apporta ensuite la notion de couples, et plus tard, *Hamilton, Grossmann*, complétèrent ces représentations géométriques par le calcul, à la suite des travaux de Saint-Venant.

Transformations de la force. — Mais il manquait toujours un point d'appui à l'idée de force en mécanique; elle serait restée théorique sans les études expérimentales de la chaleur, les idées générales de Fresnel, en optique, et celles d'Ampère en électricité, appuyées les unes et les autres sur des faits d'observation. *Fresnel* en somme renverse le principe newtonien de qualités fondamentales de la matière, la masse, l'émission, et le remplace par le principe cartésien du mouvement, véritable triomphe des idées de Descartes. Il explique tous les phénomènes optiques, et par là non seulement il montre la force des mathématiques, mais il ouvre un champ nouveau à la mécanique moléculaire, à l'élasticité des corps. L'idée de force revient à celle de mouvement d'oscillation, et on peut déjà concevoir qu'elle pourra subir toutes les transformations possibles, tant le champ de l'optique est varié dans ses manifestations : les ondulations expliquent même la phosphorescence et la fluorescence.

Ampère crée entièrement la théorie électro-magnétique, nouvelle manifestation de la force sous forme de mouvement. *Faraday*, avec l'induction, renverse définitivement l'idée de matière et de masse, et pour la première fois montre clairement une transformation instantanée de la force. Nous sommes sur la voie des transformations.

Ce sont *Fourier* et *Sadi Carnot* qui vont mettre en évidence les transformations de la chaleur en travail, c'est-à-dire en résistance à la gravitation, en même temps que *Melloni* montre la transformation de l'électricité en chaleur. Depuis longtemps, depuis toujours, on apercevait les rapports de la lumière et de la chaleur, mais Melloni et Kohlrausch montrent l'identité de rayons calorifique et lumineux.

Il y a pourtant des différences entre les forces. *W. Weber* par exemple montre que l'attraction et la répulsion dans la formule de Newton ne sont pas, en électricité, indépendantes du mouvement, mais dépendent de la vitesse, ou plutôt de l'accélération, et ceci súffit à différencier les forces électriques.

Un autre fait établit une disitnction entre la distance et le mouvement : de même qu'en acoustique, le son monte quand la distance croît, de même en optique, la couleur change avec l'accroissement de la distance.

L'Entropie. — Mais c'est surtout la chaleur qui va transformer l'idée de force en mécanique. Sous l'influence des idées de *S. Carnot*, de *R. Mayer*, et de *Joule*, la force devient énergie ou travail, et se transforme en chaleur. *Clausius, Rankine, Thompson* quittent même l'idée si féconde de S. Carnot, sa comparaison avec une chute de niveau, et arrivent à séparer une partie de la chaleur, laquelle ne se transforme pas en travail mécanique. On sépare l'énergie des mouvements, et on étudie seulement ceux-ci ; le second princip e de Carnot-Clausius concerne l'*entropie*, la partie de l'énergie qui n'est plus transformable, et Clausius conclut comme Thompson que l'entropie du monde tend vers un maximum, ce qui signifie la dégradation de l'énergie.

On peut faire ici un rapprochement avec les idées de Lagrange : la somme de Lagrange peut n'être pas toujours intégrale ; s'il y a dans cette formule une partie non intégrale différente de zéro, la conservation de la force disparaît. Comment la retrouver? Lagrange n'était pas physicien et ne s'en occupa pas. Mais Sadi Carnot y porta déjà son attention ; sans d'ailleurs songer aux travaux de Lagrange, il établit son théorème sur l'impossibilité du mouvement perpétuel, d'où sortirent les idées de *Mayer*, *Joule*, *Helmholz*. Pour retrouver la conservation de la force, il faut porter son attention sur les phénomènes calorifiques. Or dans ceux-ci, encore, une partie n'est plus même transformable, et c'est ce qui fait l'objet du second principe, dit de Carnot-Clausius.

Existe-t-il quelque rapport entre l'entropie et le principe de moindre action, ou de moindre contrainte, comme l'appelle *Gauss?* Ce ne serait plus alors un mode d'expression, que cette moindre action, elle correspondrait au contenu même de l'observation, mais rien ne permet encore de faire rentrer ce problème dans le calcul.

Théorie pure. — Il faut citer ici, en regard de ces tendances à faire participer la mécanique à toutes les découvertes de l'observation, une tendance à en faire purement un langage logique et mathématique. *Saint-Venant* conçoit très bien l'élimination des forces de tous les problèmes de mécanique terrestre ou céleste, de façon à n'avoir dans les solutions que des temps, des vitesses et des espaces. *Mach* en 1863 suit les mêmes idées, admettant l'homogénéité de l'espace et du temps comme un axiome ; de plus, il montre l'identité du concept de masse avec le principe de l'action et de la réaction, même il arrive à mettre en doute l'invariabilité de la masse : le rapport de deux masses est celui de leurs accélérations ; la force motrice est le produit de la masse d'un corps par l'accélération déterminée sur ce corps, mais il manque visiblement ici quelques éclaircissements sur la force. C'est *Kirchhof* qui va pousser la logique à son comble. Pour lui, la mécanique n'est qu'un langage logique, le parallélogramme des forces, par exemple, n'est qu'une manière de parler, que l'expérience montre avantageuse. On choisit telles ou telles équations, tout simplement parce qu'il faut réussir à représenter le mouvement, ce qui ne veut pas dire à le comprendre. La Mécanique n'est qu'une image abstraite des faits ; l'observation n'y joue que le rôle de modèle, auquel il n'est plus besoin de rien comprendre. C'est commode en vérité, mais le bon sens ne montre-t-il pas que ce n'est guère là le moyen de faire progresser la science? Et pourtant c'est cette tendance que nous retrouverons, plus accentuée encore, à la fin du XIXᵉ siècle.

Un autre savant, *Reech*, qu'il faut citer ici, était moins absolu. Il n'était pas purement abstrait, il faisait intervenir le sentiment physique et expérimental des choses. Il essaya de définir la force, son expérience du fil tendu est presque classique, la force du fil est donnée par la mesure de son allongement, au moyen du dynamomètre. Mais encore ici, toute la physique tend à devenir un problème de géométrie, la force elle-même est donnée par un allongement, un mouvement en somme, et c'est un retour à la philosophie cartésienne.

Arrivons maintenant, dans ce coup d'œil d'ensemble, aux dernières idées du XIXᵉ siècle, suscitées par les découvertes faites en électricité et en optique ; ce sont ces découvertes physiques qu'il fallait bien arriver à mettre d'accord avec la mécanique, si c'était possible.

L'Éther. — La principale découverte, faite d'abord

théoriquement, puis réalisée par l'expérience, c'est la
théorie électro-magnétique de la lumière : l'électricité
rejoignant la lumière comme étant un mouvement
de l'éther. Maxwell, partant des diélectriques de Faraday,
suppose le milieu électrisé dans un état de tension comparable aux fameuses lignes de force des aimants, et il
aborde cet état d'élasticité par les mathématiques : le
mouvement électro-moteur se transforme en force pondéromotrice, et inversement. La seule hypothèse est
l'excitation du milieu, de l'éther, et les rapports deviennent incontestables entre la lumière et l'électricité.
Maxwell en tire les lois de la réflexion, de la réfraction,
même des interférences électriques, sans pourtant avoir
jamais pu réaliser l'existence d'une onde électro-magnétique. Mais Hertz, et on peut dire, avant lui et sans
le savoir, Branly et d'autres physiciens, ont réalisé ces
nouvelles ondes ; nous le verrons au chapitre de l'électricité. Il reste des difficultés, mais le pas est fait, l'électricité a rejoint l'optique, l'acoustique, etc., comme
mouvement vibratoire.

Il n'y a donc plus qu'une seule science physique, la
Mécanique de la matière ; elle embrasse l'étude de
tous les mouvements, et ceux-ci finissent par se distinguer, non plus en eux-mêmes, mais d'après la manière dont les perçoivent nos sens.

Gravitation. — Nous allons voir comment cette nouvelle mécanique est abordée par les physiciens, mais
auparavant, je veux dire un mot d'une partie de la physique qui se trouve dans une situation étrange, c'est la
gravitation. Après avoir été la première des sciences
physiques à revêtir la forme abstraite de science mécanique, réduite en formules de temps, de mouvement et

d'espace, elle se trouve la plus réfractaire de toutes à la nouvelle mécanique des mouvements ondulatoires. La nature de son action est la plus mystérieuse de toutes, le mouvement de l'éther ne semble pas pouvoir être excité par la gravitation. En vain on essaie d'expliquer ce phénomène par une pression issue de toute la matière pondérable, et s'étendant dans tout l'éther, puis, renvoyée par celui-ci sur le corps ; en vain on cherche à expliquer la gravitation par des courants de l'éther dus à la chaleur, peut-être des tourbillons, des nuages torpilles, etc., aucune théorie n'arrive à saisir un fait qui nous semble pourtant aussi simple que la chute des corps. Mais l'échec n'est pas pour nous décourager d'exposer les théories récentes de la mécanique.

Mécanique de Hertz. — *Hertz* dans un ouvrage posthume paru en 1894 à Leipzig, réunit ses idées sur la mécanique. Il y commence par critiquer l'idée de force qui lui paraît faire double emploi avec celle de masse. Cependant les définitions qu'il donne ne sont pas très claires et ses arguments ne sont pas très démonstratifs. Et nous allons le voir en somme revenir aux idées de S. Carnot, mais en les poussant à l'extrême, comme font les Allemands quand ils se mettent à être déductifs, suivant ainsi la nature de leur esprit.

Pour Hertz, ce qui est mystérieux dans le terme de force provient simplement des mouvements et des masses, mais leur action cesse d'être perceptible à nos sens trop grossiers. Les liaisons de Lagrange par exemple sont représentées par des équations, dont nous n'avons aucun besoin de comprendre l'explication. De même l'éther gyrostatique de lord Kelvin est l'image d'un état que nos sens ne peuvent percevoir. De même enfin l'idée des chocs, des contacts de matière de S. Carnot sont des images. Les mots sont impuissants à traduire les phénomènes ! Qu'à cela ne tienne, nous avons des équations. Et Hertz pose en principe les équations de Maxwell sans plus se soucier de ce qu'elles peuvent bien signifier, nous n'avons plus qu'à en tirer toutes les déductions possibles.

Mais d'abord les équations de Maxwell ne sont pas sorties de lui toutes seules comme d'un cerveau de Jupiter ; elles proviennent de nombreuses idées sur la chaleur, l'optique, etc., et c'est à travers maintes transformations, parfois peu justifiées, comme l'ont montré Potier et Duhem, qu'elles ont pris leur forme définitive. Carnot et Lagrange arrivent à des équations dont le sens déductif est justifié ; ils ramènent tout à des masses et à des mouvements, eux aussi. Si notre esprit n'est pas satisfait de certaines idées encore vagues et incomplètes, c'est que les observations faites sont insuffisantes, et réclament des instruments de plus en plus subtils. Comme le disent nos physiciens actuels, les Duhem, etc., nos lois ne sont qu'approchées, elles ne sont que l'expression momentanée de vérités plus subtiles, et aussi plus générales. Mais cela ne veut pas dire que nous soyons incapables de les comprendre peu à peu. La mécanique de Hertz, elle, est un aveu d'impuissance. L'homme sent au fond de lui-même une capacité de sentir bien plus profonde que tout ce qu'il éprouve dans la vie actuelle ; le sens du savant comme celui de l'artiste, ouvre seulement la voie à un infini de pensées et de sentiments. C'est là, et là seulement que se manifeste le progrès humain.

Et nous sommes si petits et si isolés dans l'espace. C'est la position de la terre et de notre système solaire qui est la cause des lois de notre mécanique, mais nous voyons déjà qu'au delà, dans l'infiniment grand, et jusque dans l'infiniment petit, il y a des faits inexplicables pour le moment. La pesanteur est encore mystérieuse, et les phénomènes capillaires nous réservent des problèmes. Nous sommes obligés de supposer que le temps et l'espace sont homogènes, et nous n'en savons rien. Au fond, la mécanique a deux sortes de lois, les unes qui sont vraies dans tous les systèmes d'axes, comme les lois de la géométrie, les autres qui varient avec les axes pris pour repères. Les repères dont nous nous servons n'ont rien d'absolu, ils sont seulement commodes pour simplifier les lois de la mécanique, on leur a donné le nom de repères privilégiés, mais à notre point de vue seulement.

Après cette exposition générale des travaux de la Mécanique, revenons à l'aurore du xixe siècle, et voyons en détail les diverses questions qui se rattachent à la mécanique : théories des mouvements, densité de la terre, mesures des poids, hydrostatique, capillarité, etc.

Principes de Lagrange. — Il faut reprendre d'abord l'œuvre de Lagrange, qui est le fondement de toute la mécanique classique. Lagrange employa toute la puissance nouvellement acquise par les mathématiques, à résoudre les questions de mécanique et à découvrir le principe qui les embrasse toutes, c'est-à-dire le principe des vitesses virtuelles ; ce fut un travail de vingt-sept ans (1788-1815). Ce travail est di-

visé en huit parties. La première fournit le principe
général : si à un système de points, ou de corps en
équilibre, soumis à diverses forces, on imprime un
mouvement infiniment petit, faisant parcourir à chaque point un mouvement infiniment petit (vitesse
virtuelle), la somme des forces multipliées par les espaces parcourus est toujours nulle, ce qui est exprimé
par la formule :

$$P\,dp + Q\,dq + R\,dr + \ldots = 0.$$

La deuxième partie contient la formule de *d'Alembert*, légèrement modifiée ; il s'agit de trouver le principe général du mouvement de plusieurs corps qui agissant les uns sur les autres d'une manière quelconque.
Les actions sont ici les forces *de liaison*, provenant de
fils ou de verges inflexibles, ou bien de chocs, quelconques, les effets d'attraction ayant été très bien étudiés par Newton. Si on imagine, dit Lagrange, qu'on
imprime à chaque corps, en sens contraire, le mouvement qu'il doit prendre, il est clair que le système
sera réduit au repos ; par conséquent, il faudra que
ces mouvements détruisent ceux que les corps avaient
reçus et qu'ils auraient suivis sans leur action mutuelle ; ainsi il doit y avoir équilibre entre tous ces mouvements ou entre les forces qui peuvent les produire.

La troisième partie concerne la dynamique : elle
conduit au principe des aires ou des mouvements de
rotation, d'où Lagrange tire les principes de la force
vive et du moindre effet.

La quatrième section renferme les équations de l'é-
quilibre et la méthode célèbre des facteurs indétermi-
nés, qui a rendu tant de services.

La cinquième section traite de l'équilibre d'un système de points, des forces d'attraction et de la rotation des corps.

Les trois dernières parties sont consacrées à la mécanique des fluides non élastiques, dont le volume est constant, puis à celle des fluides élastiques, de volume variable, enfin à l'hydromécanique et à l'aéromécanique.

La *Mécanique* de Lagrange est un ouvrage classique d'une forme achevée, fondé sur les méthodes de la géométrie systématique, et qui se lira toujours avec grand intérêt.

Les Couples. — En 1804, à la suite de Lagrange, *Poinsot* publie ses éléments de statique où il traite complètement du parallélogramme des forces, et où les six équations de condition sont déduites de la possibilité d'une seule espèce de mouvement. La théorie des couples naît de la considération de deux forces parallèles, égales, et de sens contraire, ne produisant pas de mouvement de direction, mais une rotation. Poinsot définit les moments, et par la considération de plans parallèles ou non, d'axes de rotation, etc., il parvient aux six équations de Lagrange. Dans un second ouvrage, en 1834, Poinsot établit la théorie de la rotation des corps, où il remplace le point fixe de rotation par une sphère, et cette théorie aujourd'hui classique a été poursuivie par *Mœbius, Charles, Rodrigues*, etc.

En mécanique analytique, *Gauss* cherche un principe capable d'embrasser à la fois la dynamique et la statique : « Le mouvement d'un système de points matériels liés entre eux, dit-il, se fait à chaque instant dans la plus grande harmonie correspondant avec

le mouvement libre, ou avec le moindre effort. »
Cette proposition, pour Gauss, est évidente, et plus
avantageuse que le principe des vitesse virtuelles, cependant il reste un doute, et le principe de Lagrange
a survécu avec raison à celui de Gauss.

Le moindre effort. — En Angleterre, *Hamilton* reprend le principe du moindre effort, prôné par Maupertuis. Il entend le moindre effort dans ce sens que
la variation de mouvement disparaît ; l'effort, dit-il,
est variable quand les points extrêmes du mouvement sont variables, ainsi que le travail des forces. Ces
idées, traduites dans le langage mathématique, montrèrent que le principe est, au fond, identique à celui
de d'Alembert exposé dans les équations de Lagrange,
et même que la forme sous laquelle le présente Hamilton est la plus commode pour l'introduction d'autres
variables dans les équations différentielles du mouvement.

En Allemagne, *Helmholz* fait ressortir la vraisem-
blance et la grande généralité du principe de Maupertuis, mais sans y rien ajouter d'intéressant.

Fonction potentielle. — Hamilton mit en évidence
les fonctions forces, ou plutôt la fonction potentielle
utilisée par *Green* en 1828. Cette fonction avait déjà
été introduite par Lagrange en 1777 pour l'attraction
et Laplace lui avait donné la forme célèbre :

$$\frac{d'V}{dx^2} + \frac{d'V}{dy^2} + \frac{d'V}{dz^2} = 0.$$

Poisson égalait la fonction à $4\,K\,\pi$, où K est la densité de masse au point considéré. Green fit l'applica-

tion de cette formule au magnétisme et à l'électricité, et plus tard Hamilton et d'autres l'appliquèrent au travail des forces.

Travail. — *Lazare Carnot*, dès 1786, avait appelé moment le produit de la force par le chemin parcouru. Monge et Poncelet remplacèrent ce mot par celui de travail. Le terme de force vive pour désigner le produit de la masse par le carré de la vitesse est dû à *Young*, mais c'est *Cauchy* qui lui appliqua le calcul mathématique pour pénétrer dans le domaine des milieux élastiques et y exprimer la propagation du mouvement des cordes vibrantes, des membranes, des plaques, etc. Poisson alla encore plus loin que Cauchy dans cette voie, et ses chiffres furent confirmés par les expériences de *Cagnard-Latour* et de *Wertheim*.

Pour les fluides, *Jacobi* fit des recherches sur la figure d'équilibre des liquides incompressibles, recherches que compléta *Mac Laurin* pour aboutir à l'ellipsoïde de révolution.

Cependant *Pontécoulant* montra la possibilité d'un ellipsoïde à trois axes, le carré de la vitesse produisant une accélération de la rotation.

Vers 1840, plusieurs savants cherchent à démontrer expérimentalement le parallélogramme des forces : *Hearn*, *Mœbius*, etc., mais Poinsot seul arriva à une solution satisfaisante avec son système des couples.

Force centrifuge. — Une expérience qui permet de se rendre compte de l'action de deux forces est celle de la chute des corps, soumis à l'action de la pesanteur et de la force centrifuge (1). *F. Reich*, vers 1840, cherche à mesurer avec précision la déviation du fil à plomb ; sur une hauteur de 158,54 m., il trouve une déviation de 28,4 mm. vers l'Est, et de 4,37 mm. vers le Sud : la déviation à l'Est est proportionnelle à la vitesse angulaire de la terre, et la déviation vers le Sud au carré de cette vitesse, d'après Gauss.

Olbers trouva pour la déviation à l'Est la formule :

$$\lambda = \frac{ar \sin 2\psi}{g'} \left(\frac{\pi}{\tau}\right)^2$$

où r est le rayon de la terre, τ sa durée de rotation en secondes ; a la hauteur de chute dans le temps t, ψ la hauteur du pôle ; g' la somme de l'accélération de la pesanteur et de la force centrifuge.

Pour la déviation Sud, Olbers trouva :

$$\lambda'_s = t'r \sin 2\psi \left(\frac{\pi}{\tau}\right)^2.$$

La différence de deux déviations donne :

$$\lambda' - \lambda = \left(t' - \frac{a}{g'}\right) \sin 2\psi \left(\frac{\pi}{\tau}\right)^2$$

Comme, dans le vide, $t' = \frac{a}{g'}$, $\lambda' - \lambda = o$, il en résulte immédiatement que la déviation au Sud λ' dépend de la résistance de l'air.

Rundel fit l'expérience du fil à plomb dans un puits de mine de 400 mètres de profondeur, il trouva un écart au Sud, de 25 à 50 mm., et voulut l'attribuer

____

(1) Les premières expériences de mesures sont dues à *Maskelyne* et *Hutton* en Angleterre, deux géologues : ils cherchaient à se rendre compte de l'influence d'une chaîne de montagne, celle du Perthshire, sur la direction du fil à plomb, en 1774-76. L'ayant trouvée mesurable, il s'en servirent pour connaître la densité de la

à la force centrifuge. *Herschell* tenait pour le courant électrique de la terre. *Dupré* reprit la formule d'Olbers, et trouva que le retard est dû à l'air, et varie suivant la durée, de $\frac{1}{10}$ à $\frac{1}{20}$ de seconde. Sans l'air, la déviation ne serait que de 0,01 mm. La question cessa depuis lors d'intéresser les savants. Mais il y a d'autres déviations mécaniques : une des plus curieuses est celle des projectiles. Poisson en 1838 l'attribuait aussi à la résistance de l'air, elle a toujours lieu dans le sens de la rotation. Cette question n'a pas cessé d'intéresser, mais on ne semble pas encore avoir obtenu la solution.

Pendule de Foucault. — Le pendule de *Foucault* est un autre exemple de la composition des forces. La première expérience eut lieu dans une cave avec un pendule de 2 m. de longueur seulement, terminé par un poids de 5 kg. La seconde expérience en 1850, se fit à l'Observatoire de Paris avec un pendule de 11 m. de longueur. Enfin on connaît la célèbre expérience du Panthéon, qui fut reproduite depuis en divers pays. Foucault, le premier, rendit sensible à tout le monde le mouvement de la terre sur elle-même. Quant à la

terre par la formule de Newton : en admettant 2 1/2 à 3 pour la densité de la chaîne, ils trouvèrent 4,93 pour la densité de la terre. (L'expérience bien connue de Cavendish est de 1797-98).

Pour la chute des corps, *Guglielmini* trouva à Saint-Pierre de Rome, sur une hauteur de 72 m., une déviation de 12 mm. vers l'Est, il reconnut même une seconde déviation au Sud. A Hambourg, *Benzenberg* observa le même phénomène. Mais à cette époque on n'alla pas plus loin dans la recherche des causes de ce phénomène. Il fallait des mesures plus précises. On attendit quelques années.

théorie, le mouvement du plan d'oscillation du pendule est exprimé par une loi qui présente certains
écarts : cette loi est exprimée par le produit du mouvement angulaire de la terre par le sinus de la latitude
géographique. *Dufour, Cox*, etc., attribuèrent les
écarts à la force centrifuge. *Poncelet*, en 1860, fit le
calcul du mouvement au pôle, et trouva que là aussi
les oscillations sont inégales, de forme elliptique, et
qu'elles doivent leur inégalité à la résistance de l'air ;
il faut tenir compte aussi, du mouvement de la boule
suspendue, du mode de suspension du fil, etc.

Gyroscope. — C'est aussi en 1860 qu'on chercha à
construire des appareils permettant de trouver les lois
de la rotation des corps, et le gyroscope fit son apparition. Cette très belle invention est due à Foucault,
dès 1852 : on connaissait sans doute la suspension à
la Cardan depuis longtemps, mais l'idée de faire tourner rapidement un disque mobile dans un anneau
autour d'un axe fixe, était nouvelle. Le phénomène
merveilleux, c'est qu'en rotation très rapide, le disque,
même très penché, ne tombe pas, et qu'il exerce une
force puissante sur la main qui tient l'anneau. La loi
de ce phénomène est la suivante : « Si l'axe de rotation ne peut se mouvoir qu'horizontalement, cet axe
se dirige vers le méridien dans le plan de rotation de
l'axe de la terre. Si l'axe peut se mouvoir dans le plan
de ce méridien, il prend la direction de l'axe de rotation de la terre. » D'une manière plus générale, on
peut dire que le mouvement de rotation tend à se faire
autour de l'axe de la terre. Cette expérience suscita
un intérêt général dans le monde entier, et bien entendu, plusieurs savants, *Quel, Lamarte*, etc., s'attri-

buèrent la découverte, et prétendirent avoir fait des gyroscopes avant Foucault. Il est possible que l'idée fût dans l'air en France, mais le mérite d'en avoir tiré parti et d'en avoir compris la portée revient incontestablement à Foucault. Les lois qu'il formula furent confirmées par *Plücker* et par d'autres.

Mouvements de rotation. — On peut rattacher à cette expérience celle de *Plateau* sur les gouttes d'huile. Dans un vase de 25 cm. de diamètre et 20 cm. de hauteur il faisait tomber sur l'eau une goutte d'huile ; un disque de verre imprimant au liquide un mouvement de rotation, la goutte d'huile en tournant s'aplatit aux pôles, puis il se forme un anneau véritable qui disparaît quand on arrête tout à coup le mouvement. Avec une goutte de 2 cm. de diamètre, et une rotation de quinze tours par seconde, il se détache de petites bulles, comme des planètes. Plateau crut devoir faire intervenir ici les actions capillaires. Dans de nouvelles expériences, l'huile prit une forme cylindrique. Avec l'alcool, on obtint des pellicules d'huile autour d'une bulle de liquide, absolument comme la pellicule des bulles de savon dans l'air. Plateau fit diverses remarques sur l'enveloppe de ces bulles, d'après la nature des liquides employés. C'est ainsi que les actions capillaires ont un certain lien avec la composition des forces, et nous y reviendrons.

Nous avons dit que *Young* créa le mot de force vive pour le produit mv^2. Plus tard, on appela ce produit énergie. *Rankine* en 1853 désigna la capacité de changement d'une substance par le mot d'énergie potentielle, et émit l'axiôme que la somme des énergies de l'univers est constante. Ce mot d'énergie potentielle eut une immense influence sur le développement de la physique dans le sens mathématique. *W. Thomson* et *Maxwell* l'adoptèrent en Angleterre, *Jamin*, et bien d'autres en France.

Causes de la gravitation. — Quant à la cause même du mouvement, toutes les recherches ont été vaines pour la découvrir. *F. de Boucheporn*, en 1827, la chercha sans succès dans les mouvements des corps célestes. *Herapath*, entre 1821 et 1847 fit en Angleterre d'intéressantes études, mais sans succès. Il attribua la cause de la gravitation aux mouvements thermiques des corps. Par exemple, un corps chaud repousse le milieu où il se trouve : alors ce milieu s'éclaircit au voisinage du corps et s'épaissit plus loin ; il y a dans le même milieu deux corps dont l'un est plus chaud que l'autre, l'action mutuelle finit par attirer le corps froid vers le corps chaud. Mais aucune expérience ne put vérifier cette théorie.

G. Lamé, en 1852, cherche dans l'éther le mode d'action de la gravitation : « L'existence de l'éther, dit-il, est irréfutable ; si ce fluide n'est pas la cause de tous les mouvements observés, du moins il les modifie, les propage, et complique leurs lois. L'hypothèse de l'éther, bien comprise, fera découvrir le secret, ou la vraie cause des effets électriques, calorifiques, chimiques, etc., même de la cohésion ; il fera la coordination de toutes les autres hypothèses. » Et *Waterson*, en 1858, convaincu lui aussi de l'existence de l'éther, parle, dans une lettre à Faraday, de la matérialité de l'espace.

En 1859, *J. Challis* entreprit une théorie ondulatoire de la gravitation, fondée en somme sur les idées de *J. Guyot* en 1834 à propos des répulsions et attractions acoustiques. Suivant Challis, il y a action attractive ou répulsive selon le rapport de la grandeur des ondes avec la dimension des corps. Une série d'expériences furent faites sur les actions attractives. *Schellbach*, en 1870, avec des ballons de gaz dans l'air résonnant, observa l'attraction des corps plus lourds vers un corps central, et la répulsion des corps plus légers. *Dworak* en 1878, imagina des résonateurs qui s'écartent des sources du son, et construisit un appareil mis en rotation par les ondes acoustiques. Nous verrons plus loin d'autres expériences curieuses sur l'attraction dans les fluides.

Keller, en 1863, et *Lecoq de Boisbaudran*, en 1869, s'occupent des ondes longituidnales de l'éther : les ondes transverses produisent l'attraction, les autres la répulsion. *Leray*, en 1869, *W. Thomson*, en 1872, *Tait*, en 1877, reprennent les idées de Lesage : les mouvements de translation, de rotation et de vibration sont interchangeables, tout se passe comme dans la théorie cinétique des gaz.

Zollner prétend identifier la gravitation et l'électricité en 1872. Il adopte la loi de Weber pour remplacer celle de Newton ; avec sa constante, les résultats concordent pour Mercure, Vénus, etc. La loi de Weber exprime le potentiel de deux masses par la formule $\frac{mm'}{r^2}\left(1-\frac{v^2}{c^2}\right)$ où v est la vitesse, c, la constante de Weber. *Tisserand* obtient le même résultat la même année.

Quelques physiciens adoptent la théorie de la pression de l'éther, comme *Dellingshausen* ; l'éther ne ferait que transformer l'énergie potentielle en énergie cinétique, la matière ne serait composée que de mouvements, mais une telle théorie est intraduisible clairement, même adns le langage mathématique.

Le P. *Secchi* conserve l'unité des forces physiques : les atômes sont doués de mouvements de rotation et de translation. *Isenkrahe*, professeur à Bonn, dans un ouvrage sur « l'énigme de la pesanteur » revient à Lesage, à la matière composée d'atômes, à l'éther doué des mouvements primitifs. L'attraction n'est que l'effet de la *moindre pression* au voisinage d'une molécule, ce n'est qu'une pseudo-attraction. Sa formule complique celle de Weber, elle est la suivante :

$$\frac{mm'}{r^2}\left[1 - \frac{1}{c^2}\left(v^2 - 2r\,\frac{dv}{dt}\right)\right]$$

Les résultats qu'il en tire sont très insuffisantes.

Zollner imagina une sorte de pendule horizontal pour modifier ou retarder l'intensité de la pesanteur, supposée due à des ondulations de l'éther. Faisant concorder l'influence du soleil jusqu'à rendre l'appareil sensible à des ondes huit fois plus rapides que celles de la lumière, il ne put rien observer.

Il y a en somme pour la gravitation deux théories en présence : la percussion, ou la pression comme dans le cas des gaz, et les ondulations. Toutes deux sont incapables de rien expliquer, rien n'a permis encore de mesurer la rapidité de la gravitation.

Pour aller un peu plus loin dans ce champ d'investigations, disons que *Helmholz*, en 1858, essaya d'exprimer l'action des tourbillons en intégrant les équations de l'hydrodynamique : l'équation fondamentale est celle-ci : le produit de la section d'un filet liquide par sa vitesse de rotation est constant. *W. Thomson* se servit de l'expression de Helmholz pour expliquer l'atôme-tourbillon, mais il faut supposer celui-ci une fois créé. On peut alors, comme le souhaitait Descartes, expliquer mécaniquement tous les mouvements de l'atôme.

Elasticité. — En 1860, l'étude des mouvements a donc complètement remplacé celle des forces, mais il reste à expliquer l'élasticité même de la matière, sa déformation. Pour comprendre cette étude, il faut remonter jusque vers 1830, aux formules d'élasticité de Couchy et de Wertheim. A leur suite, W. Weber, puis Clausius attribuent l'élasticité à un tournoiement intérieur. *Kohlrausch* en 1863-66 la compare à celle des cordes sonores qui, désaccordées, tendent à revenir à la tension initiale, ou à leur hauteur habituelle : tous les violonistes connaissent ce phénomène. Suivant *Jamin*, l'effet rappelle celui d'un habitude prise, chaque corps possède son coefficient élastique. On peut aussi le comparer à la polarisation des électrodes, à l'échauffement ou au refroidissement. Même les corps les plus durs ont leur coefficient d'élasticité.

Enfin un dernier phénomène appartenant à la matière est très caractéristique, c'est le mouvement moléculaire des fluides, leur mouvement élastique indéfini. Il fut signalé pour la première fois en 1827 par *Robert Brown*. Plus tard, *Wiener, Exner*, d'autres encore, ajoutèrent leurs remarques à celles de Brown. On observe des tournoiements, des courants dont on peut mesurer la rapidité et les frottements, même dans ces minuscules inclusions liquides observées dans les cristaux. Quelle est l'origine de la formation de ces courants? Est-ce une infime différence de température?

Frottement. — Le frottement peut produire l'aspiration et d'autant plus qu'il est plus rapide. La succion par les gaz, par les liquides, produit des courants. Un résultat pratique vient même sortir de ces observations qui semblaient purement théoriques sur le frottement et la succion. C'est l'invention de l'injecteur à vapeur, dû à *Giffard*, en 1859, et d'un emploi si général aujourd'hui. Si les Allemands s'enfoncent dans les théories, les Français en font sortir le germe nouveau, l'invention, ce qui a bien autrement de valeur.

Passons maintenant à un autre genre d'observations qui est aussi du ressort de la mécanique, comme la gravitation, mais qui, comme le mouvement moléculaire des fluides, touche aux infiniments petits, c'est la capillarité.

Capillarité. — Laplace avait établi une théorie de la capillarité qui la rattachait à celle de la gravitation. Avant lui, pendant près de cent cinquante ans, les efforts des physiciens avaient été vains. *Carré, Jurin, Hamilton, Muschenbrock* avaient cherché la cause de la capillarité dans l'attraction réciproque des parois et du fluide. *Clairaut* avait établi le développement analytique d'une loi de la capillarité fondée sur l'attraction exercée par les parois jusqu'à l'axe du tube, mais elle ne pouvait expliquer l'ascension du liquide. *Laplace,* en 1806 et 1807, publia deux petits mémoires sur la capillarité : sa théorie est fondée sur la cohésion des particules liquides entre elles, et l'adhérence aux parois du tube. Le rapport entre la cohésion et l'adhérence s'établit d'après l'angle du liquide avec la surface de la paroi. C'est ce principe de *l'angle constant* qui permit à Laplace de poser la loi des phénomènes capillaires, d'après laquelle toute la théorie devait se développer ensuite. Les physiciens adoptèrent très vite le point de vue de Laplace, non seulement en France, mais à l'étranger.

Cependant cette théorie, même soutenue par Gauss, ne donnait point encore satisfaction complète. *Rumford*, en réfléchissant sur l'expérience des aiguilles d'acier qui se soutiennent sur l'eau, pensait qu'il devait se former des pellicules de fluide à sa surface, mais il n'entra dans aucune théorie. *Poisson* alla plus loin ; il montra qu'il faut admettre un changement de densité à la surface du liquide, et d'après lui, cela seul peut expliquer que la molécule n'y subit pas les mêmes forces d'attraction qu'à l'intérieur du liquide. On railla l'idée de Poisson, il y eut une controverse assez vive entre lui et Laplace. Arago déplora cette dispute entre deux savants, et prit le parti de Laplace, en essayant de concilier leurs idées. Mais il n'alla pas assez loin pour voir qu'au fond, l'idée de Poisson était la seule capable d'expliquer la théorie de Laplace ; on peut se demander si l'irritation de Laplace ne venait pas de ce que Poisson avait émis une idée que lui seul aurait dû avoir.

Kirchhof soutint la théorie de Poisson, disant que la pression change infiniment vite près de la surface, par suite aussi la densité. *Link* fit une série d'expériences pratiques avec l'eau, l'éther, l'alcool, etc., en divers récipients de verre, cuivre, zinc, etc., et il put confirmer qu'il existe un certain rapport entre la densité du liquide, celle du vase, et l'attraction capillaire dont la formule reste à peu près celle de Laplace. Les recherches de *Desains* sur l'influence des parois montrèrent des divergences avec la loi de Laplace : les constantes capillaires varient avec l'épaisseur des parois, et aussi avec la durée.

Cependant il existe d'autres forces qui s'exercent sur les liquides, telles que la cohésion, ou *synaphie*, comme l'appelait un savant allemand, *Frankenheim.* Un autre, *Degen*, montra le changement que subissent les corps par le frottement, le polissage, l'état de la surface, etc., mais ceci nous éloigne de la capillarité.

La tension de surface qu'avait imaginée Poisson était une idée juste. Elle fut confirmée en 1845 par des capillaires de *G. Hagen*, qui détermina les constantes capillaires de divers fluides, d'accord avec Poisson. D'autres physiciens étudièrent l'influence de la chaleur, de l'électricité, sur ces forces de tension, de cohésion. Wolf arriva à montrer que la hauteur capillaire dépend de la température ; elle diminue si la température augmente, et sa diminution est plus rapide que celle de la densité du liquide : on voit ici quelque chose de la tendance allemande à la minutie des recherches. A haute température, non seulement il n'y a plus de ménisque dans les tubes, il y a même une dépression de l'eau. On chercha une formule pour représenter le phénomène et on s'arrêta au second degré de t : $a + bt + ct^2$ où les constantes a, b, c, varient avec les liquides.

Quant à l'influence électrique, malgré les recherches de *J. W. Draper*, en 1846, et d'autres physiciens, elle ne put être constatée.

Bunser plus tard compara la capillarité à un effet de frottement, mais ne découvrit rien.

Osmose. — L'osmose se rattache à la capillarité et ne présente pas moins de difficultés. Les premières expériences remontent à *Nollet* en 1748, il opérait avec de l'eau et de l'alcool dans une vessie et constatait l'ascension du liquide. Plus tard, en 1822, *Parrot*, *Fischer*, etc., firent l'expérience du sulfate de cuivre dans un tube de verre, et constatèrent une différence de niveau avec celle de l'eau du vase ; s'il y a du sulfate de fer dans le tube, le liquide monte jusqu'à deux ou trois pouces, cinq à sept centimètres : on se demanda si c'était l'effet d'une réaction chimique !

Dutrochet enfin fut le premier à voir clair dans ce phénomène, il aperçut les différences suivant les cas, et les appela *endosmose* et *exosmose*, suivant que le sel est à l'intérieur du tube ou dans le vase ; l'eau traverse la membrane du tube plus vite que le sel et le volume du liquide dans le tube augmente jusqu'à ce que l'excès de pression dans le tube atteigne une certaine valeur limite. La cause principale serait la pression ; Dutrochet la détermina en fonction de la force vive, puis de l'élasticité. Cependant la théorie n'était pas complète.

Graham en 1830 eut l'idée d'étudier l'osmose des gaz : il put observer que l'effet osmotique est inversement proportionnel à la racine carrée de la densité du gaz. *Bunsen* montra que cette loi n'est pas encore très juste, que l'effet varie avec les diaphragmes et avec la pression du gaz. D'autres firent remarquer l'absorption des gaz par les solides. Il en est de même pour les liquides, et c'est une des causes principales de l'osmose. *Bellani* et *Fusinieri* montrèrent que l'air reste attaché à la surface du verre dans le baromètre, comme s'il était absorbé. *Faraday* montra que l'effet catalytique du gaz fulminant du platine provenait de l'air qui reste attaché à la surface du platine. *W. C. Henry* fit agir effectivement deux gaz l'un sur l'autre par simple pression.

Ph. Jolly, à Mannheim en 1849, observa qu'avec différentes solutions dans le même tube, on trouve toujours la même hauteur, et il lui donna le nom d'*équivalent osmotique*. Les solutions qu'il employa sont les sulfates de potasse, de soude, de cuivre, etc. *Ludwig* exprima des doutes sur ces expériences. *Graham* les reprit et montra que s'il y a deux liquides en présence, le mouvement se produit toujours du liquide acide vers le liquide basique et il donna au phénomène le nom de *diosmose*. De plus il faut tenir compte de la membrane, suivant qu'elle est plus ou moins poreuse, comme le montra *Liebig*. On voit comme un fait si simple en apparence que l'osmose, simple effet d'absorption, peut susciter d'expériences. Et nous sommes loin d'avoir fini. C'est Th. Graham qui s'occupa le plus de ce sujet difficile. Il chercha à déterminer les vitesses de diffusion des liquides ; elles sont très variables : celles des carbonates de potasse et de soude sont entre elles comme 64 est à 36. Il voulut se rendre compte de l'influence de la concentration des solutions de sel, de sucre, de sulfate de magnésie ; il opéra avec le blanc d'œuf, en arrive aux substances cristalloïdes, et enfin aux colloïdes. Il observa que les membranes colloïdes aident à la diffusion. Il opéra aussi avec les gaz et montra que la diffusion des gaz, leur diosmose varie avec la nature des gaz.

Citons aussi des expériences de *Schumacher* sur l'influence des parois et sur les forces attractives et répulsives, les premières activent la diffusion, les secondes la retardent. *Jamin*, en 1856, observa l'effet de cellules de glaise sur la diffusion des gaz.

Adhérence. — Pour revenir à l'adhérence des gaz aux solides, citons quelques expériences de *Moser* à Kœnigsberg, parce qu'elles firent un certain bruit en Allemagne. Lorsqu'on trace une image sur le verre poli avec certaines substances, et qu'on efface l'image en frottant, le souffle la fait reparaître. Moser prétendit même qu'il suffit de souffler sur une médaille qui ne touche pas le verre, pour faire apparaître l'image de la médaille. Il compara ce phénomène à celui du Daguerréotype, et l'attribua à une lumière latente, invisible ; on n'imagine pas l'enthousiasme des savants allemands pour cette prétendue découverte, certains la trouvèrent aussi importante que celle de la pile de Volta.

En réalité, c'est un phénomène sans importance et qui n'eut pas de lendemain. D'abord *Robert Hunt* crut y trouver un effet de chaleur latente, mais il se trompait encore; *Fizeau* réduisit la chose à ses véritables proportions, montra qu'il n'y a ni lumière, ni chaleur, mais qu'il se produit un simple changement des couches d'air sur la surface de la plaque de verre. *Erwin Waidele* confirma le fait avec évidence en brûlant l'atmosphère du contact, et en effaçant la trace imprimée, il ne se produit plus aucune figure.

Après l'adhérence des gaz aux solides ou aux liquides, vient la question du rapport entre les liquides, les solides et les gaz. L'attention fut attirée d'abord par une expérience de *Davy* en 1820 ; il chauffait de l'acide hypochloreux dans un tube de verre, et il vit se déposer sur les parois du tube des gouttes d'apparence huileuse, comme du chlore liquide ; en ouvrant le tube, ces gouttes disparurent en faisant explosion, transformation brusque du liquide en gaz. *Thilorier* fit le premier l'expérience inverse en soumettant dans un tube coudé le carbonate de potasse à une forte pression ; il obtint l'acide carbonique liquide, qui fut ainsi le premier gaz liquéfié. Tout gaz provient donc d'une goutte de liquide, comme le prouvèrent peu à peu de nombreuses expériences. Il n'y a plus désormais de gaz parfaits. Même les gaz permanents devaient plus tard céder aux expériences.

Hydraulique. — Après la mécanique des gaz vient celle des liquides. Elle fut l'occasion de recherches très intéressantes et donna naissance à ce qu'on appelle l'hydraulique.

La première machine hydraulique fut inventée par Pascal : c'est la presse hydraulique, dont le principe, tout à fait du même ordre que celui du levier, marque cependant un immense progrès dans les connaissances des hommes. Chacun connaît ce principe, mais à la fin du xviii° siècle, une seconde machine hydraulique fut découverte, et encore en France, le bélier. L'inventeur, Joseph *Montgolfier* dirigeait une fabrique de papier à Voiron dans l'Isère. Cet instrument très curieux par la puissance de ses effets inattendus, attira l'attention des physiciens. Montgolfier prit un brevet en 1802 et le gouvernement français lui offrit une médaille d'or. Les Académies de Rotterdam et de Berlin proposèrent des prix pour l'explication théorique du phénomène ; c'est pourtant de France que devait venir la théorie générale de l'hydraulique. Le bélier est peu employé en grand parce que la bonne marche est difficile, le calcul des soupapes et la construction de celles-ci sont compliqués. Mais en petit c'est un excellent instrument, on peut le voir employé dans la campagne et jusqu'en haute montagne, pour monter l'eau en certains endroits.

Une presse hydraulique ingénieuse fit l'objet d'un brevet anglais en faveur de l'ingénieur et mécanicien *Bramah*, de Londres. Un Français, *P. F. Réal* obtint aussi un brevet pour une presse d'extraction, en 1806.

La compressibilité de l'eau fit l'objet de quelques recherches d'*Oerstedt*, en 1822, il la trouva extrêmement faible : 0,00047 par atmosphère. Plus tard, *Colladon* et *Sturm* trouvèrent un peu plus : 0,000513.

Les mouvements des liquides avaient été étudiés depuis longtemps par *Torricelli*, le fondateur de l'hydraulique, et par d'autres. Les expériences furent reprises vers 1830 à 1840 par *Savart* pour l'écoulement des liquides avec et sans pression, et dans tous les sens. Savart laissa une description du jet d'eau extrêmement minutieuse qui vaut encore d'être lue aujourd'hui. Pour l'écoulement des gaz, il fut étudié par *d'Aubuisson* : la résistance de l'air dans les tuyaux de conduite se trouva être proportionnelle au carré de la vitesse du gaz .Nous avons parlé précédemment de la découverte de l'injecteur par Giffard. Il faut noter ici que l'effet de succion d'un courant d'air fut remarqué pour la première fois par un simple ouvrier à Fourchambault, et que le fait fut noté par le physicien *Clément*. Ce n'est pourtant que plus tard, à propos de la vapeur, que Giffard fit sa découverte. L'exemple est typique de la part que peuvent avoir à une découverte diverses personnes d'éducation très différentes, en des endroits éloignés ; cet exemple est fréquent, et nous l'avons vu ailleurs ; (pour le dire en passant, il n'a nulle part, été mieux mis en lumière à propos d'art et de science, que chez les écrivains russes).

Elasticité des solides. — Après les liquides et les gaz, viennent les solides. L'élasticité des solides, leur dilatation d'abord, fut étudiée par *S. Gravesande* au moyen de son anneau de mesure, instrument très imparfait. *Thomas Young* établit quelques coefficients de dilatation. *Laplace* et *Poisson*, opérant avec le fer, le verre, etc., montrèrent que le coefficient d'élasticité est en rapport avec la densité ; enfin les dilatations firent l'objet de très nombreuses recherches qui appartiennent à la chaleur plutôt qu'à la mécanique. Plus tard, 1857, *Wertheim* étudia l'élasticité des minéraux par rapport à leur constitution chimique, il détermina leur compressibilité cubique, leur coefficient de torsion, etc. *Saint-Venant* poursuivit les mêmes recherches, mais les plus remarquables leçons sur l'élasticité furent celles de *Lamé* en 1852, et les années suivantes. Plus tard, en 1862, *Clebsch* établit ses propres théories en Allemagne, et en 1869 *Beer* fit aussi une théorie mathématique de l'élasticité.

Un autre genre d'expérience sur les solides fut inauguré par *Tresca*, en 1860, c'est l'écoulement des corps solides sous forte pression. Le fer *coule* sous le marteau, la pièce martelée s'étend normalement au choc ; le copeau de métal raboté s'enroule sur lui-même par suite de l'excès de matière refoulée par l'écoulement sur la face de contact. Les **résultats si remarquables** auxquels on arriva firent imaginer une véritable théorie géologique sur l'origine des volcans : les laves ne seraient pas autre chose que le dégagement de roches profondes forcées de trouver une issue sous les énormes pressions exercées par les roches supérieures qui viennent remplir les effondrements souterrains dus à la contraction du globe.

Spring, en 1880, réalisa de véritables combinaisons chimiques de corps solides ; au moyen de la pression, il réalisa aussi des changements de forme cristalline.

Violle, dès 1878, avait obtenu la diffusion du carbone dans la porcelaine ; celle du carbone dans le fer était connue depuis longtemps. *Louyet*, *Sainte-Claire Deville*, *Troost* réalisèrent la pénétration des gaz dans les métaux, notamment dans le platine. *Cailletet* montra la perméabilité du palladium. *Favre* et *Silbermann* montrèrent que l'absorption des gaz dans tous ces cas n'est qu'une question de durée.

Le Châtelier, en 1855, comme aussi *Gernez*, *Wertheim*, etc., établirent une loi de dissolution des corps solides dans les liquides :

$$\frac{dx}{x} = \frac{K}{\delta} Q \frac{dt}{T},$$

où x est le coefficient de solubilité, Q la chaleur de dissolution saturée, t, la température, K une constante, T la durée.

Mais nous entrons ici dans le domaine de la chimie, nous allons revenir aux théories générales de la Mécanique vers la fin du xixe siècle.

Théories générales. — Nous avons vu que l'équation de Laplace dans l'étude de l'attraction, non seulement se retrouve en hydrodynamique, mais permet la théorie de la capillarité. Dans la chaleur, l'étude de l'équilibre calorifique, cas particulier du théorème de Fourier, conduit aussi à l'équation de Laplace. Enfin les problèmes fondamentaux de l'Electricité statique, l'étude des potentiels simples, rentrent dans la même loi ; le théorème de Green sur les phénomènes électriques à l'intérieur d'un corps renfermant une cavité aboutit aussi à l'équation de Laplace. Il est impossible de ne pas voir dans ces faits le triomphe d'une théorie générale. Et pourtant l'accord est encore loin d'être fait avec les expériences : il semble que plus on va, plus on fait de découvertes, plus la solution recule devant l'homme. La nature est trop vaste pour que l'homme puisse la remplir de sa pensée, pourtant il ne peut arrêter la poursuite de ses investigations.

Les domaines de la physique, chaleur, électricité, etc., se pénètrent de plus en plus et tendent à être gouvernés par les mêmes lois. C'est la discussion approfondie d'une équation de *Fourier* transportée de la chaleur en électricité qui permet à lord *Kelvin* de réaliser pratiquement la télégraphie par câbles sous-marins. Les ondulations de l'éther semblent régir tous les phénomènes, mais les diverses équations présentent des variations entre elles : le son se transmet par ondes sphériques de vitesse constante ; l'onde calorifique est instantanément transportée à courte distance, très lentement à grande distance ; l'électricité d'induction se transporte suivant un front d'onde avec vitesse déterminée, mais en laissant un résidu à l'arrière qui ne s'éteint pas, d'après des recherches de *Picard*, sur les intégrales.

Pour l'attraction, le problème des n corps n'a pu rencontrer de solutions qu'en raison de l'énorme différence des masses en présence ; il est rare en physique de rencontrer des équations qu'on puisse intégrer avec des fonctions connues. Si, comme le fait remarquer Picard, l'astronomie était gouvernée par la répulsion, au lieu de l'attraction, il n'y aurait plus de chocs, et la mécanique céleste serait très facile. Au lieu de cela, il reste des difficultés encore insurmontables dans le problème des corps célestes ; les fonctions elliptiques ont permis certaines intégrations, comme celle du pendule. La plus grande mathématicienne du xixe siècle, Mme Sonia Kovalevsky a trouvé un cas d'intégralité du mouvement d'un corps solide pesant suspendu par un point fixe, au moyen des fonctions abéliennes.

Pour terminer cet exposé des travaux de la mécanique au xixe siècle, reprenons quelques idées sur le développement de la mécanique, idées qui évoluent depuis Carnot jusqu'à Hertz et qui ont été très bien exposées et soumises à la méthode critique par Picard et d'autres.

Méthodes. — Il y a deux méthodes en mécanique : la méthode historique, qui procède par découvertes, par induction, et qui permet de voir se poser les problèmes, c'est la meilleure méthode.

La seconde est purement déductive, ou géométrique, à la manière d'Euclide. Elle pose des axiômes sans même en donner l'origine, et le système suit un enchaînement rigoureux, c'est une suite de théorèmes. Ensuite on compare les résultats avec l'expérience. On arrive à posséder une suite d'images qui représentent la réalité ; mais rien ne dit qu'un autre système ne correspondrait pas tout aussi bien aux faits. En outre, on ne voit pas du tout comment s'est faite la

construction : la géométrie a du moins l'excuse de sa
rigueur et qu'en outre, aucun autre système ne peut
remplacer celui qui est employé ; nous ne parlons pas
ici des Géométries de Lobatchefsky et de Riemann.
Enfin il reste une part d'intuition en Géométrie. En
Physique, avec des axiômes et des formules, dont aucune image ne se dégage, il n'y a place pour aucune
idée intuitive.

Telle est par exemple la mécanique allemande, à
partir de Bolzmann. Poussant à fond des idées de *S.
Venant* ou de *Boussinesq*, on pose l'existence de points
matériels, leurs accélérations, puis avec des masses et
des forces, on forme des équations différentielles où
s'introduisent des fonctions arbitraires ; on choisit
celles-ci de façon à faire concorder les faits de l'expérience avec les résultats des équations. Et voilà une
mécanique. C'est également celle de Kirchhof et
aussi celle de Hertz, comme nous l'avons déjà vu.

S'il arrive que le principe ne s'applique pas aux
faits, on a recours aux *systèmes cachés*, à des actions
de mouvements et de masses qui ne sont pas perceptibles à nos sens, tel est l'éther gyrostatique de Lord
Kelvin.

Au fond, il est clair qu'une pareille mécanique ne
constitue qu'un tableau de fonctions analytiques. Et
par exemple les équations de Maxwell sont à elles seules toute la théorie électro-dynamique. Qui dira que
c'est là une explication?

Lagrange au moins avait établi un système d'équations rationnelles avec des paramètres choisis pour
correspondre à la réalité, et il aboutissait à une explication mécanique des faits. On conçoit la nécessité
d'hypothèses accessoires, comme l'éther ; on admet

la dissipation de l'énergie en chaleur par l'hypothèse de mouvements ordonnés et non ordonnés ; l'hystérésis peut être comparée au frottement. Ce sont des images approchées ; tout le monde sait qu'une hypothèse est provisoire, jusqu'à ce qu'une autre, plus rigoureuse, la remplace. Les formules ne remplaceront jamais une explication, quelque provisoire que soit cette explication, parce que celle-ci permet de prévoir des expériences à faire, et de constater si le résultat confirme ou non l'hypothèse. Une formule pourra être corrigée, mais la correction ne conduira qu'à une autre formule, et l'explication ne se trouvera pas plus avancée. Rien ne peut remplacer la méthode historique ou inductive, qui fut toujours celle des physiciens français.

Nous ne donnons aucune biographie spéciale pour la mécanique parce que tous les physiciens que nous avons cités, ou bien sont de purs mathématiciens, ou bien se sont occupés de branches bien définies de la physique, et par suite trouveront naturellement leur place dans les biographies qui accompagnent ces branches de la physique.

CHAPITRE II

L'Électricité au XIX° siècle

Galvanisme. — Jusqu'en 1800, tous les phénomènes électriques se réduisaient à des effets de frottement. Les expériences de Galvani commencent bien en 1780, mais elles ne trouvent leur explication qu'en 1800, avec la pile de Volta. Ces fameuses expériences ont une origine médicale : c'est pour soigner sa femme que le docteur Galvani préparait des grenouilles. Il les tenait un jour écorchées sur sa table quand un auditeur, par inadvertance ou autrement, approcha des muscles d'une grenouille le conducteur d'une machine à frottement qui se trouvait dans la chambre. A sa grande surprise, Galvani vit les muscles se contracter ; provisoirement il se contenta d'une explication plausible dans la ressemblance du phénomène avec les effets de la machine à frottement sur l'homme lui-même.

Pourtant il fit l'observation que l'effet est le même, que le corps exposé soit mort ou vivant. Il crut alors à l'influence des orages, du moins d'un ciel orageux ; puis, même avec un temps clair, au moyen d'un conducteur, il observa des contractions. Il modifia les expériences : suspendant les grenouilles par des clous contre une balustrade en fer, il observa des contractions chaque fois que les pattes touchaient la balustrade : il se produisait comme un arc métallique entre la

moelle épinière des grenouilles et leurs pattes. En plaçant alors une soucoupe d'argent sous la grenouille, et
touchant celle-ci avec un métal, il obtint des contractions, mais il crut remarquer que la même personne
devait tenir la soucoupe et le métal. Au moyen d'une
plaque d'argent touchant la moelle épinière des grenouilles, les contractions avaient lieu chaque fois que
les pattes rencontraient la plaque ; si la plaque était
composée de deux métaux, les contractions étaient plus
fortes.

A la suite de nombreuses expériences de ce genre,
Galvani crut avoir découvert une nouvelle source d'é-
lectricité, *l'électricité animale* ; pas un instant il ne
songea à attribuer le phénomène au métal, malgré la
diversité des effets suivant les métaux, et d'ailleurs
la conclusion n'eût pas été moins erronée. Cependant,
tout médecin étant aussi un chimiste, comment Galvani ne chercha-t-il pas un effet chimique? Sans doute,
la distance était alors trop grande entre la chimie et
l'électricité. Et pourtant Galvani songea à utiliser l'é-
lectricité comme remède, en la dirigeant vers la région
malade ; cette fois, il allait bien trop vite et à l'aveugle. En fait, bien qu'il n'ait pas compris ses expériences, Galvani constata du moins un fait positif : le cycle du courant électrique par les muscles et les métaux.

Volta. — Les expériences de Galvani sont bientôt
répétées un peu partout dans les milieux savants. Eu-
sebio *Valli*, en 1792, les reproduit sans y rien ajouter,
mais *Volta* la même année montre que les grenouilles
sont un excellent électroscope. Volta admet, comme
Galvani, l'électricité animale, pourtant on le voit pré-

occupé de l'effet variable avec les métaux ; il divise
ceux-ci en trois classes, d'après l'intensité de leurs
effets : 1ʳᵉ classe, l'étain et le plomb ; 2ᵉ classe, le fer
et le cuivre ; 3ᵉ classe, l'or, l'argent et le platine. Volta
remarque ensuite que pour obtenir les contractions, il
faut le contact direct entre le métal et certains muscles
particuliers. Poursuivant avec son instinct d'observateur, il découvre une sensation de goût particulière en
mettant sur sa langue un fil d'étain en contact avec une
monnaie d'argent ou d'or ; la saveur est toute différente s'il intervertit les métaux, elle n'est plus acide,
mais alcaline. Il imagine une autre expérience en passant en revue les effets sur divers sens de ces faits singuliers : plaçant sur son œil le bout d'une feuille d'é-
tain et dans sa bouche une pièce de monnaie ou une
cuiller d'argent, dès qu'il établit le contact de l'étain
et de l'argent, il perçoit une apparence d'étincelle.
Ceci, dit-il aussitôt, démontre qu'il n'y a aucune électricité animale. On peut dire qu'il y a quelque rapport
entre l'esprit de Volta et celui de Galilée. Sans doute
celui de Galilée est plus puissant, il élucide des faits
bien plus cachés, mais il procède aussi sans se lasser
par l'expérience. Dès que Volta soupçonne que l'électricité n'est pas animale, il essaie de remplacer le
contact des grenouilles par le contact avec du papier,
du cuir, enfin du drap humide, et l'électricité, dans ce
dernier cas surtout, se manifeste irrécusablement. L'é-
lectricité tient aux métaux, et des expériences de Galvani, il ne reste qu'une conclusion certaine, la sensibilité des nerfs.

Volta essaie tous les métaux à sa disposition, même
le graphite et la houille, et toujours il obtient des résultats. Plus encore, au lieu de deux métaux, il tente

l'expérience avec un métal unique, et l'électricité se manifeste ; l'explication ne vint ici que plus tard, tout métal est hétérogène et manifeste des variations de chaleur.

Cependant la découverte était presque faite. Avec deux métaux et du drap humide, la pile électrique était créée, l'électricité dynamique faisait son apparition mémorable, origine de si immenses conséquences, tout comme les lois de Galilée eurent pour conséquence l'attraction universelle. On eût dit que pas à pas, comme par la main, la nature avait conduit Galvani et Volta à une découverte pour ainsi dire inéluctable.

Cependant les savants ne sont pas tous convaincus. *Valli*, *Carminati*, un neveu de Galvani, *Aldini*, prétendent réfuter les expériences de Volta. Ils obtiennent des contractions en touchant avec du verre les muscles et les nerfs des grenouilles; les nerfs sont nécessaires, et paraissent contenir de l'électricité. Mais en 1798, Volta écrit à Aldini qu'il obtient de l'électricité sans aucun muscle animal par le simple contact de deux métaux, et qu'il peut même la mesurer. L'année suivante, Galvani meurt, laissant la victoire à Volta, tout en continuant de croire que la vie est la seule explication de ces phénomènes.

D'autres continuent à soutenir Galvani, même en Allemagne, en France et en Angleterre. Alexandre de Humboldt répète ses expériences, sans faire avancer la question.

Une observation de *Fabbroni* aurait dû jeter une lueur déjà claire sur le problème : il remarque que lorsque deux métaux sont plongés dans l'eau, ils s'oxydent bien plus vite que dans l'air; l'oxydation atteint même ceux qui ne s'oxydent pas à l'air.

Autre observation en Angleterre. *Ash*, laissant un morceau de zinc sur l'argent humide, voit le zinc s'oxyder ; de même le plomb sur le mercure, le fer sur le cuivre. Ce qui empêche de saisir la portée de ces phénomènes, c'est qu'on avait observé depuis long-temps certains effets chimiques de l'électricité de frottement ; on avait même observé ces effets sur l'air et sur l'eau, et on en avait tiré une première idée, encore vague, de la décomposition de l'eau. On ne prêtait donc aucune attention aux observations de Ash sur l'oxydation des métaux ; on se trouvait dans l'incapacité de construire une théorie.

Premières théories. — Pour s'en rendre compte, il faut dire quelques mots des idées d'alors sur l'électricité. *Wilcke* distinguait bien deux électricités, mais au lieu de les appeler positive et négative, il leur donnait les noms de *feu* et *acide*. *Priestley* rapprochait l'électricité du fameux phlogistique, c'était un phlogistique que le frottement supprime. *Deluc* tendait vers la théorie de la chaleur pour expliquer l'électricité : de même que la vapeur est composée d'eau et d'un fluide expansif, de même l'électricité est composée d'une substance électrique et d'un fluide expansif, qu'il qualifiait de *déférent* ; quant aux corps négatifs, ils ont tout simplement moins de matière électrique que les autres. Remarquons que Franklin, puis Weber, etc., ont admis bien plus tard l'idée d'un seul fluide électrique. Et actuellement encore, certains physiciens croient à la réalité de ce fluide, la majorité cependant n'admet plus qu'un seul fluide dans la nature, l'éther.

La pile. — C'est à la fin de l'année 1799 que Volta construit sa fameuse batterie ou pile en colonne, formée de rondelles métalliques séparées par du drap humide, il va peu à peu améliorer le rendement de cette pile. Le succès des expériences est complet, et le 20 mars 1800, Volta envoie la communication officielle de sa découverte à la Société royale de Londres. Cette date est celle de la naissance de l'Electricité comme véritable puissance. La pile décrite par Volta est composée d'une colonne de plaques métalliques, les unes d'argent ou de cuivre, les autres de zinc, en nombre égal, séparées par des intercalations de disques de cuir, de carton, ou d'étoffe, imbibées d'eau, ou mieux encore, d'une solution alcaline. Dans sa lettre, Volta décrit encore une autre pile, non plus en colonne, mais en batterie : c'est une suite de verres remplis d'eau chaude, ou d'une solution salée, dans lesquels plongent des plaques de zinc et d'argent qui ne se touchent pas, mais qui sont reliées d'un verre à l'autre par un crochet métallique. En Novembre 1800, Volta vient lui-même à Paris, à l'Institut national, où l'on a organisé ses expériences. Les effets obtenus sont énergiques : Biot qui préside, répète avec succès les expériences antérieures de Volta : saveur, chocs, étincelles, etc. Volta explique lui-même ces effets par un simple courant, il n'a pas encore l'idée d'une décomposition chimique. L'intérêt est néanmoins si grand que Bonaparte demande à Biot de lui présenter le savant italien, et décide de lui offrir la médaille d'or de l'Institut.

En Angleterre *Nicholson*, aidé de *Carlisle*, construit une pile de dix-sept plaques. Tandis qu'il verse de l'eau sur la plaque de zinc supérieure, il remarque le dégagement d'un gaz. Il soupçonne l'hydrogène : pour s'en assurer, il le recueille, le mélange à une égale quantité d'air, et l'enflamme ; le gaz brûle, et mêlé à l'air fait explosion, c'est bien l'hydrogène. La conclusion, c'est que le courant électrique décompose l'eau. *Ritter* ensuite observe l'hydrogène et l'oxygène, et la décomposition du sulfate de cuivre. *Cruikshank*, d'autres encore poursuivent les recherches, et *Davy*, en 1802 décompose complètement l'eau par le courant, recueille les deux gaz séparés, les mesure, et trouve deux fois plus d'hydrogène que d'oxygène.

Davy va plus loin ; il soumet à l'action d'une pile de deux cent cinquante couples un morceau de potasse caustique : il observe à l'électricité positive un dégagement très net d'oxygène pur, et à l'électrode négative une réunion de petits globules brillants d'un métal nouveau, qu'il appelle *potassium*. La même expérience faite avec la soude lui donne le *sodium*. Il va plus tard réaliser la décomposition complète.

En 1802, un professeur de musique à Paris, *Gautherot*, (1753-1803) fait une curieuse remarque. Deux fils d'or, en communication avec les deux pôles d'une batterie, donnent une saveur très faible, mais au moment où on sépare les fils de la batterie, et au moment où on les réunit, la saveur est bien plus forte. Cette remarque si simple est le premier symptôme du courant de rupture, la base de l'induction, qui va constituer la principale branche de l'électricité dynamique, mais il faudra attendre Faraday. La remarque ne passe cependant pas inaperçue. *Ritter*, savant de Silésie, fait l'expérience avec quarante plaques de cuivre et établit la communication avec une batterie de Volta de cent éléments. Il remarque qu'après la séparation, les pôles de la colonne sont renversés, et explique le phénomène par les mots de pôle secondaire, et emmagasinage d'électricité. Volta s'intéresse à l'expérience, et donne une autre explication. Il y a d'abord, dit-il, décomposition de l'eau qui donne l'hydrogène d'un côté, l'oxygène de l'autre, puis après la séparation, l'eau se recombine, et le courant est contraire.

L'explication se confirme et *Davy* parvient à réussir ainsi, avec cent paires de plaques, la décomposition des alcalis : faisant passer le courant à travers la potasse caustique dans une cuillère de platine, il observe une vive lumière au pôle négatif, et une colonne de flamme au contact, paraissant provenir d'un corps combustible. En renversant le courant, la lumière se montre au pôle positif, mais à l'autre pôle, au lieu de combustion, il se produit des bulles de gaz qui s'enflamment au contact de l'air. Davy conclut de ces faits à la réduction de la potasse. Opérant alors avec deux cent cinquante éléments, il obtient le potassium pur et parvient à le conserver dans l'huile. Il obtient ensuite le sodium de la même manière, et en 1808, les métaux des terres alcalines. Mais tout ceci sort complètement des observations de Gautherot, qui, lui, touchait à l'induction.

En 1805, *Grotthuss* vient à Paris pour étudier ces nouvelles expériences, et établit sa théorie qui relie enfin les phénomènes électriques et chimiques. Les atômes d'oxygène se rendent au pôle positif, les atômes d'hydrogène au pôle négatif, et ainsi de suite l'un après l'autre jusqu'au dernier. Grotthuss conclut à l'identité des forces électriques et chimiques, ce qui est loin d'être complètement exacte. Le système électrochimique fut complété par *Berzélius*, et dura jusqu'en 1840 ; d'après Berzélius, les atômes sont d'abord électrisés positivement ou négativement, et cela suffit à expliquer leurs attractions et leurs répulsions.

De nouvelles piles apparaissent : celle de *Cruikshank* au chlorhydrate d'ammoniaque avec des électrodes d'argent et de zinc, ou de cuivre et zinc implantées verticalement et mastiquées à la cire dans une auge en bois.

Wilkinson, de Londres, apporte des améliorations à cette pile.

Children construit un appareil monumental composé de deux mille paires de plaques, il en tire de belles étincelles et tous les effets des machines électriques à friction.

Davy construit, aussi une grande batterie et au moyen de charbons il produit un arc conique éblouissant en 1812, auquel il donne le nom d'arc voltaïque. Il fond tous les métaux, même le platine, avec la plus grande facilité. Le quartz, le saphyr, la chaux, la magnésie se liquifient ; le diamant disparaît complètement. Ces merveilleux effets parurent si extraordinaires qu'on renonça à vouloir les expliquer par la théorie, alors établie, de la chaleur. *Biot* est surtout frappé de la rapidité du phénomène qu'il trouve inexplicable, la pression, selon lui, ne pouvant s'exercer qu'au début. Et surtout, le courant voltaïque, réunissant à la fois les effets calorifiques et magnétiques, on se voit dans l'obligation de trouver le moyen de réunir ces deux forces, la chaleur et l'électricité, en une seule.

Il fallait renoncer aux qualités élémentaires de la matière, et revenir aux phénomènes de mouvement ; les théories de Newton cédaient devant les idées plus anciennes de Descartes. La dynamique allait faire son apparition, et l'électricité devenir une force.

On savait depuis longtemps l'effet de la foudre ou de fortes étincelles électriques sur des aiguilles d'acier : elles deviennent magnétiques ou cessent de l'être. *Van Marum* expliquait ce phénomène par le magnétisme terrestre ; d'autres cherchaient à rapprocher les attractions et répulsions électriques et magnétiques. Ainsi Ritter comparait la pile de Volta à un aimant. *Prechtl*, en 1808 et 1810, observa quelques effets magnétiques de la pile et conclut à ce que la magnétisme et les décompositions chimiques sont de l'électricité. Mais voici d'autres phénomènes.

L'aiguille aimantée. — *Aldini*, en 1804, seize ans avant Oerstedt, raconte les expériences curieuses que faisait *Mojon* à Gênes : des aiguilles à coudre mises en communication avec une pile de cent éléments, s'oxydent et deviennent aimantées. Il décrit aussi celles de *Romagnosi* à Trente : le galvanisme fait dévier l'aiguille aimantée. Et *Izarn* raconte les mêmes expériences, et avec précision.

Zantedeschi, plus tard, en 1859, écrit qu'Oerstedt eut connaissance de ces faits à Paris, et il le blâme de son silence.

Il est difficile de croire cependant qu'Oerstedt ait pu faire illusion sciemment à toute sa génération. Il est bien plus probable que le hazard l'a mis sur la voie de sa découverte, tout comme Mojon et Romagnesi, et comme bien d'autres savants qui disposent d'appareils et de salles d'expériences. C'est au printemps de 1820 qu'Oerstedt trouva la déviation de l'aiguille aimantée par un courant, à l'occasion de ses leçons sur l'Electricité et le Magnétisme. En juillet il envoya une communication aux journaux des Sociétés savantes de Hollande et d'Allemagne. L'aiguille étant déviée vers l'Est, dit-il, lorsqu'un courant galvanique passe dans la direction Nord-Sud, elle prend la direction Ouest. Si le courant galvanique est dans la direction de l'aiguille aimantée, on observe seulement le soulèvement d'un pôle et l'abaissement de l'autre. Dans la direction perpendiculaire à l'aiguille, on n'observe rien. Oerstedt jugeait nécessaire d'employer un grand nombre d'éléments et d'arriver à porter le fil à l'incandescence ; c'est même là ce qui retarda ses expériences.

De la Rive les reprit à Genève, dans les mêmes conditions, et contribua à les vulgariser. *Arago*, en 1820, observe que la limaille de fer subit l'attraction d'un courant comme si c'était un aimant. *Boisgiraud*, en novembre, la même année, voit qu'une aiguille sur l'eau est attirée par un courant : pas à pas, la nature conduisait l'homme à la vérité. *Schweigger* imagine en septembre le multiplicateur, ou enroulement, qui renforce les effets. *Biot* et *Savart* calculent les lois mathématiques de l'effort perpendiculaire, et *Laplace* tire la conclusion : l'effort est comme la gravitation, inversement proportionnel au carré de la distance.

Les courants. — Mais il restait le grand pas à franchir, et c'est *Ampère* qui y parvint le 18 septembre, bien supérieur à Oerstedt qui ne faisait qu'observer. Allant du connu vers l'inconnu, des effets de la machine à frottement vers ceux du courant galvanique, il émit l'hypothèse que les courants ne sont autre chose que des aimants parcourus de courants élémentaires perpendiculaires à leur axe. Il donna sa règle fameuse : des courants de même direction s'attirent, des courants de sens contraire se repoussent. Au lieu de quantités égales d'électricité, il posa des quantités égales de mouvements et il employa le mot d'électrodynamique au lieu d'électromagnétisme pour bien marquer le nouvel ordre de choses, et embrasser tous les phénomènes semblables, distincts de ceux de l'Électrostatique. La puissance de l'électricité était fondée, et Ampère en était le créateur, comme Newton fut celui de la gravitation, et cela de l'avis même des savants anglais. Et, comme Newton, Ampère établit la théorie mathématique de sa découverte.

Ampère créa toute une série de nouveaux appareils montrant clairement les effets réciproques des courants et des aimants : des fils circulaires, ou bien coudés à angle droit, et dont les extrémités plongent dans du mercure. Ces appareils, reproduits partout en Europe, existent encore au Conservatoire des Arts et Métiers à Paris. C'est en 1822 qu'Ampère arriva à la conception fondamentale du solénoïde, et que pour expliquer le sens de l'aiguille aimantée, il compara la terre elle-même à un solénoïde.

Il fut sur le point de faire la découverte capitale qui eût mis le comble à sa renommée, celle de l'induction, mais il fallait sans doute un cerveau plus neuf pour découvrir ce qui lui échappa. Le 4 septembre 1822, on faisait l'expérience suivante devant l'Académie : lorsqu'on approche d'une lame de cuivre un aimant en fer à cheval, la lame de cuivre est attirée ou repoussée *suivant la direction du courant*. Ampère pensait que les courants moléculaires produits dans un métal par l'aimantation y existent toujours, mais avec une direction constante. Comment alors ne s'aperçut-il pas que pour expliquer l'expérience de l'Académie, il fallait bien que le changement de sens d'un courant qui *s'approche* produisît un changement d'aimantation. Il devait donc découvrir l'induction, mais il était trop loin de soupçonner un phénomène si rapide pour approfondir la question. Il conclut seulement ceci, c'est qu'un courant électrique excite de l'électricité dans les corps conducteurs près desquels il passe. Les autres physiciens ne comprirent pas davantage l'expérience. L'un d'eux, *Müncke*, prétendit même que le phénomène est une illusion, que tout l'effet est dû à un peu de fer contenu dans la lame de cuivre. Ampère avait trouvé l'action mutuelle des aimants et des courants disposés d'une manière fixe, il avait même réalisé la rotation d'un aimant par un courant en plongeant l'aimant dans un bain de mercure, l'expérience est classique, mais si c'est bien là un mouvement dynamique, ce n'est pas encore l'induction. Et puis Ampère se laissa ensuite entraîner dans des études générales qui absorbèrent ses pensées.

Il avait fait cependant là théorie de l'étude dynamique, et elle était si juste qu'elle put s'appliquer plus tard en partie aux phénomènes d'induction qu'allait découvrir Faraday. Nous ne pouvons entrer ici dans les détails d'une théorie purement mathématique, mais comme toute une série de théories électriques, celle de Weber, de Neumann, de Maxwell, sont venues s'échafauder l'une sur l'autre en essayant de s'appuyer sur celle d'Ampère, il est utile d'en exposer au moins les fondements en peu de mots, pour montrer plus tard comment les formules subséquentes ont pu se déduire de celles du savant français.

Si on désigne par ds et ds' les éléments de longueur de deux courants, par i et i' leurs intensités, leur action mutuelle est inversement proportionnelle à une certaine puissance r_n de la distance qui joint leurs milieux, et dirigée suivant la diagonale du parallélogramme des forces. Si θ et θ' sont les angles des éléments de courants avec les axes choisis et n l'angle des plans, la force résultante f est :

$$f = \frac{i\,i'\,ds\,ds'}{r^n}\,(\cos k\,\theta \cos \theta' + \sin \theta \sin \theta' \sin n)$$

et si θ est l'angle des deux éléments de courants.

$$f = \frac{i\,i'\,ds\,ds'}{r^n}\left[(\cos \varepsilon + (k-1)\cos \theta \cos \theta')\right].$$

Les expériences d'Ampère démontrèrent que $n = 2$ et $k - \dfrac{1}{2}$, d'où

$$f = \frac{i\,i'\,ds\,ds'}{r^n}\left(\cos \varepsilon - \frac{3}{2}\cos \theta \cos \theta'\right)$$

Et jusqu'à présent, cette formule est demeurée la base de l'Electrodynamique, ainsi du reste que toute la théorie d'Ampère. On lit dans la traduction des œuvres de Maxwell, en 1883, dans ces leçons où le génial Ecossais imagine la théorie électromagnétique de la lumière, que « les recherches d'Ampère sont
« parmi les faits les plus brillants de la science, issues
« du cerveau de celui qu'on appelle justement le
« Newton de l'Electricité : le livre d'Ampère est d'une
« forme achevée, d'une précision inégalée, et il con-
« clut par une formule unique d'où l'on peut déduire
« tous les phénomènes ».

D'autres théories semblèrent d'abord possibles.

Oerstedt avait parlé assez vaguement d'actions électriques en forme de tourbillons, un peu comme des vis.
Faraday avait découvert qu'un conducteur qui entoure
un aimant fixe engendre des mouvements dont la
direction dépend de la direction et de la polarité de
l'aimant. Mais il fallait la théorie d'Ampère pour expliquer ce fait. *Biot* reprocha, bien à tort, à Ampère de
rappeler l'idée des tourbillons de Descartes, et de vouloir faire du courant un aimant. En fait, toute la
science moderne semble au contraire revenir aux tourbillons, mais avec une précision que Descartes ne
soupçonnait pas. *Seebeck* et *Pohl* emploient les mots
de polarité circulaire. Mais seul Ampère inventa une
théorie.

Le mouvement. — Cependant l'idée que tous les
corps peuvent être aimantés faisait des progrès. En
novembre 1824, Arago présenta à l'Académie un
appareil où l'on voyait clairement que le mouvement
de l'aiguille aimantée libre peut être amorti par des
plaques de cuivre ou d'autres métaux placées au-
dessous d'elle. L'idée était de *Gambey*.

Le 7 mars 1825, Arago réussit une nouvelle expérience, première image d'une action dynamique continue : il mit en mouvement une aiguille aimantée au
moyen d'une plaque de cuivre tournant au-dessus ou
au-dessous. C'était la traduction de l'expérience précé-
dente : Arago y voyait la preuve de l'existence d'une
force qui agit entre l'aiguille et le métal, opposée à
leur mouvement relatif, et qui peut se comparer à la
résistance produite par un frottement ; si donc on
faisait tourner la plaque de cuivre autour d'un axe
dirigé suivant le pivot de l'aiguille, on développerait

ce frottement fictif, et l'aiguille serait entraînée. C'est ce que vérifia l'expérience.

Babbage et *Herschell*, au lieu d'une aiguille, placèrent en équilibre sur un pivot central un disque de cuivre à entailles radiales au-dessus d'un aimant tournant ; c'est l'inverse de l'expérience d'Arago. Le disque suit le mouvement. De même alors *Faraday* renversa l'expérience de Gamboy ; avec un aimant immobile, il arrêta le mouvement d'un métal tournant : un cube de cuivre tournant rapidement autour d'un fil qui se détord est arrêté instantanément par un électro-aimant dès que le courant passe, et reprend son mouvement dès que le courant cesse.

La conclusion de ces expériences, faite aussi en remplaçant l'aimant par un solénoïde ou une bobine, est celle-ci : « Quand on met en présence d'une masse métallique un aimant ou un solénoïde, si on déplace le métal ou l'aimant, il se produit une force tendant à empêcher ce déplacement. » Comme on ignorait alors la cause de ces mouvements, on donna au phénomène le nom de *magnétisme de rotation*, et Arago se mit à en étudier les lois ; celle à laquelle il parvint est exactement la loi à laquelle on donna plus tard le nom de loi de *Lenz*, lorsque les expériences de Faraday eurent mis en évidence la cause du phénomène : l'induction. Arago faisait de l'induction sans le savoir. Mais nous ne devons pas anticiper sur l'histoire.

Thermo-magnétisme. — Avant la découverte de l'induction, une autre expérience d'électricité avait été faite par *Seebeck*, c'est celle du thermo-magnétisme, qui date de 1821. Des disques de bismuth et de cuivre empilés n'ont aucune action sur l'aiguille aimantée,

mais si on approche les mains chaudes des deux extrémités, l'effet est presque immédiat. Seebeck crut
d'abord à un effet de l'humidité, il essaya du papier
mouillé, rien ne se manifesta. Il attribua alors l'effet
à la chaleur, à la différence de température aux deux
extrémités, mais l'intensité n'était pas proportionnelle
à cette différence ; elle variait avec la nature des
métaux, avec leur nombre, mais non proportionnellement. Ces expériences furent répétées par *Oerstedt* et
Fourier : les effets obtenus étaient moindres qu'avec
la pile de Volta, cependant on réalisait des décompositions chimiques, comme celle du sulfate de cuivre.
L'explication du phénomène ne fut réellement donnée
que treize ans plus tard, en 1834, par *Peltier*, qui
montra l'effet réciproque de chaleur et de froid que
peut engendrer un courant électrique. Lorsqu'un courant se dirige du bismuth vers le cuivre par exemple,
la température s'élève de dix degrés à la première soudure des deux métaux, et s'abaisse de cinq degrés à
l'autre. Si le courant est dirigé en sens contraire, il y
a élévation de trente-sept degrés d'un côté, et abaissement inverse de quarante-cinq degrés de l'autre. On
peut arriver à congeler, ou à faire bouillir de l'eau.
Ces expériences furent confirmées par *Lenz*, puis par
Becquerel, et en Allemagne par *Quintus Icilius* et
Frankenheim.

Mesures. — C'est ainsi qu'on s'apercevait peu à peu
que les progrès en électricité n'étaient possibles qu'au
moyen de mesures très précises. *Ohm* fut le principal
initiateur de ces mesures, bases d'une organisation. A
la suite de Davy et d'autres, il avait remarqué l'influence du conducteur sur l'intensité du courant élec-

trique, suivant sa longueur, sa section, sa constitution. En 1825, il se mit à classer les métaux d'après leur conductibilité ; ensuite il établit une distinction entre l'intensité, la résistance et la force électromotrice. Pour parer à l'irrégularité des courants voltaïques, il employa de préférence les thermo-éléments.

La première formule d'Ohm fut la suivante. Si X est la force magnétique sur un conducteur, x la longueur de ce conducteur, a et b des constantes, on a $X = \dfrac{a}{b + x}$.

En 1827, Ohm publia un nouveau travail mathématique. Sa théorie était celle-ci : la tension d'un courant électrique est comparable à la pente d'un courant d'eau ; le courant dépend de la différence de tension entre deux points donnés sur une certaine étendue, comme la force de l'eau dépend de sa chute. Le courant est donc proportionnel à la force électromotrice de toute la longueur du fil. L'intensité en un point est proportionnelle à cette force électromotrice, et inversement proportionnelle à la longueur, donc $i = \dfrac{E}{l}$.

Cependant tout conducteur oppose une résistance r, et Ohm posa $i = \dfrac{E}{r + l}$. De cette formule, il déduisit un résultat pratique, l'emploi du multiplicateur, qui avec une même longueur, augmente beaucoup l'intensité. Seulement Ohm était peu connu, et malgré l'autorité de *Berzélius* qui apprécia publiquement ces résultats, on n'y attacha pas d'abord une grande importance ; cependant ils auraient évité bien des tâtonnements et des expériences difficiles.

En France *Pouillet* s'était occupé de la conductibilité

des métaux, en même temps que Ohm ; il parvint, mais après lui, en se servant de la boussole des tangentes, à retrouver la même loi en 1831. Il avait entendu parler d'Ohm, mais il est bien certain que ses travaux sont personnels, et que tout seul il serait arrivé aux mêmes résultats.

En Angleterre, la Société Royale décerna à Ohm la médaille Copley en 1841, et *Wheatstone* établit expérimentalement les mêmes lois avec plus de développement en 1843.

C'est grâce à Pouillet que fut fixée la notion d'unité de courant : on adopta celle d'un élément thermo-électrique cuivre et bismuth, capable de surmonter la résistance d'un fil de cuivre de un millimètre d'épaisseur, de vingt mètres de longueur, ayant cent degrés à une soudure, et zéro à l'autre. Pour décomposer un gramme d'eau par minute, il faudrait un courant de 13.787 unités de Pouillet.

L'Induction. — Il est temps maintenant de parler de l'induction dont la découverte est due à Faraday, en 1830. *Faraday* était alors surtout un chimiste, et il s'occupait à cette époque de l'étude des flammes chantantes. Il avait bien publié en 1822 un petit travail sur l'électricité, concernant les mouvements de rotation électromagnétique dont s'occupait Arago, mais il avait laissé cela pour reprendre la chimie. C'est à partir de 1830 et 1831 qu'il s'adonna tout entier à l'électricité.

Les recherches de Faraday sont tout à fait systématiques, il est l'homme uniquement occupé de son affaire, sans que rien puisse l'en distraire ; ses mémoires se divisent en trente séries, chacun de plus de cent paragraphes. C'est la première série qui comprend la découverte capitale, celle de l'induction. Nous avons vu qu'Ampère avait passé à côté de la découverte, puis s'était absorbé dans des questions plus générales, et qu'Arago faisait de véritables expériences d'induction sans aller à la cause même du phénomène.

Faraday, à la suite des expériences d'Ampère, voulait se rendre compte de l'effet de deux courants l'un sur l'autre. Il enroula deux fils isolés, à côté l'un de l'autre sur un rouleau de bois, mit les deux extrémités de l'un des fils en contact avec une pile, les deux bouts de l'autre avec un galvanomètre, et fit passer le courant. Il ne remarqua rien, aucune influence. Il augmenta la force de la batterie, la porta à cent vingt éléments : encore rien. Ne pouvant admettre cette absence complète d'influence, il répéta longtemps l'expérience. Cependant il aperçut un phénomène : juste au moment de l'ouverture et de la fermeture du courant, le galvanomètre déviait ; cet effet était brusque, momentané, comme une vague électrique, où comme la décharge d'une bouteille de Leyde. Etait-ce là l'effet tant cherché ? Evidemment, c'était l'induction, effet inattendu, Faraday l'avait découverte.

Ce qui est curieux, c'est que d'autres savants faisaient en même temps la même expérience sans succès. En particulier Calladon à Genève opérait lui aussi avec deux fils, une pile et un galvanomètre. Seulement le galvanomètre était placé dans une autre chambre, et chaque fois que Colladon allait le consulter, il était au repos, l'effet s'était produit, instantané, pendant que le savant était ailleurs, occupé à ouvrir ou à fermer le courant. Et Colladon ne découvrit pas l'induction ; ainsi la nature se joue des hommes.

Donc Faraday avait fait le premier pas : à la fermeture d'un courant, il se produit un courant induit de sens contraire au premier ; à l'ouverture, il se produit un courant de même sens. Bien plus, la simple approche, ou le simple éloignement du courant, produisent l'induction. Cette observation était grosse de conséqences : le mouvement produit un courant, la force mécanique engendre l'électricité, Faraday appela cet effet *l'induction voltaïque.* Or d'après la théorie d'Ampère, un aimant devait lui aussi produire cet effet. Il n'y manqua pas ; enfin était expliqué le fameux magnétisme de rotation d'Arago : l'effet comparé au frottement était simplement le courant induit déterminé par l'aimant dans le disque et tendant par réaction électrodynamique à détruire le mouvement qui lui a donné naissance, agissant donc comme un frottement. Faraday put tirer des étincelles du courant induit : il avança même une conséquence curieuse : « l'eau qui coule doit former des courant. Ainsi le courant d'eau du Pas-de-Calais coupe les lignes magnétiques de la terre, il doit donc engendrer des courants électriques, suivant son propre sens ».

Une remarque importante avait été faite auparavant par *W. Jenkin* et par *Masson,* c'est que l'étincelle d'ouverture d'un courant électrique est bien plus forte quand le fil est long, et surtout quand il est enroulé en spirale, mais ils ne pouvaient comprendre la raison de ce fait parce que, d'après leurs idées, l'allongement du fil devait diminuer la force du courant. Faraday, lui, reconnut tout de suite que c'est un effet d'induction sur le fil lui-même, et il l'appela extra-courant de rupture et de fermeture. Les expériences furent répétées jusqu'en Italie par Nobili, Antinori, etc. Elles eurent une influence énorme pour démontrer la capacité de transformation des forces l'une dans l'autre. Suivant l'expression de Berzélius, ce fut la confirmation éclatante de la théorie d'Ampère, et du rapport intime entre les forces mécanique et électrique. On imagina bientôt de construire des électro-aimants, c'était la conséquence de l'effet de Faraday, le mouvement produisant un courant : le *solénoïde d'Ampère n'était pas autre chose qu'un électro-aimant*. Toutefois l'effet fut une surprise pour les physiciens : avec un simple noyau en fer à cheval, parcouru par un courant ordinaire, on put attirer un poids de huit livres : on ne sait pas d'ailleurs qui le premier en fit l'expérience. Mais on alla progressivement, et avec une surface de cinq pieds carrés, on parvint à suspendre un poids d'une tonne, deux mille livres.

Electro-moteurs. — De là à construire des machines électro-motrices, il n'y avait plus qu'un pas à faire. La première fut imaginée en 1830 par *Salvatore dal Negro* : elle était composée d'un aimant permanent suspendu comme un pendule entre les branches d'un aimant en fer à cheval ; par son mouvement, le pendule maintenait le courant, et à son tour le courant maintenait le mouvement.

Le même constructeur imagina une autre machine où un électro-aimant était suspendu à un balancier mû par une roue à ressorts ; par ses oscillations, il changeait constamment le sens du courant, mais bien que cette machine fut plus ingénieuse que la première par l'emploi de l'électro-aimant, les effets obtenus furent bien plus faibles.

En 1834, *Jacobi* présenta à l'Académie de Paris le

projet d'un moteur adapté à un bateau de huit mètres de long, suffisant pour douze personnes, et destiné à la Néva, mais ce ne fut qu'un projet.

En 1840, en Allemagne, après quatre ans de travail, *J.-P. Wagner*, de Francfort, proposa de construire une locomotive électrique pour cent mille florins. Il semblait croire que le courant électrique se produirait sans frais, par une simple décomposition chimique par exemple. Les expériences échouèrent, naturellement : la nature elle-même ne travaille pas pour rien.

L'idée toute naturelle qui se présenta à la suite des expériences de Faraday, Arago, etc., fut de chercher à produire de l'électricité par un travail mécanique. Faraday dispose un disque de cuivre qu'il fait tourner entre les piles d'un aimant, et qui engendre un courant. Dal Negro fait une machine à étincelles en 1832, et la même année, *Pixii*, à Paris, construit ce moteur qui va être l'origine de toute une série de trouvailles, grâce en partie au génie d'Ampère. Cet ancêtre des électro-moteurs fondé sur l'induction était composé d'un électro-aimant fixe, à deux bobines verticales, et d'un autre aimant puissant en fer à cheval, également vertical, auquel on donnait un mouvement de rotation autour de son axe au moyen d'une manivelle et d'une série d'engrenages. Ampère ajouta à l'appareil un commutateur et produisit un courant continu.

Divers constructeurs, comme *Stöhrer*, en 1844, disposèrent plusieurs aimants en cercle. Mais la machine la plus puissante construite alors fut celle de *l'Alliance*, fondée sur la disposition de Clarke, et due à l'abbé *Nollet* et à *van Malderen* : cette machine était si bien construite qu'elle était encore en usage en 1890 pour l'éclairage électrique des phares.

Quant à la machine de *Clarke*, elle remplaçait celle de Pixii dans les cabinets de Physique, dès 1836. Dans cette machine, c'est l'aimant magnétique qui est fixe, au contraire de Pixii, et l'électro-aimant, qui est mobile autour d'un axe horizontal. Le commutateur à lames d'Ampère s'y appliquait aisément. Une manivelle et des roues dentées avec une chaîne sans fin communiquaient à l'électro-aimant un mouvement rapide plus commode qu'à la machine de Pixii. Il est curieux de voir comme l'esprit humain conçoit d'abord la complication et ne vient qu'ensuite à la simplicité. L'histoire des sciences, aussi bien mathématiques que physiques, en fournit de nombreux et éclatants exemples. La machine de l'Alliance, avec ses quatre plateaux garnis chacun de seize bobines disposées en cercle, et ses huit kilomètres de fil nécessitait une machine à vapeur pour entrer en mouvement, et avec cela utilisait très incomplètement le champ des aimants. L'intercalation des aimants était une cause de faiblesse. De plus, le courant était très inégal, croissant avec l'approche et l'éloignement des aimants : il fallait trouver le remède à ces défauts avant de faire des moteurs vraiment industriels.

Siemens, pour mieux utiliser le flux de force issue du faisceau magnétique, imagina de diminuer l'entrefer, et pour cela il enroula le fil de la bobine mobile longitudinalement sur un cylindre de fer doux dans une gorge creusée de chaque côté ; l'un des bouts du cylindre formait une poulie, à l'autre se trouvait le commutateur. Le progrès était réel, mais il restait à faire la vraie découverte, et elle appartient à *Pacinotti* et surtout à *Gramme* ; ce sera l'histoire du grand développement de l'électrotechnique, mais avant d'en par-

ler, il nous faut décrire toute une série de découvertes
antérieures dans divers domaines de cette science
électrique qui marchait si vite.

La force transformable. — On était loin d'être fixé
sur les notions de quantité d'électricité et d'intensité
électrique, et on ne pouvait cependant progresser sûre-
ment sans des mesures. Faraday cherchait et arrivait à
élucider une question générale : pourquoi l'électricité
de la pile et celle du frottement sont-elles si différentes?
L'électricité la plus ancienne, celle de frottement, est
en petite quantité, mais sa tension est très forte ; au
contraire, la pile donne de fortes quantités, mais en
très faible tension ; avec un petit fil de platine et un
morceau de zinc, plongeant dans une goutte d'eau
acidulée d'un peu d'acide sulfurique, on obtient en
six secondes autant d'électricité qu'avec une grande
machine à plateau de verre. La quantité d'électricité
nécessaire pour décomposer un gramme d'eau suffirait à charger 8oo.ooo fois une grande bouteille de
Leyde, et la décharge serait aussi puissante qu'un véritable éclair.

A la même époque Faraday étudiait aussi la conductibilité des solides ; nous allons voir qu'il fallait tout
un enchaînement de faits et d'idées pour aboutir à
l'idée maîtresse, la transformation des forces, mais Faraday était peu versé en mathématiques, il ne pouvait
faire de théorie : il était un expérimentateur, un observateur mais génial, comme force de raisonnement.
Ne croyant pas à propos de la conductibilité, à l'action à distance des piles d'un courant électrique et
revenant à la chimie, il fit des expériences chimiques ;
il en attribua l'effet à des forces intérieures agissant

plutôt dans un sens que dans l'autre, provoquant des unions et des séparations, et à la fin l'explosion. Le courant, pour Faraday, est un axe de force, on dira plus tard *une ligne de force*. En électrolyse, la même quantité d'eau produit toujours la même quantité d'électricité, et c'est sur ce principe qu'est fondé le voltamètre. Avec divers électrolytes, on observe l'équivalence des quantités décomposées.

Depuis longtemps, on cherchait les lois de l'électrolyse. Berzélius et Poggendorf s'en étaient préoccupés ; à leur suite, *Pfaff* et *Parrot*, professeurs à Kiel et à Dorpat, avaient fait de vaines tentatives. Illusionnés par les piles sèches de Zamboni, ils voulaient trouver dans le contact seul la cause de l'électricité. C'est Faraday qui devait faire les expériences décisives. Mais d'abord Auguste *de la Rive* à Genève, et *Becquerel* à Paris découvrirent des forces chimiques, même pour les piles sèches, dans l'humidité de l'air et montrèrent que par le choix des solutions, on peut inverser le courant, renversant ainsi la théorie du contact. On créa alors les deux mots de cathode et anode ($\varkappa\alpha\tau\alpha$, aval, et $\alpha\nu\alpha$, amont) pour désigner les électrodes par rapport au sens du courant.

Comme je viens de le dire, c'est Faraday qui dissipa définitivement tous les doutes. En 1840, il mit en évidence l'inanité de vouloir tirer une force de rien, comme un contact ; au contraire, ce qu'on voit fréquemment dans la nature, c'est la transformation des forces : la chaleur, ou le mouvement mécanique, ou bien la décomposition chimique, en force électrique : telles étaient les découvertes de Peltier, de Seebeck, de Volta, etc. Un Allemand, Schoenbein, continua pourtant à soutenir que la première étincelle est due au

contact seul, loin de soupçonner encore la polarisation
des piles qui cependant se montrait gênante.

Becquerel, en 1829 fit construire la première pile
constante où la polarisation est en partie évitée. Vinrent alors d'autres piles, celle de *Daniell* en 1836, où
le sulfate de cuivre employé a pour objet de faire récupérer le cuivre ; celle de *Grove* en 1840, où le platine
plongeant dans l'acide azotique produit le même effet
sur l'hydrogène. C'est de ces piles qu'on parvint à
tirer la théorie véritable de la polarisation. Celle-ci est
un affaiblissement de la pile qui a lieu lorsque les
électrodes se recouvrent d'une couche isolante d'oxyde,
ou d'une couche de gaz : la résistance augmente par
suite de la réduction d'étendue de la surface de contact ; il se produit en outre une force électromotrice
de polarisation en sens inverse de l'électrolyse et lui
succédant.

Faraday, peu versé en mathématiques, n'entra pas
dans les théories ; son bon sens suffit à lui faire écarter
l'action à distance, ou la pesanteur, comme capable de
causer l'induction ; pour bien se rendre compte de
l'induction, il entreprit une série d'expériences sur les
effets de la machine à frottement. D'abord il essaya
d'influencer des boules en bois doré, puis une boule
creuse renfermant une autre boule, ou dans laquelle
il pouvait faire le vide, ou bien introduire divers gaz.
Il trouva que la charge varie avec le milieu, il n'y a
donc pas d'action à distance. Les gaz modifient la
couleur de l'étincelle et son aspect ; faisant une expérience avec deux tiges de cuivre renfermées dans des
boules de verre, où le vide était réalisé, il observait
une lueur éclatante au pôle négatif, tandis que le pôle
positif restait sombre ; en éloignant les deux tiges

l'une de l'autre, il se formait une sorte de nuage pourpre au pôle positif, qui s'allongeait, mais n'atteignait jamais l'éclat du pôle négatif. Il est donc très important de déterminer la nature du milieu, s'il est conducteur ou isolant, et Faraday divisa les substances en corps conducteurs, et corps isolants ou *diélectriques*, avec tous les passages graduels intermédiaires. Au fond, la seule différence d'effet entre isolant et conducteur est la *vitesse* de la décharge ; il n'y a pas d'électricité libre, ou liée à un corps ; celle d'un conducteur vis-à-vis dès parois d'une chambre est identique à celle de la garniture intérieure d'une bouteille de Leyde vis-à-vis de la garniture extérieure. Il faut cependant tenir compte de l'état de polarisation du diélectrique ou isolant.

Quant à la vitesse des courants, Faraday croyait à une transmission presque immédiate, soit pour le courant voltaïque, soit pour le magnétisme ; il cherchait plutôt les effets transverses, ce qui peut-être le portait vaguement à l'idée d'ondes électriques : on sait que toute sa vie il fut hanté par le spectre magnétique, ce dessin si net que font les lignes de force suivant lesquelles s'aligne la limaille de fer autour d'un aimant, expérience si simple et qui conduisit à d'importantes découvertes, bien plus tard, comme le fameux cohéreur de Branly. Ce fut *Wheatstone* qui fit la première tentative de mesure des vitesses en électricité ; il s'était occupé des décharges de batteries électriques, et en opérant au moyen de miroirs, il avait trouvé 62.500 milles (soit 116.000 km.) par seconde.

Convaincu que la force électrique est partout la même, Faraday chercha à identifier celle des poissons à celle de la pile, puis l'électricité produite par la friction de la vapeur d'eau et de l'eau contre d'autres corps : il avait été informé de la secousse éprouvée par un mécanicien de Newcastle en touchant d'une main un joint non serré d'une chaudière, et de l'autre le levier de la soupape de sûreté. *Armstroug* montra l'existence d'un pôle positif à la soupape, et négatif à la chaudière. Faraday conclut que la cause est le frottement de la vapeur.

Il crut pouvoir observer les changements moléculaires produits par l'électricité à l'intérieur des corps en se servant de corps transparents et en employant la lumière polarisée. Le rayon d'une lampe Argand étant polarisé dans le plan horizontal par un miroir, et reçu par un prisme de Nicol mobile sur un axe horizontal, on tourne le prisme jusqu'à ce que se produise l'extinction. Or si on interpose une substance transparente sur laquelle agit un aimant, le rayon reparaît, il faut faire tourner le Nicol d'un certain angle pour qu'il disparaisse de nouveau. Sauf pour les gaz, l'expérience réussit avec tous les corps, spécialement avec le borate de plomb. L'angle dont il faut tourner le nicol est proportionnel à l'épaisseur du corps transparent et à l'intensité du courant. Les faits furent confirmés par Pouillet, puis Becquerel : ce dernier obtint une déviation maxima en faisant passer le rayon lumineux à travers le trou d'un pôle magnétique. Selon Faraday, l'effet est dû à l'éther magnétisé par la lumière ; selon d'autres, l'influence principale est dans la nature du corps transparent. La question reste encore indécise.

Toujours préoccupé des effets transverses qui doivent permettre à tout corps d'être magnétisé, Faraday cherchait l'influence des forces magnétiques sur tous les corps ; il avait remarqué que le verre formé de borate de plomb se place perpendiculairement à l'axe d'un électro-aimant : il appelle alors *diamagnétiques* les corps qui se placent dans l'équateur de l'aimant, et *paramagnétiques*, tous les autres. Les premiers sont le quartz, le phosphore, le bismuth, l'antimoine, le zinc, le mercure, l'argent, le cuivre, etc. Les autres sont le fer, le nickel, le cobalt, le platine, le palladium, le papier, la cire, la porcelaine. Enfin certains corps gardent obstinément la situation dans laquelle on les a placés avant la fermeture du courant, tels sont l'or, l'argent, le cuivre.

Faraday étudia aussi le diamagnétisme des flammes et des gaz ; il eut l'idée de les rendre visibles au moyen de vapeurs de chlore ou d'ammoniaque, de façon à voir s'il se produit des courants dans les gaz. L'hydrogène se montra magnétique vis-à-vis de l'air ; l'oxygène et l'azote vis-à-vis de l'acide carbonique. La flamme d'une bougie est repoussée par les pôles d'un aimant. Les expériences des gaz étaient faites avec des bulles de savons remplies du gaz à étudier et placées entre les pôles d'un aimant. D'après ces expériences, l'atmosphère doit exercer une influence sur le noyau magnétique terrestre, et peut-être permettrait-elle d'expliquer les variations périodiques de la constante du magnétisme terrestre. La détermination de cette constante avait été tentée par Gauss et Alexandre de Humboldt au moyen de vingt boussoles placées en divers endroits de l'Europe, et examinées pendant six jours déterminés, en 1842. Ces expériences furent l'origine de celles de Gauss et de W. Weber pour construire des instruments de mesure destinés aux effets magnétiques, des magnétomètres, et pour définir un système d'unités électriques, qui devait aboutir au système C. G. S., centimètre, gramme, seconde. L'unité de force fut choisie comme étant celle qui produit l'accélération 1. L'unité de magnétisme est celle qui produit à un millimètre de distance l'unité de force. Mais bien entendu, cette question des unités électriques, si importante, ne pouvait être résolue que peu à peu.

Faraday étudia encore le magnétisme des cristaux. En 1847, *Plucker* avait remarqué qu'un cristal à un axe optique placé entre les pôles d'un aimant en fer à cheval, dispose son axe perpendiculairement à l'axe de l'aimant. Faraday fit l'expérience avec le bismuth, l'antimoine, l'arsenic, il observa des effets de direction, sans attraction ni répulsion, et crut pouvoir conclure à l'existence d'une nouvelle force produisant la cohésion d'un cristal et qui serait en rapport avec la gravitation. Pour s'en assurer, il laissa tomber de trente-six pieds de haut sur un coussin un cylindre creux, de dix centimètres de longueur et de deux et demi de diamètre, autour duquel était enroulé un fil de cuivre de trois cent cinquante pieds de long, dont les deux extrémités aboutissaient à un galvanomètre. Il ne remarqua absolument rien. Cependant sa croyance ne fut pas ébranlée.

Pour lui, toute force est composée d'un axe et de lignes autour de cet axe. Autour d'un corps éclairant, ces lignes sont les rayons ; de même autour d'un corps chaud. Autour d'un aimant, les lignes sont indiquées par la limaille de fer. La ligne de force est le chemin que suit un point toujours parallèlement à la direction de la force. Leur nombre et la direction générale donne la force totale. Ainsi, l'espace est complètement rempli de ces lignes de force, elles remplacent pour

Faraday les atômes, et nous verrons que cette idée se rapproche des idées les plus récentes sur la matière. Il est dommage sans doute que Faraday ait manqué d'une instruction mathématique suffisante qui lui eût permis d'exprimer ses vues. Ampère, qui possédait cette instruction, manqua peut-être de cette ténacité, de cette suite d'esprit tendu vers un seul but, qui fit la force de Faraday.

En définitive, Faraday fit une découverte capitale, l'induction, que personne, pas même lui, ne soupçonnait ; il fut servi par les circonstances, mais l'occasion ne se présente que si on la cherche, et beaucoup la laissent échapper. Les autres découvertes de Faraday sont les lois de l'électrolyse, le diamagnétisme, la magnétisation de la lumière. Ses lignes de force, qu'il ne put analyser mathématiquement, retinrent des esprits comme W. Thomson et Maxwell, et la théorie du potentiel put s'en déduire très facilement. Maxwell faisant une comparaison entre Ampère et Faraday, dit que : « le premier opère par induction, ne laissant « rien voir de la marche de ses idées ; le second au « contraire établit de si claires déductions qu'il semble « qu'on fait les découvertes soi-même. Ampère montre « comment il faut procéder pour construire une théo- « rie, Faraday montre comment il faut observer et « poursuivre des recherches. » Ampère plus attentif à observer eut trouvé l'induction, Faraday la trouva tout naturellement.

Galvanoplastie. — Des années 1839-1840 date la découverte de la gavalnoplastie. *Jacobi* s'était aperçu dès 1838, que les vases poreux de la pile de Daniell s'incrustaient de cuivre, et il eut très vite l'idée de se servir de cette pile dans le but positif de recouvrir d'un dépôt métallique cohérent des objets même non conducteurs : il suffisait pour cela de les recouvrir d'une couche de plombagine. Rien de plus facile, que d'obtenir ainsi toute sorte d'objets en cuivre. Quand à la dorure et à l'argenture galvaniques, elles furent réalisées en 1844 par *Ruolz* et *Elkington*. Les bains d'or sont munis d'électrodes solubles en or massif ; de même pour l'argent. La solution est formée de prussiate et de carbonate de potasse dissous dans l'eau, et qu'on fait bouillir avec un peu de chlorure d'or. La galvanoplastic a peu à peu pénétré dans la grande industrie des mines pour séparer les métaux précieux des plaques de cuivre ou de plomb obtenues par fusion.

Télégraphie. — Le premier télégraphe électrique date de 1844. Mais on fit des tentatives pour utiliser l'électricité dans ce but près d'un siècle plus tôt. En 1747, on essaya le long de la Tamise de transmettre à distance les attractions de petits corps. Un inconnu, C. M. fit une étude sur ce sujet dans le Scott's Magazine. Le philosophe *Lesage*, en 1774, installa vingt-cinq fils avec des pendules de sureau à leurs extrémités, en les frottant, il déterminait l'attraction de telle ou telle balle de sureau désignant une lettre, inutile de dire que la transmission n'allait pas loin.

En Espagne, près de Madrid, un certain *Salvà* installa en 1798 un télégraphe à étincelles électriques, il échoua faute d'une source constante d'électricité. Citons pour mémoire la proposition de *Sommering* en 1809, consistant à employer comme signal des bulles d'hydrogène dégagées par un conducteur dans l'eau, c'était une pure utopie. Il faut arriver à Ampère en

1820 pour voir apparaître l'emploi de l'aiguille aimantée comme signal, seulement il fallait beaucoup de fils, autant que de signes. On eut bien l'idée que deux fils peuvent suffire pour dévier l'aiguille dans deux sens, et par là obtenir tous les signaux possibles, et *Gauss* et *Weber* essayèrent ce moyen en 1833 à Gœttingue avec une bobine d'induction. La distance était de huit mille pas, et l'essai réussit, si bien que Gauss songea à envoyer des signaux jusqu'à Brême et à Hanovre.

Avec une machine de Pixii, *Steinheit* essaya en 1837 à Munich, d'éliminer le fil de retour, la terre devant suffire ; il arriva même à n'employer plus qu'un seul fil pour tous les signaux. En 1837, également, *Wheatstone* réussit avec l'emploi d'un seul fil, et une simple pile comme source d'électricité, c'était un progrès, mais le pas important avait été fait par Morse, dès 1835 avec un électro-aimant ; l'appareil Morse avec son alphabet fonctionnait en 1840, et n'a pas été remplacé depuis, sauf pour certains détails.

La première ligne télégraphique fut construite en 1844 entre Washington et Baltimore : l'électro-aimant employé au récepteur pesait cent cinquante-huit livres ; sa forme moderne, si pratique, et bien plus légère, est due au professeur *Page*, également des Etats-Unis. Une invention si utile devait bien être américaine.

Théories et mesures. — Mais la pratique est insuffisante à satisfaire l'esprit humain. Nous voulons savoir la raison des faits, passer du concret à l'abstrait, généraliser, afin de pousser plus avant les découvertes en allant au fond des choses. Une série de faits ne nous dit rien, c'est un exercice de mémoire auquel l'intelligence a peu de part, nous refusons le nom de science à des faits sans suite, sans enchaînement et c'est pourquoi l'alchimie a été si longtemps à la fois dédaignée et mystérieuse. L'électricité en 1840, avait accumulé les faits, les découvertes de Faraday avaient agrandi le champ de celles d'Ampère, et semblaient à certains esprits sortir de leur domaine. De partout on se préoccupait de théories, et nous allons en voir surgir une série entre 1840 et 1860.

Dès 1840, on chercha à transporter en électricité la belle théorie des ondes lumineuses, mais on ne réussit pas à reconnaître l'existence d'ondes électriques. *Du Haldat* en France, *Wartmann* et d'autres échouèrent dans leurs expériences d'interférences électriques, de réflexion ou de réfraction. On ne veut conserver qu'un seul fluide électrique, on cherche à l'identifier à l'éther, mais en France et ailleurs, on trouve que c'est encore plus incommode que le système des deux fluides.

D'autre part, on réussit mieux à mesurer les quantités d'électricité. *Marié-Davy*, en 1846, crut rencontrer de grandes exceptions à la loi d'Ohm. *Despretz* fit des remarques du même genre en 1852, mais *Kohlrausch* en 1848-49, avec un électromètre très sensible, construit par lui-même, montra que ces lois sont tout à fait générales. Puis *Kirchhof*, en employant des bifurcations de courant, arriva à déterminer non plus, comme Ohm, la tension dans un élément de courant, mais le potentiel électrique, expérience qui élimine enfin cette densité électrique qu'on ne savait comment mesurer, et dont l'existence même était un problème. En 1851, *Helmholtz* étendit le domaine de la loi d'Ohm au-delà des courants constants, aux courants induits alternatifs et il montra que leur valeur tend à se rapprocher de la loi d'Ohm, avec la durée, d'une manière asymptotique. D'autres savants en France et en Angleterre confirmèrent ces résultats, et en 1876 une commission anglaise acheva la confirmation de la loi d'Ohm.

Nous avons vu que Kirchhof avait étudié les bifurcations de courants : son premier travail date de 1845, il n'avait que vingt-un ans : « Si, dit-il, un système de fils, liés entre eux d'une manière quelconque, est parcouru par des courants, lorsque les fils 1, 2... n, se réunissent en un point, on a, en appelant I_k l'intensité d'un fil, $I_1 + I_2 + I_3 + ... + I_n = 0$, pourvu que l'intensité de chaque fil soit comptée dans le sens positif vers le point de contact. Et si les fils 1, 2... n, forment une figure fermée, on a, en appelant ω_k les résistances, $I_1\omega_1 + I_2\omega_2 + ... + I_n\omega_u =$ la somme de toutes les forces électromotrices qui parcourent les chemins 1, 2... n. Cet énoncé fut complété deux ans plus tard pour un cas plus général, c'est une ébauche de théorie.

Dans ces études de mesures, on ne peut négliger l'électricité statique. Partant de la loi de Coulomb que la force est directement proportionnelle aux masses et inversement proportionnelle au carré des distances, *Gauss* construit une thèse qui fut plus tard poursuivie par *Lejeune-Dirichlet*. Ces études sont purement théoriques, et la plus importante va être le théorème de *Green*.

Avant Green, *Poisson* avait reconnu l'analogie des phénomènes électrique et magnétique et construit la théorie sur laquelle est fondée le théorème de Green. Il avait admis, avant toute mesure, que l'intensité du magnétisme induit est proportionnelle à l'intensité du champ : il faisait abstraction du magnétisme rémanent qui est faible, et qu'on peut négliger pour une prem ère approximation. Nous ne pouvons exposer ici les formules mathématiques de Poisson, elles se retrouveront plus tard dans celles de Kirchhoff puis de Duhem. Le théorème de Green qui définit les surfaces équipotentielles ou surfaces de niveau électriques, consiste à démontrer d'une manière générale, que pour une surface fermée S, celle d'un aimant par exemple, si on appelle M la somme algébrique des masses agissantes intérieures, dn l'élément de normale à la surface, et V le potentiel magnétique, on a :

$$M = -\frac{1}{4\pi} \int \int \frac{dV}{dn}\, dS.$$

Et si on appele V l'énergie potentielle totale d'un aimant, F l'intensité totale du champ, et K la fonction magnétisante variable seulement avec l'intensité de l'aimantation, on a, au point $x\, y\, z$:

$$V = \frac{k}{2} \int \int \int F^2\, d\alpha\, dy\, dz.$$

Pour l'espace compris dans une surface fermée, $d\sigma$ étant un élément de surface, et dn un élément extérieur, on a $\int \int \frac{dV}{dn}\, d\sigma = -4\pi M$ où M est la somme des masses électriques exprimées par la surface.

Rœmann s'est occupé de ces fonctions, et la théorie va en être approfondie par Neumann, W. Weber, Kirchhoff, et Clausius en Allemagne, W. Thomson et Clerck Maxwell en Angleterre, Cornu et Potier, Verdet, Duhem, etc., en France. On ne s'occupa d'abord que de corps très simples, et seulement de leurs surfaces, et de leurs effets d'influence réciproque. Les idées subissent une évolution très lente, comme si les formules mathématiques n'avaient que bien peu de puissance pour les faire progresser : la déduction mathématique est très faible sans l'intuition du génie. Ce qui reste de plus clair de toutes ces théories, comme nous le verrons plus loin, est encore dû aux travaux de P. Duhem.

On n'eut d'abord comme instrument de mesure que l'électroscope à feuilles d'or. Mais il est très imparfait. La balance de Coulomb est bien préférable : elle fut améliorée par *Snow Harris* au point de vue de la suspension du balancier et de la régularité de la torsion. *Peltier*, en 1836, remplaça le fléau par une aiguille aimantée, avec un étrier de laiton faiblement magnétique, pour fixer la direction initiale. Au lieu de boules, on employa d'abord deux bras de laiton : Peltier ajouta une seconde lame de laiton parallèle au fléau et au-dessous de lui. *Kohlrausch* en 1847, remplaça le fil de cocon par un fil de verre possédant une plus grande force de torsion, employa l'acide sulfurique pour rendre l'air bien sec autour de la balance et réussit ainsi à confirmer les lois d'Ohm.

En 1855, *Riess* construit un électromètre des sinus d'après les idées de Kohlrausch et avec ses mesures corroborant celles de son prédécesseur, il donne une véritable identification des forces électrostatiques et magnétiques. C'est un progrès acquis expérimentalement, il y a toutefois un ordre de phénomènes, l'électrodynamisme, qui reste à l'écart, très différent des autres, car outre la masse et la distance, il faut considérer ici le mouvement. Nous avons vu que Faraday croyait à une influence de la gravitation sur les phénomènes d'induction, mais il n'avait pu la découvrir, et en fait la gravitation semble totalement indépendante des mouvements électriques.

Ampère ne s'était pas préoccupé de cette anomalie des phénomènes d'induction, bien qu'il eût plus tard connu leur existence. Sa formule analytique, fondée sur l'action réciproque de deux courants, lui sembla-t-elle suffire pour embrasser l'induction? Cependant elle ne semblait guère pouvoir s'écarter de son domaine initial ; fondée sur des résultats d'expérience, elle n'ouvrait aucun champ nouveau d'investigation ; c'est la nature qui avait ouvert aux savants de nouveaux horizons, et non pas la théorie.

W. Weber fit ressortir cette insuffisance des formules d'Ampère ; il voulut montrer qu'à l'inverse de la théorie de la gravitation qui avait fait faire de nouvelles découvertes, la théorie d'Ampère n'avait pu faire trouver l'induction. Mais il y a là quelque injustice : la gravitation n'a fait découvrir que des faits tout à fait analogues à ceux que connaissait Newton, alors que l'induction, phénomène instantané et comprenant un mouvement, n'avait pas d'analogie avec les faits servant de base à Ampère. Seule la théorie des ondes de Fresnel permit de prévoir des phénomènes d'ordres différents et continuera d'être féconde. Ici, il faut ajouter quelque chose à la loi d'Ampère. Weber fut plus juste en disant que les deux lois de Coulomb et d'Ampère doivent s'unir pour expliquer tous les phénomènes électriques.

L'intensité de courant doit être proportionnelle à la masse d'électricité qui, pendant l'unité de temps, traverse chaque section du fil. Si e est la masse d'électricité positive contenue dans l'unité de longueur du fil et u *sa vitesse*, l'intensité i du courant est proportionnelle à eu. Et si on appelle a le rapport constant entre la masse et l'efficacité, on a $i = a. eu$.

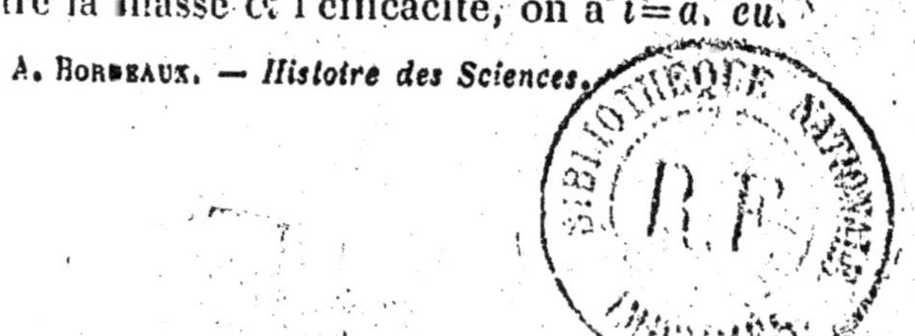

A. BORDEAUX. — *Histoire des Sciences.*   4

A partir de cette définition, on peut employer deux méthodes d'investigation : ou bien partir des effets élémentaires pour remonter à la loi générale, ou bien partir de la formule d'Ampère, et la décomposer en effets élémentaires. Weber employa les deux méthodes. Nous allons insister un peu sur son travail, à cause de l'intérêt qu'il y a à rapprocher les effets d'induction de ceux des courants d'Ampère.

En introduisant dans la formule d'Ampère que nous avons citée les expressions de Weber, on a :

$$\frac{ee'dsds'}{r^2}\, a^2\, uu' \left(\cos \varepsilon - \frac{2}{3} \cos \theta \cos \theta' \right)$$

ou bien si, avec Ampère, on remplace $\cos \theta$ par $\dfrac{dr}{ds}$, $\cos \theta'$ par $-\dfrac{dr}{ds'}$, et $\cos \varepsilon$ par $-\dfrac{rd^2r}{ds\,ds'} - \dfrac{dr}{ds} \cdot \dfrac{dr}{ds'}$

$$(1) \qquad \frac{ee'dsds'}{r^2}\, a^2\, uu' \left(\frac{1}{2}\frac{dr}{ds} \cdot \frac{dr}{ds'} - r\,\frac{d^2s}{dsds'} \right)$$

Admettons, d'après la théorie des deux électricités, que par chaque élément passent deux courants opposés, positif et négatif, alors deux éléments de courant se composent de quatre effets élémentaires, deux attractions et deux répulsions. L'expression ci-dessus donne la grandeur de la répulsion exercée par les deux électricités positives dans les deux éléments de courant ; pour les trois autres effets, on obtiendra trois autres formules analogues.

Dans ces formules, éliminons $\dfrac{dr}{ds}$, $\dfrac{dr}{ds'}$, etc., et remplaçons ces expressions par les vitesses. Remarquons que la distance r dépend de la situation de l'élément dans le circuit, de s, et du temps t.

Avec deux différentiations, on a :

$$\frac{dr}{dt} = \frac{dr}{ds} \cdot \frac{ds}{dt} + \frac{dr}{ds'} \cdot \frac{ds'}{dt}$$

$$\text{et } \frac{d'r}{dt^2} = \frac{d^2r}{ds^2}\left(\frac{ds}{dt}\right)^2 + 2\,\frac{d^2r}{dsds'} \cdot \frac{ds}{dt} \cdot \frac{ds'}{dt} + \frac{d^2r}{ds'^2}\left(\frac{ds'}{dt}\right)^2.$$

Mettant u et u' aulieu de ds et ds', et élevant la première formule au carré, on arrive à :

$$(2) \qquad 2uu'\frac{d^2r}{dsds'} = \frac{d^2r}{dt^2} - u^2\frac{d^2r}{ds^2} - u'^2\frac{d'r}{ds^2}$$

Substituant cette valeur dans la formule (1), effectuant les opérations pour les trois autres effets, ajoutant les quatre expressions, on obtient pour l'effet total de deux éléments de courant la formule :

$$-\frac{ee'dsds'}{r^2} \cdot \frac{a^2}{16}\left[\left(\frac{dr_\mathrm{I}}{dt}\right)^2 - \left(\frac{dr_\mathrm{II}}{dt}\right)^2 + \left(\frac{dr_\mathrm{III}}{dt}\right)^2 - \left(\frac{dr_\mathrm{IV}}{dt}\right)^2\right.$$
$$\left. -2r\left(\frac{d^2r_\mathrm{I}}{dt^2} - \frac{d^2r_\mathrm{II}}{dt^2} + \frac{d^2r_\mathrm{III}}{dt^2} - \frac{d^2r_\mathrm{IV}}{dt^2}\right)\right]$$

où $\frac{dr}{ds}$ et $\frac{d^2r}{ds^2}$ sont égaux par éléments de courant, et

où la formule d'Ampère se trouve sous forme d'une somme.

Mais chaque partie de cette formule est de la forme :

$$-\frac{ee'dsds'}{r^2} \cdot \frac{16}{d^2}\left[\left(\frac{dr}{dt}\right)^2 - 2\,r\,\frac{d^2r}{dt^2}\right]$$

Ce ne sont plus là des intensités, mais des masses d'électricité avec leurs effets statiques. L'effet de deux masses eds et eds' l'une sur l'autre est équivalent, que l'électricité soit en repos ou en mouvement, à l'expression

$$\text{sion } \frac{ee'dsds'}{r^2}\left[1 - \frac{a^2}{16}\left(\frac{dr}{dt}\right)^2 + \frac{a^2r}{8}\frac{d^2r}{dt^2}\right]$$

ou bien si v *est la vitesse* des deux masses électriques
le long de leur ligne de jonction, à :

$$(3) \qquad \frac{ee'ds\,ds'}{r^2}\left(1 - \frac{16}{a^2}v^2 + \frac{a^2r}{8}\frac{dv}{dt}\right)$$

C'est ainsi que Weber est conduit par la formule
d'Ampère à faire dépendre l'effet réciproque de deux
masses électriques, non seulement de la matière électrique, mais de l'état de *mouvement*, de la vitesse et de
l'accélération.

Il tira aussi ce résultat de recherches fondamentales, en dehors de la théorie d'Ampère, et trouva la
même constante a. Supposons que les courants ont une
vitesse constante c, si grande que l'effet réciproque de
deux éléments soit nul, alors $1 - \frac{a^2}{16}c^2 = 0$, ou $a = \frac{4}{c}$
et on peut écrire :

$$w = \frac{ee'\,ds\,ds'}{r^2}\left[1 - \frac{1}{c^2}\left(\frac{dr}{dt}\right)^2 + \frac{2r}{c^2}\frac{d^2r}{dt^2}\right]$$

ou avec Ampère $w = \frac{mm'}{r^2}\left[1 - \frac{1}{2v^2}\left(\frac{dr}{dt}\right)^2 + \frac{r}{v^2}\left(\frac{d^2r}{dt^2}\right)\right]$.

Dans cette formule v^2 est à peu près de la valeur
9.10^{20} C. G. S. (unités C. G. S.). Ces termes n'ont donc
qu'une influence absolument négligeable dans toutes
les expériences où on communique aux masses électriques des vitesses réalisables pratiquement. La formule de Weber ne soulève donc pas d'objection, sinon
que la petitesse de ses coefficients rend très difficile tout essai de contrôle expérimental. Elle repose de
plus sur l'hypothèse non nécessaire que les électricités
positive et négative se déplacent avec des vitesses
égales. Elle montre en tous cas que la loi d'Ampère

est applicable au cas de courants variables d'intensité et de position. Il restait à essayer de l'appliquer à l'induction de Faraday.

H. Grassmann et *Fr. Neumann* essayèrent de s'y mettre dès 1845.

Grassmann tenait la loi d'Ampère pour certaine dans un circuit fermé, mais il n'était pas satisfait de l'hypothèse faite sur la direction de l'action élémentaire entre les éléments ds et ds'. Dans le cas d'éléments parallèles, l'effet s'évanouit. Si on suppose la force perpendiculaire à la droite qui joint les éléments, on arrive à trouver que la force totale exercée par l'élément ds sur ds' est la résultante de deux forces, dont l'une varie en raison inverse du carré de la distance, l'autre en raison inverse de la distance.

Neumann partit des phénomènes d'induction avec les cinq propositions suivantes :

1° Les courants induits se produisent chaque fois que l'effet virtuel du courant inducteur subit un changement ;

2° La force électromotrice induite est indépendante de la substance du conducteur ;

3° La force électromotrice est proportionnelle à la vitesse du mouvement des éléments ;

4° La composante dans la direction du mouvement de l'effet électrodynamique que le courant inducteur exerce sur le courant induit, est toujours négative ;

5° La force du courant induit est proportionnelle à celle du courant inducteur.

De ces propositions, Neumann tire les formules de la force du courant induit et de la force motrice induite. Soit v la vitesse des éléments, ds l'élément de courant, C' la composante en direction, ε une constante, on a $\mathrm{E}ds = -\varepsilon v C ds$, et $\mathrm{E} = -\varepsilon \int C v ds$.

C'est la formule fondamentale de Neumann. Il désigne par D et appelle courant différentiel le quotient de cette force par la résistance w dans l'élément de temps $\mathrm{D} = \dfrac{1}{w} \mathrm{E}dt$.

De sorte que l'effet total du courant induit pendant le temps écoulé de t_0 à t_1 est représenté par l'intégrale $\mathrm{J} = -\dfrac{\varepsilon}{w} \displaystyle\int_{t_0}^{t_1} dt\, \mathrm{S}C v ds$, où S est une somme.

C est tiré de la formule d'Ampère, Neumann fait ensuite de longs développements mathématiques sans grand intérêt. Le cas difficile est celui où l'induction est produite par des changements d'intensité du courant inducteur.

Weber compara ses résultats à ceux de Neumann. Il se trouva que les deux systèmes de formules s'accordaient bien dans le cas d'un courant fermé, mais qu'ils se contredisaient totalement pour l'effet d'un courant inducteur sur un courant non fermé. Weber en rejeta la faute sur le quatrième principe invoqué par Neumann, la direction de la composante du courant inducteur ; ce principe est cependant tiré des expériences de Lenz ; celles-ci, d'après Weber, ne seraient pas exactes pour un courant non fermé. Neumann soutint et démontra au contraire que sa formule seule était exacte. Weber appela à la rescousse de nouvelles forces dont on n'aurait pas tenu compte, et Neumann lui fit une concession en reconnaissant que la loi d'Ampère se tire aisément de la formule de Weber. Mais cela ne prouve pas qu'elle donne de l'exactitude à un domaine plus général. Pendant quelque temps en Allemagne les physiciens admirent comme juste la loi de Weber et l'enseignèrent dans leurs leçons sur l'induction. Mais vers 1865-1870, on lui découvrit de graves objections, et elle est maintenant reléguée dans l'histoire du passé.

J'ai insisté un peu sur ces théories allemandes parce que les Allemands en parlent beaucoup. Au fond, elles manquent de clarté, ce n'est pas parce qu'on écrit des formules mathématiques qu'on devient clair. L'idée est dans l'esprit et non dans le style, qu'il soit ou non algébrique. Nous verrons plus loin ce qu'ont modifié dans ces théories les idées de Maxwell et celles des savants français.

Mais pour suivre la chronologie, occupons-nous d'abord de la mesure des effets électrodynamiques.

Ampère créa le premier électrodynamomètre, puis vint celui de Weber, composé de deux cylindres multiplicateurs, et d'un miroir ; il est très précis pour mesurer les courants induits, mais celui de l'Association britannique est encore plus parfait, et celui de M. Pellat en France permet même de négliger l'action de la terre.

Comme unités absolues, on adopta d'abord l'unité de masse d'après Gauss, celle qui exerce l'unité de force dans l'unité de temps. L'unité d'intensité de courant est celle du courant qui, dans l'unité de temps, dégage des quantités égales d'électricité positive dans un sens, et négative dans le sens contraire.

Pour les mesures, il existe trois champs d'expériences : chimique, magnétique, électrodynamique. Avec le galvanomètre, les courants alternativement de sens contraires et mettant en jeu des quantités d'électricité égales, produisent des déviations égales et de même signe. Il y a donc une déviation permanente, qu'on évalue par la condition que pour la position d'équilibre considérée, la somme des travaux virtuels soit nulle. On obtient ainsi *l'intensité moyenne* d'un courant périodique, et *l'énergie moyenne* de ce courant.

Pour le rapport entre l'unité magnétique et l'unité électrodynamique, Weber trouva le nombre $\sqrt{2}$. On chercha aussi le rapport entre ces unités et l'unité chimique, enfin on se préoccupa de chercher le rapport de toutes ces unités avec l'unité mécanique, mais les nombres trouvés furent très différents. Ces expériences se rapprochaient de celles qui ont pour but de déterminer la vitesse de propagation de l'électricité. Ainsi, Weber, en se servant de sa for-

mule $w = \dfrac{ee'}{r^3}\left[1 - \dfrac{1}{c^2}\left(\left[\dfrac{dr}{dt^2}\right]^2 - 2r\,\dfrac{d^2r}{dt^2}\right)\right]$, trouva que

$c = 59.320$ milles, et que ce nombre représente la vitesse relative constante où deux masses électriques n'agissent plus l'une sur l'autre. Dans ces mesures, il employa le magnétisme terrestre en vue duquel il avait construit un appareil spécial : l'inducteur de terre.

Mais avant d'aborder la vitesse de l'électricité, il fallait étudier les résistances, d'après la formule $w = \dfrac{e}{i}$, qui est fondamentale. *Jacobi*, en 1846, avait proposé d'employer un fil de cuivre long de 7^m619 de 2/3 de millimètre de diamètre, et pesant 22 kg 749, mais il présentait des variations de résistance. Siemens proposa en 1860 un prisme de mercure de 1^m de long et 1^{mm} carré de section à O°. Cet étalon fut accepté

par l'Association britannique, en le multipliant par
10^7, et le Congrès de Paris de 1881 l'adopta, avec les
unités centimètre, gramme, seconde, au lieu de millimètre, milligramme, seconde. C'est alors qu'on décida
de désigner les unités électriques par les noms des
principaux savants dans cette science : Volt, Coulomb,
Ampère, Farad et Ohm.

La mesure la plus intéressante à obtenir, une fois
en possession de toutes ces données bien définies, était
donc celle de la vitesse de l'électricité. Les premières
tentatives eurent lieu en 1848. *Walker*, *Mitchell* et
Gould mesurèrent séparément cette vitesse au moyen
du télégraphe, ils trouvèrent 25.000 et 45.000 kilomètres par seconde. *Fizeau* et *Gounelle*, opérant entre
Paris et Rouen obtinrent 101.710 km avec un fil de
fer, et 177.722 avec un fil de cuivre, mais ils reconnurent des sources d'erreur. *Gaugain* émit l'idée que
cette vitesse est variable, et proportionnelle à l'expression $\dfrac{-cl^2}{kw}$ où c est le coefficient de charge, l la longueur du conducteur, K la capacité de conductibilité,
w la section du fil ; c'est donc une vitesse de charge,
croissante avec la longueur.

Dans les câbles sous-marins, des expériences de
Faraday et de *Siemens* donnèrent 4.300 km par
seconde. Faraday chercha aussi la vitesse dans les gaz
et dans le vide, mais n'obtint pas de résultats précis.
Ce sont les expériences dans le vide faites par *Masson*,
en 1853, et par *Gassiot*, en 1854, dans les gaz raréfiés,
qui conduisirent aux fameux tubes de Geissler, à la
lumière striée, etc., comme nous allons le voir, par la
bobine de Masson et de Rühmkorf.

Bobine d'induction. — Les courants d'induction à haute tension avaient conduit naturellement au marteau de *Wagner*, à l'appareil de *du Bois-Reymond*, puis à la bobine de *Masson* simplement perfectionnée sur place à Paris par *Ruhmkorf*, à qui Napoléon III décerna un prix de 5o.ooo francs. Pendant longtemps cette bobine de Masson-Ruhmkorf ne devait guère servir qu'à des expériences de laboratoire, mais elle devait prendre une revanche inattendue au xxᵉ siècle avec la télégraphie sans fil et les ondes de Herz. Avant d'arriver aux théories de l'électricité, citons encore quelques recherches dès environs de 185o, sur les changements moléculaires du magnétisme. *Wertheim* en France obtint le démagnétisme par torsion : il se produit une sorte de polarisation, comme si la force coercitive déplaçait l'éther. On parvient aussi à démagnétiser un aimant par secousses, comme s'il se produisait une chute de température. D'après les expériences de *Beetz*, la relation entre le magnétisme m et la force magnétisante $\dfrac{m}{p}$ n'est pas constante, mais tend vers une limite. Ces expériences sont intéressantes au point de vue de la constitution moléculaire des aimants.

Disons ici quelques mots de l'électricité atmosphérique, déjà étudiée à la fin du xviiiᵉ siècle. *Du Moncel* ébauche alors une théorie des éclairs, il observe l'éclair en boule. *Saussure* attribue les orages à la volatilisation de l'eau, et de fait il existe certainement une relation entre l'humidité de l'air et la foudre, puisque l'éclatement d'un orage est toujours accompagné d'une forte chute de pluie. Ce phénomène total, depuis la formation de l'orage jusqu'à son éclatement, n'aurait-il pas quelque analogie avec celui de l'électrolyse, depuis la décomposition de l'eau jusqu'à sa recomposition rapide par le renversement du courant ? Les idées de Saussure furent appuyées par les expériences de *Peltier* et de *Leidenfrost* dont nous avons déjà parlé. *Becquerel* attribuait les orages à l'oxygène et à l'acide carbonique de végétaux, au frottement de l'eau et de l'air, au frottement de couches atmosphériques chaudes et froides, et il expliquait par là la rareté des orages dans les zones équatoriales : il y a davantage d'équilibre dans ces régions. Pourtant le phénomène des orages reste encore en grande partie un problème à élucider.

Il en est de même de celui du magnétisme terrestre ; les recherches faites vers 1850 n'aboutirent à rien, et n'avancèrent pas beaucoup depuis.

Suite des Théories. — Reprenons maintenant le fil des théories électriques depuis 1860. Nous avons vu qu'on fut quelque temps d'accord sur la loi de Weber, d'où sortait naturellement celle d'Ampère : les effets des forces ne dépendent pas seulement des qualités fondamentales de la matière, mais de mouvements, et ces mouvements sont représentés dans la formule de Weber par les expressions $\dfrac{dr}{ds}$ qui sont des vitesses. Or *Helmholtz*, en 1870, arrivait à d'autres résultats qui remettaient tout en discussion. Il s'était demandé d'abord comment les courants naissent à l'intérieur d'un conducteur de trois dimensions. Pour cela il fallait développer mathématiquement la formule de Weber. Plusieurs physiciens s'y étaient employés. Helmholtz trouva leurs déductions inadmissibles, ce qui le fit douter de la loi elle-même : elle conduisait à une progression indéfiniment croissante de l'intensité de courant et de la densité électrique. Par contre, les équations, de Neumann donnaient un équilibre stable ; elles n'aboutissaient pas à d'aussi impossibles conséquences. Helmholz voulut trouver une expression générale du *potentiel* de deux éléments de courant, qui enfermât les lois de Neumann et de Weber et permît de décider entre elles. *Maxwell* avait lui aussi ébauché sa théorie à ce moment et Helmholz connaissait ses résultats.

Il choisit une constante K qui pouvait prendre les valeurs —1, 0 et +1, suivant qu'elle était d'accord avec les théories de Weber, Neumann, ou Maxwell. Dans la formule de Weber, la valeur $K = —1$, arriva à donner du travail partant de zéro et indéfiniment croissant. Helmholz la rejeta. Cependant d'autres savants prirent part à la discussion : *Zöllner* et *J. Bertrand* se mirent du côté de Weber et la question resta indécise. Il y avait encore beaucoup à faire.

Dans le domaine des expériences, il parut également difficile de décider entre les trois hypothèses. En circuit fermé, il y avait concordance. En circuit ouvert, on éprouvait des difficultés insurmontables causées par la durée du courant. Helmholz fit intervenir une nouvelle donnée, la *convection* électrique, c'est-à-dire le transport de l'électricité par le déplacement des corps chargés électriquement. La loi de Neumann ne comprend pas cette convection électrique, mais seulement les effets électrodynamiques des conducteurs. La loi de Weber comprend les deux effets. Cependant on ne parvint pas à savoir s'il y a, oui ou non, des effets de convection : les recherches faites en 1874 à Berlin et à Moscou donnèrent un résultat négatif.

Mais *Rowland*, de Baltimore, apporta alors à Berlin la preuve que le mouvement de corps pondérables électrisés est effectivement magnétique, *c'est bien là la convection*, ou l'effet de la convection. Helmholz dut alors conclure que les faits peuvent concorder avec la loi de Weber, mais ils concordent aussi avec l'idée de Maxwell qui nie tout effet à distance, tout en tenant compte de la polarisation diélectrique des isolants qui entourent le conducteur.

Une des difficultés de la théorie de Weber était la supposition de l'existence de deux courants contraires dans un fil. Neumann et Clausius cherchèrent en 1871 à éviter cette supposition, en se servant de l'idée de mouvement : ils admettent que seule, l'électricité positive, se meut ; l'autre, l'électricité négative, est liée à la matière pondérable. Clausius va plus loin et conserve seulement l'idée suivante : l'action réciproque de deux particules électriques ne dépend que de leurs positions et de l'état de mouvement causé par leur vitesse et leur accélération ; pour ce nouveau potentiel, ou action électrodynamique réciproque, il

admet la formule $\nu = k \dfrac{ee'}{r} \nu \nu' \cos \varepsilon$ (voir plus haut

les formules de Weber, etc., pour la signification des lettres).

Pour le potentiel de deux masses électriques e et $é$ l'une sur l'autre, la formule est

$$v = \frac{ee'}{r'}(1 + kvv' \cos \varepsilon)$$

où v et v' ne sont plus les vitesses relatives, mais les vitesses absolues des particules électriques, et ε est l'angle que font entre elles les deux directions de mouvement.

Cependant on dut, reconnaître comme inadmissible cette dépendance de la vitesse absolue, elle est seulement possible pour la vitesse relative.

Lorberg essaie alors de faire intervenir l'effet du milieu environnant, ce qui revient à admettre l'hypothèse de Faraday sur la transmission par les diélectriques ; or Maxwell avait déjà repris cette idée de Faraday, comme nous l'avons dit. Le temps intervient comme facteur. Gauss s'en était préoccupé. Riemann avait fait en 1858 à Goettingue un exposé, paru en 1867, fondé sur une formule de *Laplace-Poisson*, du potentiel électrique de deux particules électrisées agissant l'une sur l'autre. Si V est le potentiel, on a :

$$\frac{d^2V}{dt^2} = \alpha^2 \left[\frac{d^2V}{dx^2} + \frac{d^2V}{dy^2} + \frac{d^2V}{dz^2} \right] + \alpha^2 4\pi\rho,$$

où α est une vitesse ; si c est la constante de Weber, $\alpha = \frac{1}{2} c^2$; ρ est la densité électrique.

Ainsi la propagation de l'électricité dépend de t, de la densité électrique, et de la constante α. Celle-ci se trouve représentée presque par le même chiffre que la vitesse de la lumière. Dans une étude de 1871, sur la nature de l'électricité, *Edlund* arrive aux mêmes idées sans les connaître : il prétend expliquer les deux électricités, statique et dynamique, au moyen d'un seul fluide, qui, selon toute probabilité, est l'ether. Il suppose que ce fluide existe non seulement dans le vide, mais dans tous les corps pesants, et il admet que les molécules s'y repoussent en raison inverse du carré de

leur distance ; dans les corps bons conducteurs, l'éther
se déplace facilement ; dans les autres, il adhère plus
ou moins aux molécules ; dans les gaz ou les liquides
non conducteurs, les particules d'éther se comportent
avec celles du gaz ou du liquide suivant un principe
analogue à celui d'Archimède, et où les répulsions
jouent le rôle de la pesanteur ; on ne considère que
les forces attractives et répulsives, en admettant que
l'électricité positive contient plus d'éther que l'électricité négative. Edlund se sert des formules de Coulomb,
et il les applique aux phénomènes d'influence d'électricité statique.

Dans les idées d'Edlund, le courant de décharge est·
le passage de l'éther d'un corps dans un autre ; le
courant voltaïque est le transport de l'éther d'un point
à un autre, et l'intensité du courant est proportionnelle
à la masse d'éther qui passe dans l'unité de temps. La
force électromotrice ne crée pas d'éther, elle transforme le mouvement oscillatoire qui existe sous forme
de chaleur, en mouvement de translation. Ainsi peut
s'expliquer le phénomène de Peltier : la chaleur disparaît là où la force électromotrice apparaît. Le fait que
pour recevoir de l'électricité, tout le parcours doit être
saturé, permet d'expliquer les variations observées
dans les mesures de vitesse de l'électricité dans les courants. Cette vitesse cependant doit être très grande ;
pour l'action de deux éléments électriques m et m' l'un
sur l'autre, Edlund arrive à la formule suivante, qui
correspond à une formule de Weber :

$$f = -\frac{mm'}{r^2}\left[1 + \varphi\,\frac{dr}{dt} + \psi\,\frac{d^2r}{dt^2}\right]$$

où les fonctions φ et ψ sont calculées d'après la formule d'Ampère.

Mais ces théories sont encore insuffisantes pour expliquer l'induction voltaïque : ici il faut tenir compte du milieu isolant, et puis le courant inducteur excite un courant de sens contraire. Or avec Edlund il s'agit d'un simple transport matériel, absolument incompatible avec le fait d'une action directe à distance.

En 1873, *Antoine Roiti* chercha à observer des interférences de courants tantôt dans un sens, tantôt dans un autre, au moyen de la méthode de Fizeau : il pensait que la direction du courant exercerait une influence sur des rayons lumineux, mais il n'obtint aucun résultat.

Nous voyons poindre l'idée des tourbillons chez *Hankel*, alors que chez Edlund il n'était question que de forces élémentaires d'élasticité de l'éther. Hankel imagine en 1867 des vibrations circulaires autour d'un corps électrisé ; suivant la direction des vibrations, le corps s'électrise plus ou moins. Les vibrations peuvent être transportées au loin par l'éther, et c'est l'élasticité de ce fluide qui produit des attractions et des répulsions. Une substance isolante pour l'électricité est comparable à une lame de verre pour la lumière, elle est traversée par les vibrations électriques. Dans les conducteurs au contraire, les vibrations produisent des tourbillons ; dans une boule de métal par exemple, les vibrations changent de sens en passant d'une face à l'autre ; étant de même sens que celle du corps qu'on approche sur la face qui le regarde, elles sont de sens contraire sur l'autre face, mais on ne voit pas bien ce qui cause ce changement de sens. Dans un fil, les vibrations excitent un tourbillon autour de l'axe du fil, dans le même sens que ces vibrations. Pour le phénomène de l'induction, le mouvement tourbillonnant se transmet à travers l'éther, mais ceci encore est très vague.

On vit apparaître de 1870 à 1880 d'autres théories du même genre, mais aucune ne parvint à donner une solution mathématique du problème, sans doute parce qu'on veut toujours considérer l'action à distance comme instantanée. Or il faut pour mettre en œuvre le travail du mathématicien des données plus concrètes, la considération du milieu et du temps. Ce devait être l'œuvre de *Maxwell* qui reprit une idée chère à Faraday, celle des diélectriques, et l'influence de la polarisation de ces diélectriques. On se rappelle avec quelle attention Faraday avait considéré toute sa vie les lignes de force produites autour de lui par un aimant dans un milieu isolant (ou diélectrique) comme l'air. J. Clerk Maxwell admit qu'un corps électrisé transforme le milieu environnant et le met dans un état de tension comparable à celui de lignes de force de la limaille de fer autour d'un aimant. Suivant la direction des lignes de force, il y a tantôt attraction, c'est-à-dire marche en avant, expansion ; dans le sens perpendiculaire, il y a répulsion, ou marche en arrière, pression.

Traitant cette question d'élasticité par les mathématiques, Maxwell arrive à une formule du potentiel des corps électrisés, dont le résultats correspondent à ceux des lois expérimentales de l'élasticité. La seule hypothèse qu'il fait est celle des propriétés du milieu, de l'éther, de la manière dont il est excité et entretenu en état d'agitation, c'est-à-dire de la transformation d'un mouvement électromoteur en une force pondéromotrice et inversement. L'action électromotrice est purement électrique, elle n'agit pas sur les corps, elle n'est pas mécanique ; par contre, la force mécanique n'agit jamais sur l'électricité des corps ; on se rappelle que Faraday cherchait à établir un rapport de ce genre.

Avant d'aborder les théories mathématiques de Maxwell, il convient de dire qu'il montra avec précision les rapports incontestables entre l'électricité et la lumière, et par suite l'identification de leur milieu. Ces rapports sont les suivants :

1° La vitesse de propagation de la lumière coïncide avec la vitesse de propagation des ébranlements électromagnétiques dans les corps non conducteurs ; elle est égale au rapport des unités électrostatiques et électromagnétiques. Le tableau suivant donne les chiffres obtenus pour ce rapport et pour la vitesse de la lumière :

Rapport des unités électriques		Vitesse de la lumière.	
Weber	3¹⁰ 740,000	Aberration	308.000 000 m. par seconde
Maxwell	288 000.000	Foucault	298.360.000 » »
Thomson	282.000.000	Fizeau	314.000.000 » »

2° Les indices de réfraction, pour les grandes longueurs d'ondes lumineuses, sont égaux à la racine carrée de la constante diélectrique du milieu. Ceci fut démontré avec une rigueur suffisante pour la paraffine.

3° Il existe une influence directe du magnétisme sur le plan de polarisation de la lumière, et cette influence est si profonde que c'est là-dessus que Maxwell ébaucha sa théorie électromagnétique de la lumière ; il partit de cette idée que la lumière n'est autre chose qu'un ébranlement électromagnétique.

« Quoique puisse être l'électricité, dit Maxwell, et quelque chose qu'il faille entendre par mouvements de l'électricité, le phénomène que nous appelons *déplacement électrique* est un mouvement d'électricité, en attachant à cette expression le même sens que quand on dit que le transport d'une certaine quantité d'électricité dans un fil est un mouvement d'électricité. La seule différence est que, dans un diélectrique, une force que nous avons nommée *élasticité électrique* s'oppose au déplacement et ramène l'électricité en arrière quand la force électromotrice est supprimée ; tandis que dans le fil conducteur l'élasticité électrique est constamment vaincue, de telle sorte qu'il se produit un courant de conduction et que la résistance dépend non de la quantité d'électricité déplacée de sa position d'équilibre, mais de la quantité qui traverse une section du conducteur dans un temps donné. »

Le déplacement électrique est donc une nouvelle quantité physique qui va entrer dans les calculs de Maxwell ; il ne l'assimile pas à un déplacement mécanique, mais c'est grâce à une comparaison avec celui-ci, qu'il se sert, pour le représenter, de formules analogues.

Les premières équations montrent que l'électricité est *incompressible*. Le déplacement électrique correspond à la densité électrique. L'hypothèse de Maxwell commence seulement lorsqu'il étend ses définitions aux actions électromagnétiques : il admet que les courants de déplacement exercent les mêmes actions électromagnétiques que les courants de conduction, et par suite qu'ils obéissent aux lois de l'induction. Partant de là il trouve comme relation entre les valeurs numériques d'un même déplacement concret dans les deux systèmes électromagnétique et électrostatique $\dfrac{d}{D} = \dfrac{1}{v}$ et la valeur de v se trouve coïncider avec la vitesse de propagation de la lumière.

Nous ne pouvons entrer dans le détail des travaux de Maxwell, d'autant moins qu'il faudrait expliquer bien des choses qui manquent de clarté. Ce travail a été fait par M. Duhem, et résumé par M. Potier. Nous ne ferons que citer les équations auxquelles aboutit Maxwell parce que ces équations, malgré les périodes pénibles de leur génération, se trouvent être justes. Bien qu'elle n'aient jeté aucune lumière sur le phénomène de l'électricité, elle le traduisent cependant analytiquement, et ont mérité de la part de Herz, ce mot caractéristique : « La théorie de Maxwell, ce sont les équations de Maxwell. » Si bien que Herz part de ces équations sans donner aucune autre explication. L'avenir évidemment ne saurait se contenter de telles abstractions, mais en attendant mieux, il faut au moins citer ces abstractions.

Si C est une constante variable avec le milieu diélectrique considéré, et ρ la résistance spécifique d'un milieu conducteur, enfin si μ est le facteur $1 + 4k\pi$, les composantes de la force électromotrice E sont :

1° Dans les diélectriques :

$$\left\{ \begin{aligned} \Delta_2 X_e &= \mu C \, \frac{d^2 X_e}{dt^2} \\[2mm] \Delta_2 Y_e &= \mu C \, \frac{d_2 Y_e}{dt^2} \\[2mm] \Delta_2 Z_e &= \mu C \, \frac{d_2 Z}{dt^2} \end{aligned} \right.$$

2° Dans les conducteurs :

$$\Delta_2 X_e = \frac{4\pi\mu}{\rho} \frac{dX_e}{dt}$$

$$\Delta_2 Y_e = \frac{4\pi\mu}{\rho} \frac{dY_e}{dt}$$

$$\Delta_2 Z_e = \frac{4\pi\mu}{\rho} \frac{dZ_e}{dt}$$

quelque soit le système d'unité électriques.

Ainsi Galilée et Newton avaient émis des lois simples, exprimant tous les effets de l'attraction, faciles à retenir en langage ordinaire par toute personne instruite. Plus tard, Fresnel découvre la loi générale des ondes lumineuses, à travers un magistral développement de formules mathématiques, et non seulement cette loi devient claire comme expression verbale, mais s'étend à de lointaines conséquences insoupçonnées, il est vrai qu'elle supposait un fluide hypothétique. Enfin Maxwell parvient lui aussi à de brèves formules mathématiques, mais cette fois, elles n'ont plus de correspondance verbale, et par suite ne peuvent plus rien prévoir. Faut-il espérer une explication, ou bien attendre une autre hypothèse ?

L'électricité dans le vide. — Nous avons vu les premières expériences de transport d'électricité dans le vide, ou plutôt dans les gaz raréfiés : ces premiers essais furent faits en Angleterre. *Riess*, en 1838, constata que le vide est un excellent conducteur, mais qu'il varie avec le gaz dans lequel on le produit. *De la Rive et Gassiot*, entre 1861 et 1866, obtinrent des résultats où les variations firent remarquer des anomalies ; on les expliqua par la raréfaction des molécules dont les

chocs sont le moyen de transport de l'électricité.
Edlund n'admit pas l'existence de ces molécules ;
selon lui, c'est l'éther qui est le véhicule et par suite,
le transport doit être plus facile dans le vide que dans
les conducteurs ; cependant il est forcé de reconnaître
une résistance infiniment grande dans un vide parfait,
mais cette résistance se manifeste entre l'électrode
solide et le gaz, elle est décelée par le dégagement de
chaleur qui se produit en cet endroit.

Faraday, dès 1838, avait remarqué la différence très
grande entre la lumière de l'anode et celle de la
cathode, et l'espace sombre compris entre ces deux
lumières. *Abria*, en France, en 1843, remarqua les
couches striées claires et sombres dans le vide à deux
millimètres de mercure ; *Quet*, puis *Grove* le firent
aussi remarquer. Quet avec *Séguin* les attribuent à
des couches de gaz électrisées par influence et alternativement positives et négatives.

Auguste de la Rive, à Genève, trouva que l'espace
sombre est meilleur conducteur ; il comparait les
stries à une chaine de deux métaux, comme le platine
et l'argent, où le platine seul devient incandescent par
le passage du courant électrique.

Wiedemann et *Rühlmann*, professeurs à Chemnitz
en 1871, prétendent que les particules de gaz aux électrodes sont agitées avec un telle vitesse qu'elles
deviennent lumineuses ; au delà de ces espaces, elles
perdent peu à peu leur force vive, et il ne reste plus
que celles qui en conservent encore, pour éclairer les
parties sombres ; celles-ci correspondent aux positions
de rencontre des molécules qui portent des électricités
opposées. Mais il y a d'autres phénomènes difficiles à
expliquer. *Hittorf*, en 1869, étudiant la conductibilité

électrique des gaz, montre qu'à un millimètre de mercure, tout le tube est lumineux, et que les parois du tube deviennent phosphorescentes. En outre, il montre clairement l'influence du magnétisme sur la lumière du tube, mais il s'abstient de donner une explication de ces phénomènes étranges.

C'est alors, de 1870 à 1880, que *Crookes* commence ses étonnantes expériences. Suivant les idées théoriques qu'il se fait du phénomène, il admet qu'avec la raréfaction du gaz, le parcours des molécules va en croissant, par suite l'étendue de l'espace sombre est en rapport avec ce parcours. Si celui-ci est égal à la dimension du récipient, les conditions changent, et le gaz suit des lois différentes, il parvient à un état spécial, ultragazeux, que Crookes appelle le quatrième état de la matière, l'état *radiant*. Les molécules sont chassées avec force des deux électrodes, surtout de la cathode. Ici l'espace sombre est celui où les molécules négatives se meuvent en ligne droite sans chocs jusqu'à la limite, où elles rencontrent les molécules positives.

Voici les principales conclusions des expériences de Crookes, conclusions surtout théoriques :

1. La matière radiante exerce un effet phosphorescent : cet effet est bien marqué pour le diamant, l'argile, etc. La phosphorence tient à la vitesse des molécules.

2. La matière radiante se meut en ligne droite Si on approche un pôle négatif, la paroi opposée entre seule en phosphorescence.

3. La matière radiante provenant d'un corps solide, est capable de projeter une ombre : ainsi une croix transparente interposée sur le chemin des rayons de

la cathode, projette son ombre sur la paroi phosphorescente.

4. La matière radiante exerce un effet mécanique puissant ; elle est capable de mettre en mouvement un petit tourniquet. Chacun a pu voir fonctionner les tourniquets de Crookes.

5. La matière radiante est déviée par l'aimant ; deux courants parallèles de matière radiante se comportent comme deux corps électrisés de même nature.

6. La matière radiante produit de la chaleur ; si la cathode a la forme d'un miroir creux, on pourra à son foyer fondre du platine ou de l'iridium.

En 1880, *Goldstein* fit une observation qui écarta toute idée de rapprochement entre l'espace sombre et l'étendue de parcours des molécules. Au vide de 1/125 de millimètre de mercure, la couche sombre était dix fois plus grande, et à 0^m9 de la cathode, elle était encore phosphorescente ; les rayons cathodiques s'étendaient bien au delà de l'espace sombre, contrairement à l'idée de Crookes.

IV. *Gintl* essaya d'expliquer tous ces phénomènes sans recourir à l'état radiant, en supposant simplement que des particules métalliques sont arrachées à la cathode, et projetées à distance tant que leur mouvement ne subit aucun obstacle.

Puluj, en 1880, confirma cette idée en comparant le système du tube à l'arc voltaïque dans l'air, seulement la résistance est bien plus faible dans les tubes de Crookes ; l'espace sombre est celui où la tension n'est ni positive, ni négative, mais nulle. Les bandes ou stries signifient des alternances de tension avec plusieurs zéros, les particules métalliques apparaissent nettement sur le tube où elles forment un miroir métallique ; il y a donc bien eu arrachement. La phosphorescence est due à la chaleur dégagée par le choc des ondes d'éther. Cette dernière idée est discutable, mais le bombardement de la cathode est désormais un fait établi.

Wiedemann attribuait les stries à des interférences des ondes de polarisation diélectrique. Cette idée, qui vient naturellement à l'esprit, avait frappé d'autres physiciens, mais elle n'est pas démontrable. Ces ondes parties de l'anode seraient, les unes directes, les autres réfléchies ; aux points où s'opère le maximum de mouvement, les gaz sont éclairés, aux autres non. Les rayons cathodiques perpendiculaires au mouvement passent librement à travers les gaz ; avec leur petite longueur d'onde, ils se laissent absorber par les plus minces couches de matière, et ils produisent la phosphorescence, la fluorescence, les décompositions chimiques, etc., enfin ils se réfléchissent comme les rayons lumineux.

L'Ether. — Cependant c'est l'éther qui dans toutes ces expériences, intervient comme agent principal de transport, il s'agit donc d'essayer de le définir un peu mieux   il jouait déjà le rôle capital en optique, tout s'expliquait par lui seul, et cependant il restait hypothétique. L'électricité va tenter de déceler ce mystérieux fluide. On avait remarqué quelque analogie entre les formules des courants calorifiques et électriques, et celles de l'écoulement de l'air et de l'eau dans les tuyaux minces. Les attractions et répulsions électriques montraient aussi, comme nous l'avons vu, qu'un milieu oscillant peut attirer et repousser sans qu'aucune autre force soit mise en action. Le professeur

Bjerknes, de Christiania, à l'exposition de Paris de 1881, fit certaines expériences dignes d'attention avec des tambours vibrant dans l'eau, de façon à réaliser ces attractions et répulsions.

Ces tambours étaient constitués par des anneaux métalliques de deux centimètres de diamètre, munis d'une membrane de caoutchouc de chaque côté ; les tuyaux qui soutenaient ces tambours leur envoyaient de l'air et leur en retiraient alternativement. Si l'on faisait en même temps les compressions et les dilatations des deux tambours, ils se rapprochaient. Si on faisait l'opération en sens inverse, ils s'écartaient. Et les forces agissantes étaient inversement proportionnelles au carré de la distance des tambours. Il y avait donc analogie complète avec les pôles magnétiques ou électriques de deux corps chargés d'électricité.

Si on divisait le tambour en deux parties par une cloison, et si l'on comprimait et dilatait inversement les deux moitiés, le tambour fonctionnait comme un aimant à deux pôles, qui attire d'un côté et repousse de l'autre.

On obtint les mêmes effets avec de petites boules suspendues comme des pendules à un arbre horizontal placé dans l'eau ; suivant qu'elles oscillaient dans le même sens ou en sens contraire, elles exerçaient aussi des attractions ou des répulsions ; leur action se transmet naturellement d'abord à l'eau, puis par elle aux autres corps ; une balle de liège plus légère que l'eau subit plus fortement les oscillations et s'écarte ; une balle plus lourde s'approche.

Une lame de liège placée près du tambour oscillant se place dans l'eau comme un corps magnétique ; une lame de métal se place transversalement, comme un corps diamagnétique. Enfin Bjerknes rendit visibles les mouvements de l'eau, et montra qu'au voisinage du corps oscillant, il se produit des lignes qui correspondent assez bien aux lignes de force de la limaille de fer près des corps magnétiques.

Auguste Stroh, à Londres, en 1882, fit des expériences analogues à la Société des ingénieurs des télégraphes ; il se servait de coques en bois munies d'une membrane élastique : en les faisant vibrer dans l'air, un corps en repos, une carte, etc., même la main, subissait toujours des attractions comme s'il était magnétisé.

B. Elie, en France, en 1882, fit aussi de curieuses expériences avec des boules tournant dans l'eau : deux boules placées à côté l'une de l'autre et tournant dans le même sens, se repoussent. Si elles tournent en sens contraire, elles s'attirent. Placées l'une au-dessus de l'autre, elles agissent inversement.

Enfin on observa l'action réciproque de deux diapasons dans l'air, elle est identique aux actions des expériences précédentes. Toutes ces recherches montrent naturellement la tendance des phénomènes à subir la gravitation. Cependant il y a aussi des analogies évidentes avec la théorie des ondes lumineuses, et avec les effets de l'électricité : nous allons voir bientôt que les équations des ondes lumineuses sont identiques à celles des oscillations électriques d'après les recherches des successeurs de Maxwell. Mais nous avons encore d'autres expériences à rappeler sur le frottement, et surtout le grand développement de l'électrotechnique à montrer, avant de parler des découvertes tout à fait actuelles.

Frottement et chaleur. — Nous allons d'abord exposer toute une série de phénomènes où l'on constate qu'il se dégage de l'électricité. D'abord la plus ancienne manière d'exciter de l'électricité, le frottement, demandait quelques améliorations : *Hagenbach*, en 1872, montra que l'électricité de frottement dépend de la structure de la surface, de la manière de frotter, souvent d'autres causes plus intimes : la soie noire et la soie blanche ne dégagent pas la même électricité : on savait cela déjà depuis les fameuses expériences de Symmer, où l'électricité semblait être devenue une question de bas de soie.

Volpicelli, en 1872, observa que les fils de métal ployés dégagent de l'électricité ; ce n'est pas un phénomène thermoélectrique, car l'électricité cesse de se manifester dès que le mouvement s'arrête.

Joulin, en 1873, remarqua un dégagement d'électricité aux courroies de transmission ; il s'assura que ce n'est pas le frottement qui produit cette électricité, en interposant du papier entre la courroie et la poulie, et il constata que la cause du phénomène est la suppression brusque de l'adhérence entre la poulie et la courroie.

Zollner, la même année, observa que les liquides en tuyaux capillaires, et le frottement des liquides sur les solides donnent de l'électricité et provoquent des déplacements.

Ces phénomènes auxquels on appliqua le nom de *convection* furent étudiés en 1879 par Helmholz, qui en fit l'objet d'une théorie mathématique en les expliquant par l'action directe de l'éther sur la matière pondérable. Pourtant on en chercha aussi la cause dans des différences thermiques capables de causer des altérations chimiques, etc.

Bouty montra que deux plaques métalliques égales placées dans un fluide, et soumises dans leurs diverses parties à des températures différentes, développent une force électromotrice.

Hoorweg conclut de là que toute électricité de frottement a pour cause la chaleur : par l'effet du mouvement, une énergie thermique disparaît, elle est remplacée par une énergie électrique. Il n'est pas nécessaire d'invoquer d'autre raison, pas plus la capillarité que l'osmose, l'évaporation, la dissolution, etc.

Electro-technique. — Ce terme, l'électro-technique, fut employé pour la première fois à l'Exposition de Paris en 1881. C'est en France que les principaux progrès avaient été réalisés, et c'est là aussi, peut-on dire, qu'ils avaient réellement pris naissance, avec la machine de Pixii et d'Ampère. L'électro-technique désigne en effet toute l'industrie qui a pour base l'électricité et son emploi surtout sous forme de mouvement. L'appareil de Pixii, suivi de celui de Clarke, eut une fécondité vraiment prodigieuse, alors que la pile de Volta n'aboutissait avec Davy qu'à produire l'arc voltaïque ; bien plus tard, la pile Leclanché servit à construire le télégraphe, et les appareils de signaux, qui sont aussi de l'électro-technique.

La machine de Pixii et d'Ampère, qui date de 1832, tirait sa faiblesse de l'emploi de l'aimant, et son irrégularité provenait du mouvement d'approche et d'éloignement de ce même aimant. Il fallait remédier à ces deux défauts, et on attendit longtemps. Ce n'est qu'en 1866 que *Wilde* remplaça l'aimant par un électro-aimant, ceux-ci ayant fait de grands progrès depuis Ampère ; cet électro-aimant était excité par une petite machine magnétique. En décembre 1866, *Siemens* écarta l'emploi de cette petite machine, ayant reconnu que l'électro-aimant suffisait seul, tout noyau de fer gardant un peu de magnétisme, comme l'avaient montré bien des expériences antérieures : théoriquement, les effets du magnétisme rémanent sont illimités, mais il n'en est pas tout à fait ainsi en pratique.

Au même moment, en Angleterre, *Murray*, *Wheatstone*, *Varley* construisaient des machines tout à fait semblables ; même au mois de moi 1867, à l'Exposition de Londres, *Ladd* présenta une machine à deux inducteurs. On peut dire que l'idée était dans l'air, comme cela s'est passé plus d'une fois dans l'histoire des sciences ; toutefois il fallait un éclair de génie pour rendre cette idée tout à fait pratique ; c'est à un simple ouvrier, à *Gramme*, en 1868, que revint l'honneur de franchir la difficulté, en supprimant le second défaut de la machine d'Ampère, l'irrégularité. L'emploi de l'électro-aimant en s'approchant et s'éloignant gardait les mêmes défauts que l'aimant, à cause de sa forme en fer à cheval. Il est vrai que *Pacinotti*, en 1860, avait construit une petite machine en forme d'anneau, mais aucun technicien n'en avait saisi l'avantage, et même en 1868, lorsque Gramme, abandonnant un travail qui le faisait vivre, se mit à construire son anneau, les techniciens traitèrent son idée d'absurde, et l'un d'eux, qui était un ingénieur officiel, lui dit que si sa machine fonctionnait, c'est qu'elle avait un défaut de construction ; d'après les savants, l'électricité produite devait se perdre à mesure et instantanément.

Donc, au lieu d'un fer à cheval, Gramme construisit un anneau circulaire ; les deux pôles, sous forme de deux demi-cercles, emboîtaient exactement l'inducteur. Il se produisait naturellement un changement de sens du courant à chaque bobine, mais un commutateur, dérivé de celui d'Ampère, redressait chaque fois le courant. Gramme créa d'ailleurs de nombreux types de machines fondés sur ce principe et susceptibles d'applications immédiates. Les frotteurs ou balais métalliques remplaçaient très avantageusement les galets de Pacinotti et communiquaient avec les bornes auxquelles se fixent les fils du circuit extérieur. Le principe était si fécond qu'une quantité innombrable de machines en sortirent aussitôt, et que le monde est maintenant en train d'être conquis par les moteurs électriques. La révolution est aussi grande au moins, que celle produite par l'apparition de la machine à vapeur.

La forme d'anneau fut transformée en carré, puis en tambour par *Werner Siemens*, mais le résultat est moins heureux ; c'est l'anneau *Gramme*, en somme, qu'on rencontre presque partout. *Edison* contribua à améliorer son rendement, il réduisit la résistance à une valeur minime en remplaçant les fils intérieurs par des barres de cuivre. *Burgin*, *Brush*, et bien des constructeurs apportèrent d'autres améliorations de détail.

L'immense avantage de ces machines était la possibilité de leur inversion. La génératrice pouvait devenir réceptrice et inversement. Et surtout la force allait pouvoir être transmise à grande distance par un simple fil : deux machines dynamo-électriques identiques sont reliées l'une à l'autre par un circuit métallique d'une longueur quelconque ; si on applique à l'une d'elles le travail moteur d'une machine à vapeur, d'une chute d'eau, etc., elle développera un courant qui, au moyen du fil, mettra en mouvement la seconde machine.

La distance des stations dépend de la grosseur du fil. Les premières expériences de transport de la force à distance commencèrent après la guerre de 1870-71. L'Allemagne, poussée par son instinct industriel, fut des premières à utiliser ce mode d'énergie à Francfort, puis à Berlin, pour des tramways.

Puis ce fut le tour de la lumière électrique qui éclaire maintenant la plupart des villes importantes.

Dans certains pays, riches en force hydraulique, comme la Suède, la Suisse, il est question d'employer uniquement l'électricité comme force motrice pour le réseau entier des chemins de fer.

Il n'est qu'un domaine où l'électricité comme moteur n'ait pas encore réussi à s'implanter, c'est le domaine marin. La vapeur et le combustible sont toujours les maîtres de la navigation. C'est qu'il faut encore un fil à l'électricité pour se transporter dans l'espace ; peut-être l'avenir vaincra-t-il cette difficulté comme il l'a fait pour la télégraphie, mais les temps ne sont pas venus.

Accumulateurs. — En attendant, le seul moyen de transporter sans fil l'énergie électrique, c'est l'emploi des accumulateurs. Les observations relatives à l'inversion de la force dans la pile remontent à l'invention de la pile elle-même : c'est le courant inverse qui se produit au bout d'un certain temps, qu'on trouvait très gênant et qu'on appelait le courant de polarisation. La pile ne marchait plus, elle était polarisée. Le phénomène état plus apparent avec certaines électrodes et certaines solutions. Ainsi deux plaques de plomb plongeant dans un verre rempli d'acide sulfurique très dilué sont mises en communication avec les pôles d'une dynamo. Au bout d'un certain temps, une des plaques se couvre de superoxyde de plomb, et l'autre de plomb pur en grains. On arrête le courant, on sort les plaques du liquide et on les conserve. Longtemps après, si on les réunit l'une à l'autre au moyen d'un fil, après les avoir plongées dans l'acide sulrurique dilué, on obtient un courant, et les deux plaques reprennent peu à peu leur constitution primitive. Ce courant est plus court, dure moins longtemps, mais la force électromotrice est plus grande. On s'est servi d'un courant de polarisation artificiel pour engendrer ensuite le courant naturel d'une pile.

Le premier constructeur d'accumulateurs de ce genre fut *Planté*, 1834-1889 ; il était élève de Becquerel, puis vint *Faure*, qui perfectionna les appareils de Planté. Le défaut de ces accumulateurs, c'est leur poids et leur encombrement, sans parler de leur durée trop courte, et de leurs pertes. Il existe cependant déjà bien des tramways et des automobiles fondés sur l'emploi des accumulateurs ; il suffit qu'on puisse les recharger rapidement à certaines stations connues et régulièrement disposées, tout comme on charge du pétrole. Ce sera peut-être l'œuvre de l'avenir, encore que sur mer ce moyen semble peu pratique.

Nous avons dit quelques mots de l'invention du télégraphe qui date de Lesage à Genève, et fut mis au point définitif par l'Américain Morse. C'était en somme une invention très simple ; celle du téléphone est beaucoup plus compliquée. Elle débuta aux Etats-Unis.

Téléphone. — C'est *Charles Page*, en 1837, à Washington, qui fit les premières observations sur le son provenant des appareils électriques. Ayant placé une spirale de cuivre entre les jambes d'un aimant en fer à cheval, il observa que l'aimant chantait quand le courant était ouvert ou fermé, mais il ne poussa pas plus loin l'observation. *Wertheim, à Paris*, en 1846, en reproduisant l'expérience, reconnut que le son provient de vibrations longitudinales de l'aimant, et l'expliqua par des allongements et raccourcissements causés par l'aimantation ; en outre il reconnut un faible son transverse, et un cliquetis particulier qui semblait courir le long du fil, semblable à des coups précipités suivis d'interruptions.

Reiss, professeur à Hambourg, essaya d'organiser des signaux acoustiques avec ce bruit : son appareil transmetteur était une membrane tendue qui, à chacune de ses vibrations, fermait puis rouvrait le circuit de l'appareil en spirale qui constituait le récepteur, relié par un fil au transmetteur, comme dans l'expérience de Page. L'expérience eut lieu à Francfort en 1861 ; on entendit, paraît-il, des mélodies provenant d'une maison située à cent mètres de distance, toutes les portes étant fermées. D'autres expériences montrèrent que la plaque vibrante peut transmettre les sons du piano, du cor, de la clarinette, etc., mais on ne parvenait pas à transmettre la parole humaine, sauf quelques consonnes, et beaucoup de celles-ci se confondaient entre elles. En 1863, Riess construisit un autre appareil où les sons étaient reçus par une ancre suspendue comme un pendule devant un électro-aimant : on prétend que l'audition était un peu plus nette. Il semble toutefois que cet appareil ne servit qu'à montrer la possibilité du transport à distance de l'électricité.

En novembre 1865, à Dublin, *S. Yates* construisit un appareil du genre de celui de Riess, mais meilleur. En 1870, à Londres, *Cromwell Varley* se servit de languettes de métal dont les vibrations produisaient le son ; *Paul Lacour*, à Copenhague, essaya des diapasons.

A Chicago, en 1874 (l'invention passait en Amérique), *Elisha Gray* construisit un appareil où, au milieu d'une membrane vibrante qui recevait les sons, se trouvait un stylet de métal placé en face d'un autre placé dans un fluide mauvais conducteur. Mais la grande innovation, qui allait en somme constituer vraiment l'invention du téléphone, c'est que le récepteur était une plaque attirée par un électro-aimant, et reproduisant exactement les mouvements de la plaque du transmetteur. Cette fois la parole était transmise. Fait bien curieux, au même moment, *Graham Bell*, en Angleterre, prenait un brevet pour un appareil dont les deux parties étaient tout à fait semblables au récepteur de Gray. Le téléphone était trouvé, d'une manière indépendante, en Amérique et en Angleterre ; il était bien différent de celui de Page, borné aux vibrations d'un électro-aimant et incapable de progrès avec les vagues améliorations de Riess, Wertheim, etc. Tant il y a que les déductions ne suffisent pas pour faire une invention, il faut des idées induites.

Tout de suite après l'idée de Gray et de Bell, le téléphone allait réaliser d'immenses progrès. *Edison*, en Amérique, augmente sa portée en le reliant à une batterie de piles, et surtout l'invention du microphone le rend beaucoup plus sensible. David Edwin *Hughes*

fit cette invention à Lomsville, aux Etats-Unis, en
1878 ; né à Londres, et en relations avec Edison, il
imagina le microphone à la suite d'une conversation
avec celui-ci. Il fallait décidément que le téléphone
fût américain. L'idée était la suivante : chaque oscillation produite par une résistance dans l'intensité d'un
courant électrique, en un point quelconque de ce courant, se transmet dans tout le circuit ; si on interpose
en un point des résistances correspondant à ces oscillations, celles-ci seront renforcées. Mais il s'agissait de
trouver la solution du problème, la réalisation de ce
renforcement. Elle était simple, mais ne fut pas
aperçue dès l'abord. Hughes essaya des allongéments
et des raccourcissements du fil conducteur ; un hazard
le mit sur la voie. Ayant brisé le fil, et voulant réunir
les deux bouts, il entendit distinctement au voisinage
du téléphone les bruits des parties brisées. L'idée de
la résonance lui traversa l'esprit : sur une boîte de
résonance, il appliqua deux styles du fil conducteur
distants de un millimètre, et les relia librement au fil
lui-même : le microphone était trouvé, le son renforcé. Il fit mieux encore ; sur la boîte de résonance il
fixa deux petits disques de charbon de cornue, et plaça
entre eux un style de charbon de cornue librement
relié au fil. Il entendit alors distinctement les moindres bruits, même le bruissement d'une mouche sur
la boîte de résonance.

Il paraît que R. Lüttge, de Berlin, prit la même
année un brevet fondé sur ces mêmes principes, mais
l'appareil ne fut pas répandu, peut-être pas même exécuté. Une idée ne suffit pas pour résoudre un problème, il faut la solution complète.

On employa le téléphone pour résoudre le problème

inverse, celui des résistances. Dans ce but, *Edison* construisit l'instrument appelé *Micro-Tasimètre :* au téléphone, il adapta un galvanomètre à miroir de Thomson, grâce auquel il parvint à mesurer une différence de pression d'air de $1/10^e$ de pouce. Cet instrument fait aussi fonction de thermomètre, car la chaleur, comme la pression, modifie la résistance et par suite la force du courant. Il est encore plus sensible que la pile de Melloni, au point qu'il sert aux navigateurs pour leur signaler l'approche des icebergs.

La *balance d'induction* est fondée sur des principes analogues. Imaginée par *Hughes*, elle est formée de deux bobines inductrices enroulées en sens contraire, et de deux bobines induites enroulées dans le même sens, de sorte que les courants produits sont de sens contraire, et si la construction est bien faite, se détruisent exactement. Dès qu'un des courants l'emporte, le téléphone parle. Si on introduit une pièce d'or dans une seule bobine, on entend un bruit très fort ; une pièce exactement pareille introduite dans l'autre annule le bruit. On peut ainsi percevoir de minimes différences de poids, de titre, ou de température. On a tenté d'appliquer cette balance à la prospection des mines, ou bien à la recherche des métaux dans la mer. On s'en servit pour localiser la balle dont fut assassiné le président Garfield. Actuellement on a de meilleurs rediomètres.

Photophone. — Le téléphone suggéra l'idée de se servir directement de la lumière, ou de la chaleur, sans fil, puisque ces forces suffisent à créer des variations de courant. Le *sélénium* trouva ici une application spéciale. *Knox*, en 1837, reconnut qu'il devient conducteur lorsqu'il fond. *Hittorf*, en 1851, le reconnut comme conducteur à l'état cristallin, *Willoughby Smith*, en 1873, à Londres, s'en servit pour constituer la grande résistance aux essais du câble sous-marin ; son assistant *May* découvrit que sa résistance est moindre à la lumière que dans l'obscurité. *W. C. Adams* le reconnut sensible à la lumière froide de la lune. *Bell*, un des inventeurs du téléphone, avec l'aide de son ami *Taiter*, l'employa pour construire un photophone, ou appareil résonnant à la lumière, qu'il présenta en 1880 à la Société Américaine pour le Développement des Sciences. L'appareil était composé d'un miroir plan de mica argenté, derrière lequel on parlait ; le mica était nécessaire pour subir des oscillations ; la lumière solaire était concentrée sur ce miroir par une lentille ; on remarqua qu'une simple lampe à pétrole pouvait suffire. Les rayons étaient reçus par un récepteur parabolique muni de sélénium à son foyer. La distance était de 213 mètres, et les sons furent très bien reproduits.

Cet instrument permet aussi d'entendre des sons produits par la lumière concentrée sur des plaques de corps solides ; avec des liquides, on entend très peu de chose ; avec des gaz, facilement. *Mercadier* donna à ces études le nom de *radiophonie*, et *Bell* tenta de l'appliquer aux astres. En 1880, *Janssen* à Meudon, essaya ainsi d'écouter les bruits du soleil, mais il n'entendit rien.

Ondes électriques. — Ces rayonnements nous ramènent aux théories électriques. Les pressentiments géniaux de Maxwell restèrent pourtant assez longtemps à l'état d'hypothèses. On n'avait aucune idée que l'élec-

tricité pût se propager autrement que par des conducteurs. Mais si l'on n'en avait pas idée, on faisait pourtant sans le savoir des expériences d'ondes électriques :
l'Américain *Henry* avait observé les effets électriques
d'une bobine sans conducteur à un intervalle de deux
étages. D'autres avaient éprouvé des effets de ce genre,
mais ce n'est qu'en 1888, que *Hertz*, en Allemagne,
attira l'attention sur les phénomènes de décharge oscillante d'un condensateur. Ainsi la bobine de Ruhmkorf donne des courants alternatifs à périodes très courtes. Hertz rendit sensibles les effets de ces courants
au moyen de ses ingénieux résonateurs. Il est curieux
de voir l'idée de résonateurs appliquée à l'électricité,
comme elle avait été appliquée à la recherche du timbre par Helmholtz : il semble que l'oreille allemande
est particulièrement sensible aux bruits scientifiques
comme aux sons musicaux.

Il était clair cette fois que l'électricité se transmet
à distance sans conducteur, pourvu qu'elle provienne
d'oscillations d'un courant, de vibrations. L'idée se
présenta alors naturellement d'assimiler les oscillations
électriques aux oscillations lumineuses, et d'essayer
de calculer leur longueur d'onde. Les résultats donnèrent des chiffres très supérieurs à ceux des longueurs
d'ondes lumineuses. On chercha à les réduire en augmentant le nombre de décharges par seconde, et on
arriva à des longueurs de six millimètres, correspondant à cinquante milliards de vibrations par seconde.
On se trouve encore loin des ondes du spectre visible ;
il suffirait pourtant de multiplier le nombre obtenu
par dix mille pour arriver à la teinte orangée du spectre
et par suite pour impressionner la rétine. C'est donc
Hertz qui apporta le premier une confirmation aux

vues de Maxwell. D'autres expériences vinrent ensuite, qui établirent une correspondance absolue entre les phénomènes électriques et lumineux.

Quant à la théorie, Hertz ne parvint pas à la faire progresser. Ne pouvant l'établir sur des bases solides correspondant aux faits observés, il se contenta de poser en principe les équations de Maxwell, sans les expliquer, et de partir de là pour exposer la mécanique des nouveaux phénomènes. Peut-être sa mort prématurée l'empêcha-t-elle de pousser plus avant la solution du problème.

Pour mieux établir les analogies de la lumière et de l'électricité, on essaya avec les ondes électriques de produire des effets d'interférences, de réflexion, de réfraction, de double réfraction. Les corps conducteurs et les électrolytes jouent le rôle des corps opaques en optique, les isolants jouent le rôle de corps transparents. Ainsi les métaux arrêtent comme un écran les ondes électriques.

Quand il s'agit des diélectriques, les équations différentielles de la théorie élastique expliquent très bien les phénomènes, et M. *Blondlot* qui en a fait l'application a pu montrer par expérience que la vitesse de l'électricité qui se transmet par ondes est égale à celle de la lumière, résultat d'un intérêt capital. Pour les conducteurs, c'est tout différent, et nous avons déjà montré les grandes variations dans les résultats obtenus ; les chiffres sont d'ailleurs très inférieurs à ceux qu'on obtient pour les diélectriques, ce qui montre bien l'opacité des métaux pour les ondes électriques.

La possibilité une fois établie de transmettre à distance l'électricité sans conducteur, il semble qu'il n'y avait qu'un pas à faire pour constituer la télégraphie sans fil. Cependant le résultat était aussi inaccessible comme réalisation qu'il avait paru inconcevable avant la démonstration de Hertz. Le point de départ fut découvert par *Branly*. Guidé par le même phénomène qui avait hanté l'existence de Faraday, le spectre magnétique, la limaille de fer, il avait remarqué, peut-être aussitôt que les expériences de Hertz, qu'un tube à limaille au voisinage de décharges électriques, leur est sensible et devient conducteur ; une simple secousse interrompt cette conductibilité. En somme, Branly observait la production d'ondes avec une simple machine électrique à frottement, aussi bien que Hertz avec une bobine de Rumkorf. Mais naturellement, l'effet est bien plus énergique avec cette dernière. Il suffit alors d'appliquer le dispositif de Hertz au tube de Branly qu'on appela *cohéreur*, de munir celui-ci d'un ressort lui donnant une secousse à chaque oscillation, et la télégraphie sans fil était créée. Ce fut l'œuvre simultanée de *Marconi* et de *Popof* ; ce n'est en somme qu'une télégraphie optique à longueurs d'ondes relativement très grandes. C'est de la lumière invisible.

Électro-optique. — Nous arrivons aux effets réciproques de l'électricité et de la lumière, de ce qu'on a appelé l'électro-optique. L'effet *Doppler-Fizeau* consiste dans une modification de longueur d'onde que subit un rayon lumineux en mouvement. On cherchait l'influence d'un aimant sur un rayon lumineux. Faraday au moyen d'un aimant, obtint seulement un changement de direction de la vibration. *Zeemann* alla plus loin et obtint l'effet auquel est attaché son nom : le magnétisme agit sur une source lumineuse monochromatique, il modifie la durée de sa période et la polarise; au spectroscope, au lieu d'une raie unique, on voit apparaître, suivant la direction où l'on observe, un doublet ou un triplet de raies. Dans certains cas, *Cornu* et *Becquerel* ont observé un quadruplet. Ce phénomène était prévu par les expériences et la théorie de Rowland : le transfert d'une charge électrostatique équivaut à un courant dans le sens du mouvement.

Un autre effet remarquable (1875-1880) est le phénomène de *Kerr*. Lorsqu'un isolant solide ou liquide est électrisé, il devient biréfringent, lentement s'il est solide, immédiatement s'il est liquide. Cette double réfraction est comparable à celle que produit une traction ou une compression dans une lame de verre.

Les radiations des tubes de Crookes devaient engendrer de nouveaux phénomènes étranges. *Lénard* observe que les rayons de Crookes traversent une mince couche d'aluminium étendue sur l'ampoule, ensuite ils se diffusent et déchargent rapidement les corps conducteurs électrisés ; ces rayons se propagent dans les gaz raréfiés, etc. On se trouve donc là en présence d'un nouveau mode d'ondulation de l'éther à travers le vide, semblable à l'onde lumineuse. On se rappelle les explications de Crookes, le bombardement de la cathode, et l'état radiant du gaz raréfié, ce qui fit présumer l'électricité négative des rayons cathodiques. Une expérience de *Perrin* précisa le sens de la déviation magnétique de ces rayons cathodiques.

A la suite de cette expérience, *Becquerel* et *J. Thomson* purent calculer la vitesse de propagation de ces rayons, et la trouvèrent d'autant plus grande que la déviation est plus petite ; on l'estimé actuellement au tiers de la vitesse de la lumière. Elle est indépendante de la nature des gaz, d'après les expériences de *Perrin* et *Villard*, ce qui n'infirme en rien la théorie des ondes électriques.

Ces résultats, le mouvement de molécules très petites, et le rapport constant de la masse à la charge de la molécule, amenèrent les théoriciens à envisager une nouvelle hypothèse de constitution de la matière. J. Thomson entra dans le développement de cette théorie, et il étudia même la constitution de la matière au voisinage d'une plaque métallique qui reçoit les rayons violets.

Les rayons magnéto-cathodiques, signalés par *Broca*, sont étudiés par *Villard* : ils sont déviés perpendiculairement à la force électrique, ce qui est conforme à l'action du champ magnétique, tel qu'il est défini par la loi de Laplace.

Rayons X. — Nous arrivons aux fameux rayons Roentgen, qui datent de 1895. Ce savant dirigeait un jour les rayons d'une ampoule cathodique enveloppée de papier noir, donc opaque aux rayons ultra-violets, sur une plaque recouverte de platino-cyanure de baryum : il observa que l'excitation de l'ampoule était toujours capable de provoquer la phosphorescence. Mieux encore, il réussit à impressionner une plaque photographique encore enfermée dans sa boîte. — Ce fut une stupéfaction : on avait affaire à des rayons qui traversent les corps opaques, non conducteurs ; cependant, après les expériences de Hertz et la théorie de Maxwell, l'étonnement aurait dû être moindre. On savait en effet que les corps diélectriques se comportent pour les royans électriques comme les corps transparents pour la lumière. N'importe, c'était un phénomène extraordinaire: ces rayons sont très pénétrants, ils ne sont pas déviés par un champ magnétique ou électrique, et ils ne transportent point de charges électriques. On ne réussit pas à leur faire produire des effets d'interférence ou de polarisation. D'après *Stokes*, ce seraient des ondes *solitaires*, comparables à ce qui se produit en hydraulique quand on lève une vanne, ils n'ont pas de périodicité. Les rayons secondaires de M. *Sagnac* sont également curieux : lorsque les rayons Roentgen traversent des corps lourds comme le plomb, ils se transforment en rayons plus absorbables que les rayons générateurs ; ce phénomène est assez comparable à la transformation d'un rayon lumineux en un rayon de couleur différente. Quant aux rayons Roentgen, ils ont donné naissance aux belles expériences de médecine et de chirurgie qui ont fait leur célébrité. La guerre actuelle les utilise constamment pour localiser dans le corps des blessés les éclats d'obus ; avec trois positions de l'appareil, l'éclat est exactement localisé en moins d'une minute. Les tubes radiographiques font partie essentielle du matériel d'ambulance et d'hôpital de guerre, et voilà le résultat d'une découverte due à peu près au hazard, entre les mains d'un savant.

Une autre découverte devait suivre celle-là, tout aussi inattendue, encore plus étrange, et due cependant à des recherches patientes et obstinées, à M. et Mme Curie. C'est la découverte du *radium*. Le docteur *G. Le Bon* et *Henri Becquerel* étudiaient l'action des sels d'uranium sur les plaques photographiques. Ils observèrent une série de phénomènes ; ces sels ont la propriété de rendre l'air conducteur de l'électricité ; les rayons qui en émanent traversent le papier, les métaux, sans subir ni réflexion ni réfraction, et cela d'une ma-

nière spontanée, sans excitation quelconque. Les sels
conservent ce pouvoir extraordinaire en dépit des
combinaisons chimiques. Il en est de même des sels
du Thorium ; on donna à ces phénomènes le nom de
radioactivité.

Ce fut l'œuvre patiente de *M. et M*^me *Curie*, aidés de
M. *Bémond*, de résoudre un problème si fascinant. Il
s'agissait de trouver quelle est la substance, dans
les sels d'Uranium et de Thorium, qui possède une
aussi surprenante faculté, et de voir si ,une fois isolée,
les effets de cette substance ne seront pas encore bien
plus grands. Le minéral qui fournit le plus de sel
d'Uranium est la pechblende de Joachimstahl en
Bohême. Pendant plusieurs années, M. et Mme Curie
firent le triage de cette matière, en imaginant des
radiomètres de plus en plus sensibles pour séparer
les parties actives de celles qui sont inertes ; de
plusieurs tonnes de pechblende, ils ne conservèrent bientôt plus que quelques grammes, et
encore d'un sel d'une substance qu'ils appelèrent
le *radium*. Mais alors les effets en sont si grands,
et si dangereux pour le corps humain (un savant
en est mort, Becquerel) que Curie disait : « Si
je savais qu'il existe une livre de radium dans une
chambre, je n'oserais pas y entrer ». Non seulement
les rayons du radium traversent tous les corps, mais
ils conservent indéfiniment cette propriété : il existe
là une source intarissable d'énergie, sans travail ni
cause apparente, et ce fait déroute toutes les idées de
la science. Mieux encore, on est parvenu à observer
la transmutation d'un corps simple comme le radium
en un autre, l'hélium, avec des passages intermédiaires, par l'émanation. On est en voie de découvrir le

passage graduel de l'hélium à l'uranium, et peut-être de celui-ci au plomb. Evidemment il ne s'agit plus de transmutations rapides comme l'alchimie prétendait en faire au moyen âge, mais ce sont des transformations réelles ; peut-être que nous assistons aux derniers vestiges des phénomènes qui ont été à l'origine des choses et qui ont contribué à la constitution de tout notre monde solaire.

Les rayons *Becquerel*, analogues à ceux de l'Uranium, ont été divisés par ce savant en trois catégories : les rayons γ ou rayons X ; les rayons β, ou rayons cathodiques, formés d'électricité négative et déviés par l'aimant, et dont la vitesse se rapproche de celle de la lumière ; enfin les rayons α déviés en sens inverse des rayons cathodiques, formés d'électricité positive, et dont la vitesse est plus faible que celle de la lumière.

L'*émanation* du radium et de *l'hélium* résultent des recherches de *Ramsay* et de *Soddy* et leur étude sort de l'électricité pour toucher à la chimie. On s'en sert cependant en électricité, ils rendent l'air conducteur, et on cherche à aborder avec eux la recherche encore problématique de la lumière sans chaleur.

Pour finir ce qui touche aux radiations, disons un mot de la mécanique des électrons, question encore bien complexe. Cette mécanique repose sur une application des équations de Maxwell aux expériences de Rowland : on détermine le rapport de la vitesse v de la molécule à la vitesse V de la lumière ; on mesure v et on détermine aussi le rapport $\dfrac{e}{m}$ c'est-à-dire entre la charge et la masse. On fait intervenir encore bien d'autres considérations nouvelles très complexes, et on arrive à trouver que la masse varierait avec la vitesse à partir de cent mille kilomètres par seconde. Ainsi la matière ne serait pas autre chose que de l'électricité en mouvement. Et voilà où conduisent les radiations électriques, à ce qui semble de la pure fantaisie. Signalons enfin l'amélioration récente apportée aux tubes de Crookes par l'Américain *Cooper-Hewitt :* en se servant d'électrodes de fer et de mercure, il obtient par la vapeur de mercure une lumière très vive, utilisée industriellement.

En ce moment, ce qui semble ressortir de l'étude de tous les phénomènes électriques, c'est leur lien intime avec les phénomènes lumineux, et la naissance de cette science qui a reçu des applications dans la guerre, l'électro-optique.

Résumé. — Essayons maintenant de dégager la suite des idées au cours du XIX° siècle, en électricité.

L'expérience fortuite de Galvani conduit à la pile de Volta. Les courants de celle-ci, décelés par la balance de Coulomb, dévient l'aiguille aimantée d'Oerstedt. Les aimants sont réduits à des courants par Ampère qui pose les lois des phénomènes électromagnétiques, et réalise le premier, avec Arago, la rotation d'un aimant par un courant.

Faraday fait l'inverse d'Ampère, il produit un courant par le mouvement d'un aimant et fonde ainsi l'électrodynamique qui se servira d'une force naturelle, le mouvement de l'eau, pour créer des courants, c'est-à-dire de la force. La réalisation pratique est l'œuvre d'un ouvrier, Gramme ; de là sort, outre le transport de la force, l'éclairage électrique.

De la pile de Volta sortent encore le télégraphe, la galvanoplastie, puis le téléphone.

Des premières machines d'induction sortent la bobine de Ruhmkorf, les tubes de Crookes, et enfin, les dernières découvertes du siècle, les rayons X et la télégraphie sans fil.

L'enchaînement est aussi clair que logique : du faible courant de Volta, on arrive aux ondes électriques capables de traverser l'espace sans conducteur.

Quant aux théories électriques, elles se sont successivement rapprochées de celles de toutes les autres parties de la Physique. D'Ampère à Weber, la théorie de l'attraction l'emporte : le théorème de Green est encore une application de l'analyse à cette théorie. Helmholtz et W. Thomson émettent une doctrine de transition. Maxwell envisage l'une après l'autre la théorie des ondes lumineuses de Fresnel, celle de la chaleur de Fourier, celle de l'élasticité de Lamé. Pour d'autres physiciens, l'analogie la plus frappante est celle des ondes liquides, tout comme ils trouvent dans les autres phénomènes électriques de grandes analogies avec l'hydraulique.

Seuls les phénomènes acoustiques, encore qu'ils aient à l'origine servi de modèle aux ondes lumineuses, n'ont fourni aucune formule à l'électricité, parce qu'ils n'ont lieu que dans l'air, l'éther ne les transmet pas.

Quant à l'origine de toutes ces ondes, depuis les ondes liquides jusqu'à celles de Hertz, ce ne peut être qu'un choc ; ce choc n'infirmerait en rien les théories ondulatoires, mais l'électricité, comme la lumière, comme le son, proviendrait d'une cause matérielle.

Maxwell nous a laissé le souci de deviner la nature de ses propres hypothèses.

Au point de vue historique, ce qui frappe au XIX⁰ siècle, c'est la rapidité de son développement scientifique. C'est la diffusion de la science sur toute la surface de l'Europe, et bientôt de l'Amérique, qui la fait progresser. On avait vu au moyen âge l'effet inverse se produire, l'avortement de la science chez les Arabes, comme autrefois en Chine, par suite de son emploi restreint chez des hommes privilégiés. A l'heure actuelle, les Indes même participent au progrès. Chaque pays profite des découvertes des autres, et celles-ci se transmettent avec la rapidité de l'éclair. Il n'y a pas de secrets, et l'intelligence de l'homme, identique partout, grâce à l'unité de l'espèce humaine, saisit chaque fois dans l'idée transmise ce qu'elle a d'universel, en y ajoutant son point de vue personnel. L'idée peut gagner ainsi à chaque bond, et même on dirait que la transplantation lui est favorable, comme cela se passe pour certaines plantes, ou pour certains croisements d'individus. L'homme a besoin de savoir, son esprit est avide d'idées, tout comme son corps a besoin de nourriture. Et plus il sait, plus l'espace s'étend devant lui, plus il aperçoit de difficultés et de complications dans ce qui lui reste à découvrir, témoin la fameuse théorie électromagnétique de la lumière ; elle est encore si énigmatique, cette théorie, qu'il faudra sans doute pour la résoudre, toute la clarté d'un génie français, du genre de Fresnel, ou d'Ampère, ou du moins d'un génie classique.

L'idée d'Ampère, contemporaine de celles de Fourier et de Carnot, a fait surgir la transformation de la force, et aidée de l'induction, a renversé définitivement l'ancienne idée des impondérables. Avec G. Weber, la théorie ne progresse pas, l'attraction et la répulsion ne sont pas indépendantes du mouvement, elles dépendent de la vitesse, ou plutôt de l'accélération, et ceci écarte tout rapprochement entre les forces électriques et les autres forces. Enfin avec Maxwell, l'électricité cherche à rejoindre la lumière comme mouvement de l'éther ; pourtant il reste des difficultés que la Mécanique, embarrassée, est impuissante à résoudre : les mouvements se distingueraient non en soi, mais dans la manière dont les perçoivent nos sens.

CHAPITRE III

L'Acoustique au XIX° siècle.

Depuis longtemps l'acoustique et la musique marchaient de pair. *Rameau* avait fait un traité d'harmonie fondé sur des données scientifiques. *Tartini* avait découvert certains harmoniques. Les intervalles, les consonnances et les dissonnances étaient étudiés et discutés. Les cordes vibrantes et les tuyaux sonores avaient fait l'objet de très belles études de *Daniel Bernouilli, Euler, Lambert, Riccati, d'Alembert* et *Lagrange*. L'origine du timbre avait été découverte d'intuition par *Monge* dans les harmoniques du son.

Figures des sons. — Une application pratique de la théorie des sons fut faite alors par un savant de Leipzick, d'origine slave, *Chladni*, (Chladni en langue slave signifie froid). La musique fut l'excitatrice de Chladni ; dès l'âge de dix-neuf ans, ses études de piano l'amenèrent à la théorie des sons. Il étudia les ouvrages de Bernouilli et d'Euler sur les plaques vibrantes. Par analogie, il s'intéressa aux figures qu'obtenait Lichtenberg par des vibrations électriques sur la poussière, et il chercha à en produire aussi par les vibrations acoustiques. Comme il manquait de fonds pour ses expériences il imagina de se les procurer par deux instruments de musique qu'il avait inventés, *l'euphone* et le *clavicylindre*. En Allemagne, on trouve beaucoup de curieux pour tout ce qui touche à la musique : les deux instruments de Chladni eurent une certaine vogue, mais ils sont aujourd'hui tout à fait oubliés, à cause surtout de leur faible sonorité. Mais ils permirent de faire de nombreuses expériences. Chladni étudia les vibrations des cloches, des anneaux, des plaques, des diapasons, des tiges, etc. A travers quelques erreurs, comme l'assimilation du diapason à une tige libre aux deux bouts et simplement repliée sur elle-même, Chladni fit des découvertes intéressantes, et devint célèbre par les figures qui portent son nom, et qui dépassèrent 200 ; les sons étaient rendus visibles.

D'un plaque de verre ou de métal on peut tirer une infinité de sons, dont les rapports sont très compliqués. Chladni avec ses figures sonores montra le rapport entre le son obtenu et les mouvements vibratoires de la plaque, divisée de diverses manières. Dans une séance de l'Institut, Napoléon, en 1810, fut frappé de ce phénomène, et fit mettre au concours avec un prix de 3.000 francs l'explication théorique. C'est *Sophie Germain*, la célèbre mathématicienne, qui imagina le meilleur moyen d'aborder la question ; en appliquant sa méthode, *Lagrange* trouva l'équation

$$\frac{d^4w}{dx^4} + 2\,\frac{d^4w}{dx^2dy^2} + \frac{d^4w}{dy^4} = F(x,y)$$

où w donne les déplacements verticaux de tous les points du feuillet moyen de la plaque mince. Plusieurs mathématiciens s'attachèrent à l'étude de cette équation du quatrième ordre , que Lagrange avait laissée dans ses papiers sans la démontrer. Poisson, Cauchy, Kirchhof, Clebsch, Boussinesq, Wheatstone en 1833, et on n'est point encore fini de la discuter.

Vibrations longitudinales, torsionnelles, etc. — Chladni, lui, ne faisait que des expériences. C'est lui qui, dès 1787, avait remarqué les vibrations longitudinales des plaques; il prêta l'attention à la différence du son produit suivant que l'archet est perpendiculaire aux cordes ou très oblique par rapport à elles, et il essaya alors de les faire vibrer suivant leur longueur avec le doigt frotté de colophane : les sons longitudinaux sont toujours élevés de plusieurs octaves au-dessus des sons transversaux. Les rapports entre ces deux catégories de sons restèrent longtemps incertains, de même qu'avec les sons harmoniques qui divisent la corde en parties aliquotes vibrant séparément entre les nœuds. Toutefois le son longitudinal est en rapport inverse, comme nombre de vibrations, avec la longueur de la corde, mais l'épaisseur et la tension de celle-ci semblent sans influence. Les tiges, elles aussi, ont des vibrations longitudinales encore plus faciles à déceler. Une tige de verre fixée par le bas, frottée avec un linge humide ou de la pierre ponce produit un son, et si on touche le milieu avec le doigt, on obtient immédiatement l'octave. Chladni étudia ainsi 26 substances : le bois, l'os, l'étain, etc. Il imagina un tonomètre formé d'une tige dont les vibrations étaient rendues visibles ; le nombre de vibrations fut comparé à la longueur de la partie oscillante; il est inversement proportionnel au carré de cette partie. Les vibrations tortionnelles des tiges font encore partie de l'œuvre de Chladni. La tige est mise en vibra-

tion par le frottement ; en la touchant, on la divise
en parties, comme longitudinalement, mais le son est
une quinte plus bas. Le rapport des deux modes de
vibrations est exprimé par 3/2 d'après Chladni.
Muncke trouva 1,6, *Poisson* par l'analyse mathématique trouva 1,5811 ou $\frac{1}{2}\sqrt{10}$, et les expériences de
W. Weber confirmèrent ce dernier chiffre. Quant aux
anneaux et aux cloches, des expériences faites à Pétrograd vérifièrent les théories d'Euler et de Golowine.

Propagation du son. — Après la production du son,
vient l'étude de sa propagation. Dans l'air, elle avait
été mesurée depuis longtemps, et reconnue comme une
suite d'ondes concentriques. Mais bien des particula-
rités peuvent se présenter : la propagation du son dans
les tuyaux avait été étudiée dès 1762 par *Daniel Bernouilli*, qui était arrivé aux lois suivantes. Dans les
tuyaux ouverts, il se produit toujours un nœud au
milieu, et un ventre à chaque extrémité, mais il y a
d'autres nœuds symétriques par rapport à celui du milieu et suivant la hauteur du son. Un tuyau ouvert
peut rendre une série de sons dont les nombres de
vibrations sont entre eux comme 1, 2, 3... La hauteur
d'un quelconque de ces sons (octaves) est en raison
inverse de la longueur du tuyau. Le son le plus grave,
ou fondamental, a pour longueur d'onde le double
de la longueur du tuyau.

Dans les tuyaux fermés, l'onde est deux fois réfléchie
à l'entrée et au fond, et le tuyau ne rend que les harmoniques impairs, 1, 3, 5... La hauteur du son est en
raison inverse de la longueur du tuyau. Le son fondamental a pour longueur d'onde quatre fois la lon-

gueur du tuyau. Le fond du tuyau est toujours un nœud ; le milieu se trouve entre un nœud et un ventre.

Dans les gaz, la vitesse du son avait été déterminée déjà par Newton ; cette vitesse est inversement proportionnelle à la racine carrée de la densité du gaz. Chaldni fit une série d'expériences pour vérifier cette loi dans l'oxygène, l'hydrogène, l'azote, l'acide carbonique, etc. D'après la rège de Newton, connaissant la vitesse dans l'air, il était facile de la trouver dans les gaz. Mais déjà *Merrick* et *Kerby* en Angleterre avaient signalé des écarts, et Chladni les retrouva. C'est pour l'acide carbonique qu'ils sont le plus faibles. Gilbert les attribuait à l'impureté de gaz, des travaux récents ont montré qu'ils tiennent surtout aux parois des tuyaux.

Les sons forts se transmettent plus vite que les sons faibles, ce qui paraît étrange et préoccupa Laplace. Il l'attribua aux alternances de température qui influent sur l'électricité de l'air, et il modifia la formule

de Newton $v = \sqrt{\dfrac{p}{D}}$ où p est la pression et D la densité.

Selon Laplace, la formule est $v = \sqrt{\dfrac{p}{D} \cdot \dfrac{C}{c}}$ C et c étant les chaleurs spécifiques sous pression constante et sous volume constant. Il y a de grandes difficultés à mesurer ces chaleurs spécifiques ; *Challis* prétendit même que le son produit de la chaleur. Pourtant les expériences de *Le Conte* confirmèrent la loi de Laplace ;

en prenant $\dfrac{C}{c} = 1{,}41$, la vitesse dans l'air est 332,43 m., résultat reconnu comme juste.

La vitesse de propagation du son dans les liquides,

l'eau surtout, fut d'abord l'objet d'expériences de *Nollet*, puis elle fut mesurée par *Beudant*, à Marseille, en 1820, qui trouva 1.500 m. par seconde. *Colladon* et *Sturm* la mesurèrent avec soin dans l'eau du lac de Genève, entre deux bateaux amarrés l'un à Rolle, l'autre à Thonon, dans la plus grande largeur du lac, 13,487 mètres. L'expérience est bien connue, le résultat fut 1.435 m. par seconde, chiffre presque identique à celui que donne le calcul $v = \sqrt{\dfrac{E}{D}}$, ou E est le coefficient d'élasticité et D la densité.

Dans les solides, la formule est la même. Pour le fer, on trouve ainsi 5.100 mètres; pour le sapin, 6.000 m., et pour le plomb seulement 1.200 m. Mais les mesures directes sont difficiles. *Biot*, avec un habile ouvrier, Martin, opéra sur une conduite de fonte de 951 mètres, composée de 376 tuyaux séparés par des rondelles de plomb ; il trouva 3.550 m. au lieu de 4.300 d'après le calcul. *Chladni* comparait les solides à des tuyaux ouverts et trouvait ainsi des nombres à peu près justes, plutôt trop forts.

Son de l'hydrogène. — Le son produit par l'hydrogène enflammé fut observé par *Brian Higgins* en 1777, et par *Deluc* en 1780. Celui-ci tentait de l'expliquer par les vibrations du tube dont la cause serait la différence de chaleur entre l'intérieur et l'extérieur. Un autre observateur, le comte *Mussin-Pouchkine* attribua le son à des explosions de gaz détonant. D'autres émirent l'idée, et elle fut appuyée par Chladni, que le son est dû à un courant d'air vibrant longitudinalement et produit comme en soufflant.

Harpes éoliennes. — Les harpes éoliennes excitèrent aussi la curiosité à cette même époque. La première audition de ce genre de musique est attribuée à un compositeur écossais, *Oswald*, vers 1750 ; il avait suspendu en plein air sur une caisse formant boîte de résonnance plusieurs cordes harmonieusement accordées. mais le phénomène n'avait rien d'extraordinaire. Un moine des environs de Bâle découvrit beaucoup mieux : c'est qu'une seule corde peut donner plusieurs sons ; un long fil de fer tendu suivant le méridien résonnait, disait-il, aux changements de temps ; tendu de l'Est à l'Ouest, il ne produisait aucun son ; cela signifie sans doute que les vents de la région étaient en général Est-Ouest.

Matthieu Young démontra que le vent est la seule cause des divers sons produits, et que leur différence provient du point où il rencontre la corde. Ce point est rarement le milieu, la corde se divise en parties vibrantes de longueurs variables, qui donnent de plus les harmoniques ; mais Young connaissait assez mal ces derniers sons.

Harmoniques. — Nous avons vu que le timbre des sons est nettement attribué par *Monge*, en 1793, aux harmoniques ; Euler attribuait le timbre à des variations de condensation de l'atmosphère et à la rapidité plus ou moins grande du mouvement vibratoire des zones plus ou moins denses. Chladni observe les consonnances et les dissonnances, même les harmoniques, bien après Rameau, mais il reste incapable d'expliquer le timbre ; il a cependant remarqué le faible son de la tierce et de la quinte, comparé à l'octave, non seulement avec les cordes, mais avec les tuyaux et les tiges vibrantes. Bien d'autres, à la fin du xviii° siècle, en Allemagne ,ne croyaient même pas à l'existence des harmoniques. Il est curieux de voir un géomètre comme Monge, avoir une idée nette et exacte du timbre, et des musiciens, comme Chladni et Rameau, cependant observateurs, s'y méprendre complètement.

Rameau attribuait la consonnance à la série d'harmoniques produits, qu'il appelle consonnance multiple, l'octave n'étant d'ailleurs qu'une réplique ; l'explication est insuffisante, mais le principe est exact, les harmoniques jouent le rôle capital dans les accords. Il ne s'agit pas uniquement, comme le disait Chladni, du rapport plus ou moins simple entre les nombres de vibrations, cela nous ferait remonter à Pythagore.

Enchaînement des sons. — La gamme pythagoricienne, procédant uniquement par quintes, conduisait à des nombres très compliqués, et on reconnaît que c'est cette complication qui a dû empêcher le développement de la musique harmonique chez les Grecs. Par contre, les intervalles pythagoriciens seraient les vrais intervalles de la mélodie, et celle-ci s'est fort bien épanouie chez les anciens Grecs. La gamme moderne ou diatonique est l'évolution de l'accord parfait majeur ; cette évolution donne les sept notes jusqu'à l'octave supérieur, puis on recommence ; les dièses et les bémols sont obtenus en partant d'une note quelconque et répétant la même évolution. Il y a là quelque chose d'artificiel, d'ailleurs les instruments à corde seuls peuvent réaliser les vrais intervalles naturels, les autres, soit à percussion, soit à trous, et à clefs, ne peuvent rendre que ce que le constructeur leur a fourni et c'est ce qui fait, entre parenthèses,

que les vrais musiciens ne se plaisent qu'au quatuor,
et aux ouvrages d'orchestre à cordes. La nature est
très compliquée et la science cherche des lois simples,
la vraie théorie de l'enchaînement des sons est loin
d'être faite.

Ondes sonores. — En fait de théorie, on connaissait
depuis longtemps, depuis Aristote, le mouvement des
ondes liquides, mais on n'avait jamais songé à l'appliquer à la transmission du son. Il fallut attendre la
théorie des ondes lumineuses de Fresnel pour attirer
l'attention sur le mouvement des vagues, et observer
sur un fluide pesant les phénomènes que peut présenter un fluide comme l'air. Ce sont les frères *Weber* de
Leipzig qui, en 1825, s'attelèrent à cette tâche ; il
s'agissait d'un travail d'analyse minutieuse, en rapport
avec le tempérament allemand, il est naturel que chaque homme apporte sa faculté spéciale à l'œuvre immense à accomplir pour connaître la nature.

– Le mouvement des ondes liquides est composé de
deux mouvements ; l'un progressif, l'autre ondulatoire. Ce dernier peut être circulaire ou elliptique, ou
même simplement rectiligne, de haut en bas : ce dernier cas constitue les vibrations transverses, celles
d'une corde par exemple. Mais dans les liquides ou
les gaz, le déplacement des molécules vibrantes s'effectue dans le sens même de la propagation, ce sont
les vibrations longitudinales, très importantes en
acoustique.

Ondes liquides. — Il importe maintenant de saisir
la cause du phénomène, en partant de l'exemple des
vagues. Franklin les attribuait au frottement du vent

sur l'eau, les molécules se suivent, se chassent et se remplacent successivement. Weber remarque qu'on ne peut expliquer ainsi que les toutes petites vagues, les rides situées à la surface de l'eau, les grosses vagues sont produites par la pression, le choc du vent sur l'eau. Puis plusieurs vagues se réunissent, elles se poussent, le mouvement augmente. A l'avant de la vague, les molécules d'eau montent ; à l'arrière, elles descendent, et c'est là l'effet de la pression du vent ; l'eau n'avance pas, elle ne fait que céder sous la pression. Une vague en forme d'autres, et de là vient une sorte de régularité, malgré l'irrégularité du vent.

Les effets peuvent se compliquer : on voit sur mer des lignes de vagues qui se coupent, et aux intersections, de grandes vagues qui semblent ne pas se déplacer. Ou bien on voit de grosses vagues courir sur les petites et prendre ainsi une apparence dentelée ; plus l'eau est profonde, plus les vagues sont puissantes. Si la profondeur diminue, la vague s'écroule, et on explique ainsi l'effet de l'huile sur les vagues ; en s'étendant rapidement sur un creux, elle empêche la formation de la vague qui arrive, et par suite, le renforcement des suivantes.

Les Weber construisirent des instruments pour expérimenter les mouvements de l'eau dans les vagues ; ils abaissaient et remontaient alternativement une plaque de schiste sur un liquide et couvraient l'eau de poussière pour mieux voir l'effet, et pour observer au microscope le parcours d'un grain de poussière. Ils observèrent des ellipses dans un plan vertical, ellipses qui se déformaient suivant les inégalités de la surface ; presque circulaires sur les sommets, elles s'allongeaient en lignes presque droites dans les creux ;

leur diamètre vertical égale la hauteur de la vague.

Ces études minutieuses méritent une certaine attention, comme étant presque le seul moyen d'observer dans la nature le phénomène d'un ébranlement par ondes, qui semble de plus en plus régir le domaine de toutes les parties de la physique.

Les particules liquides ne progressent pas avec la vague, mais elles accomplissent leur parcours autant de fois qu'il passe de vagues par leur position. La vitesse de propagation des vagues, déjà étudiée par Newton, d'Alembert, S. Gravesande, dépend de leur largeur, et de leur hauteur. Celle-ci augmente au détriment de la longueur. La rencontre de deux vagues de direction différente produit un petit arrêt, puis la marche reprend sans changer de vitesse.

Une vague qui rencontre un obstacle, un mur, revient en arrière. C'est une véritable réflexion ; le sommet de la vague se change en vallée et réciproquement.

Si dans un vase de forme elliptique rempli de mercure, on fait tomber des gouttes de mercure sur l'un des foyers, il se forme des vagues qui se rendent à l'autre foyer en suivant toutes le même parcours. Au moyen d'un obstacle laissant un passage libre, on peut produire des vagues réfléchies et des vagues libres ; les Weber ont montré qu'il se produit des lignes moyennes de forme hyperbolique qui correspondent aux bandes d'interférence en lumière réfléchie.

Telles sont les principales expériences des frères Weber, qui les appliquèrent à la propagation du son. Elles ont été continuées depuis, et on a trouvé encore de plus grandes complications : quand un groupe d'ondes se propage sur une eau tranquille (Violle) on voit les ondes avancer à l'intérieur du groupe et venir mourir en tête ; la vitesse du groupe est donc moindre que celles des ondes constituantes ; il faut lire les recherches de *Boussinesq*, lord *Raileigh*, *Gouy*, etc., mais elles dépassent les limites de ce que peut atteindre pour le moment la théorie du son.

Résonance. — Il y a d'ailleurs bien d'autres phénomènes curieux dans cette théorie : la résonance, par exemple, fut l'objet d'intéressantes études de *Savart*, en 1819. Il voulait établir une théorie des instruments à cordes, et cherchait quelles sont les influences sur le son, de la boîte de résonance, du manche, du chevalet, de l'âme, etc. Il chercha à réaliser un instrument théorique qui aurait, suivant lui, réalisé les conditions les plus favorables. Mais la forme peu heureuse, même au point de vue esthétique, de cercueil à laquelle il aboutit, ne fit que montrer la vanité des théories trop précoces. Les luthiers continuèrent à fabriquer des violons, et soit dit en passant, n'arrivèrent même plus à retrouver les belles résonances des grands luthiers du xvi⁰ siècle, des Stradivarius, etc., tant il est vrai que la nature joue un rôle dans ce que l'homme croit être sa création ; sa meilleur volonté ne suffit pas, il faut l'accord de ses facultés avec la situation qu'il occupe et la nature de son travail.

Savart aboutit pourtant à quelques résultats ; il montra que la longueur de la table de résonance n'apporte aucun changement dans l'ébranlement : en frottant un archet sur une extrémité de la table, il obtenait toujours les mêmes figures de Chladni à l'autre extrémité. Il montra ensuite, de la même manière, au moyen d'un système solide formé de pièces contigues, plaques de verre et de bois perpendiculaires l'une à l'autre, que le mouvement vibratoire se transmet parallèlement à la direction de l'ébranlement ; une plaque quelconque, frottée avec un archet, engendre les mêmes figures sur les autres. Enfin les trois sortes de vibrations, transversales, longitudinales, torsionnelles, ne sont que des cas particuliers d'un même mode de mouvement, engendré par des oscillations moléculaires, et modifiées seulement par la direction de la force agissante.

Ajoutons ici que *N. Savart*, le frère de l'acousticien, étudia aussi les interférences des ondes directes et des ondes réléchies ; c'est à la suite de ces faits qu'on put constater que le jeu des plus puissants instruments de musique résulte de ce genre d'interférences. Mais les phénomènes ne proviennent pas seulement des appareils sonores, ils tiennent aussi aux parois des enceintes réfléchissantes, et c'est toute une étude qui a récemment fait de nouveaux progrès.

Savart étudia bien d'autres phénomènes, comme les vibrations longitudinales des verges ; il trouva qu'un verge qui vibre ainsi s'allonge autant que sous une traction de plusieurs milliers de kilogrammes, et peut même se rompre.

Pour les verges, comme pour les cordes, la résonance produit des oscillations en tous sens ; on distingue cependant deux catégories de vibrations, les unes dans la direction du mouvement de propagation, et qu'on appelle primaires, les autres, obtenues par flexion latérale, perpendiculaires aux premières, et appelées secondaires. Ces oscillations secondaires, déjà remarquées par Euler, etc., ressemblent aux ondes liquides, surtout dans le cas des cordes vibrantes. Mais on les remarque aussi avec les tiges de métal, les tuyaux de verre, etc. ; ce sont comme des vagues qui, par leur rencontre régulière, produisent une vibration sur place ; leur vitesse est seulement bien plus grande qu'avec les cordes.

Ondes stationnaires. — Par l'étude des ondes primaires de l'air, les frères Weber constatèrent ce phénomène qu'une vague d'air progressive laisse l'air en repos derrière elle, le son y cesse instantanément. Si par exemple deux couches d'air se condensent dans un tuyau, il y a raréfaction des deux côtés. Si une couche d'air condensée progresse, il y a condensation devant elle, raréfaction derrière. Dans un ébranlement d'air, le double fait se produit, il y a donc double condensation d'un côté, condensation et raréfaction de l'autre, donc repos.

. La résonance de l'air dans un tuyau d'orgue a été étudiée par Savart au moyen d'une membrane recouverte de sable suspendue à un fil, qui détermine très bien les nœuds et les ventres. Quel que soit le corps produisant le son, embouchure de flûte, ou anche, il se produit une onde primaire, rendue stationnaire par les ondes secondaires, comme pour l'eau, et comme pour les cordes. Dans une flûte, l'air se condense et se raréfie alternativement, ce qui donne les vibrations. La voix humaine produit aussi des ondes stationnaires, et de même aussi les tubes à flamme : la première expérience de l'harmonica chimique est due à *Higghins* en 1802 ; le son produit est celui du tuyau, mais on peut obtenir les harmoniques, en réglant la longueur de la flamme, celle-ci donne des pulsations rythmées sur celles du tube. Ce sont bien les chocs de l'air produits par des explosions d'hydrogène, qui engendrent le son ; les vibrations sont donc tout à fait de même nature que celles du son de flûte produit par les coups alternatifs de l'air soufflé par l'embouchure, et qui en se condensant et se raréfiant, donne des ondes sonores. Il y a une grande analogie entre le son de l'harmonica chimique et celui des flûtes, tandis que le son des instruments à languette vibrante, à anche, est tout différent, comme timbre.

Anches. — Dans les tuyaux à anche, c'est le vent qui fait mouvoir la languette, et non pas sa propre élasticité. Le rôle de l'anche est purement mécanique, c'est toujours l'air qui est le corps vibrant ; les Weber étudièrent longuement la question des anches en dehors ou en dedans ; le premier cas est celui des cordes vocales, le second celui des tuyaux d'orgue, de la clarinette et du hautbois.

Dans le cor de chasse et la trompette, qui ne sont que des tubes coniques, on n'obtient pas d'autres sons que les harmoniques naturels, ce sont les lèvres qui agissent sur l'émission d'air, et par la pression font sortir tel ou tel harmonique.

Théories. — Quant à la théorie mathématique des sons dans les tuyaux, elle a été ébauchée par Lagrange; Poisson, qui la reprit, convient qu'on ne peut trouver *a priori* le son fondamental d'un tuyau. Les frères *Weber* ne font qu'une comparaison des ondes sonores avec les ondes lumineuses, en réfutant les objections qu'avaient faites à ces dernières Newton, Biot et Malus.

Expériences de Savart et Hopkins. — *Savart* ne fit

guère de théorie non plus, mais ses travaux d'expérience ne sont pas moins importants que ceux des Weber. Ses travaux sur les positions des nœuds et des ventres dans les tuyaux ouverts ou fermés s'étendent de 1820 à 1837. Il étudia minutieusement aussi les lignes de nœuds des plaques vibrantes en recouvrant celles-ci avec du sable fin ; ces lignes sont perpendiculaires à la longueur de la plaque, et disposées de la façon suivante : les lignes de nœuds d'un des côtés de la plaque correspondent aux milieu des intervalles entre les lignes de nœuds du côté opposé. Le nombre de ces lignes est d'autant plus grand que l'épaisseur de la plaque est plus forte. Avec des plaques prismatiques ou cylindriques, les lignes de nœuds se rejoignent d'un côté à l'autre sous forme de pas de vis ondulé. Savart concluait de ces faits à l'existence de vibrations transversales qui accompagneraient les vibrations longitudinales ; les contractions longitudinales en rencontrant les autres produiraient une courbure, d'où les oppositions entre les lignes de nœuds.

Ce qui étonne le plus dans ces vibrations longitudinales, dont nous avons déjà dit un mot, c'est leur puissance comparée à la facilité de leur donner naissance : un tuyau de verre de deux mètres de long frotté avec le doigt mouillé soustrait à la pesanteur une balle de plomb placée à l'intérieur. L'allongement produit sur un tuyau d'un mètre est de $0^m 2\mathring{\imath}0$, or pour produire mécaniquement un pareil allongement, il faut un poids de 900 kilogrammes.

En Angleterre, le mouvement de l'air dans les tuyaux sonores fut étudié par *Hopkins*. Il employait un tube de verre fixé par une de ses extrémités à un tuyau de cuivre. A l'intérieur du tuyau de verre était un autre tube en cuivre muni d'une membrane mince, et qu'on pouvait monter ou descendre. Cette membrane pouvait se tendre plus ou moins, et s'accorder avec le son du tuyau de façon à résonner. Des observations faites par Hopkins avec les tuyaux fermés et ouverts, les résultats furent les suivants : le mouvement dans les nœuds n'est pas tout à fait nul, c'est seulement un minimum. La distance du premier nœud au bout ouvert d'un tuyau fermé est toujours plus grande que le quart d'une longueur d'onde, et celle du premier nœud au bout supérieur d'un tuyau ouvert est toujours plus petite que le quart de cette même longueur. Or les anciens acousticiens avaient l'habitude de placer les nœuds et les ventres aux extrémités des tuyaux ; et de la provenait l'inexactitude de certains résultats théoriques ; en outre il était impossible de déduire des formules l'extinction précise du son avec la fin du mouvement.

Hopkins établit que le son s'affaiblit par la réflexion, et qu'il devient tout à fait imperceptible après cinq ou six réflexions.

Interférences du son. — Hopkins fut un des premiers à observer de véritables interférences du son ; il y fut conduit par sa méthode de produire les vibrations des tuyaux, imitée de Savart ; il frottait avec un archet une plaque de verre placée au-dessous du tuyau. Pour obtenir l'extinction complète d'un son par un autre il se servit de son fameux tuyau en forme de Y renversé ; il plaçait une plaque vibrante au-dessous de chaque branche, et montrait qu'une membrane disposée au sommet ne subit aucun mouvement. Avant Hopkins, *Young* et d'autres peut-être,

avaient déjà caractérisé les battements de sons voisins
comme étant des interférences, des alternatives d'extinction et de renforcement de sons. Les Weber, en
1826, expliquaient les variations d'intensité d'un diapason par les interférences des deux branches ; mais
c'est Hopkins qui rendit le phénomène indiscutable.
Pourtant *Robert Kane* avait obtenu aussi un effet d'extinction avec un tuyau divisé en deux branches dont
une, courbe, diffère de l'autre d'une demi-longueur
d'onde.

En France, *Despretz* avait obtenu aussi des interférences du son au moyen de deux sifflets montés sur
une même soufflerie ; une membrane promenée au-dessus des sifflets indiquait les points de repos ; en
fermant un des sifflets, elle rentrait en mouvement.
Desains reprit cette expérience.

Propagation du son dans l'eau, etc. — La propagation du son dans les liquides avait été longtemps niée
au xviiie siècle sous prétexte de leur incompressibilité,
puis on chercha à l'expliquer par l'élasticité de l'air
contenu dans l'eau. *Nollet* fit une expérience avec de
l'eau sans air et reconnut l'inutilité de l'air. *Franklin*,
sans faire d'expérience, disait que le son se propage
plus vite dans l'eau que dans l'air. C'est *Savart* qui,
en 1826, fit le premier une expérience concluante : il
disposait à la surface d'une eau tranquille des disques
recouverts de sable, il produisait un son au fond de
l'eau, et le mouvement se transmettait immédiatement.
Les célèbres expériences du mathématicien *Sturm* et
de *Colladon* sur le lac de Genève datent de 1827, et
nous les avons rapportées précédemment : le résultat
de plus de quarante mesures fut que la vitesse du son

dans l'eau est de 1.435 mètres par seconde ; sans tenir compte de la constante de Laplace, la formule donne 1.428 mètres ; mais cette constante pour l'eau est peu différente de l'unité.

On observa cependant peu après différentes anomalies dans l'ébranlement des liquides par le son. *Cagnard-Latour* observa que la vitesse de propagation variait fort bien avec la manière dont le son est produit. Il employa plusieurs méthodes : il produisait un son dans un tuyau placé sous l'eau au moyen d'un soufflet en caoutchouc ; il actionnait une sirène par un jet d'eau ; il frottait des tuyaux soit ouverts, soit fermés et en forme de syphon, avec un linge mouillé. La sirène lui permettait de mesurer le nombre de vibrations par seconde, et il put remarquer des vitesses variable avec le nombre de vibrations, suivant par exemple que le tuyau est fermé ou bien ouvert. Je crois que ces anomalies ne sont pas encore élucidées.

Limites des sons. — Il y a en tous cas une limite à la perception des sons. *Stancari*, en Italie, avait le premier essayé de la mesurer, mais avec des moyens trop imparfaits. *Cagnard-Latour*, en 1819, avait construit sa sirène : c'est un disque denté ou bien percé de trous à égale distance de la périphérie, et dans lequel on produit un son donné au moyen d'un soufflet dont on fait varier la pression à volonté ; la hauteur du son dépend de la vitesse de rotation du disque, et celle-ci est déterminée au moyen d'un engrenage de roues et d'un compteur ; plus tard, *Cavaillé-Coll* ajouta un régulateur pour uniformiser le son. On peut aussi donner à la sirène un mouvement uniforme au moyen d'un moteur indépendant, et c'est ce que fit

Seebeck. Le son devient alors d'une constante extra-ordinaire et rivalise avec celui dès tuyaux d'orgue. Pour déterminer la hauteur des sons extrêmes, *Savart* insérait une carte en forme de coin entre les dents de la sirène et accélérait de plus en plus la vitesse de rotation ; il arriva à 48.000 vibrations simples par seconde. Dès qu'on arrive à 15.000 vibrations, le son s'affaiblit, puis il disparaît peu à peu, il arrive au son du grillon que certaines personnes, paraît-il, ne distinguent pas.

Pour les sons graves, Savart imagina un autre appareil. C'était une barre de 0^m75 de longueur, 5 centimètres de largeur, 6 lignes d'épaisseur, tournant autour de son axe. A chaque demi-révolution, cette barre passe à côté d'une fente de 1 millimètre entre deux planchettes, sans la toucher : le son produit est intense, et très différent de celui de la voix humaine ou des tuyaux. Il est continu au-dessus de 7 ou 8 passages par seconde, puis on entend distinctement comme de petites explosions ; il faut d'ailleurs une certaine habitude pour entendre vraiment un son entre 8 et 16 vibrations simples par seconde. Cependant Despretz montra plus tard qu'on ne modifie pas la hauteur du son en plaçant sur le trajet de la barre une seconde fente, ce qui pourtant double le nombre des passages dans le même temps. Il est donc certain qu'au lieu d'entendre le son véritable, on entend un de ces sons supérieurs qui accompagnent toujours un son musical produit par des secousses très courtes en comparaison de la période vibratoire. Mais avec un tuyau ou un disque, l'intensité du son est très faible ; on admet en somme le nombre 16 comme indiquant la limite inférieure des sons perceptibles.

Les membranes peu tendues donnent bien des sons très graves, et le tambour en offre un bel exemple ; il peut s'accorder, quelqu'étrange que cela paraisse, et l'oreille perçoit très bien ses vibrations, mieux que celles du grillon ou même que le pépiement des moineaux qui, d'après Wollaston, serait imperceptible à certaines personnes.

En somme les sons perceptibles varient de 16 à 48.000 vibrations simples par seconde, on est même allé à 38.000 vibrations doubles, c'est-à-dire onze octaves. Mais les sons musicaux occupent un espace bien plus restreint. Les pianos à queue actuels partent de 27 vibrations ($la_{.2}$) et montent à l'ut, de 4.200 vibrations. Dans un orchestre, le son le plus bas est le $mi._1$ de la contrebasse avec 41 vibrations, et le plus haut est le $ré_7$ de la petite flûte avec 4.700 vibrations. On ne dépasse donc guère sept octaves, soit 84 notes, alphabet plus riche que celui d'aucune langue humaine, et puisque chaque note peut faire partie de toute combinaison de 1 à 24 notes au moins, on conçoit que la langue musicale soit infiniment plus riche que toute autre, sans même parler des superpositions de notes créées par l'harmonie, ni de tant d'autres ressources.

Sons produits par la chaleur. — Un ingénieur allemand, du nom de *Schwartz*, employé aux usines de Hellstadt, fit un jour, en janvier 1805, une singulière observation. Il avait obtenu une plaque d'argent en traitant par la coupellation les minerais de plomb argentifère de la région, et il posait cette plaque d'argent sur une enclume pour la faire refroidir plus vite ; à peine déposée, la plaque se mit à rendre un son musical. Un anglais, *Gilbert*, mis au courant, fit le voyage expressément pour voir l'expérience, et il s'aperçut que le son était accompagné d'une tremblement de la plaque ; il consigna le fait sans autre réflexion. Plus tard, en 1829, *Trevelyan*, en Angleterre, recouvrait de poix un bloc de fer rouge, et le posait sur une plaque de plomb ; le même phénomène se produisit, mais cette fois Trevelyan en vit la cause ; c'était les vibrations dues à l'allongement du métal froid aux contacts alternatifs du métal chaud et de chaque côté ; il essaya l'expérience avec divers métaux, et même détermina les formes les plus favorables à la production du son.

Faraday fit en 1831 une conférence sur ce sujet à la Société Royale de Londres, et attribua le son à la même cause que Trevelyan. *Forbes* reprit le sujet à Edimbourg en 1833, mais de plus il admit, pour expliquer l'alternance des contacts, que le passage de la chaleur d'un corps plus conducteur à un corps moins conducteur, produit une répulsion, à la manière dont cela se passe pour l'écoulement des liquides ; il arriva ainsi aux lois suivantes :

Le son se produit seulement avec des métaux, et des métaux différents. Le métal le moins conducteur doit être le plus froid : c'était bien le cas dans les deux expériences primordiales de Schwartz et de Trevelyan.

Seebeck observa des écarts à ces lois : on peut obtenir le son avec un métal quelconque, même unique, pourvu que la forme soit telle que la chaleur s'étende moins vite dans le corps froid que le froid ne se propage dans le corps chaud. *Tyndall* réussit aussi à obtenir des vibrations avec le même métal agissant sur lui-même, fer, cuivre, argent, zinc, étain. Il

poussa les recherches plus loin, et obtint des sons
musicaux avec le cristal de roche, la topaze, le spath-
fluor, et surtout avec le sel gemme. Il s'en tint à la
conclusion de Trevelyan et de Faraday.

Sons résultants. — L'étude des sons résultants a été
faite d'abord par Young qui les rattacha d'une façon
incontestable aux battements (1). Les frères *Weber*
prétendirent que deux sons simples produisent un son
combiné dont le nombre de vibrations est obtenu par
le développement en fraction continue du rapport des
vibrations simples ; on prend la valeur approchée de
cette fraction : la tendance géométrique d'une telle
loi est trop évidente, aussi présente-t-elle de grandes
différences avec l'observation. *Hallström* donna en
1831 une loi beaucoup plus juste : le premier son
combiné a pour valeur la différence entre les vibrations des sons simples ; les autres sons, d'ordre supérieur, résultent de l'accord des sons simples avec le
premier son combiné, puis avec les suivants. *Scheibler*
arriva ensuite au même résultat et s'en servit pour
accorder les sons d'un instrument à l'aide d'une série
de diapasons dont les nombres de vibrations allaient
en croissant par différences de quatre.

Résonateurs de Helmholtz. — Nous arrivons maintenant aux expériences de *Helmholtz*, 1863-1877. Ces
expériences remplissent un grand ouvrage : « Théorie
des sensations acoustiques (Tonempfindungen) », qui

(1) Mais il y a en outre un son additionnel dont le nombre des
vibrations est égal à la somme des vibrations des mêmes sons.
Romieu et *Tartini* surtout remarquèrent ce son, qui donne son
caractère par exemple à l'accord mineur, par la présence d'une
dissonnance à la tierce majeure grave par rapport à la quinte.

est l'œuvre principale de Helmholz. Il distingue d'abord les sons et les bruits ; les premiers seuls sont périodiques, ils se distinguent les uns des autres par la puissance, la hauteur et le timbre. On dirait qu'avant Helmholz personne n'a jamais su ce que c'était qu'un son ; sans doute il appartenait dé le dire à un savant de la nation qui cultive le plus (peut-être !) la musique. La puissance d'un son dépend de la largeur des vibrations, sa hauteur dépend de leur nombre, son timbre dépend de leur forme. Les vibrations sont un mode de mouvement variable avec la vitesse ; telles sont les vibrations pendulaires. Si on désigne par y la distance de la particule vibrante du centre de gravité, par A l'amplitude, par T la durée de l'oscillation complète, par t le temps écoulé depuis la mise en mouvement, y est donné par la formule $y = \mathrm{A}\,\sin\dfrac{2\pi}{\mathrm{T}}\,t^2$.

Cette formule représente une sinussoïde. Toutes les autres vibrations possèdent un ou plusieurs maxima dans le même intervalle, et sont comprises dans la série que Fournier a établie pour le mouvement de la chaleur.

$$y = \mathrm{A}_1 \sin\frac{2\pi}{\mathrm{T}}(t - t_1) + \mathrm{A}_2 \sin\frac{4\pi}{\mathrm{T}}(t - t_2) + \mathrm{A}_3 \sin\frac{6\pi}{\mathrm{T}}(t - t_3) + \ldots$$

Pour l'acoustique, cette formule a été oinsi interprétée par *Ohm* : tout son peut se décomposer et d'une seule manière en sons correspondants aux différents membres de la série de Fourier. Cette idée de décomposition avait été combattue par Seebeck qui disait n'avoir jamais entendu les sons harmoniques ; T, prétendait-il, doit être commun à tous les sons, parce que l'oreille n'entend que le son fondamental, de période T ; il admettait toutefois, sans pouvoir l'ex-

pliquer, que le nombre des membres de la série de
Fourier pouvait influer sur le son et produire le timbre. Helmholz connaissait la théorie de Monge, mais
sentait la difficulté pour une oreille quelconque de
saisir les harmoniques ; il se mit à chercher des
appareils pour recueillir les sons harmoniques, à l'ex-
clusion d'aucun autre son. Les cordes vibrantes suffi-
saient déjà à les montrer, mais il voulait une expérience plus originale. Il imagina les résonateurs.
D'abord il montra qu'une membrane tendue ne
résonne pas seulement pour un son identique au sien,
mais pour ses harmoniques. Puis il construisit des
tubes ou des globes de verre capables de rendre un
seul son bien déterminé et terminés par une pointe
qu'on peut introduire dans l'oreille. Avec ces appareils, les sons pour la plupart sont étouffés, mais l'harmonique correspondant au son du résonateur, c'est le
nom qu'on lui a donné, est très renforcé dans l'oreille,
En fait, chaque résonateur a aussi ses harmoniques,
mais ils sont rares et inférieurs, et Helmholz put
démontrer que les harmoniques d'un son correspondent bien aux membres de la série de Fourier.

Harmoniques. — *Du Haldat* avait, dès 1851, confirmé la théorie de Monge, mais Helmholz en établit
la démonstration complète, même pour les voyelles
dans la voix humaine. Il montra qu'en somme, les
harmoniques peuvent être extraits du son total,
comme les couleurs peuvent être extraites de la
lumière blanche, lors même qu'on ne les y perçoit pas.
Les sons les plus simples sont ceux du diapason,
des tuyaux d'orgue fermés ; ils sont très doux, mais

sourds en profondeur. Le son de la flûte se rapproche des sons simples.

Le cor, la voix humaine ont surtout des harmoniques inférieurs, leur son est plein et étoffé ; tels sont aussi certains tuyaux d'orgue ouverts où manquent les harmoniques supérieurs.

Lorsqu'un son possède seulement les harmoniques impairs, comme le son des tuyaux minces fermés, celui des cordes centrales du piano, celui de la clarinette, il est creux, et même devient nasillard si le nombre de ces harmoniques augmente. Cependant il reste plein si le son fondamental l'emporte, sinon, il est creux. Les tuyaux à embouchure résonnent mieux que ceux qui n'en ont pas, et les tuyaux larges mieux que les tuyaux minces.

Si on perçoit jusqu'au sixième et septième son harmonique, le son est dur et aigu, et il se produit des dissonnances très sensibles. Mais il y a des degrés suivant la puissance relative de ces harmoniques, et le son peut rester musical et même agréable. Tels sont les sons élevés du violon et des autres instruments à archet, du basson, du hautbois, de la voix humaine, si riche et si variée comme timbre.

Si les harmoniques sont trop forts, comme dans les instruments en tôle ou en métal, le son est peu musical, mais puissant, et peut convenir dans un orchestre.

Voyelles. — Le plus joli succès de Helmholz fut la synthèse des voyelles, du moins il montra que le son d'une voyelle chantée provient des harmoniques. Au moyen d'un courant, il mettait en vibrations plusieurs électro-aimants, l'un d'accord avec le son fondamental, les autres avec ses harmoniques, et il les ren-

forçait par des résonateurs. Par exemple, avec le diapason *si*, on entend *ou* ; avec *si* faible, *si₁* fort, *la₁*,
fa₁ et *ré₂* moyens, on entend *o* ; avec cinq à huit harmoniques supérieurs, on entend *a*. Pour *e*, il faut *si*
et *si₁* moyens, *fa₃*, *la₃* et *si₃* forts. Le son *i* n'a pu
encore être obtenu.

Les résultats obtenus ont eu ceci de surprenant que
les sons vocaux contiennent des harmoniques absolument indépendants du son fondamental, et ceci pourrait servir à expliquer la voix parlée. Helmholz disait
que probablement les sons ne viennent pas seulement
de la gorge, mais aussi de résonnances du cou et de
la bouche d'où peuvent résulter tels et tels harmoniques.

Ces expériences ont été reprises plus tard à Paris
par *Rodolphe Kœnig* qui arriva à démontrer un fait
curieux, c'est que pour les cinq voyelles *u* (*ou*), *o*, *a*,
e, *i*, les harmoniques supérieurs caractéristiques qui
s'écartent de ceux du son fondamental sont les cinq
octaves *si*, *si₁*, *si₂*, *si₃*, *si₄*. Cette régularité serait,
d'après Kœnig, la cause physiologique pour laquelle
ces cinq voyelles, et aucune autre, existent dans toutes
les langues, bien que la voix humaine eut été capable
d'en posséder bien davantage.

L'organe de la voix est une anche membraneuse
surmontée de cavités qui forment résonateur, mais
résonateur de forme variable ; c'est en approchant
des résonateurs de la bouche que Helmholz remarqua
ceux dont le son était renforcé par telles ou telles
voyelles ; le fait avait déjà été découvert par *Donders*
en Hollande. Depuis fort longtemps d'ailleurs, on
avait remarqué que chaque voyelle a une prédilection
pour une certaine note, elle est donc bien caractérisée

par le timbre. *Wheatstone*, dès 1837, reproduisait les sons de la voix avec des anches à tubes résonants de longueur variable. Une quantité d'autres physiciens, *Guebhard*, *Sedley*, etc., se sont occupés de la question, au moyen des flammes manométriques, du phonographe, etc., et elle semble actuellement beaucoup plus compliquée qu'au moment où parut le livre de Helmholz. Avec des tracés obtenus sur les feuilles d'étain d'un phonographe marchant à des vitesses différentes, on voit se produire une permutation des voyelles, *ou* devient *u*, puis *i*. Il semble donc que, vu la nature, le nombre et l'intensité des sons constitutifs, les voyelles sont aussi compliquées que les couleurs. Il y a d'ailleurs bien des variétés dans la manière dont les hommes prononcent les voyelles.

Battements. — Les battements étaient expliqués en 1831 par Hallström, par l'intervention des sons résultants, mais il est plus simple de les attribuer à une coïncidence périodique de certaines vibrations, produisant des maxima. Ce sont en somme des interférences, et c'est ainsi que les considéra Helmholz ; leur nombre de vibrations est la différence entre le nombre des vibrations de deux sons dans le même temps. Plus les sons sont rapprochés, mieux on entend les battements, car les coïncidences sont plus écartées.

Il y a d'autres maxima qui peuvent se produire, c'est lorsque les nombres de vibrations s'ajoutent, il faut pour cela que l'amplitude des vibrations soit très grande.

Si on appelle N et N' le nombre de vibrations de deux sons, les vitesses des mouvements vibratoires sont $v = \sin 2\pi N t$, et $v' = \sin 2\pi N' t$, dans le même temps. Quand les amplitudes sont égales, on a

$$\sin 2\pi N t + \sin 2\pi N' t = 2 \cos \pi(N - N') \sin 2\pi \frac{(N + N')t}{2}.$$

le premier facteur montre la variation périodique de l'intensité et le second indique que le nombre de vibrations du son résultant est égal à la moyenne $\frac{N + N'}{2}$ des nombres de vibrations des mouvements composants. Helmholz s'occupa des sons ainsi produits, mais la théorie ne fut achevée que par *Terquem* et *Boussinesq*.

Les battements sont utilisés par les organistes pour accorder leurs tuyaux. Quand les coups s'espacent de plus en plus, c'est qu'on approche de l'unisson. Par contre, lorsque les coups se rapprochent de plus en plus, ils disparaissent également pour l'oreille, et cependant ils existent.

Helmholz comparait les dissonnances à une flamme oscillante qui fatigue la vue ; de même les dissonnances fatiguent l'oreille. Et cependant, bien amenées, elles plaisent.

Accords. — Quant à l'étude des accords, qui repose entièrement sur des combinaisons et des transformations de mouvements, elle est du domaine des mathématiques. On a essayé de les représenter par des formules ou des figures géométriques, j'ai tenté moi-même de les figurer sur des spirales qui se croisent régulièrement en divers points et montrent ainsi les accords, mais naturellement toutes les combinaisons sont possibles. D'ailleurs de pareilles considérations excluent toutes esthétique musicale, de même qu'une grammaire ne peut apprendre les belles pensées, ni même les belles phrases ; les domaines sont distincts.

Représentation des sons. — On a cherché depuis Helmholz à construire, ou à améliorer les machines à représenter les sons. Le stroboscope (strobos, tourbillon) de *Jean Miller*, en 1846, permettait de voir les vibrations de deux mouvements rectangulaires à l'aide d'une pointe fixée à un pendule. La figure est en général une ellipse. *Knoblauch* fit un appareil compliqué. *Lymann* plaçait sous la pointe d'un pendule une plaque de verre enfumé portée par le prolongement d'un second pendule, il obtenait des tracés assez nets.

C'est *Wheatstone* qui distingua le premier ces phénomènes ; il construisit son caléidophone composé simplement d'une verge écartée de sa position d'équilibre ; elle y revient en exécutant des oscillations gauches qui résultent précisément de la superposition de deux systèmes d'oscillations planes rectangulaires ; terminée par une perle brillante, la tige rend très visible la figure décrite.

Lippich et *Melde* construisirent un autre appareil destiné au même but ; c'est une bande d'acier, fixée par son bout inférieur, et portant à sa partie supérieure une seconde bande dont le plan est perpendiculaire à celui de la première. Cette dernière, terminée par une perle réfléchissante, rend visible le mouvement résultant de la double vibration.

Méthode optique. — *Thomas Young* imagina un appareil optique pour les vibrations des cordes. Mais la véritable méthode optique date de 1855 et fut réalisée par *Lissajous*. Cette méthode est devenue célèbre ; elle consiste à faire tracer la figure par un rayon lumineux soumis successivement à l'action de deux diapasons qui présentent entre eux l'intervalle à étudier. Le procédé est si exact qu'il est devenu pratique pour accorder à l'intervalle que l'on veut deux diapasons ou même deux instruments quelconques. Chaque diapason est muni d'un petit miroir (ou d'une lentille) à l'extrémité d'une de ses branches, l'autre portant un contrepoids. Un rayon lumineux concentré sur le premier miroir est réfléchi sur le second qui vibre dans un plan perpendiculaire et se rend de là sur un écran où il dessine la figure résultante. Les courbes tracées coïncident exactement avec les courbes théoriques, ce qui démontre que les vibrations sont pendulaires.

Avec ce procédé, on peut étudier toute espèce de mouvement vibratoire, et Lissajous construisit dans ce but un comparateur optique, qui permet de comparer les vibrations d'un point quelconque d'une corde vibrante, d'une membrane de phonautoscope, etc. Helmholz a donné à cet appareil une forme particulière avec un microscope à vibration, et un électro-aimant qui prolonge à volonté la durée de l'expérience. On peut ainsi, par la méthode de Lissajous, déterminer sans l'oreille, un intervalle musical avec une précision supérieure à 1/5000, pour ainsi dire illimitée.

Foucault, en 1851, fit avec une tige vibrante une expérience qui rappelle celle du gyroscope. La tige fixée à l'axe d'un tour, et écartée de sa position, se met à vibrer ; sa pointe décrit une ellipse qui se déforme plus ou moins, comme dans l'expérience de Wheatstone. Si le tour est mis en marche, la vibration de la tige reste plane, sans se déformer, comme au repos, et le plan de vibration est immobile, loin d'être entraîné par le mouvement de l'arbre. Plus l'arbre tourne vite, plus le plan de vibration est fixe.

E.-L. Scott se servit d'une méthode optique pour les membranes minces en faisant écrire leurs mouvements par un stylet, ce fut l'origine du phonographe. *Duhamel* employait un crayon fixé sur une tige ou une corde vibrante, et faisait décrire la courbe sur un cylindre. *Wertheim* arriva à compter ainsi les vibrations d'un diapason jusqu'à 256 par seconde et à mesurer le temps à 1/2560 de seconde. *Pouillet*, dès 1844, *Bréguet*, la même année, avec le capitaine russe *Constantinof*, imaginèrent des chronoscopes entretenus par un courant électrique, mais le véritable initiateur de la méthode optique reste Lissajous.

Modification du son par la vitesse. — La longueur d'onde d'un mouvement vibratoire peut être modifiée par le déplacement de la source ou de l'observateur, comme le remarqua Döppler en 1842 ; un simple calcul lui donna la valeur de la nouvelle longueur d'onde, et on ne tarda pas à vérifier cette conséquence pour le son. Le sifflet d'une locomotive, par exemple, paraîtra élevé ou abaissé suivant le sens du mouvement ; à la vitesse de 75 km. à l'heure ou 21 m. par seconde, la longueur d'onde est modifiée de 21/330 ou 1/16.

Scott Russell fit une remarque de ce genre pour le bruit d'un train sur un pont. Par suite de la réflexion, ce bruit peut être considéré comme dû à deux trains de même vitesse marchant en sens inverse, à 50 km. à l'heure ; l'oreille perçoit une dissonnance de seconde, qui est désagréable. A 120 km. à l'heure, l'effet serait une tierce.

Le phénomène fut étudié dans un laboratoire par *Fizeau* au moyen d'une roue dentée, et en se plaçant plus ou moins près, en avant ou en arrière du mouvement. Enfin *Kœnig*, par l'emploi des battements, montra facilement le changement de son d'un diapason en mouvement. *Quesneville*, avec un procédé graphique, acheva la démonstration dans toute sa rigueur.

Phonographe. — Le phonographe de Scott, ou plutôt le phonautographe devait avoir une destinée aussi merveilleuse qu'inattendue. C'était d'abord un vase creux, en plâtre, de forme ellipsoïdale ; à l'un des foyers, se trouvait le corps résonnant, à l'autre la membrane munie d'un style qui inscrivait les vibrations sur le cylindre rotatif. *Kœnig* améliora cet instrument en lui donnant la forme parabolique, en le faisant en zinc, et en se servant des flammes manométriques pour rendre les vibrations visibles. Cette dernière méthode consiste à remplacer une portion de la paroi d'un tuyau par une membrane, en face de laquelle se trouve une capsule que traverse un courant de gaz d'éclairage. La flamme suit tous les mouvements de la membrane. Kœnig se servit utilement de ces flammes pour étudier les voyelles émises dans le phonautographe.

Le phonographe fut imaginé par *Edison*, inspiré par le phonautographe. Le brevet d'Edison aux Etats-Unis est du 22 décembre 1877 ; il fut présenté l'année suivante, le 11 mars, à l'Académie des Sciences de Paris. Cet instrument qui devait avoir une si brillante fortune, et après une série d'améliorations, devenir le grammophone, n'était au fond que l'inverse du phonautographe. Et pourtant, il fallut pour l'inventer un génie de premier ordre, et pour le perfectionner, plus de trente ans !

Théorie des plaques. — Nous avons dit que pour les plaques vibrantes, la théorie a été faite par Lagrange, puis Cauchy, Lamé, etc. De nombreuses expériences furent faites par Chladni et par Savart. Wheatstone imagina une première explication des figures des plaques par des lignes nodales provenant de vibrations perpendiculaires l'une à l'autre. En étudiant cette explication, *Radau* découvrit que la figure obtenue par Wheatstone correspond à une solution particulière de l'équation de Lagrange, du moins pour les membranes carrées à bords libres normalement, et pour les plaques carrées, à bords supportés, non à bords libres. Radau vérifia aussi que ces plaques peuvent donner toute espèce de sons, et sont capables d'harmoniques nombreux : les cymbales et les tam-tams sont particulièrement riches en sons supérieurs. Enfin le disque métallique du téléphone est susceptible de transmettre toute espèce de mouvement vibratoire.

Flammes chantantes. — Nous avons parlé déjà de l'harmonica chimique découvert en 1802 par Higgins. Tyndall essaya sur la flamme les effets d'une sirène qui monte et descend, et il obtint des mouvements caractéristiques qu'il appela des phénomènes de résonance, sans pouvoir les expliquer en rien. La théorie des flammes chantantes fut alors à l'étude. Faraday croyait déjà remarquer des intermittences anormales. *Rijke*, en 1859, obtint le son du tube d'hydrogène (l'harmonica chimique) sans flamme, avec un simple fil électrique incandescent ; on attribua alors la vibration sonore au frottement du gaz contre le verre à mesure qu'il s'écoule par suite de sa destruction, l'effet serait analogue à celui du frottement des solides. *Kundt* fit remarquer en 1866 que deux courants d'air qui s'écoulent l'un contre l'autre par des tubes effilés produisent un léger son. Deux flammes de gaz dirigées l'une contre l'autre produisent un son plus fort.

Sons de frottement. — Les sons de frottement sont bien connus depuis fort longtemps, mais leur étude scientifique est récente : *Strouhal* en 1878, construisit un appareil composé de deux bras horizontaux tournant autour d'un axe vertical : il mettait la substance à essayer par le frottement entre les deux bras, et faisait varier la vitesse de rotation : il trouva que le son varie avec la vitesse, et qu'il est inversement proportionnel au diamètre de la rotation ; par contre il serait indépendant de la substance. L'intensité croît avec la longueur de la substance, fil, etc. Les harpes éoliennes donnent des sons de frottement, de même le sifflet labial. On entend distinctement le son de frottement dans le sifflet d'orgue qui fait sonner les harmoniques supérieurs. La toupie rend un son de frottement renforcé par la résonnance de l'espace intérieur, si elle est creuse. *A. Sorel* a fait remarquer que certains bruits de cordes vibrantes ou de cloche entendus dans la campagne sont dus au frottement du vent contre les rochers ou les arêtes de montagnes.

Transformations du son. — Comme les transformations de l'énergie étaient à l'ordre du jour à l'époque,

on chercha à trouver dans les sons une transformation
en chaleur. En opérant dans les gaz secs, on ne découvrit rien. Mais en 1872, *Champion* et *Pellet* découvrirent que le son agit chimiquement sur l'acide iodique, et que des sons suffisamment élevés peuvent le
faire exploser. D'autre part, et dans certains cas, les
résonateurs peuvent absorber complètement les sons.
Le téléphone de Bell est de son côté une transformation directe du son en électricité. Il se produit une véritable transformation d'énergie.

Sonomètres. — On chercha alors à mesurer l'énergie
du son, et on créa la sonométrie. Malheureusement il
semble que l'oreille est encore moins capable de mesurer les sons que l'œil n'est capable de photométrie ;
il faut des appareils enregistreurs. Les flammes de
Kœnig pourvues d'un manomètre fournirent un premier moyen, l'essai fut tenté par *A. M. Mayer* aux Etats-
Unis ; à intensités égales, pour deux sons, il y a interférence, et la flamme de la capsule est au repos,
A intensités inégales, on éloigne un des résonateurs,
et la source sonore diminue en raison inverse du
carré de la distance jusqu'à ce que l'équilibre soit
rétabli.

Lord *Rayleigh* employa un autre procédé. Un disque mobile tend toujours à se placer perpendiculairement au sens de la propagation des ondes. On dispose
un aimant directeur qui s'oppose à ce mouvement, et
l'effort sonore est mesuré par la torsion du fil qui soutient le disque.

Dvorak en 1877, constata après Mayer, qu'un résonateur est repoussé par un corps vibrant à l'unisson.
Il construisit un tourniquet acoustique composé de

résonateurs attachés aux bras d'un petit moulin très mobile. Une simple feuille de carton percée de trous coniques est repoussée par un corps sonore situé en face de la pointe des trous. Une balance de torsion suffit à mesurer l'intensité des vibrations, mais le jeu de ces appareils n'est pas très précis.

Busanquet en 1872, en étudiant les sons de l'orgue d'Oxford arriva à cette conclusion mathématique que pour des sons d'égale intensité apparente, les carrés des amplitudes sont proportionnels aux cubes des longueurs d'onde.

Quant à la sensibilité de l'oreille, elle est très grande, Rayleigh a montré par l'expérience d'un sifflet que l'oreille entend à 820 m. de distance, des vibrations bien inférieures à un millionième de millimètre. Et *Pellat* a calculé (Violle) que la quantité de chaleur abandonnée par un gramme d'eau que se refroidit de 1°, transformée en énergie électrique, et lancée dans un bon téléphone, y produirait un son nettement perceptible pendant dix mille ans. D'autre part de récentes expériences ont montré que le son du canon peut s'entendre à plus de 250 kilomètres.

Les courants d'induction du microphone pourraient également mesurer l'intensité d'un son. *Oberbeck* estima pourtant, après expériences que cet instrument est beaucoup plus sensible.

Sons dans les gaz. — La vitesse de propagation du son, d'après des expériences, exerça une influence sur la théorie cinétique des gaz. Les molécules de gaz étant déjà supposées en mouvement, il s'agit d'une différence de vitesse avec le son, et non pas d'une vitesse simple. On crut trouver que le rapport de ces deux vitesses est le même pour tous les gaz ; ce serait 0,577 d'après Stefan, et 0,745 d'après Maxwell, mais il y a au moins un des deux termes du rapport qui est mal connu.

Propagation du son dans les tuyaux. — De 1862 à 1866, *Regnault* fit une longue série de recherches sur la propagation du son dans les tuyaux, en profitant des travaux de canalisation des eaux de la Marne et de la Dhuys à Paris, et aussi des canalisations du gaz ; une conduite spéciale était en outre installée au Collège de France. A une extrémité du tuyau en expérience se trouvait un pistolet engagé dans une plaque de tôle hermétique ; à l'autre, une membrane mince en caoutchouc avec un disque en platine en face d'une pointe mousse rattachée à un fil télégraphique ; chaque onde sonore rétablissait le courant. La durée était enregistrée au moyen d'un diapason de Kœnig. On compta de huit à vingt réflexions et les principaux résultats furent les suivants :

1° L'intensité de l'onde s'affaiblit avec la distance d'autant plus vite que le tuyau est plus étroit. On mesura 4 km. dans un tuyau de 0,10 m. de diamètre, près de 20 km. dans un tuyau de 1,10 m. Avec une charge plus forte et 20 réflexions, on mesura 100 km. ; les réflexions affaiblissent le son.

2° La vitesse du son diminue avec l'intensité, mais dans une faible mesure. Les sons aigus se propagent moins vite que les sons graves.

3° La pression ni la densité du gaz n'ont d'influence sensible sur la vitesse de propagation.

Dans l'air sec à zéro, Regnault après des expériences minutieuses trouva pour la vitesse du son, 330,6 m., cependant il y a une légère différence avec les sons faibles.

Kundt essaya de vérifier les expériences de Regnault, en suivant la méthode de Dulong ; il forçait les lignes nodales d'un tuyau à se dessiner elles-mêmes au moyen de lignes de poussière, rappelant celles de Chladni sur les corps solides en vibration. Il arriva aux mêmes conclusions que Regnault : la longueur des concamérations correspondant aux demi-longueurs d'onde, il put facilement comparer les vitesses de propagation du son dans les différents gaz. *Wüllner* trouva en 1878 des variations assez fortes ; de 259 m. dans l'acide carbonique, à 416 m. dans l'ammoniaque. La rugosité des parois, et le frottement diminuent la vitesse du son.

Variations dans la porpagation du son. — Pour éviter l'influence des inégalités de l'atmosphère, on essaya de mesurer la vitesse du son sur de petites étendues en espace fermé. *Boscha* en 1853, puis *Kœnig* en 1862 employèrent la méthode des coïncidences : on détermine par l'oreille les coïncidences des battements de deux pendules à très peu près synchrones, puis on écarte l'un des deux à quelque distance ; on entend de nouveau coïncider les battements quand l'écart entre deux coups est égal à la distance parcourue par le son, soit la demi-longueur de la distance entre les pendules. *Szathmar* fit aussi l'expérience en 1877 et trouva pour la vitesse du son 331,57 m.

La transparence acoustique, d'après *Tyndall*, est indépendante de la transparence optique. La faible transparence optique de l'air est due à l'absence de vapeur d'eau ; par contre, le son est assourdi par les nuages ;

d'après *Osborne Reynolds*, cet affaiblissement tient au frottement contre les particules d'eau. D'après *Henry* et *Duane*, ce sont les alternances de température, les changements de courants d'air et de densité de l'air, qui gênent le plus la propagation du son. *W. Jacques* attribue la mauvaise acoustique de tant de salles de théâtres ou de concert, non pas à leur disposition, mais aux courants d'air défavorables qui sont produits par les différences de température. Serait-ce le cas des plus importante que celle de la forme.

Acoustique des salles. — Bien des expériences ont été faites depuis 1880 sur l'acoustique des salles de spectacle. Sans parler des théories wagnériennes, qui n'ont rien de scientifique, on fit des recherches expérimentales ; citons celles de *M. Lyon* à la salle du Trocadéro. Il en est résulté que la bonne acoustique tient beaucoup plus à l'égalité de température de l'air qu'à la forme des salles. Or, avec de nombreux spectateurs, il est difficile d'éviter les inégalités de température, et la question de résonnance devient, elle aussi, plus importante que celle de forme.

Instruments. — La musique a vu surgir de nouveaux instruments : le groupe des sax, les tubas de Verdi ; l'emploi des tuyaux métalliques pour les flûtes s'est très répandu. On a même construit, mais en Amérique, des violons métalliques dont le son rappelle celui de la trompette. De récentes recherches sur la construction des violons neufs ont permis de conclure que toute la valeur d'un instrument réside dans le travail personnel de sa fabrication, et c'est ce qui explique que les violons du xvie siècle n'ont jamais pu trouver de rivaux en sonorité. L'époque actuelle devrait faire surgir de nouveaux instruments plus sensibles puisque l'harmonie tend davantage vers les intervalles rapprochés, les dissonnances, et même les tiers et les cinquièmes de ton. L'art d'un Debussy serait bien plus avancé que celui d'un Wagner, car il porterait en germe un avenir, tandis que l'autre n'est que l'aboutissement d'un passé.

Théorie pure. — En pure théorie, des travaux récents (Picard) ont fait correspondre les harmoniques successives d'une membrane vibrante aux points singuliers d'une certaine fonction. Ainsi le progrès de la science accompagne celui de l'art. A la courbe singulière formée d'une succession de points infiniment petits, correspondent les teintes de plus en plus fondues d'une atmosphère musicale, alors qu'autrefois, aux rigides intervalles numériques de la gamme correspondaient les notes précises d'un air aussi court que simple. Depuis lors l'air passa à la phrase, puis à la mélopée de plus en plus vague, pour aboutir à la nuance actuelle infiniment atténuée.

CHAPITRE IV

La Chaleur au XIX° siècle.

———

Idées du xviii° siècle. — Les idées philosophiques qu'on se faisait sur la chaleur au siècle précédent étaient réellement vagues. *Newton* avait fait une œuvre immense, il avait introduit dans la science les forces attractives. Mais il s'était peu préoccupé de la chaleur, il en faisait surtout une force répulsive. L'existence de forces répulsives lui était démontrée par l'existence des aimants qui exercent des forces tantôt attractives, tantôt répulsives. La force répulsive, croyait-on à l'époque de Newton, augmente en raison inverse de la distance.

Schelling en Allemagne s'occupa un peu de la chaleur et des atômes, mais il écrivit tant d'erreurs sur ce sujet qu'il ne réussit qu'à détourner les physiciens de la philosophie.

Laplace établit la loi de l'inertie des corps : ils sont incapables de se donner un mouvement ou de le modifier. L'observation des faits et leur mesure doivent remplacer, pour le savant, toute spéculation philosophique. Pour la chaleur, Laplace était d'avis qu'on peut comparer l'action attractive de la gravité à la répulsion calorifique et établir un rapport entre ces deux forces. Il y a là un commencement d'idée de l'équivalence mécanique de la chaleur, sauf qu'il aurait fallu établir une expérience où la chaleur eût lutté contre l'attraction.

Biot suit les idées de Laplace : la matière a deux qualités : l'étendue et l'impénétralité, sensibles à deux de nos sens, la vue et le toucher. Il y a pourtant d'autres domaines où agit la matière, aussi partant du toucher, Biot étend l'action de la matière à la chaleur et à la lumière, et prévoit même l'union de ces deux phénomènes.

Kant, d'origine anglaise (Cant) essaya à la fin de sa vie, de rejoindre les domaines de la Physique et de la Méthaphysique, l'éther et la matière. Dans son dernier écrit, il prétend, sans d'ailleurs pouvoir le prouver, que la force répulsive est proportionnelle à la surface, et en raison inverse du cube de la distance. Ces idées de philosophie naturelle de Kant sont bien dans la tradition de la philosophie anglaise.

Deluc, de Genève, mort à Windsor, a les mêmes idées que Kant sur la matière, purement grave, et l'éther, fluide déférent ; de plus, il cherche à définir, sinon à mesurer, l'expansibilité des fluides.

Enfin *Lesage*, le philosophe de Genève, chercha le premier à ajouter l'idée de force à l'ancien atôme, c'est-à-dire à joindre la force à la matière, idée qui a fait son chemin depuis. Il symbolise cette idée par le titre de son livre : *Lucrèce newtonien* ; les atômes d'Epicure, associés au mouvement de la terre et des astres, auraient pu conduire à la théorie de l'attraction, seulement il aurait fallu quand même les expériences de Galilée. L'éther, pour Lesage, est uniquement une force mécanique agissant en ligne droite, tandis que pour Kant, c'est une force dynamique capable d'un mouvement vibratoire. Il est visible que dans tout ce qui précède, c'est Laplace seul qui a émis une idée scientifique sur la chaleur.

En 1790, on venait de faire des découvertes intéressantes permettant de distinguer les phénomènes calorifiques et lumineux. Les combinaisons chimiques engendrent de la chaleur, le calorique a donc une origine toute différente de la lumière.

D'autre part, on observe des effets dus à la lumière tout à fait inexplicables par l'émission : le vert des feuilles, l'acide carbonique des végétaux, sont produits par la lumière : la chaleur est incapabe d'engendrer seule ces phénomènes.

La chaleur ne se propage pas identiquement dans tous les corps : il y a une chaleur spécifique. On vient même de découvrir la chaleur latente de fusion ou de vaporisation.

Cependant on confond toujours le calorique et le phlogistique. Deluc à Paris, en 1787, écrit que le calorique est une substance composée de matière lourde et de fluide différent, de feu et de lumière, puis il abandonne cette idée pour soutenir que le calorifique est une substance élémentaire. C'est *Crawford* qui imagine ce nom de calorique ; *Lavoisier* l'emploie aussitôt et le mot passe dans la langue scientifique pour remplacer le phlogistique.

Boyle, Buffon, Marat (qui s'occupait un peu de science) prétendent peser la chaleur ; comme on croit toujours ce qu'on désire, ils trouvent que les corps chauffés augmentent de poids. C'est *Guyton de Morveau*, puis *Rumford* qui détruisent cette erreur, montrant que l'oxydation seule augmente le poids de ces corps. Le calorique reste impondérable, aussi bien que la lumière et le courant magnétique ou galvanique.

Observations sur le frottement. — Depuis fort longtemps on avait remarqué que le frottement produit de la chaleur, mais on ne concevait aucun moyen d'interpréter ce fait. Lorsqu'on remplaça le phlogistique par le calorique, et qu'on reconnut l'existence d'une capacité calorifique, on crut pouvoir interpréter le frottement comme une diminution de la capacité calorifique, d'où une production de chaleur, mais on s'aperçut vite que cette capacité calorifique devrait être illimitée, car chaque frottement renouvelle la chaleur sans qu'on puisse en voir la fin. Il en était de même pour une explication par l'action chimique, celle-ci est d'ailleurs incontrôlable.

Benjamin Thomson, en 1778, fit une mémorable observation. Il remarqua qu'un canon tiré à poudre sans boulet s'échauffe davantage qu'avec le boulet, alors que tout le monde pensait le contraire, par suite de ' durée plus longue de l'échauffement avec le boulet. Vingt ans après, Rumford, suivant à Munich des essais d'artillerie, s'aperçut qu'un canon en percement gagne de la chaleur : il fit placer à l'intérieur du tube un cylindre d'acier le remplissant exactement et le fit tourner ; la chaleur devenait énorme. D'où pouvait provenir cette chaleur? Ce ne pouvait être du cylindre. Ce n'était pas de l'air : il fit verser de l'eau autour du tube, elle se mit à bouillir. Rumford ne songea pas un instant au mouvement du cylindre qui lui crevait les yeux, il conclut que le calorique des corps est illimité.

Humphry Davy répéta l'expérience. Pour éviter le

calorique, il fit frotter deux blocs de glace, il ne pouvait y avoir de calorique enlevé à la glace, et pourtant elle fondait. Davy conclut à un mouvement vibratoire de la chaleur, attribuant l'échauffement à des mouvements d'ondulation ou de rotation plus ou moins rapides des molécules, et plus ou moins grands suivant les dimensions de l'espace.

Thomas Yung, dans sa théorie sur la lumière et les couleurs (1801) et dans ses lectures sur la philosophie naturelle (1817), émet l'opinion que la lumière et la chaleur consistent en mouvements semblables, mais que ceux de la chaleur sont plus lents..

W. Henry, Berthollet, etc., conviennent que la chaleur latente et la chaleur spécifique ne correspondent à aucune théorie ; elles demeurent dans la matière et semblent lui appartenir. Quant à la chaleur de frottement, elle est inexplicable ! Que de peine on éprouve pour faire un pas en avant !

Biot cherche une explication de l'expérience des canons de Rumford, au moyen de la chaleur qui devait exister dans les particules séparées par l'usinage. Rumford lui aussi cherche une explication par la chaleur rayonnante, et il essaie des expériences de démonstration sans succès, bien entendu.

Chaleur rayonnante. — Pictet, en véritable savant, entreprend des mesures de la chaleur rayonnante : il se sert de deux miroirs creux en zinc poli, qu'il place parallèlement à douze pieds de distance (3,60 m.) ; au foyer de l'un d'eux, il met un globe incandescent de cinq centimètres de diamètre, au foyer de l'autre, un thermomètre ; à la même distance du globe, en un point de l'espace libre, il place un autre thermomètre. Le premier monte de 13,12°, le second de 2,3°. Il recouvre le premier d'un enduit de suie, il monte beaucoup plus haut. En se servant d'un miroir de verre au lieu de métal, Pictet n'obtient aucun effet. Il cherche à mesurer la rapidité de propagation du mouvement de la chaleur, mais il n'aboutit pas à un résultat précis. *Prévost* chercha à tirer de ces expériences une théorie des rayons calorifiques.

Herschell veut trouver un rapport entre les rayons calorifiques et les rayons lumineux : il installe un thermomètre dans chacune des sept couleurs du spectre ; il trouve un maximum dans le rouge, et un autre au-delà du spectre, dans la région non éclairée. Il reçoit ces rayons obscurs sur une loupe, et de là sur un thermomètre ; celui-ci monte de 57 à 102° Fahrenheit. C'est une découverte véritable : il existe donc des rayons calorifiques invisibles, capables de réflexion et de réfraction. L'expérience pouvait se faire directement, la principale découverte d'Herschell consiste dans les rayons infra-rouges moins déviés que les rayons colorés.

Leslie cherche à expliquer la propagation de la chaleur, non par des rayons, mais par des ondulations des couches d'air intermédiaires. Seulement *Davy* avait déjà montré que le rayonnement est trois fois plus grand dans l'air raréfié au cent vingtième de son volume. Leslie se tourne d'un autre côté et imagine les premiers photomètres : il mesure les quantités de chaleur rayonnée sur l'eau, le verre, le papier, etc. *Rumford* fait aussi une série d'expériences de ce genre avec son thermoscope en 1804.

Saussure et *Duluc* à Genève, à la suite de ces expériences, et dans le but de mesurer l'humidité de l'air,

cause de variations, imaginent les premiers hygromè-
tres, à cheveu, etc.

Idées sur la Dilatation. — Lord *Charles Cavendish*
construit les premiers thermomètres à maxima et à
minima, toujours dans le but de poursuivre les expériences de rayonnement de la chaleur. Quand l'homme se trouve arrêté d'un côté dans la poursuite de la
science, il cherche d'un autre côté, il tourne l'obstacle.
Nous avons encore des détours à faire avant d'arriver
à la véritable mesure de la chaleur.

Les ballons. — Les expériences de dilatation produite par la chaleur amènent un résultat inattendu,
la découverte des ballons. *Jacob Degen* à Vienne en
1808 avait construit une machine volante munie d'une
paire d'ailes : il allait bien trop vite et courut à un
échec. *Babinet* crut devoir expliquer l'impossibilité
pour l'homme de voler par la disproportion entre sa
force seule et l'action de la pesanteur. Cependant on
se rappelait d'anciennes expériences, celle du Jésuite
Fr. de Lana en 1670 avec des boules de cuivre vidées
d'air, celle de Joseph Gallien en 1755 avec des sphères
remplies d'un gaz plus léger que l'air, celles de Cavendish en 1768 avec les gaz. Enfin *Montgolfier* construisit un cylindre de toile et de papier, substance cette
fois plus légère que toutes celles dont se servaient
ses devanciers ; il était logique et franchissait le passage. Il ferma ce cylindre au sommet, le laissa ouvert
en bas où il installa un petit poêle sur des traverses.
Le cylindre monta facilement dans l'air, et l'ébahisse-
ment fut général. Montgolfier devint plus hardi, il fit
lui-même une ascension à Annonay le 5 juin 1783.

dans un ballon construit en laine et papier de paille ; ce ballon avait 10 mètres 50 de diamètre, pesait deux cents kilos et en portait autant ; il monta à 300 mètres de hauteur et descendit à dix kilomètres de distance : mémorable souvenir que cette première ascension d'un homme dans l'espace, prélude du développement si magnifique des machines volantes au vingtième siècle. C'est la France qui avait donné l'exemple audacieux ; c'est encore en France que s'épanouirent les avions plus lourds que l'air, tout cela forme un beau chapitre de la science de la chaleur.

Charles fit une autre ascension à Paris en 1783 dans un petit ballon sphérique de quatre mètres de diamètre, en taffetas verni, rempli de gaz hydrogène, moins dangereux que l'air chaud et le poêle de Montgolfier. Il monta à mille mètres de hauteur, et tomba à vingt kilomètres de Paris à la suite d'une déchirure. Nous n'irons pas plus loin dans l'histoire des ballons ; nous passons aux études purement scientifiques de la dilatation et de la conductibilité.

Conductibilité et dilatation. — Les faits de la dilatation, de la conductibilité, étaient connus très anciennement mais des mesures d'une certaine exactitude n'avaient pu commencer qu'avec l'invention du thermomètre et du baromètre. *Amontons* avait estimé la dilatation de l'air à 0,380 de son volume entre zéro et cent degrés. *Priestley* arriva à 0,937 ; *La Hire, Saussure, Berthollet* obtinrent des nombres très différents.

Gay Lussac et *Dalton*, indépendamment l'un de l'autre, cherchèrent la raison de ces différences, et la trouvèrent dans la présence de l'eau : si on enlève l'eau, on trouve toujours le même nombre 0,375.

Chose bizarre, Gay Lussac trouva pour la vapeur d'eau le même nombre 0,375. Il en conclut que tous les gaz ont le même coefficient de dilatation. Dalton obtenait les mêmes résultats en 1801 ; il trouva de plus que pour les gaz permanents, la dilatation croît suivant une progression géométrique quand la température croît en progression arithmétique. Ce fait ne serait vrai pour les vapeurs et les gaz que si la température se trouve éloignée du point de condensation.

L'élasticité de la vapeur d'eau fut l'objet d'expériences de la part de *James Watt*, de *Bétancourt*, qui inventa le manomètre en 1792, *de Dalton*, et surtout de *Despretz* plus tard. Celui-ci obtint un étonnant résultat : dans un mélange de deux gaz, le second se dilate comme si le premier n'y était pas ; le premier ne fait que retarder l'expension du second. Il en est de même pour un mélange de gaz et de vapeurs. Gay Lussac et Biot confirmèrent ces expériences sur la diffusion. De même l'évaporation d'un liquide n'est en rien gênée par la présence d'un gaz, on le voit à chaque instant par la présence de l'air. Comment, se demanda-t-on, les nuages formés de vapeur d'eau, peuvent-ils se tenir en l'air ? Ils montent en bulles légères, parce que dilatées, et leur descente est retenue par la résistance de l'air.

Les principales expériences sur la dilatation des liquides sont dues à Deluc, Gay Lussac, Schmidt, *Dulong et Petit*. Cette dilatation croît avec la température. L'eau présente une anomalie découverte par Deluc ; elle a un maximum de densité à 5 degrés centigrades. La dilatation des solides fut l'objet d'expériences de Dalencé, Picard, Lavoisier et Laplace, etc. Wedgwood imagina le pyromètre. La conductibilité des solides engendra une discussion entre *Buffon* et Rumford au sujet de la comparaison entre les liquides et les solides : ceux-ci sont plus conducteurs. Les deux savants firent une expérience avec un récipient contenant un bloc de glace entouré d'huile : on introduit un cylindre brûlant dans l'huile, la chaleur se transmet si peu que la glace ne fond pas.

Franklin et *Achard* comparent ces phénomènes de conductibilité à la conductibilité électrique. Pour la mesurer, *Ingenhousz* entreprend ses expériences classiques sur les baguettes de métaux divers recouverts de cire et soumises par leur extrémité à une source de chaleur ; la progression de la cire fondue établit la comparaison entre les divers métaux. *Meyer* obtint des résultats contredisant en partie ceux d'Ingenhousz. C'est *Fourier* qui montra la raison de leur désaccord : tous deux avaient raison et tort. La théorie de Fourier va devenir le fondement de toutes les études sur la chaleur, car ses résultats fournirent la démonstration *a posteriori* des hypothèses qu'il avait admises. Fourier est le créateur de la théorie de la chaleur.

Théorie de la chaleur. — Jusqu'à lui, on avait fait uniquement des expériences. En théorie, on se contentait toujours du fluide impondérable qui expliquait tout. Les mathématiques n'avaient pas pénétré dans ce domaine ; à peine Biot avait-il fait quelques calculs sur les dilatations. Dès 1822, Fourier se met à l'ouvrage ; il commence par étudier la conductibilité. La méthode analytique de Lagrange, avec ses développements mathématiques, lui paraît applicable à la chaleur. Il prend un corps à une température donnée au temps initial, et plus tard, à un moment donné, il évalue la température de chaque point de ce corps. Trois facteurs entrent dans ses calculs : la capacité calorifique du corps, sa conductibilité intérieure, et sa conductibilité extérieure ; celle-ci opère rapidement et à distance et constitue le rayonnement à travers le milieu où se trouve le corps. Ces trois éléments sont constants pour chaque corps, on peut donc leur appliquer les calculs. Fourier considère un mur indéfini limité par deux plans parallèles ; une des parois est à la température de l'eau bouillante, l'autre à celle de la glace fondante ; la chaleur se comporte comme un fleuve ; la rapidité de ce fleuve ne dépend pas seulement de la différence de température entre les deux parois, mais de la rapidité de cette diminution, et de l'étendue sur laquelle elle se produit. Ainsi la vitesse d'un fleuve dans la nature dépend de la différence de niveau entre deux points et de la distance de ces deux points.

Si D est la largeur du mur, l la conductibilité, F la surface où agit la chaleur, t et t' les deux températures, la quantité de chaleur Q est donnée par la formule

$$Q = l \frac{F(t'-t)}{D}$$

De nombreuses expériences furent faites sur la conductibilité des solides, sur les surfaces isothermes, etc. Au moyen de ces surfaces, des lignes et canaux de propagation, on arrive à se représenter d'une manière très nette la distribution des températures et le mouvement de la chaleur dans les corps conducteurs. La théorie de Fourier était fondée sur des bases solides.

Forbes, *Angstrom*, d'autres encore étudièrent comparativement la conductibilité calorifique et celle de l'électricité ; ils trouvèrent que le rapport de ces deux coefficients pour un même corps est égal à la température multipliée par une constante.

Chaleurs spécifiques. — Mais les expériences les plus précises furent celles de Dulong et Petit. En 1818, ils firent une étude spéciale du refroidissement, qui dépend de la conductibilité. Une fois le refroidissement commencé, l'extérieur du corps devient moins chaud que les couches profondes ; la surface perd d'autant plus de chaleur par rayonnement qu'elle en reçoit davantage de l'intérieur, par conductibilité. C'est le cas surtout des solides ; pour les liquides, les courants intérieurs rétablissent l'uniformité de température ; aussi est-ce le cas qu'étudièrent Dulong et Petit au moyen de gros thermomètres à mercure. Ces expériences étaient fort compliquées, mais elles permirent de déterminer les influences de la masse du mercure, de la forme du vase, de la nature du liquide, enfin de la nature de la surface. Pour le rayonnement, et le pouvoir refroidissant du gaz ambiant, la question se trouve simplifiée en opérant dans le vide, et les recherches de Dulong et Petit à ce sujet, qui sont irréprochables, n'ont pas été dépassées depuis. En résumé, les vitesses de refroidissement croissent en progression géométrique quand les températures de l'enceinte croissent en progression arithmétique, c'est-à-dire que si θ est la température de l'enceinte, on a $v = \varphi(t)a^\theta$.

Pour aller plus loin, Dulong et Petit firent deux hypothèses, d'ailleurs justifiées : 1° que non seulement le thermomètre rayonne vers l'enceinte, mais celle-ci vers le thermomètre. 2° Que la vitesse absolue du refroidissement est une fonction de la température $(t-\theta)$.

du thermomètre, θ étant la température de l'enceinte, $v = F(t - \theta) - F(\theta)$. Les calculs aboutissent aux formules suivantes, où S est la surface du corps :

$$v = ma^\theta(a^t - 1) \text{ et } Q = S[Ha^\theta(a^t - 1) + kp^c t^{1,233}],$$

ou bien en simplifiant : $Q = S(Ha^\theta \log a + kp^c)t$.

Cette formule, en lui comparant la loi de Newton, montre que pour de faibles excès de température, la loi de Newton est une conséquence de la loi plus générale de Dulong et Petit. Dulong et Petit poursuivirent leurs expériences avec différents gaz, puis en établissant des différences de température et de pression, ils établirent les lois suivantes.

Le refroidissement ne dépend pas de la surface, mais de la densité du gaz. La rapidité du refroidissement reste la même si la densité et la température du gaz changent, tant que l'élasticité du gaz conserve une valeur, etc. Ces lois furent confirmées par *La Provostaye* et *Desains*. Dulong et Petit évaluèrent directement les chaleurs spécifiques, plus exactement que Leslie ; ils arrivèrent à une des lois les plus remarquables de toute la Physique : le produit de la chaleur spécifique d'un corps simple quelconque par son équivalent chimique est un nombre constant. Ce n'est que récemment qu'on a trouvé quelques contradictions à cette loi pour les gaz. Cependant *Neumann* trouva que pour certains composés, comme les sulfates, ce produit des chaleurs spécifiques par les équivalents des composés demeure constant quand on remplace une base par une autre. *Regnault* reprit ces études et généralisa ces lois qui tendent à confirmer les idées sur l'unité de la matière. *Avogadro* soutint les idées de Dulong et Petit. En 1811, il avait trouvé la loi qui porte son nom : dans des volumes égaux de différents gaz, il y a un nombre égal de molécules. Autrement dit, les poids spécifiques des gaz sont entre eux comme les poids de leurs molécules. Ampère reprit cette loi en établissant en 1814 la différence entre les molécules et les atômes.

En 1813, *Delaroche* et *Bérard* étudient la chaleur spécifique des gaz sous pression constante : ils obtiennent un résultat pour trois gaz : l'oxygène, l'hydrogène et l'azote : en volumes égaux, ces gaz ont une capacité calorifique égale. *Marcet* et *de la Rive* poursuivent ces études de calorimétrie des gaz. Et *Regnault* en 1840 obtient les mêmes résultats que Delaroche et Bérard.

Compression des gaz. — Une découverte accidentelle vient attirer l'attention sur les effets de la compression des gaz : un simple ouvrier, à Saint-Étienne-en-Forez, invente le briquet pneumatique : c'est un fusil à vent où l'air s'échauffe au point d'enflammer l'amadou. Gay Lussac, et surtout *Clément* et *Desormes* font diverses expériences sur la chaleur de compression et le froid de la détente ou de la contraction, et nous allons voir l'influence de ces recherches sur l'orientation que va prendre l'étude de la chaleur. C'est une découverte fortuite qui met les hommes sur la voie féconde : la transformation de la chaleur en travail. En effet Dulong veut appliquer à la vitesse du refroidissement des gaz la formule de Newton pour la vitesse

du son dans les gaz. Or d'après Newton, $v = \sqrt{\dfrac{ghs_1}{s}}$

où g est l'accélération de la pesanteur, h la hauteur barométrique, s_1 le poids spécifique du mercure, s, celui du gaz. Laplace ajoute à cette formule un terme empirique $\sqrt{k}$, et Dulong tire la valeur de k pour différents gaz ; il trouve des nombres assez différents de ceux de Gay Lussac, et attribue la différence au refroidissement ou à l'échauffement du gaz. Il entre donc dans l'expérience un facteur dont on n'a pas tenu compte. Rapprochant cette conclusion de l'effet énergique de chaleur produit par la compression, capable d'enflammer l'amadou, Dulong arrive à se poser la question du rapport entre la chaleur et le mouvement exécuté, *le travail* qui a produit cette chaleur. Cette fois, l'attraction est éveillée, les fameuses expériences de Cavendish sur l'échauffement des canons vont avoir leur solution, on voit par quel détour ; mais pour franchir le dernier pas, il faut d'autres expériences, nous allons donc revenir en arrière, et reprendre l'étude des machines à vapeur dans un tout autre point de vue que celui de leur utilisation.

Equivalence de la chaleur et du travail. — *Sadi Carnot*, dès 1824, avait écrit ses réflexions sur la puissance motrice du feu : il avait écrit cette phrase mémorable que toute machine, au bout d'un certain temps, doit revenir à son point de départ ; il se produit un *cycle* (le fameux cycle de Carnot), entre la chaudière et le condensateur, entre le réservoir de chaleur et l'enceinte de refroidissement. C'est toute la théorie du travail, le transport de la chaleur du corps chaud au corps froid ; la quantité de chaleur transportée est toujours la même si le travail reste le même ; on ne dira pas mieux après toutes les expériences qui vont suivre. Mieux encore ; pour Carnot, la chute de température est comparable à une chute d'eau, comparaison qui évoque forcément celle de Fourier, le mur indéfini où la chaleur passe comme un fleuve ; on dirait que la clarté de l'esprit français appelle les mêmes comparaisons parce qu'elles sont les plus saisissantes. Il faut du travail pour reproduire la chaleur, comme pour remonter de l'eau ; le mouvement perpétuel est impossible ; on dirait qu'on voit poindre ici l'idée qui viendra bien plus tard, la dégradation de l'énergie, tant l'esprit humain, quand il touche au génie, embrasse un lointain avenir. Tel Archimède évoquait par ses calculs tout le développement du calcul intégral, inventé bien des siècles plus tard. Carnot a poussé la précision très loin, il a même donné un chiffre, qui est bien voisin de la vérité, et que nous citerons, pour exprimer le rapport entre l'unité de travail et l'unité de chaleur ; lord Kelvin a pu dire de lui que son œuvre est la plus remarquable de notre époque.

Cependant les philosophes aussi s'occupaient des forces de l'univers, et nous allons les voir participer au mouvement des idées ; la production de chaleur par le frottement, ou par toute autre force, les conduisait à considérer d'abord la chaleur comme une force, puis la force comme une capacité de travail. *Robert Mayer*, en Allemagne, à la fois médecin et philosophe, sans faire aucune expérience, fut un de ceux qui développèrent le plus tôt ces idées. Son premier ouvrage : *Remarques sur les forces de la nature*, date de 1842. Voici ses principales réflexions : la chaleur suivant le mouvement, c'est donc le mouvement, le frottement, qui en est cause. Si le mouvement produit de la chaleur, la pesanteur, qui est un mouvement, peut en produire aussi ; par exemple, les forces hydrauliques, dues à la pesanteur, doivent produire de la chaleur. Inversement, la chaleur des chaudières est capable d'engendrer un mouvement. Pour mesurer le rapport entre ces forces, il faudrait déterminer par exemple quel poids on peut soulever en chauffant l'eau de o° à 1°. Par comparaison avec les effets des gaz, Mayer trouva que le mouvement des machines résultant de la chaleur est bien inférieur à ce qu'il devrait être. Mais l'ouvrage de Mayer ne renferme ni calcul, ni expériences ; il n'eut aucun écho dans le monde scientifique. C'est en effet une suite de réflexions telles que beaucoup de personnes réfléchies pouvaient les faire à la même époque. On peut vraiment dire ici que toutes ces idées étaient dans l'air ; ainsi à l'époque de Descartes, on posait le mouvement à l'origine, ce qui évitait de songer à la conservation de la force ; et à l'époque de Newton, où la matière devenait génératrice de mouvement, tout le monde commençait à envisager cette conservation de la force dans l'univers.

Le second ouvrage de Mayer, en 1845, est plus important. Cette fois on y trouve quelques calculs. Partant de cette idée que la chaleur est une force, Mayer calcule le poids d'une colonne de mercure élevée de o à 1 degré par l'échauffement d'un centimètre cube d'air. L'expansion de l'air étant de $\frac{1}{274}$ il s'agit d'élever le mercure à $\frac{1}{274}$ de centimètre de hauteur. Le poids de 76 cm. de mercure est de 1.033 gr. Quant à la quantité de chaleur nécessaire, elle sera égale à l'unité (1 cm³) multipliée par $C-c$, différence entre les capacités calorifiques de l'air sous pression et sous volume constants (1). $C = 0,0013$ (air) $\times 0,267$ (densité de l'air) $= 0,000347$. Pour c, on a, d'après Dulong et Petit $\frac{c}{C} = \frac{1}{1,421}$, $c = \frac{0,000347}{1,421} = 0.000244$. D'où $C - c = 0,000347 - 0,000244 = 0,000103$.

Et enfin le rapport $\dfrac{\frac{1}{274} \times 1.033}{0,000103} = 367$.

Et voilà le nombre que trouve R. Mayer pour l'équivalent mécanique de la chaleur. Il est clair d'abord que ces calculs reposent entièrement sur des expériences qui lui sont étrangères et dues surtout à Dulong et Petit. Quant aux réflexions, on peut dire qu'elles proviennent en partie de Lavoisier qui, le premier, eut l'idée de l'équivalence entre la chaleur et la force vive. Lavoisier dit textuellement : « la chaleur est la force vive qui résulte des mouvements insensibles des molécules des corps. » Depuis cette époque 1780, on peut dire que les idées sont partout, à tel point que, après Carnot, on voit en divers pays, Mayer, Joule, Helmholz, Colding, arriver, indépendamment les uns des autres, et à quelques années d'intervalle, à cette notion fondamentale de l'équivalence entre la chaleur et le travail, et à sa détermination de plus en plus exacte.

Quant à Carnot, voici ce qu'il écrit en 1824 : « D'après quelques idées que je me suis formées sur la théorie de la chaleur, la production d'une unité de puissance motrice nécessite la destruction de 2,70 unités de chaleur. » Or, par unité de puissance motrice,

---

(1) Cette formule se tire des relations entre p, v, et t, la pression, le volume et la température.

Carnot entend 1.000 kilogrammètres. Donc le coefficient, ou équivalent mécanique de la chaleur est pour Carnot $\frac{1.000}{2,70}$, soit 370. Il est curieux que ce nombre soit presque le même que celui de Robert Mayer, et assez inférieur au nombre réel, trouvé plus tard expérimentalement, et voisin de 425.

Comme les Allemands élèvent très haut l'œuvre de R. Mayer, il est utile de compléter ce qui précède. Dans son second ouvrage, Mayer passe en revue diverses parties de la Physique. A propos de l'Electricité, il dit que si celle-ci est produite par frottement, il ne se produit pas de chaleur de frottement, ce qui est juste. Le magnétisme produit des effets mécaniques ; de même la pile de Volta et les réactions chimiques. En Astronomie, Mayer se demande quelle force il a fallu pour produire les mouvements actuels des planètes, et il écarte l'idée des impondérables, dont certains savants se nourrissaient encore (un peu légèrement sans doute), comme ne pouvant produire un mouvement matériel : c'est une chose bien évidente en effet. Dans l'étude de la vie, Mayer est sur son terrain, il est médecin : l'animal, dit-il, produit par combinaisons chimiques des oxydations, etc. ; l'homme, le cheval, s'échauffent par le travail. Enfin l'énergie du soleil est ou bien une combinaison chimique, ou un travail mécanique, et Mayer pencha pour cette dernière opinion.

On voit par ce résumé, qui est assez complet, en quoi consiste l'œuvre de R. Mayer. Ce ne sont guère que des idées philosophiques, sans aucune démonstration expérimentale, avec un seul calcul, inspiré d'expériences étrangères ; il est certain que l'auteur est peu

versé en mathématiques. Et pourtant l'historien allemand, Rosenberger (1), prétend qu'il a ouvert la voie
dans toutes les directions. Il me paraît certain que
beaucoup d'hommes à la même date, avaient les mêmes idées que Mayer. La solution des problèmes appartient à ceux qui les démontrent : en outre Mayer
n'eut aucune influence.

On trouve enfin, Rosenberger l'avoue, chez Mayer,
un sentiment assez triste, la joie de nuire : il voudrait
faire sauter le monde tout entier, s'il le pouvait, même
au prix de sa vie. Est-ce le chagrin de son insuccès
constant? Il fut malheureux toute sa vie. Rendons
du moins justice à son désintéressement et à la justesse de ses idées philosophiques,

James Prescott Joule obtint les mêmes résultats que
R. Mayer, en 1841-1843, donc à la même époque, et
d'une manière indépendante. Joule était un observateur, et sa méthode est plus scientifique que celle de
Mayer, procédant du connu vers l'inconnu, du particulier au général. Son ouvrage est intitulé : « Effets
calorifiques de l'Electricité, et valeur mécanique de la
chaleur. » C'est en effet par l'électricité que Joule
s'était intéressé à la chaleur : il avait étudié le dégagement de chaleur produit par l'électrolyse de l'eau.
L'effet Peltier, le passage du froid au chaud, fut le
point de départ des expériences de Joule. Il se demandait s'il se produit réellement de la chaleur, ou bien
si celle-ci est transportée d'une région de l'appareil
à l'autre ; il installa un petit électro-aimant dans
l'eau, le fit actionner par induction, et mesura l'élévation de température produite : il trouva que la cha-

____

(1) Sans pourtant dire davantage que ce qui précède.

leur développée est proportionnelle au carré de l'intensité du courant.

Il devenait facile ensuite de chercher le rapport entre la force mécanique électrique et la chaleur. La force du moteur était évaluée par la chute d'un poids. Le résultat de Joule fut le suivant : pour élever une livre d'eau de un degré Fahrenheit, il faut élever un poids de 838 livres à un pied de hauteur. Le chiffre de Joule varia de 3oo à 5oo kilogrammètres : il l'évalua en moyenne à 46o kgm. Comme conclusion accessoire, Joule annonça que les pompes de Cornouailles ne rendent par le dixième de ce qu'elles pourraient donner.

Dès 1843, Joule donna l'explication des expériences de Rumford avec les canons. Cette expérience, sans que leur auteur s'en doutât, fournissaient le moyen de calculer exactement l'équivalent mécanique de la chaleur. Rumford avait même disposé une crapaudine en bronze enveloppée d'eau, qui se mettait à bouillir ; celle-ci aurait donné la quantité de chaleur, et la force employée au forage du canon aurait donné le travail. Mais Rumford ne voyait rien du frottement, il imaginait une diminution de la capacité calorifique du métal. L'expérience renouvelée par Joule lui donna le même chiffre, qu'il avait trouvé précédemment. En 1845, il évalua les changements de température produits par la raréfaction et la condensation de l'air, au moyen d'une pompe et trouva 436 kilogrammètres.

Une autre conclusion de Joule fut que la chaleur animale est le résultat d'une combinaison chimique, en quoi il suivait exactement les idées de Lavoisier.

Il confirma la théorie de Carnot sur la production de travail par un transport de chaleur. La découverte

de Dulong sur le rapport entre les chaleurs spécifiques
sous pression et sous volume constants fit conclure à
Joule que la chaleur est un mouvement des particules
des corps.

Joule fit encore d'autres expériences. Avec une roue
à palettes, il trouva pour l'équivalent de la chaleur
489 kgm. Enfin à la suite d'une série de cinq expériences au moyen de cylindres de cuivre, etc., il obtint le nombre 424, bien voisin de celui qu'on admet
aujourd'hui, et qu'il considéra comme exact. Ce nombre invariable, pensait-il, est le caractère de la conservation de la force.

Ainsi tandis que Mayer se contentait de considérations philosophiques déduites de diverses manifestations de la nature, Joule procédait par induction et
arrivait à un nombre presque exact. Nous parlerons
plus tard des expériences de *Hirn* en France sur ce
même sujet. Pour suivre l'ordre chronologique, il
faut entrer dans quelques explications mathématiques
tentées en 1847 par *Helmholz* pour démontrer l'équivalence de la chaleur et du travail. Helmholtz part de la
conservation de la force comme d'une hypothèse ad-
missible, en déduit les lois mathématiques des phénomènes particuliers et examine comment l'expérience
y correspond.

Voici comment il calcule : la force qui agit entre
deux masses est exprimée par $\frac{1}{2} m v^2$. Quant à la somme
des forces d'expansion, si φ est leur intensité en chaque point, R et r les distances avant et après le mouvement, la somme est $\int_r^R \varphi dr$ et si V et v sont les vitesses avant et après l'effet, on a :

$$\int_r^R \varphi dr = \Sigma \frac{1}{2} m V^2 - \Sigma \frac{1}{2} m v^2.$$

Le gain de force d'expansion est proportionnel à la perte de force et inversement.

Seulement G. Weber et Clausius avaient déjà fait remarquer que les forces électriques, par exemple, agissent non seulement sur leur distance, mais aussi sur leur vitesse, et même sur leur accélération, et ceci affaiblit singulièrement la portée des formules de Helmholz.

Quant à la vérification, Helmholz la tenta par diverses expériences sur l'absorption de la chaleur, de la lumière, sur l'échauffement produit par l'électricité, enfin par les réactions chimiques, ce qui est l'objet de la Thermochimie inaugurée par Lavoisier, et reprise par Dulong, Fabre et Silbermann.

Carnot et Clapeyron avaient montré depuis longtemps que la chaleur ne produit pas que des différences de température ; en électricité on avait montré que pour deux masses mm' on a une autre formule que celle de Helmholz : $\int_r^\infty \varphi\, dr = -\dfrac{mm'}{r^2}$, et qui s'appelle le *potentiel*. La bouteille de Leyde, la pile voltaïque vérifient encore les effets de la chaleur, l'effet Peltier, l'action opposée au mouvement. Voici une autre formule confirmée par Riess : la chaleur Θ est donnée par $\Theta = \dfrac{1}{2a}\dfrac{Q^2}{S}$, où a est l'équivalent mécanique de la chaleur, Q la quantité d'électricité, s la capacité du conducteur.

Bien d'autres expériences furent tentées, avec le magnétisme, avec l'action chimique ou celle des rayons solaires sur les plantes, etc., pour démontrer le principe de l'équivalence, ou plutôt de la conservation de la force. En somme, cette loi est le résultat d'une série de travaux de nombreux physiciens : les uns considéraient le principe comme évident à priori, comme un axiome, les autres comme un théorème. Les seuls en résumé qui, en véritables observateurs, obtinrent des résultats tangibles et utiles pour l'avenir, furent Carnot et Joule.

Il faut cependant citer ici *Seguin* en France, à qui les historiens allemands n'ont pas rendu justice. Ce n'est pas seulement en 1847, après l'expérience de Joule, que Seguin proclama l'équivalence du Travail et de la chaleur, c'est dès 1839, avant R. Mayer, dans son ouvrage intitulé : « De l'influence des chemins de fer ». D'après J. B. Dumas, Seguin exprima le premier, d'une manière positive, les bases d'une théorie mécanique de la chaleur. Il établit son rapport entre la chaleur et la force, en se servant du refroidissement de la vapeur par condensation, et il trouva le nombre 449, par une voie tout à fait différente de celle de Joule en 1847. Le nom de Séguin mérite donc d'être cité à côté de ceux de Joule et de Mayer, mais après celui de Carnot.

Enfin le Danois *Colding* en 1843 apporta lui aussi une contribution indépendante à l'équivalent de la chaleur et du travail. L'ouvrage de Colding est un mélange de considérations philosophiques, d'expériences sur le frottement, et de remarques sur diverses expériences faites antérieurement.

En philosophie, une force, selon Colding, ne peut être qu'immatérielle, comme l'esprit, donc indestructible ; il admet pourtant la loi de d'Alembert pour régler cette force. Il établit ensuite des comparaisons entre les mesures de Dulong sur la chaleur de compression, celles d'Oerstedt sur la compression des fluides, celles de Berthollet sur la chaleur de pression des solides. Puis il passe à ses propres expériences : il se sert d'une sorte de traîneau avec lequel il mesure les chaleurs de frottement sur le cuivre, le plomb, le fer, le zinc, le bois, le drap, etc. Ses résultats sont très variables ; le nombre moyen qu'il obtient est 350, en 1843. Il fait de nouvelles mesures à Copenhague, en 1847, puis en 1851. Les mémoires qu'il écrit en 1851 et 1856 sont toujours philosophiques, il les intitule : « Rapports entre les forces intellectuelles et naturelles. »

Ainsi Carnot, d'abord, puis Seguin et Mayer, ont prédit les relations numériques qui devaient exister entre le travail et la chaleur. Joule les a, le premier, déterminées scientifiquement. Mayer n'exerça aucune influence : resté inconnu jusqu'en 1860, il fut exhumé par Tyndall, et occasionna une polémique entre Tyndall et Tait en 1863-64 : la vérité, chez Mayer, côtoie l'erreur à tel point qu'on s'explique son insuccès, et que Helmholz dut reconnaître que Joule a beaucoup plus fait que Mayer. La dispute dura jusqu'en 1876, elle est d'autant plus vaine qu'un plus grand nombre de savants se préoccupaient du problème. D'ailleurs, même pour Joule, on pourrait dire qu'il ne démontra aucune loi rigoureuse, puisqu'il trouva des nombres si différents, variant de 321 à 571. Il fallut plus tard des expériences plus précises.

Rayons calorifiques. — Nous allons voir maintenant de nombreuses expériences vérifier la théorie mécanique de la chaleur. Remontons d'abord au thermomultiplicateur de *Nobili*, qui date de 1830. Les expériences de *Melloni* montrent que les rayons calorifiques se réfléchissent et se réfractent comme les rayons lumineux. *Bérard* cherche à réaliser la polarisation des rayons calorifiques ; il n'y parvient pas, mais *Forbes* réussit, et ses expériences activent la théorie. *Ampère*, qui avait déjà réuni les deux fluides, électrique et magnétique, annonce qu'un seul éther suffit pour les ondes lumineuses et calorifiques, et que la chaleur consiste aussi en mouvements vibratoires. La chaleur rayonnante de Melloni vient fournir une aide aux météorologistes pour expliquer le phénomène de la gelée. Selon *Voss*, la gelée vient des étoiles ! Selon *Gersten*, elle monte de la terre, et rejoint les feuilles des arbres. *Le Roy* la compare à la buée des vitres. Ce sont *Beifall* et *Wells* qui découvrent enfin l'action de la chaleur rayonnante ; le froid rayonné par l'espace, sans nuages, l'emporte sur la faible chaleur rayonnée de la terre, à cause du peu de conductibilité de l'herbe et des plantes et produit la gelée.

Knoblauch applique les expériences de Melloni sur la chaleur rayonnante : il cherche à produire de la chaleur, de la lumière, etc., sur les corps diathermanes, sans qu'ils aient de relation avec l'intensité de la source de chaleur, de façon que l'effet soit en rapport avec le corps diathermane lui-même, son épaisseur, sa rugosité, sa couleur. Il se produit une sorte d'absorption pour certains rayons calorifiques : il y a donc des différences entre les rayons calorifiques, comme entre les rayons lumineux ; leurs longueurs d'onde sont variables, et Knoblauch établit la polarisation, la réflexion, la double réfraction de la chaleur. *Bérard* avait déjà conclu à la double réfraction calorifique, parce que les deux rayons lumineux donnent des températures différentes. *Melloni* et *Forbes* avaient obtenu la polarisation avec une lame de mica. Knoblauch fait passer les rayons d'un héliostat à travers deux trous placés l'un derrière l'autre, et les reçoit sur un spath d'Islande. Il observe d'abord une oscillation de l'aiguille du galvanomètre, puis il obtient la séparation du rayon ordinaire et extraordinaire, avec la même intensité ; il observe, comme pour la lumière, la rotation du rayon extraordinaire autour de l'ordinaire. L'analogie est complète.

De même pour la réflexion, il reçoit les rayons de l'héliostat sur un verre noir, ou une plaque d'acier. Il réalise la polarisation. Pour la diffraction, l'élargissement dépend de la disposition de la fente. Toutes ces expériences sont de 1846.

Fizeau et *Foucault* arrivent aux mêmes résultats, un peu différemment, en 1847.

La Provostaye et *Desains* vont plus loin à la même époque : ils obtiennent la rotation du plan de polarisation par l'aimant, la relation entre l'émission, la transmission et l'absorption ; ils trouvent que la loi du sinus de Malus est exacte pour le rayon calorifique. Ils établissent que les formules de Fresnel pour l'intensité lumineuse se reproduisent pour la chaleur identiquement. Avec les miroirs de Fresnel, Fizeau peut observer les longueurs d'ondes calorifiques, et mesurer celles du spectre infra-rouge.

Sur le coefficient d'absorption, la Provostaye et Desains sont en désaccord avec Melloni à propos du sel, il s'ensuit une discussion avec Knoblauch, sans conclusion : il y a sans doute de part et d'autre des sources d'erreurs.

Le pouvoir diathermane des liquides colorés est étudié par *Franz* en 1855, par *Tyndall* pour les rayons sombres de l'Iode en 1862, par *Barell* pour le Chlore, *Tyndall* et *Magnus* pour les gaz simples : ceux-ci trouvent que le pouvoir d'iathermane des gaz est faible.

La transmission de la chaleur par les cristaux fait l'objet des études de *Sénarmont* ; il taille des plaques d'égale épaisseur parallèles aux axes et les recouvre de cire. Le résultat est un maximum ou un minimum suivant les axes, la forme ellipsoïdale de l'onde calorifique varie avec le système cristallin. Le verre comprimé donne les mêmes effets que les cristaux. *Biot* et *Duhamel* confirment ces résultats. *Jannetaz* montre que dans les cristaux, les ondes optiques et isothermes correspondent, elles arrivent en même temps aux positions négatives et positives. Sénarmont en conclut qu'il y a corrélation absolue entre la conductibilité, l'élasticité, la dilatation et la réfraction suivant la direction de l'onde : il y a donc une liaison certaine entre ces phénomènes.

Chaleur chimique. — Les chaleurs chimiques, et celles de combustion, sont étudiées par *Dulong* en 1838, *Andrews* en 1848, Favre et Silbermann en 1852 ; tous les divisent en actions chimiques et moléculaires sans parvenir à un résultat positif, ni exempt de sources d'erreurs. C'est *Berthelot* qui énonce la loi de la Thermochimie en 1853 : « Toute combinaison chimique accomplie sans l'aide d'une énergie étrangère tend vers la formation du corps ou du système de corps qui dégage le plus de chaleur. » Pour la nourriture, assimilée à une combustion, et produisant la force des muscles, les observations et les mesures sont très difficiles. *Dulong*, dès 1815, estimait les produits de la respiration à 0,723 des corps absorbés. *Despretz* arrivait à 0,811. *Helmholz* en 1847, trouve un peu moins. Mais ces nombres ne doivent pas correspondre à la valeur que représente la combustion de la nourriture.

Calorimétrie. — Nous allons entrer maintenant dans une série de travaux de détail où le nom d'un Français, *Regnault*, reviendra souvent. C'est d'abord l'étude des chaleurs spécifiques de fusion, de vaporisation, puis celle de l'élasticité des gaz et des vapeurs. Les résultats ont une certaine importance sinon en pratique, du moins en théorie. Regnault montra que beaucoup de faits attribués au frottement et à l'évaporation, proviennent du changement de volume des corps ; il fut un très grand expérimentateur ; il perfectionna les calorimètres de Dulong et Petit, et imagina un thermo-calorimètre pour réaliser avec de très petites quantités de matière, des mesures calorimétriques très variées. Pour les chaleurs spécifiques des gaz, il reprit complètement les expériences de Delaroche et Bérard, et aboutit à un résultat opposé au leur ; la chaleur spécifique des gaz est indépendante de leur pression ; il devra en être de même de la chaleur spécifique sous volume constant, en vertu de la loi de Dulong et Petit. Les expériences de Regnault se distinguent par leur minutie et le soin apporté à ne négliger aucun détail : il faut de temps à autre à la science des esprits de ce genre pour éviter d'aller trop vite en suivant des idées trop synthétiques.

Evaporation. — *Klaproth* en Allemagne étudie la relation entre la vitesse d'évaporation et la température. *Leidenfrost* montre dans l'évaporation la formation en boule des gouttelettes d'eau bouillante (phénomène de Leidenfrost). *Perkins* en 1827, en Angleterre, attire l'attention sur un phénomène plus curieux : une certaine machine faisait à haute pression beaucoup de bruit sans que le travail produit diminuât ; à certain moment, quand le feu s'éteignait et que la machine se refroidissait, l'eau se jetait tout à coup à grand bruit sur le foyer. Perkins conclut à une sorte de répulsion exercée sur l'eau par le métal très échauffé ; la force de la chaleur serait capable de repousser l'eau et la vapeur à plusieurs millimètres de distance du fond de la chaudière. *Libri* avait fait une observation du même genre : sur un fil de métal surchauffé, une goutte d'eau s'écarte de la partie brûlante, comme s'il se produisait un courant de vapeur. Mais pourquoi y a-t-il abaissement de température? *Baudrimont* fit intervenir le froid produit par l'évaporation. Mais c'est *Boutigny* qui, en 1840, fit les plus intéressantes expériences sur ce point ; il remarqua que les globules d'eau, sphériques, quand il y a peu d'eau, s'aplatissent s'il y en a davantage, et rappellent la forme des gouttes de mercure ou de liquides placés dans des vases qu'ils ne mouillent pas. Il se servit d'un thermomètre, et constata que le liquide placé dans les conditions du surchauffage, reste à une température plus basse que son point d'ébullition. Une goutte d'eau introduite dans l'acide sulfureux liquide, dans une capsule de platine chauffée au rouge, se congèle immédiatement. Le mercure placé sur une plaque de métal brûlant, reste à 54 degrés. Le liquide ne touche jamais la paroi chaude ; il en est séparé par une couche de vapeurs dégagées de sa face inférieure qui le chassent en tous sens. Il se forme une enveloppe infiniment mince et de très grande élasticité autour du liquide ; Boutigny lui, a donné le nom *d'état sphéroïdal* de la matière.

Cette explication n'est pas suffisante. *Poggendorf* réussit à faire passer le courant d'une pile par le centre du globule d'un liquide conducteur ; le courant ne passe pas quand la température est élevée, le globule ne touchant pas la capsule : l'espace vide existe donc nettement. *Tyndall* fit voir cet intervalle entre le support et une goutte d'encre au moyen d'un fil de platine au rouge placé derrière la goutte. *Pierre* constata une résistance. Enfin *Wolf* donna la raison pour laquelle le liquide ne mouille par la paroi : c'est un phénomène capillaire : à mesure que la température monte, l'ascension de l'eau dans les tubes capillaires diminue, il se forme une dépression du ménisque qui de concave, devient convexe, comme pour le mercure, et alors le liquide cesse de mouiller le vase quand il est assez échauffé. Ainsi la main plongée dans l'éther peut entrer dans du plomb fondu et n'éprouver qu'une sensation de froid. Le doigt mouillé avec de l'acide sulfureux peut passer dans un jet de fonte en fusion. Tel est aussi le phénomène des chaudières à l'intérieur desquelles s'est déposée une couche terreuse ou calcaire peu conductrice ; il faut les chauffer presque jusqu'au rouge pour obtenir de la vapeur ; si le dépôt se brise, l'eau vient en contact avec le fer surchauffé à 3 ou 400°, il se produit peu de vapeur ; mais quand la température s'abaisse vers 140°, il se produit

une ébullition instantanée en masse qui peut faire
sauter la chaudière.

Théorie de la chaleur. — Reprenons maintenant la
théorie de la chaleur. Carnot avait comparé la quantité de chaleur à une chute d'eau qui transmet un mouvement : cette idée est restée à la base de la théorie.
Joule essaie de construire une théorie sur cette base
et compare la chaleur latente à un ressort de montre ;
la chaleur de fusion est également une force mécanique
qui maintient la cohésion des parties, autrement dit,
des atômes. La chaleur de vaporisation est une force
qui doit vaincre deux obstacles : la cohésion et la
pression atmosphérique. Et puis Joule se perd dans
la théorie : il veut expliquer la chaleur par une
atmosphère électrique qui produit un tournoiement
rapide des atômes, et engendre des ondes isochrônes
à diverses températures. Il veut discuter la théorie de
Carnot sur le travail produit par la chute de température comparée à une chute d'eau ; il prétend que
la chaleur libérée dans le condensateur est bien plus
petite que celle de la chaudière ! Que ne s'en est-il tenu
à ses expériences pratiques ! *Rankine*, en 1850, renché-
rit encore sur ces idées et annonce que la température
est une fonction de l'atôme, qu'elle varie avec le carré
de sa vitesse de révolution, et inversement avec son
élasticité.

En 1851, Joule modifie sa théorie : l'atôme se meut
en ligne droite, et la température d'un gaz est la force
de ce mouvement, elle est proportionnelle à la molécule. On entrevoit ici un autre chapitre de la physique : la théorie cinétique des gaz. Le calcul montre
que la vitesse de l'hydrogène à 60° est de 6.225 pieds

par seconde, mais nous sortons ici de la théorie de la chaleur.

Il y a en réalité deux lois, cachées dans la théorie de Carnot, sur la transformation de la chaleur en travail par une chute de température : 1° Une quantité de chaleur déterminée, entre deux températures déterminées, produit toujours le même travail ; 2° La proposition est réciproque, et n'est pas moins importante. C'est la première loi qui constitue la constante de l'énergie ; la seconde concerne la transformation de l'énergie, et Joule ne discernait pas cette seconde loi, quand il trouvait la théorie de Carnot incapable de faire déduire les effets de la transformation mécanique de la chaleur en travail. Clausius et Thomson virent plus loin que Joule.

W. Thomson, en présentant la théorie de Carnot en 1849, avait fait voir qu'il suffit d'y ajouter un mot pour la rendre parfaite : *une partie* de la chaleur est transformée en travail ; il est clair que, sans un agent matériel, la transformation ne peut se faire. A la vérité, le fait semble se produire constamment dans la nature : tel est le jeu des muscles par exemple. Mais Thomson voit là une dissipation de l'énergie qui se détruit peu à peu, elle se dégrade, elle finit.

Clausius part de l'axiome que la chaleur ne peut pas passer d'un corps plus froid à un corps plus chaud, ce qui est évident. Il se sert ensuite de la loi de Carnot, que l'effet mécanique maximum dépend seulement des deux températures reçues et émises, et non pas de la nature de la substance, et c'est cette loi qu'il met sous forme mathématique pour la convertir en celle de la transformation de la chaleur en travail. L'expression est proportionnelle à la quantité de chaleur Q et en

raison inverse de la température absolue T du corps
froid : il est impossible de prendre un chiffre au-dessous de cette température absolue.

L'entropie. — Et Clausius montre que pour un
cycle réversible, comme celui de Carnot, on a
$\int \dfrac{dQ}{T} = 0$. Mais si le cycle n'est pas réversible, on
a $\int \dfrac{dQ}{T} < 0$, il y a une perte d'énergie. Ainsi Clausius
arrive à la même conséquence que Thomson ; une
partie seulement de la chaleur est transformée en
travail. C'est la partie de l'énergie qui n'est plus transformable, que Clausius appelle *entropie*, et naturellement il trouve que l'entropie du monde tend vers
un maximum. Depuis lors, on a appelé ce phénomène
la dégradation de l'énergie.

Claudius imagina ce mot d'entropie parce qu'il
ressemble à énergie ; c'était justement le moyen de
créer une confusion, lorsqu'il fallait faire une distinction ; on pourrait voir là le manque de clarté de l'esprit
allemand.

Cette fonction $\dfrac{dQ}{T}$, Rankine l'appelle fonction thermodynamique. *Zeuner* l'appelle *Warmegewicht*, poids
de la chaleur ; *Oettingen*, adiabate. Autant de mots
qui indiquent la perplexité, le vague des esprits qui
les crééat. Au fond, il y avait un doute chez les
savants ; une énergie qui n'est plus transformable
n'est pas de l'énergie : le principe de conservation de
l'énergie est battu en brèche. Et l'on a recours aux
expériences : Rankine montre la concentration de la

chaleur au foyer d'un miroir parabolique sans aucun emploi d'énergie, mais Clausius fait remarquer que cette chaleur est toujours bien moindre que celle du corps producteur, comme si ce n'était pas évident. *Th. Wand* montre la décomposition de l'acide carbonique par les plantes et sa transformation en carbone, dont la combustion donne une chaleur plus grande que celle des rayons solaires reçus par la plante. Seulement, dans le soleil, ces rayons sont bien plus chauds.

En 1862, *Hirn*, de Colmar, construit une machine thermodynamique, qui est capable d'élever un gaz de zéro à 120 degrés et plus, sans employer un corps à plus de 100 degrés, et sans aucune perte de force, mais Clausius fait remarquer, et Hirn le reconnaît en même temps, que le gaz joue un double rôle, par sa température et sa pression.

Tolver Preston construit un cylindre fermé divisé en deux parties égales par un piston d'argile et de graphite. Ce piston est mobile. D'un côté on met de l'hydrogène, de l'autre de l'oxygène. Or l'hydrogène se diffuse dans le piston et il arrive que l'oxygène pousse le piston. Il y a donc travail mécanique, et l'hydrogène se refroidit, tandis que l'oxygène s'échauffe. Clausius répond que les gaz renferment une provision d'énergie, et qu'une fois mélangés, ils se désagrègent plus facilement, d'où production de travail mécanique et variation de température.

Le moindre effort. — Bref, en 1866, *L. Bolzmann* en arrive au principe du *moindre effort*, comme suite naturelle du principe de Clausius. Et *Szily*, en 1872, conclut aussi qu'on aboutit en fin de compte à ce principe de Maupertuis ou d'Hamilton, énoncé bien longtemps, presque un siècle, auparavant. En 1882, Helmholz cherche à retrouver ce principe jusque dans les opérations de la chimie. Ce sont de telles recherches qui avaient inspiré à Maxwell sa fameuse phrase sur les petits démons : « Même dans un gaz à température uniforme partout, les molécules possèdent des forces actives, et ce sont ces forces qui produisent la température, et c'est seulement pour des êtres surhumains, capables de détruire ces molécules, que le second principe de Clausius serait sans valeur. » En somme, comme dit Jamin, les savants sont toujours obligés d'introduire dans leurs raisonnements certaines hypothèses restrictives dont la nécessité n'est pas *a priori*, absolument évidente. Le principe de Carnot repose sur ce postulatum qui au moins est clair : il est impossible de transporter directement de la chaleur d'un corps plus froid sur un corps plus chaud, sans dépense extérieure d'énergie. Et pourtant la signification mécanique de cette proposition est encore un problème pour nous.

Température absolue. — Cependant, avec la théorie nouvelle de la chaleur, devenue mouvement, il était indispensable de définir la température : les anciennes idées ne demandaient pas tant de précision. On arriva par la série de conséquences que nous avons données plus haut, à définir le zéro absolu. *Clapeyron*, à qui on doit autant du moins qu'à Clausius, la mise en évidence du second principe de Carnot, avait tiré du cycle de Carnot, la formule :

$$\frac{dQ}{dv} \cdot \frac{dT}{dp} - \frac{dQ}{dp} \cdot \frac{dT}{dv} = C,$$

où C est une fonction de la température, identique pour toutes les forces de la nature : la valeur de cette fonction est représentée par le travail d'une unité de chaleur élevée de un degré. Clapeyron fut suivi par Helmholz qui, en 1847, définit c pour les gaz par la formule :

$$C = \frac{pv}{a} \text{ ou bien } C = \frac{K(1 + \alpha t)}{a}$$

dans laquelle a est l'équivalent mécanique de la chaleur.

D'autre part, par la considération du coefficient de dilatation des gaz, Clément et Desormes — avaient remarqué que de o à 267° (α est le coefficient de dilatation), le volume du gaz double ; donc entre o et —267, le volume sera réduit à zéro, il n'y aura plus de chaleur puisque le gaz ne se dilate plus, et on convint de donner à —267°, le nom de zéro obsolu. Auparavant, Crawfort et Dalton, par l'étude des capacités calorifiques, avaient donné d'autres nombres, mais très variables. Si dans la formule de Helmholz on exprime $1 + \alpha t$ en température absolue, T, il vient $c = \frac{KT}{a}$, donc la fonction est proportionnelle à la température absolue. Ainsi l'idée de Clément et Desormes éclaircit la théorie de la chaleur, qui traitera non plus d'un volume réduit à zéro, mais de la rapidité de réduction de ce volume ; la chaleur est bien décidément un mouvement.

Alors Thomson définit la température par $T = \frac{a}{c}$, où c est la fonction de Carnot tirée de la formule de Clapeyron, et la formule se trouve vérifiée par de nombreuses expériences.

Mais pour les Allemands, Clausius et Zeuner, ceci ne suffit pas. Ils appellent $\dfrac{dQ}{\tau}$ le mouvement cyclique de systèmes monocycliques, et définissent la température par l'énergie cinétique, ce qui fait intervenir de tout autres considérations. Il va falloir définir la matière avant d'aller plus loin, aussi nous attendrons.

Entre temps ce sont Delaroche et Bérard qui déterminent la chaleur spécifique de l'air comme égale à o,267 ; plus tard Regnault trouve o,237.

Regnault et d'autres étudient la vapeur sursaturée, surchauffée, dans le but d'améliorer le rendement des machines à vapeur, d'obtenir la capacité de travail maximum. On a remarqué des pertes importantes ; de toutes parts on cherche à construire de meilleures machines et les recherches pratiques vont bientôt aboutir à des résultats inattendus en théorie.

Moteurs à gaz chauds, et à explosions. — D'abord le moteur *Ericsson*, en 1850, bien que non pratique, réalisa, au moins approximativement, un cycle de Carnot, au moyen d'une même masse d'air chaud qui revient, après ses transformations, à sa pression et à sa température primitives. Le rendement de cette machine exprimé par $\dfrac{kT}{a}$ s'améliorera si T augmente de plus en plus. Or T_0 ne peut pas s'abaisser, et l'air chaud ne peut atteindre de hautes températures. On essaya divers gaz, des gaz qui s'enflamment, et en 1860 *Lenoir* créa le premier moteur à gaz et à explosions, sorti ainsi d'un appareil purement théorique, grâce à une idée géniale, et par suite des circonstances. D'ailleurs Lenoir ne profita pas de son idée, il mourut méconnu : c'est un allemand, *Otto*, qui sut rendre la découverte non pas pratique, elle l'était, mais utilisable dans l'industrie. Lenoir inventa . aussi la première voiture munie d'un moteur à essence de pétrole, en 1862. Elle fit le trajet de Paris à Joinville-le-Pont en septembre 1863, en une heure et demie. On sait depuis l'immense développement qu'ont pris ces moteurs.

Mais comme l'histoire des sciences repose, en bonne partie, sur les idées philosophiques en cours, nous allons entrer dans quelques considérations sur le mouvement des esprits entre 1860 et 1880. Comme toujours, la matière et la force se disputaient l'univers. En Allemagne, on penchait pour la matière, en Angleterre, pour la force ; en France, on maintenait l'équilibre.

Philosophie de la matière. — Voyons d'abord les idées allemandes sur la matière ; c'est sans doute le développement de la chimie qui entraîna de ce côté la physique, surtout la chaleur. Les mouvements indispensables pour la théorie, devaient être des mouvements de la matière pondérable, de ses partics. La chimie venait de diviser la matière en molécule et atôme. Pour *Buys-Ballot*, météorologiste hollandais, chaque atôme possède deux forces, attractive et répulsive : si on appelle x la distance entre deux atômes, la force mutuelle qui s'exerce entre eux est :

$$f(x) = -\frac{a}{x^2} + \frac{b}{x^3} - \frac{c}{x^4} + \frac{d}{x^5} - \cdots$$

a, b, c, d, sont des coefficients qui dépendent de la forme de l'atôme.

Fechner trouvait en 1855 un certain désaccord entre la théorie des ondes et la dispersion des couleurs, mais *Cauchy* lui montra que l'éther n'est pas un *continuum,* et que la dispersion est aussi nécessaire que la réfraction : l'éther est décomposable, et cela entraîna une discussion entre *Fresnel* et *Poisson* d'où il ressortit qu'une vibration transverse dans un milieu continu s'évanouit rapidement, tandis quelle subsiste en un milieu composé, et ceci s'applique aussi bien à la chaleur qu'à 'élasticité et à la capillarité. Fourier admit cette conception, comme Fresnel. De même *Ampère* avec ses courants en croix disposés autour de certains axes. D'ailleurs l'absence de continuum est un explication de l'atôme ; elle est encore renforcée en physique moléculaire par l'étude des cristaux, l'isomérie, la polarisation à droite ou à gauche. Les explications de *Le Bel* et de *van T'Hoff,* en 1875 soutiennent l'idée de l'atôme.

« La force, dit Fechner, repose sur un certain apport de matière », et c'est tout à fait l'ancienne théorie d'Epicure, c'est même l'élément de Descartes, aussi atomique que la monade de Leibniz, quelqu'infiniment petit qu'on suppose l'atôme.

R. Grassmann, biologiste, propose en 1862 le mot de *Korn* (noyau) au lieu d'atôme, et on arrive à ces singulières dispositions d'atômes figurés par des signes positifs et négatifs disposés plus ou moins symétriquement autour d'atômes centraux, ce qui nous rapproche de la théorie cinétique des gaz, mais ne repose sur rien de réel.

Wilhelmy attribue la chaleur à la rapidité de mouvement de la molécule ; *Joule*, dès 1851, avait parlé de la vitesse de translation de la molécule d'hydrogène.

L'atôme. — Pour Krœnig, les gaz sont composés d'atômes élastiques oscillant en ligne droite avec une vitesse constante. Si m est la masse d'un atôme, c sa vitesse, a le nombre de chocs par seconde, p, la pression, on a $p = m. c. a.$

Si x est la distance entre les deux parois qui enferment le gaz,

$$a = \frac{c}{2x} \text{ et } p = m.c\,\frac{c}{2x}.$$

Si il y a n atômes, le nombre n' de ceux qui sont parallèles à x est $n' = \frac{n}{3}$, et la pression totale sur x est

$$p = mc\,\frac{c}{2x}\frac{n}{3}.$$

Sur la surface yz, par unité de surface

$$p = mc\,\frac{c}{2x}\frac{n}{3}\frac{1}{yz} = \frac{mc^2 n}{6xyz}.$$

En appelant v le volume xyz, $p = n.m\,\frac{c^2}{6v}$, ce qui est conforme à la loi de Mariotte et de Gay Lussac : la pression d'un gaz est proportionnelle à la masse et à l'accélération de la pesanteur. Les écarts avec la loi s'expliquent par l'action réciproque des atômes les uns sur les autres.

Clausius attribue ces écarts à des mouvements de rotation et de vibration intérieurs. A la suite d'une étude des gaz parfaits, et de la théorie cinétique des gaz, il admet la même vitesse pour toutes les molécules d'un gaz. Si h est la distance des deux parois, θ l'angle de direction d'une molécule, le chemin de cette molécule d'une paroi à l'autre est $\dfrac{h}{\cos\theta}$.

Appelant u la vitesse, le nombre de chocs par seconde est $\dfrac{u\cos\theta}{2h}$.

Si m est la masse, le mouvement entre θ et $\theta + d\theta$ est exprimé par $\dfrac{nmu^2}{h}\cos\theta\sin\theta\,d\theta$.

Intégrant de o à $\pi/2$ on obtient $\dfrac{nmu^2}{3h}$.

La pression sur la paroi est $\dfrac{nmu^2}{3V}$.

Appelant q le poids du gaz et g l'accélération de la pesanteur, $\dfrac{q}{g}=mn$, et $u^2=\dfrac{3gpV}{q}$.

Faisons une application de cette formule pour obtenir les vitesses des molécules de différents gaz ; Ex. :

$q=1$; $p=10,333$; $v=\dfrac{0,7733}{d}\dfrac{T}{273}$, ($d$ est la densité du gaz), il vient $u=485\sqrt{\dfrac{T}{273d}}$

ce qui donne pour l'oxygène, l'azote, l'hydrogène, les vitesses $u=461\ m$, $492\ m$, $1644\ m$. Ce sont des vitesses moyennes. On voit ici la marque de l'esprit allemand, parti d'une théorie de la pression qu'il suppose due à des vitesses de molécules, et la poussant aux dernières conséquences. Il reste à voir de combien la vitesse vraie peut s'écarter de la vitesse moyenne.

Maxwell s'attela à la même besogne en 1860, et

trouva que le degré d'erreur est le même que celui des erreurs d'observations, il suffit pour obtenir la limite de prendre $u \sqrt{\dfrac{8}{3\pi}}$; Maxwell compléta ce travail en 1868.

Clausius veut connaître le parcours libre moyen de la molécule, il trouve que ce parcours $l = \dfrac{\lambda^3}{\pi S^2}$ où λ est la distance de la molécule voisine, et s le rayon de sa sphère d'action. Maxwell arrive à déterminer la grandeur absolue du parcours à l'aide du coefficient de frottement intérieur des gaz ; pour le mesurer, il se sert de la balance de torsion de Coulomb, il mesure les inégalités de mouvement du pendule suivant qu'il oscille dans l'air ou dans l'hydrogène ; il se sert des observations de Graham sur le frottement dans les tubes capillaires de gaz : la vitesse des molécules de gaz aura donc un coefficient de frottement, et il se trouve que ce coefficient est indépendant de la pression et de la densité du gaz, ce que confirment les expériences d'écoulement des gaz par capillarité. *Meyer* fait en 1877 la table des résultats pour onze gaz.

Il serait vain d'entrer ici dans les nouvelles hypothèses sur les forces répulsives des molécules, sur leur cohésion qui est une force attractive, mais disons un mot de la tentative d'estimer la grandeur des molécules, et de compter leur nombre.

Loschmidt, en 1865, appelant l la longueur du chemin, et D le diamètre de la section, trouve : Volume parcouru $V = \dfrac{D^2}{4} l\pi$, où $D = 0,00000\,118$ mm. *Van der Waals*, en 1873-77, trouve un autre chiffre. Quant au

nombre de molécules, il serait de 21 trillions dans un
centimètre cube. Cette théorie est purement allemande
bien que certains Anglais y aient collaboré. On peut
la traiter de fantaisie pure, et je n'en parlerais pas s'il
ne fallait faire le jour sur des ouvrages devenus célèbres en Allemagne. Chaque pays a son tour d'esprit,
la science n'est peut-être pas aussi internationale qu'on
le croit, du moins dans sa manière d'évoluer et de progresser.

L'énergie potentielle. — Nous avons vu les théories
de la matière, passons à celles de la force. Les Anglais
suivent les principes de Newton. *Rankine*, en 1853,
définit l énergie potentielle comme la capacité de changement d'une substance, et il ajoute : « La somme
de toutes les énergies (potentielles et actuelles) de
l'univers est constante. » Cette phrase élimine les
forces élémentaires. W. Thomson et Clerk Maxwell
adoptent le mot d'énergie potentielle, et le mathématicien *Clifford*, en 1873, donne le coup de grâce aux
forces élémentaires : un certain groupement des corps
entourants *implique* un changement dans le mouvement du corps entouré. Il n'y a donc plus de forces,
mais des capacités d'effets, et cette simple idée va
permettre à toute la physique de se développer beaucoup plus rapidement dans le sens mathématique. Certaines parties de la chaleur vont spécialement y
gagner. Nous y reviendrons tout à l'heure.

Liquéfaction des gaz. — Nous avons à reprendre
d'abord les rapports entre les gaz, les liquides et les
solides, ce qui nous amènera à la liquéfaction des
gaz. Un des premiers qui éveilla l'intérêt sur ces

questions fut *Andrews*, en 1863. Auparavant une des rares expériences faites dans cette voie, avait été celle de *Cagnard-Latour*, remontant à 1822. Cagnard-Latour avait mis dans un tube hermétique, de l'eau, de l'alcool et de l'éther et avait soumis le mélange à une haute température. Le résultat était une complète transformation en vapeur, sous une pression dangereuse, car ces liquides avaient dû au moins quadrupler de volume.

L'expérience d'Andrews était l'inverse : il réduisait par la pression le volume du gaz et examinait s'il restait gazeux. Avec l'acide carbonique à la température de 88° Fahrenheit, il obtint, à la pression de 300 à 400 atmosphères un fluide parfaitement net et homogène. Il en fut de même pour l'acide azotique. En 1869, les expériences sont reprises : dans des tubes capillaires en verre, sous une pression de 400 atmosphères, l'acide carbonique se liquéfie entre 13 et 48 degrés centigrades ; le gaz suit la loi de Mariotte, puis commence insensiblement à se liquéfier, la courbe des volumes et ses pressions suit une ligne ininterrompue. A 35 degrés et demi, et 108 atmosphères, l'acide carbonique est instable, indécis entre l'état solide et l'état liquide, c'est ce qu'on appelle le *point critique ;* il en est de même pour l'acide azotique, l'ammoniaque, le sulfure de carbone, l'éther sulfurique.

C'est en 1877 que commencent les célèbres et minutieuses expériences de *Cailletet* et *Pictet*, séparément d'ailleurs, sur l'oxyde de carbone, l'azote, l'hydrogène, l'oxygène, c'est-à-dire les gaz permanents, ou auparavant réfractaires à la liquéfaction. Mais nous retrouverons ces expériences en chimie. L'intérêt était ici de montrer la courbe ininterrompue des températures

pour l'état des gaz et des liquides, et d'autre part de
faire voir qu'il n'existe aucune démarcation précise
entre les gaz et les vapeurs, ce qui est établi d'ailleurs
par une formule de Regnault appuyée sur de nombreuses expériences.

L'explication du point critique a été tentée de différentes manières : *Hannay*, en 1880 l'attribue à la cohésion *Van der Waals* à un état d'équilibre qui ne
peut plus se maintenir. *Jamin*, en 1883, montre qu'au
point critique le liquide et sa vapeur saturée ont la
même densité. *Thilorier* et *Ramsay* confirment cette
remarque. *Carnelly* trouve le point critique du bichlo-
rure de mercure sous la pression de 420 millimètres ;
de la glace, sous 4,6 millimètres. Sous basse pression,
la glace subsiste à 180 degrés centigrades, donc bien
au-dessus du point d'ébullition de l'eau. *Wüllner* et
d'autres confirment ces expériences.

Il semble qu'une vapeur peut se liquéfier sous l'action de la pression seule ; entre le gaz et le liquide,
la séparation serait plus nette ; le gaz deviendrait vapeur à certaine température.

Semi-fluides. — Le passage des liquides aux corps
solides suscite aussi d'intéressantes expériences. Il y
a d'abord les substances visqueuses, le demi-fluides,
tels que le sodium, le phosphore, le plomb, etc. *Pfaun-
dler* en 1875, suppose que ces corps contiennent des
molécules solides et d'autres molécules liquides, il fait
observer que si on opère doucement, on peut ployer
un corps sans le briser, comme si les molécules solides avaient le temps de s'arranger. *Cintolesi* et *Can-
toni* en Italie en examinant ces demi-fluides au microscope, observent des pellicules et des dégagements

de gaz. *Amagat* remarque que les fluides sont formés de particules liquides et de gaz qu'il appelle des vapeurs intermoléculaires, il observe en outre des mouvements dans toutes les directions.

D'autre part Gay-Lussac savait déjà que l'ébullition est plus facile au contact d'un métal qu'à celui du verre. *Dufour* en 1865 provoque l'ébullition à une température inférieure au point d'ébullition au moyen d'un courant électrique qui fait dégager des gaz. L'expérience est analogue à celle du cristal qui provoque immédiatement la solidification avant la température nécessaire.

Volpicelli élève la température des corps solides au moyen de courants d'air. La diffusion d'un gaz dans un corps poreux élève aussi sa température. *Dufour, Feddersen, Osborne, Reynolds, Ch. Soret*, montrent que la diffusion de chaleur dans les liquides est un effet du mouvement des molécules.

Joule observe des alternances de température avec le caoutchouc vulcanisé : suivant qu'on l'étire ou qu'on le contracte, sa température s'abaisse ou s'élève comme si les molécules cédaient du travail ou en exécutaient. *Warburg* observe une élévation de température sur les corps qui produisent un son, ou qui le propagent : c'est le caoutchouc qui amortit le mieux les sons, c'est lui aussi qui s'échauffe le plus en se comprimant. Que de secrets il y a dans la nature, surtout si on veut remonter de cause en cause, à l'origine des phénomènes !

Tait et *Stewart* font naître de la chaleur dans un espace vide par une simple rotation ; sans aucun frottement, un métal peut devenir peu à peu visqueux et engendrer de la chaleur. Il se produit évidemment une transformation qui démontre que les molécules ne sont pas inertes, pas plus que celles d'un homme qui s'échauffe par le mouvement.

Nous n'entrerons pas dans le détail des expériences sur la conductibilité des corps liquides ou solides ; tous les ouvrages de physique citent les noms de *Despretz, Guthrie, Paaltzow, Augström, Lundquist, Stefan, Regnault*, etc. Il y a concordance complète avec la conductibilité électrique.

Pour les gaz, les expériences principales sont celles de *Dulong* et *Petit, Maxwell, Magnus, Bolzmann, Regnault* surtout qui détermina aussi la chaleur spécifique des gaz, et montra ses variations avec la température.

Radiomètre. — La transformation de la chaleur en mouvement mécanique conduisit à se demander si la lumière, qui n'est que de la chaleur rayonnante, ne peut pas, elle aussi, se transformer en mouvement mécanique, et de là naquit en 1873 le radiomètre de *Crookes*. *Despretz* avait déjà observé en 1850 l'influence de la chaleur sur l'aiguille aimantée, sans courant électrique ; il avait observé la simple influence de la main sur le globe d'un galvanomètre, celle d'une bougie, d'un charbon ardent. *Fresnel*, en 1825, avait remarqué que deux disques entourés de fil de cocon se repoussent sous l'influence de la chaleur solaire concentrée par une loupe. *Lebaillif, Saigey*, avaient fait des expériences analogues, *Pouillet* avait cru pouvoir dire que ces effets étaient dus à l'influence de courants d'air.

Mais les expériences de Crookes furent autrement concluantes. Voici sa première expérience en 1873 :

il prit une tige de paille fine terminée par des boules de différents corps : sureau, verre, bois, platine, et suspendue horizontalement à un fil dans un récipient de verre ; tant qu'il y a de l'air dans le récipient, les corps chauds attirent les boules ; mais si on fait le vide, l'attraction cesse peu à peu et devient répulsion ; pour les corps froids, c'est le contraire. Il ne peut plus être question ici de courants d'air, ni de condensation, de vapeur d'eau. Crookes attribua le mouvement au choc des ondes sur la surface de la boule, puis sur les gaz condensés qui entourent la surface de la boule après la raréfaction de l'air.

Mais ce fut surtout le radiomètre ou moulin à lumière de Crookes qui excita un immense intérêt. Au lieu d'un corps chaud, Crookes utilisait l'influence de la lumière solaire sur des ailettes de sélénium libres de tourner autour d'un axe horizontal ; il y avait là répulsion, ou pression évidente. Crookes, d'accord avec Tait et Dewar, l'attribuait au mouvement des particules de gaz raréfié ; la surface échauffée a moins de molécules, d'autres arrivent et repoussent cette surface ; elles ne pouvaient le faire quand le gaz remplissait le récipient. C'est la théorie cinétique des gaz.

A cette idée, *Neesen* opposa l'influence des surfaces échauffées, et construisit un radiomètre dissymétrique : or le mouvement se trouva être exactement le même que dans le radiomètre symétrique. Crookes essaya de mesurer la force agissante ; il poussa raréfaction à 1.400.000 de la normale, équivalente une pression de 0,00019 mm. de mercure, sans arriver à une théorie précise. *Zollner* attribua le mouvement à une sorte d'évaporation, dé gazéification des corps solides, des ailes du radiomètre. Il y a sans doute

diverses causes à cet extraordinaire mouvement, que
nous verrons reprendre par *Lebedew*.

Chaleur solaire. — La lumière solaire et ses effets
contribuèrent à ramener l'attention sur le problème
cosmologique de la chaleur solaire ; on se préoccupait
en même temps de cette dégradation continuelle de
l'énergie par la transformation de la chaleur en travail,
suite des discussions sur le second principe de la
théorie de Carnot. On s'inquiétait de la déperdition de
l'énergie solaire, si indispensable à la continuation de
notre monde. *Herschell* estima la chaleur du soleil à
dix-huit millions de calories par pied de surface, et
cependant on n'a jamais constaté aucune diminution
de cette chaleur, du moins depuis qu'on fait des
mesures. Il semble donc que le soleil ne brûle pas.
Buffon avait imaginé une chute perpétuelle de
météores sur le soleil, chute qui engendre de la chaleur. *Helmholz* soutint la théorie de Laplace, l'idée
d'une nébuleuse en contraction continue par condensation solaire. *William Siemens*, chef de la maison
Siemens, de Londres, supposa que la majeure partie
de la chaleur émise par le soleil revient sur lui-même ;
l'espace interstellaire serait plein de gaz légers, hydrogène, etc., comme le prouve la teneur en gaz des
météorites ; le soleil brûle ces gaz et les régénérerait
par dissociation, un peu comme cela se produit pour
la dissociation de la vapeur d'eau, à la surface même
de la terre, dissociation que pourrait être la cause
principale des orages et de la foudre.

Pouillet construisit un pyrhéliomètre pour mesurer
la chaleur solaire, mais il était très imparfait. Le
P. Secchi, puis *Violle*, construisirent des actinomètres

bien supérieurs ; les résultats de Violle dépassèrent de moitié ceux de Pouillet. Pour le calcul de la température solaire, Violle se servit de la loi de Dulong et Petit, plus exacte que la loi de Newton sur le refroidissement et dont s'était servi le P. Secchi. Il obtint environ 1.500 degrés, et réfuta en même temps des expériences de *Waterston* aux Indes, d'après lesquelles le soleil aurait eu plusieurs millions de degrés. Violle poursuivit et améliora encore ces expériences : par comparaison avec des coulées d'acier à Allevard, et en admettant que la loi de Dulong et Petit est encore rigoureuse à 1.500 degrés, il trouva que la température moyenne réelle du soleil serait de 2.000 degrés. S'il faut attribuer une valeur un peu plus faible au pouvoir émissif de la surface solaire, cette surface serait à la température moyenne de 2.500 degrés. Plus tard les analyses spectrales de l'atmosphère solaire confirmèrent cette conclusion.

Quant à la cause de cette chaleur, *Faye* l'attribue à l'état de dissociation de la matière dans l'intérieur du soleil ; ce sont les combinaisons chimiques qui, en s'accomplissant peu à peu à la *limite extérieure* de la photosphère, parce que la température y est suffisamment basse, produisent un immense dégagement de chaleur. Par conséquent, la température moyenne du soleil ne peut dépasser de beaucoup la limite de celles que nous pouvons mesurer.

Hypothèse des systèmes cachés. — Mais revenons maintenant à la théorie de la chaleur qui semble devoir se rapprocher si fort de celle de la lumière. On explique la propagation de la lumière par des mouvements de l'éther, mais l'éther est encore une hypothèse. Et puis

il faut tenir compte avec la chaleur de ce qu'on a
appelé la dissipation de l'énergie. Helmholz, Bolzmann ont fait intervenir de nouvelles hypothèses, en
imaginant les systèmes cachés : certaines variables
dans les équations différentielles de la mécanique nous
sont accessibles, d'autres ne le sont pas, elles correspondent à des mouvements cachés. Il y a des mouvements ordonnés, ceux que nous connaissons, et des
mouvements non ordonnés, et *Bolzmann* nous dit
tout simplement que l'augmentation de l'entreprise
correspond à l'accroissement des mouvements ordonnés par rapport aux mouvements non ordonnés. Pour
le moment ce ne sont là que des mots, mais il ne faut
pas oublier que les sciences les plus abstraites sont
parties de simples mots, de propositions complètement innocentes, et qu'avec des mots, les résultats
les plus extraordinaires ont été atteints.

C'est la chaleur qui a mis la science sur la voie des
mouvements cachés : le principe de Carnot nous
apprend qu'une certaine quantité de chaleur ne peut
abandonner sa source pour se transformer entièrement
en travail. Quand l'énergie se transforme en chaleur,
une partie seulement est réversible, l'autre est
dégradée. Où va-t-elle ? Elle se perd dans le frottement, la conductibilité, le rayonnement, l'hystérésis,
la résistance des conducteurs, etc. Il nous est impossible de la retrouver, de la récupérer, sans doute à
cause de l'imperfection de nos moyens, mais ce n'est
pas moins une perte, et rien dans l'univers n'est capable d'arrêter cette perte d'énergie quand elle se transforme en chaleur. Lors même que nous pourrions
quelque jour agir sur les variables cachées, suivre les
molécules dans leur course, nous opposer à la dissipation de l'énergie, ce ne serait jamais que partielle-

ment, l'homme lui-même est soumis à la mort, le monde est plus puissant que lui, et sous cette dissipation de l'énergie, il se cache sans doute quelque chose de bien supérieur à l'entendement humain.

Pour satisfaire son esprit, l'homme a imaginé le principe de la moindre action, ou celui de la moindre contrainte, mais d'abord, il n'a pas réussi à l'exprimer mécaniquement, et puis il n'y a plus là de quantités mesurables, il y a plutôt des qualités, et alors le champ des hypothèses est infiniment vaste. L'homme lui-même se soumet-il vraiment au principe de la moindre action ? Ne produit-il pas quelquefois son rendement maximum, son maximum d'action, et ne le pose-t-il pas en principe nécessaire quand il s'agit de sa propre existence ? Le monde, il est vrai, n'est pas l'homme, et si supérieur qu'il se manifeste à ses facultés par quelques côtés, il semble, par d'autres, soumis à son examen. C'est qu'il y a vraiment des mouvements cachés qui sortent sans doute des systèmes physiques, et c'est le mérite de la chaleur de nous avoir fait soupçonner, si peu que ce soit, leur réalité.

Potentiel thermo-dynamique. — Dans les recherches contemporaines, ce que Carnot appelait la puissance motrice est devenu le potentiel thermo-dynamique. Il a fait l'objet des études de *Gibbs*, puis de *Duhem, Ostwald, Le Chatelier*. En partant de la notion de puissance transformable, on arrive à l'impossibilité de créer une puissance motrice sans dépenser ailleurs une certaine énergie, et de là vient que le mouvement perpétuel est impossible.

Ensuite *Mouret*, puis le Commandant *Ariès*, ont montré l'impossibilité de détruire de la puissance

motrice sans créer de la chaleur, et cela revient à la loi
de Joule, que la chaleur est un mouvement des particules des corps.

Thermo-chimie. — Les théories, de la chaleur nous
font pénétrer peu à peu dans le domaine de la chimie.
C'est d'abord *Berthelot* avec sa loi célèbre de la thermo-
chimie : la tendance d'une combinaison vers le système de corps qui dégage le plus de chaleur. Mais ce
fut *Gibbs* surtout qui appliqua l'énergétique à la chimie ; le potentiel thermodynamique joue un rôle capital dans les équilibres chimiques ; ces idées étaient
si neuves qu'il fallut attendre quinze ans l'exposé de
Van der Waals pour en comprendre l'importance.
Elles ont été répandues ensuite par *Nernst, Ostwald,
Duhem* et *Le Chatelier,* enfin par *van T'Hoff.* C'est
ainsi la chaleur et l'introduction de l'énergie en chimie
qui ont permis d'établir des relations et des mesures
dans cette science au point de la transformer. Nous
retrouverons en chimie la loi des phases qui permet
de grouper tous les phénomènes : tout *changement de
température tend à déplacer l'équilibre dans un sens
tel que la chaleur de la réaction provoque une variation
inverse de la température :* telle est la forme sous
laquelle Le Chatelier a présenté cette loi. Ainsi une
élévation de température provoque une réaction avec
absorption de chaleur : de même pour la pression, la
force électromotrice, la masse des corps, etc. On entrevoit l'immense série de conséquences qui en découlent :
c'est la transformation de la chimie en une science
mécanique par l'intervention des phénomènes calorifiques : ce sera l'œuvre des premières années du
XX.º siècle.

CHAPITRE V

L'Optique au XIX° siècle

Emission et ondulations. — Au début du dix-neuvième siècle, la théorie de l'émission, soutenue par l'autorité de Newton, était admise depuis plus de cent ans par tous les savants, sans aucune contradiction. Et pourtant Newton lui-même n'était pas sûr de sa théorie. Le petit livre de Huyghens, si étonnant de perspicacité, était resté inconnu ; les idées de Descartes étaient dédaignées, les observations de Deschales, de Grimaldi, oubliées. Or, en 1793, *Thomas Young*, encore étudiant, publie un petit opuscule sur la vue, dans lequel il étudie spécialement le phénomène de l'accomodation. En 1800, il écrit un second opuscule sur la lumière et sur le son, dans lequel un chapitre entier roule sur l'analogie entre les propagations de ces deux phénomènes. Young s'attaque nettement à la théorie de l'émission : il se demande comment, dans cette théorie, la lumière peut se transporter aussi vite du soleil que du frottement de deux morceaux de quartz, comment à travers un milieu transparent, une partie du rayon traverse ce milieu, tandis qu'une autre est réfléchie. La théorie des ondes au contraire permet une explication de ces phénomènes par la variation de densité de l'éther avec les différents

milieux, ce qui divise le rayon et déforme l'onde ;
d'autre part rien n'empêche, dans un milieu élastique,
la vitesse des ondes d'être très grande. Il est vrai que
cette théorie n'explique pas les couleurs, ni la dispersion, mais peut-être la mécanique des fluides élastiques, convenablement appliquée, pourra-t-elle résoudre ces problèmes. Dans une autre théorie, celle de la
chaleur, les dernières expériences faites par Rumford,
apportent un nouvel appui à la théorie des ondes.

Dans le chapitre suivant de ce même opuscule, chapitre consacré aux sons, Young se montre encore plus
précis. A propos de cette idée de Robert Smith, que
les vibrations de sons différents peuvent rester indépendantes les unes des autres, Young montre qu'elles
doivent s'ajouter ou se retrancher ; le résultat des
combinaisons de sons est formé de la somme ou de la
différence de leurs vibrations, et même Young pro-
nonce le mot d'*interférences* qu'il imagina à cette occasion. C'est là ce qui constitue sa grande découverte,
et il s'en rend bien compte, car dans une de ses lettres,
il expose le parti qu'il espère en tirer. Dans les ondulations liquides, on voit bien les cercles, mais S. Gravesande avait montré que la rencontre de plusieurs séries de ces ondulations ne les trouble en rien ;
Young voyait là un grand problème à résoudre.

C'est en 1802 qu'il présente à la Société royale de
Londres son étude sur la théorie de la lumière et des
couleurs ; il montre qu'il est impossible d'expliquer
les couleurs des lames minces sans recourir à un croisement de systèmes d'ondes. Les mouvements résultants seront les plus grands lorsque les phases des
ondulations seront égales et dirigées dans le même
sens ; ils seront les plus faibles quand le mouvement

maximum d'une onde coïncidera avec le mouvement rétrograde maximum de l'autre, et tout mouvement disparaîtra si ces deux ondes sont égales.

Par exemple un rayon vient se réfléchir sur la face supérieure d'une plaque, un autre sur la face inférieure, ces deux rayons reviendront avec une différence de phase correspondant à l'épaisseur de la plaque ; si cette épaisseur est égale à une ou plusieurs fois la longueur de l'onde, les deux rayons pourront s'annuler. Et c'est ainsi que Young explique les anneaux colorés de Newton obtenus par une lentille sur une plaque de verre : les variations d'épaisseur de la couche d'air entre la lentille et la plaque sont cause des différences de phase entre les rayons lumineux ; les couleurs ont des longueurs d'onde différentes. Et même cette expérience pourra permettre de mesurer les longueurs d'ondes des différentes couleurs. Young trouve les chiffres suivants en pieds : à l'extrémité du rouge, 0,000266 ; à celle du violet 0,000167. Dans un pouce de longueur, il trouve entre 37.640 et 59.750 ondulations. Le nombre de vibrations par seconde varie de 463 à 735 billions.

Il en est de même pour les couleurs des réseaux, les micromètres ; ces couleurs sont causées par la réflexion des rayons de chaque côté de la mince ligne creusée dans le verre.

Les couleurs de diffraction, obtenues par une fente dans un écran, sont attribuées par Young à la rencontre du rayon direct avec le rayon réfléchi sur l'arête de l'écran.

Interférences. — Le mot interférer à propos des couleurs est employé pour la première fois en 1802 par

Young. Celui d'interférence lui vient en 1803, sans la moindre ambiguïté, à propos de la diffraction : il se sert pour ce phénomène d'un fil de soie ou de laine, d'un cheveu, et il observe des bandes colorées non seulement de chaque côté de l'ombre, mais dans l'ombre même. Il explique ces bandes par l'interférence des rayons arrivant de chaque côté du fil ou du cheveu ; de là provient la ligne blanche du milieu, dit-il.

Young observe aussi des couleurs entre deux liquides qui ne se mélangent pas, comme l'huile et l'eau placées entre une lentille et une plaque. Sur une plaque infiniment mince, il remarque que la ligne blanche est remplacée par une ligne noire ; il en conclut que la réflexion retarde le rayon d'une demi-longueur d'onde, mais que le chemin parcouru est le même. Par analogie avec les corps élastiques, l'idée lui vient d'insérer entre la plaque et la lentille un milieu plus dense, comme l'huile de sassafras ; il observe en effet un changement complet, la ligne blanche devient noire, et les couleurs sont renversées. Ainsi la théorie d'Young est confirmée, elle lui permet de prévoir les phénomènes avant de les observer.

Les études d'Young sur la diffraction continuent en 1804. De l'analogie entre ces couleurs et celles de la réflexion, il conclut à l'identité des deux phénomènes et à leur explication par les interférences. Il essaye d'expliquer encore par les interférences les arc-en-ciel supplémentaires, situés l'un à l'intérieur, l'autre à l'extérieur de l'arc principal ; ces arcs seraient produits par la superposition de deux systèmes de rayons d'incidence différente, donc présentant une différence de marche.

Enfin il tente d'appliquer sa théorie aux rayons

ultra-violets qui débordent le spectre, et aux rayons infra-rouges. Pour rendre sensibles les rayons chimiques, il se sert d'un papier imbibé de nitrate d'argent, et il découvre trois anneaux obscurs dont les dimensions confirment pleinement l'analogie avec les rayons visibles. Pour les rayons calorifiques, les expériences échouent faute d'un instrument convenable. Mais l'œuvre d'Young est suffisamment complète, elle donne la solution de problèmes si divers que l'auteur a le droit de conclure à la certitude de la théorie des ondes contre celle de l'émission. L'expérience est suffisante, mais l'explication scientifique reste à faire, et c'est pourquoi un homme d'Etat anglais, *H. Brougham*, refuse en 1803 de donner le nom de découverte à l'œuvre d'Young.

C'est alors que *Wollaston* rappelle la théorie si oubliée d'Huyghens sur la double réfraction et propose de la reprendre dans le but d'expliquer les phénomènes d'Young. Mais Brougham ne trouve pas l'idée satisfaisante, et de plus forts que lui sont incapables de traduire les résultats d'Huyghens. Les opuscules d'Young sont traduits en Allemand ; des Allemands les étudient et n'en tirent ni profit ni intérêt. Personne ne comprend ce retard d'une demi-longueur d'onde dû à la réflexion, pas plus que le retard dû au passage dans un milieu plus dense, enfin et surtout la polarisation reste aussi inexplicable dans la théorie des ondes que dans celle de l'émission. Et peu à peu Young se met à douter, si bien qu'en 1808 il est près de renoncer à son hypothèse à laquelle personne déjà ne pense plus.

Polarisation. — Or le 4 janvier 1808, l'Académie des Sciences de Paris propose un prix pour celui qui résoudra le problème suivant : « Etablir une théorie mathématique, appuyée par l'expérience, de la double réfraction que subit la lumière en traversant certaines substances cristallines. » C'est *Malus*, le premier, qui se met à l'ouvrage ; aidé par les circonstances, il arrive rapidement à de véritables découvertes. Un soir, regardant avec un cristal de spath calcaire, la réflexion du soleil sur les fenêtres du Palais du Luxembourg, au lieu des deux images qu'il s'attendait à voir, il n'en voit qu'une seule. Rentré chez lui, il reprend l'expérience avec la lumière d'une bougie réfléchie sur du verre, et ne voit encore qu'une image. Dans certaines circonstances, il distinguait deux images, mais d'intensités différentes, et le maximum de l'une coïncidait avec le minimum de l'autre. Les propriétés des rayons variaient avec les corps transparents employés, mais pour chacun, Malus trouvait une image minima approchant de l'obscurité complète. Newton avait déjà pensé qu'un rayon lumineux pouvait avoir différentes propriétés suivant sa direction, et c'est ce que Malus constatait : lorsqu'on regarde un point brillant avec deux cristaux de spath double, on voit quatre images, après réfraction dans le premier cristal. Lorsqu'on intercepte l'un des deux rayons pour observer seulement l'autre avec le second cristal, on voit successivement à mesure qu'on tourne celui-ci, apparaître et disparaître les deux rayons réfractés, leurs intensités étant complémentaires. Comme on était alors sous l'influence des théories électriques, avec leurs pôles positif et négatif, Malus considère comme des pôles les positions du cristal pour l'éclat maximum de chaque rayon et pose que ce rayon est alors *polarisé* : il donne au phénomène le nom de *polarisation* de la lumière.

Il pousse plus loin les expériences, et essaye la réflexion sur deux miroirs : si les deux surfaces réfléchies sont parallèles, on obtient, sous une incidence de 54°35, la polarisation du rayon incident dans le plan d'incidence. Si ces deux surfaces sont à angle droit, la polarisation s'effectue dans un plan perpendiculaire. C'est là ce que Malus prend comme définition de la polarisation, les deux plans sont opposés suivant la direction du rayon.

Malus reconnaît ainsi que la polarisation est une qualité générale de la lumière. Lorsque la section principale du cristal est parallèle à celle du miroir, le rayon ordinaire est réfléchi, le rayon extraordinaire ne l'est pas ; lorsque cette section principale est inclinée à 90 degrés sur la face du miroir, c'est l'inverse. Il s'ensuit que le rayon ordinaire est dans l'axe de la section principale, et le rayon extraordinaire dans le plan perpendiculaire ; ou bien, comme s'exprime Malus, ils sont polarisés en *sens* contraire.

Le 12 décembre 1810, Malus communiqua son travail à l'Institut ; il était intitulé ainsi : « Sur une propriété de la lumière réfléchie par les corps diaphanes. » Le 22 mars suivant, Thomas Young informait Malus que la Société Royale de Londres lui décernait la médaille de Rumford. L'ouvrage complet : « Théorie de la double réfraction de la lumière dans les substances cristallines », fut couronné par l'Institut en 1811 : il contient la fameuse loi dite de Malus sur l'angle α des deux sections du second rhomboèdre qui éteignent l'un ou l'autre des deux rayons ; les intensités des deux images varient en sens inverse, et de 0 à $\frac{1}{2}$, et de telle sorte que si l'une est représentée par $\frac{1}{2}\cos^2\alpha$, l'autre le sera par $\frac{1}{2}\sin^2\alpha$.

Cet ouvrage passe en revue le quartz, l'aragonite, le zircon, la baryte, la Strontiane, etc., et montre la polarisation partout. Il fait voir en outre que la lumière polarisée par un cristal peut être analysée par un autre cristal. Ceci concerne la polarisation par réflexion.

La polarisation par réfraction simple décrite plus haut fut découverte un peu plus tard par *Biot*, en même temps que par Malus. Ils rédigèrent ensemble une note qui fut présentée à l'Institut le 11 mars 1811. La conclusion de cette note est la loi suivante : la lumière réfractée est toujours polarisée en sens contraire de la lumière réfléchie. Les deux rayons polarisés en sens contraire sont d'intensité égale ; une grande partie de la lumière non polarisée traverse une plaque de verre ordinaire.

Reflexion métallique. — Dans un mémoire subséquent, Malus donne le rapport entre la lumière polarisée et la lumière non polarisée, et il commence à examiner la réflexion métallique. La seule différence qu'il trouve entre la réflexion sur le verre et sur les métaux est celle-ci : les corps transparents réfléchissent les rayons polarisés dans le plan d'incidence ou perpendiculairement ; les métaux au contraire renvoient les rayons polarisés dans l'une et dans l'autre de ces directions d'une manière incomplète.

Malus présente encore un mémoire en 1811, sur l'axe de réfraction des cristaux et des substances organiques. Il donne une méthode pour déterminer l'axe d'un cristal à l'aide de la polarisation : au moyen d'un analyseur, on observe le changement de lumière, et on note la position pour le maximum et le minimum de lumière ; ces positions donnent les sections principales, et par suite l'axe du cristal.

Comme conclusion de ses nombreuses recherches, Malus trouve que la double réfraction existe partout, sauf dans les corps cristallisés en cubes ou en octaèdres réguliers. Cependant la glace produit la double réfraction, elle ne peut donc pas appartenir aux systèmes cubiques ou octaédiques comme on le pensait. Les substances organiques, végétales et animales, ont aussi la double réfraction, et cela embarrasse beaucoup Malus. Ils se trouve dans l'impossibilité de faire aucune théorie. et il y renonce. Il est partisan de l'émission, mais il ne voit là aucune explication des phénomènes qu'il a observés ; pourquoi, par exemple, le rayon le plus intense, une fois polarisé, traverse-t-il un cristal seulement sous une certaine incidence, et se refuse-t-il à une réflexion complète comme le rayon non polarisé ?

Malus était surtout un observateur. Les faits qu'il présentait pouvaient être contrôlés partout, ils n'en constituaient pas moins des énigmes, dont on cherchait en vain la solution dans le fameux mémoire d'Huyghens. Dans ce mémoire, la double réfraction était expliquée par la formation de deux ondes, l'une sphérique, l'autre elliptique. Comme raison de cette différence. Young posait l'inégale élasticité de l'éther dans l'intérieur des cristaux, mais cela ne suffisait pas pour expliquer les propriétés différentes dès rayons après leur entrée dans le cristal.

La théorie de l'émission expliquait la réfraction par l'attraction qu'exerce la molécule du corps sur la molécule de lumière ; cette attraction, suivant Laplace, s'exerce de deux manières : elle est sans modification sur le rayon ordinaire, elle agit sur le rayon extraordinaire en raison de l'angle du rayon avec l'axe du cristal, et c'est la variation de cette action qui change la vitesse du rayon. Si on appelle v et v' les deux vitesses, ε l'angle, k un coefficient constant, on a

$$v'^2 = v^2 + k\sin^2\varepsilon.$$

Et s'il y a deux axes d'angles ε et ε', Biot donne comme formule :

$$v'^2 = v^2 + k\sin\varepsilon\sin\varepsilon'.$$

K peut être positif ou négatif, d'où attraction ou répulsion.

La polarisation trouve aussi une certaine explication dans les pôles de force, les axes de force, mais ces idées ne donnent aucun moyen de déterminer la direction de la molécule de lumière. Biot reconnaît dès 1811 la vanité de sa théorie pour déterminer l'axe de polarisation.

Polarisation chromatique. — De nouvelles découvertes vont faire surgir de nouvelles complications. Le 11 août 1811, *Arago* présente à l'Institut son mémoire sur « une modification des rayons lumineux dans leur passage à travers les corps transparents ». Il montre dans ce mémoire que par polarisation en lumière non colorée, on peut obtenir la production de couleurs : ainsi si l'on fait tomber de la lumière blanche réfléchie à 35° par une plaque de verre, sur une plaque de verre parallèle, on n'observe pas de changement ; mais si, sur un rayon polarisé, et avant la seconde plaque, on interpose une lame de mica transparent, le rayon se colore, et la couleur varie avec l'épaisseur du mica ; cette expérience devait conduire à d'autres faits.

Avec un cristal de gypse ou de spath calcaire, le phénomène est encore plus net.

Arago compare ces phénomènes avec la polarisation par deux miroirs : le rayon serait dépolarisé ; mais il renonce à une explication satisfaisante du phénomène des couleurs, parce qu'elle ne se produit pas dans la polarisation par réflexion.

Quelques années après, Young attribuait ces phénomènes à l'interférence des rayons ordinaire et extraordinaire produits par la double réfraction dans les lames minces, mais il ne trouvait aucune explication à ce fait que la lumière dût être polarisée pour produire des couleurs.

Il semble qu'on peut saisir dans ce progrès si lent des théories de l'optique l'apport inconscient des infiniment petits, des embryons d'idées qui se font jour peu à peu pendant plusieurs siècles, et qui mûrissent à la longue, sourdement enfantés par les générations ! Mais en 1812, le fruit n'est pas mûr encore.

Biot, en 1812 et 1814, revient à la théorie de l'émission, mais en la fortifiant d'une nouvelle hypothèse, qu'il appelle la *polarisation mobile*. Voici à peu près comment il expose les résultats de ses expériences :

1° Si un rayon de lumière homogène, polarisée dans une direction déterminée, traverse normalement une lame de gypse, les molécules de ce rayon pénètrent d'abord à une certaine profondeur sans cesser d'être polarisées comme à l'origine ; ensuite, pour aller plus loin, ces molécules commencent à osciller périodiquement autour de l'axe de leur mouvement, de telle sorte que leur axe de polarisation passe alternativement de l'un à l'autre côté de l'axe du cristal, ou de la droite qui lui est perpendiculaire, à la manière d'un pendule

qui oscille de chaque côté de la verticale. L'épaisseur
de pénétration du rayon varie avec l'indice de réfraction du corps, et il est variable en outre pour les
diverses molécules dont se compose le rayon lumineux.

2°/ Ce mouvement oscillatoire est enrayé quand la
molécule de lumière arrive sur l'autre face de la lame,
et passe de là dans l'air, ou dans un autre milieu qui
ne jouit pas de la double réfraction.

Il suit de là que dans cette théorie, les plans de polarisation des diverses couleurs ne concordent plus entre
eux à la sortie de la lame, ni avec les plans originaires.
Ils sont déviés, et les déviations produites par l'analyseur, par le polariseur, ou par la lame, laissent passer
d'autres couleurs. Dans l'expérience d'Arago sur le
rayon polarisé traversant un cristal de quartz, suivant
son axe, l'analyseur donne deux images colorées de
teintes complémentaires tout à fait vives.

En somme, ces observations de Biot conduisent à ce
qu'on appelle la *polarisation chromatique*, découverte
par *Arago*, et presque en même temps par *Brewster*.
Arago opérait sur des cristaux de béryl, d'émeraude,
de rubis, et il montra distinctement la croix noire qui
traverse les anneaux colorés, obtenue en lumière con-
vergente polarisée traversant des cristaux à un axe
taillés perpendiculairement à cet axe. Il découvrit aussi
les figures que donnent les cristaux à deux axes, et les
classa en deux catégories : à la première appartiennent
seulement le rhomboèdre, l'hexaèdre régulier, l'oc-
taèdre et le prisme quadratique, dont il exposa dès ce
moment les propriétés.

Ces expériences sont reprises aussitôt par *Biot*, *Wollaston*, *Seebeck*, 1814-1816. Peu de temps après, en

1820, *J. Herschell* montre que les courbes isochroma-
tiques dans le cas des cristaux à deux axes sont des
lemniscates, mais, il reste confiné dans l'expérience
Biot veut aller plus loin, et chercher une explication
mathématique du phénomène. Mais quelle que ft · son
habileté dans les sciences transcendantes, il lui était
impossible de découvrir une théorie générale pour des
phénomènes si variés. Ainsi *Malus*, puis *Brewster*,
avaient découvert que le plan de polarisation est perpendiculaire au plan de réfraction pour les substances
de texture feuilletée, et Biot lui-même avait retrouvé
en 1836 cette même propriété pour la tourmaline homogène, dont les plaques épaisses absorbent le rayon
ordinaire pour ne laisser passer que le rayon extraordinaire. D'autres découvertes allaient encore compliquer la question.

Arago en plaçant une lance de quartz entre le polariseur et l'analyseur, observe les mêmes phénomènes
qu'avec une lame de mica, sauf ce fait étrange que la
couleur change quand on fait tourner l'analyseur,
mais non quand on fait tourner le quartz.

Biot étudie à son tour la polarisation du quartz ; il
observe qu'elle est déviée tantôt à droite, tantôt à
gauche ; à cause du déplacement éprouvé par le plan
primitif de polarisation, différent pour chaque couleur,
il donne au fait le nom de *polarisation rotatoire*. Il ne
borne pas l'expérience au quartz et il rencontre le
même phénomène avec les liquides, surtout les huiles
essentielles. Il reconnaît son impuissance devant de
pareilles manifestations des rayons lumineux, capables
de déconcerter le plus subtil mathématicien, et pourtant le moment n'est pas loin où le génie va faire naître enfin l'ordre dans ce chaos.

Couleurs. — Avant de parler des géniales idées de Fresnel, et pour ne pas paraître négliger le nom d'un Allemand célèbre, disons quelques mots de la théorie de *Gœthe* sur les couleurs ; au fond, elles n'ont pas de valeur scientifique, c'est une suite d'études artistiques faites à Rome. Gœthe croit distinguer des couleurs chaudes et des couleurs froides, et il en veut à Newton de sa théorie de l'émission, parce que si la lumière est formée de molécules, comment pourrait-elle donner des couleurs de température différente? Donc le disque de Newton est illusoire, et puis il est gris, et non pas blanc. N'insistons pas sur les prétendues explications de Gœthe, et sur ses milieux ternes par lesquels il voulait remplacer les milieux transparents. Il eut du moins l'esprit de reconnaître sa faiblesse mathématique, mais il prétendit prouver l'impossibilité de mesurer les phénomènes de l'optique physique. Qui veut trop prouver ne prouve rien, et il ne reste de la tentative de Gœthe, vis-à-vis d'une étude scientifique, que le contraste de belles phrases d'artiste avec la lumineuse compréhension d'un vrai savant. Gœthe n'avait aucune idée de ce que c'est qu'une observation.

Il est toutefois assez naturel de penser que la théorie des ondes avec ses vitesses différentes pour les différentes couleurs séduise davantage un homme de simple bon sens, que la théorie de l'émission avec ses molécules de différentes grosseurs pour produire les diverses couleurs, et arriver par leur mélange à faire du blanc. Le bon sens est contre Newton, encore faut-il connaître la théorie des ondes, et Gœthe l'ignorait, il avait 83 ans quand la théorie de Fresnel parvint au grand jour ; or dès 1826, il s'était désintéressé du prix de l'Académie de Petrograd destiné à récompenser la théorie la plus satisfaisante sur les couleurs. Gœthe était un artiste fort intelligent, sans avoir d'ailleurs une grande originalité, et il est loin de pouvoir être comparé à Léonard de Vinci qui demeure, lui, une exception unique : grand artiste et grand savant à la fois.

Théorie des ondes. — La proposition de Petrograd est du 29 décembre 1826 : elle commence par une exposition des quatre grands phénomènes de l'optique : la diffraction, les anneaux colorés, la polarisation, la double réfraction. « Young, dit l'exposé, a essayé de réduire à un seul les deux premiers phénomènes, en appliquant une loi du mouvement inventée par Descartes, développée par Huyghens et Euler. Il conviendrait de poursuivre cette théorie, de montrer que, contrairement à la théorie de Newton, la lumière chemine plus lentement dans un milieu plus dense, enfin expliquer les phénomènes chimiques de la lumière. Le problème est triple, il doit aboutir ou bien à consolider la théorie de l'émission, ou bien à débarrasser la théorie des ondes des objections qui lui sont faites, ou enfin à résoudre une théorie chimique de l'optique. »

Or la solution était déjà trouvée quand le problème fut proposé. *Biot* avait procuré un dernier triomphe éphémère à l'émission, mais il avait échoué dans l'explication de tous les autres phénomènes. Une théorie chimique faisait l'objet des deux gros volumes de *Parrot* à Dorpat (1809-1811), mais vraiment on ne pouvait appeler cela une œuvre scientifique : la lumière serait formée de matières différentes, dont chacune donnerait l'impression d'une couleur; ces particules matérielles, bien qu'impondérables, seraient douées d'affinités chimiques et la réflexion s'expliquerait comme dans la théorie de Newton ; quant à la polarisation et à la double réfraction, Parrot n'arrive à leur trouver aucune explication.

Fresnel par contre avait déjà découvert le moyen d'arriver par la théorie des ondes à expliquer ces deux phénomènes étranges : la double réfraction et la polarisation, et il ne s'agissait plus de simples phrases, même rigoureusement logiques ; le problème mathématique était bien posé et merveilleusement résolu. Fresnel ne connaissait pas les recherches d'Young, et pourtant il suivait une marche à peu près semblable. Son premier travail était consacré à la diffraction ; il en présente à l'Académie une ébauche en 1815, et le termina en 1816. Arago et Poinsot furent nommés rapporteurs pour examiner ce fameux mémoire. Arago reconnut tout de suite la faiblesse des idées de Biot sur ce sujet de la diffraction, et le prix fut décerné par l'Académie à Fresnel en 1819 ; le travail était publié la même année aux Annales de Physique et de Chimie, et il était imprimé dans les Annales de l'Institut en 1826.

La théorie de Fresnel différait de celle d'Young sur deux points : au lieu de considérer l'effet de deux rayons lumineux, Fresnel étudiait la combinaison de deux ondes élémentaires venant de tout l'espace, et il expliquait ainsi non seulement la diffraction, mais les interférences par réflexion, sur deux miroirs. En second lieu pour Young, la diffraction était produite par l'interférence du rayon direct avec le rayon réfléchi sur le bord de l'écran. Fresnel eut d'abord la même idée, puis il fit la *remarque* qu'il n'y a aucune différence d'intensité entre l'effet de la diffraction par le bord aigu d'une lame de rasoir et par le dos de cette lame, et que l'effet est encore identique avec celui d'un écran placé devant une fente étroite. Ce dernier effet, Young l'expliquait aussi par l'interférence du rayon direct et du rayon réfléchi sur le bord de l'écran.

La remarque de Fresnel, confirmée par plusieurs expériences, lui fit conclure que le phénomène observé est indépendant de la réflexion de la lumière. Ainsi il fit passer un pinceau lumineux entre deux plaques d'acier, l'une finement taillée en biseau, l'autre arrondie, et il n'observe aucune différence dans la diffraction. Un miroir couvert d'encre de Chine, sauf une petite ouverture en forme de parallélogramme lui donna la même diffraction qu'une ouverture égale entre deux cylindres de cuivre massif.

Ces expériences ouvrirent les yeux à Fresnel. Il reprit le vieux principe d'Huyghens. Chaque point de l'ouverture par où passe la lumière est un centre d'ondes nouvelles qui sont en divers états de mouvement ou de phase, suivant leur éloignement du centre de l'ouverture, ou de son axe. Ainsi l'éclairage de l'écran résulte d'une infinité d'ondes, qui tantôt s'ajoutent et tantôt se retranchent, de là les fameuses franges d'Young.

Tel sont les premiers principes du célèbre mémoire de Fresnel, qui est demeuré classique, et qui, avec les suivants, a définitivement renversé la théorie de l'émission.

La seconde partie du travail de Fresnel consistait à traduire ses idées dans le langage mathématique. Il réussit à exprimer par une formule l'état de mouvement de chaque onde lumineuse et sa variation avec la distance, et ensuite il calcula la somme de ces mouvements infiniment petits, ou l'intégrale de l'intensité lumineuse. Le succès fut si grand que son adversaire Biot en fut désarmé et rendit justice à la précision et à la valeur irréfutable des calculs ,pleinement d'accord avec les expériences. On simplifia plus tard les calculs de Fresnel, mais leur principe est resté, témoignage de la profondeur du génie de l'auteur.

Le principe des ondes élémentaires résolvait d'autre part l'apparente contradiction entre la propagation de la lumière en ligne droite et la diffraction : on voyait très bien la raison d'être de la propagation d'ondes dans la zone ombrée, sans que pour celà la propagation cessât d'être en ligne droite.

Extension de la théorie des ondes. — Il s'agissait maintenant pour Fresnel d'aller plus loin, de s'attaquer aux nouveaux phénomènes que l'émission était impuissante à expliquer. La première expérience fut celle des deux miroirs très peu inclinés, et produisant les célèbres franges d'interférence. Ce fut un triomphe pour Fresnel. C'est en vain que Biot essaya de reprendre les questions d'attraction et de répulsion, il dût se retrancher derrière de prétendues qualités de l'œil. La coïncidence des distances entre les raies des anneaux colorés des lames minces, et celles de la diffraction, était si complète qu'il fallait conclure à l'identité des causes. Cette magnifique expérience des deux miroirs est restée classique dans tous les cours d'optique.

Avec Fresnel, les conditions même des expériences s'amélioraient grandement. Au lieu d'un simple trou dans un carton, il employait une lentille à court foyer ; l'image était reçue sur une plaque de verre mat, et les raies étaient observées du côté opposé, au moyen d'un micromètre, de façon à obtenir des mesures précises. Les diverses couleurs étaient l'objet de mesures rigoureuses, spécialement le rouge.

En 1816, Fresnel se mit à l'étude des anneaux colorés, puis de la polarisation chromatique. Il présenta son travail complet en 1819 aux Annales de Physique et de Chimie.

Partant de la première hypothèse d'Young pour expliquer la polarisation chromatique, l'interférence entre le rayon ordinaire et le rayon extraordinaire, Fresnel n'eut pas de peine à montrer qu'aucune interférence n'était possible. Pour réaliser par une expérience l'interférence des deux rayons, Arago proposa d'employer une plaque de cuivre, percée de deux ouvertures très voisines, et de placer derrière chaque trou une plaque de mica de façon à pouvoir dévier les rayons et produire une polarisation complète ; de la sorte, les deux rayons à étudier pouvaient prendre toutes les inclinaisons possibles l'un sur l'autre.

Les résultats furent les suivants :

1° Deux rayons polarisés interfèrent comme deux rayons ordinaires.

2° Deux rayons polarisés à angle droit n'interfèrent en aucun cas.

3° Deux rayons polarisés à angle droit, mais provenant d'un rayon polarisé, interfèrent seulement lorsqu'ils sont amenés dans des plans de polarisation parallèles. Polarisés à angle droit, ils n'interfèrent jamais.

De ces lois, Fresnel tira l'explication de la polarisation chromatique, c'est-à-dire des couleurs résultant de l'interférence des divers rayons réfractés.

Le phénomène étrange découvert par Arago, la polarisation chromatique, consiste en ceci. Une onde plane polarisée qui traverse une lame de cristal suivant son axe, donne deux images ordinaire et extraordinaire, mais toutes deux colorées de teintes complémentaires très vives. De plus, les couleurs ne changent pas si on fait tourner le quartz autour de sa normale ; mais si on fait tourner la section principale de l'analyseur qui reçoit l'onde plane, les couleurs changent progressivement en passant par une série de teintes mixtes. Arago montra que dans ce phénomène, le plan de polarisation subit une rotation qui est différente pour chaque couleur, et cette rotation, suivant le cristal, se fait tantôt d'un côté, tantôt de l'autre.

Quant à l'explication, elle résulte des lois de Fresnel que nous avons citées tout à l'heure ; l'interférence se produit par l'emploi du polariseur, ensuite deux rayons polarisés à angle droit se composent pour produire une vibration dite alors circulaire. Dans un milieu constitué de telle sorte qu'un premier rayon circulaire s'y meuve plus rapidement qu'un autre rayon circulaire, le plan de polarisation subit une déviation dans le sens du premier rayon. Ainsi la théorie fit découvrir la double réfraction circulaire. Nous verrons cependant qu'on peut admettre une autre interprétation des faits, simplement la rotation du plan de polarisation lui-même.

Cette théorie allait conduire Fresnel à préciser le sens dans lequel s'accomplissent les ondulations lumineuses.

Ondes transversales. — En effet, de la seconde loi, que les ondes de rayons polarisés à angle droit ne peuvent interférer en aucun cas, il suit qu'elles ne peuvent avoir la même direction, car dans ce cas elles devraient s'ajouter ou se retrancher. Donc en lumière polarisée, bien que les rayons soient parallèles, les ondes n'ont plus la même direction ; il suit de là que la direction des ondes est différente de celle des rayons ; n'étant plus longitudinale, elle est forcément transversale. Mais Laplace et Poisson déclarent cette idée absurde. Par contre, Young écrit à Arago, le 12 janvier 1817, qu'il accepte les ondes transversales. Fresnel ne les admet pourtant définitivement qu'après avoir suffisamment expliqué tous les phénomènes de polarisation au point de vue mathématique, c'est-à-dire en 1821. Il le fit dans deux mémoires examinés par Ampère, Fourier et Arago, et qui parurent en 1827 dans les mémoires de l'Institut.

Avec cette hypothèse des ondes transversales, tout s'explique, mais pour le montrer, il faudrait entrer dans des considérations mathématiques qui ne peuvent trouver place ici. Fresnel explique même les interférences en lumière réfléchie. Dans les phénomènes de la double réfraction seulement, il subsiste quelques doutes. Ainsi Fresnel trouve que dans les cristaux à deux axes, aucun des deux rayons n'obéit à la loi de la réfraction ; il n'y a donc plus d'onde sphérique ni d'onde ellipsoïdale, et Fresnel cherche la formule de la nouvelle surface d'onde ; pour cela, il arrive à une équation du 4e degré, dont il détermine les coefficients par induction.

Comme cause de la double réfraction, il admet que l'éther dans le cristal est inégalement élastique suivant les différentes directions : dans chaque cristal, on trouve trois axes à angle droit, un d'élasticité maximum, un moyen et un minimum, et on détermine la vitesse de propagation suivant chacun de ces axes.

Dans un milieu homogène, la vitesse de propagation est proportionnelle à la racine carrée de la force élastique. De là résultent les déductions mathématiques de la double réfraction, en tenant compte de ce fait fondamental : dans tout cristal à double réfraction, existent deux directions (les axes optiques), où les rayons polarisés suivant des directions quelconques se propagent avec la même vitesse sans se décomposer ; suivant toute autre direction, le rayon est décomposé en deux rayons polarisés, dont les plans de polarisation sont perpendiculaires. Pour construire ces rayons, Fresnel opère comme Huyghens, il se sert de la surface d'onde. C'est ainsi qu'on voit le rapport intime qui existe entre les conceptions théoriques de ces deux grands hommes, dont le second a perçu tout ce qui manquait encore au premier.

De très grandes conséquences découlent des théories de Fresnel : en élasticité d'abord, les expériences précédentes sont la preuve que l'élasticité d'un corps est en relations avec ses axes optiques. Et Fresnel montre qu'en effet on obtient un verre à double réfraction par la simple pression ; un axe optique se crée suivant la direction de la pression.

Polarisation elliptique, onde retardée. — Il appliqua ses formules à la réflexion totale, et en tira les conclusions suivantes. Deux rayons renvoyés à l'intérieur d'un cristal possèdent partiellement les qualités de la lumière polarisée, et leurs ondes sont retardées. La lumière est polarisée elliptiquement, et ses deux composantes ont une différence de phase qui est exactement $2\pi\,(\varphi - \varphi')$. Pour vérifier cette conclusion, Fresnel construisit des parallélipipèdes de verre aptes à la réflexion totale, et montra que si, avec un second parallélipipède, on double le nombre des réflexions, la différence de marche est doublée. Les vérifications, reprises plus tard, ne laissent rien à désirer, et justifient complètement les formules. Il est admirable de lire les déductions mathématiques si claires du grand physicien. C'est le cas de dire qu'elles sont lumineuses.

Un des derniers chefs-d'œuvre de Fresnel fut l'explication de la polarisation rotatoire, dont nous avons dit un mot à propos de la polarisation chromatique. Ce fut le coup de grâce pour Biot, que ces phénomènes avaient tant bouleversé.

Phares. — Disons enfin que dans un domaine plus pratique, Fresnel mit le comble à sa gloire en inventant les phares lenticulaires pour l'éclairage des côtes : ces lentilles transforment les rayons en un cylindre lumineux qui ne s'affaiblit que par le défaut de transparence de l'air.

On peut dire de l'œuvre de Fresnel qu'elle est le chef-d'œuvre de notre époque, qu'elle laisse loin derrière elle les théories astronomiques, et qu'elle constitue la base sur laquelle se construisent actuellement encore les nouvelles théories de la chaleur et de l'électricité. C'est assez dire quelle peut être l'immense portée pour l'avenir d'un pareil ouvrage.

Fresnel mourut en 1827, sans avoir pu faire accepter les ondes transverses par Laplace, et à peine par Arago et Biot. Poisson resta convaincu de la nécessité pour un fluide élastique que ses ondes soient normales et non pas tangentielles à la surface ; pour celles-ci l'éther devrait correspondre à d'autres conceptions ; Fresnel objecta à Poisson que l'éther peut être aussi bien solide

que liquide et vibrer tangentiellement. Cependant
Newton gardait encore des fidèles : Brewster par exemple jusqu'en 1833. Mais dès 1832, un Allemand, *Fechner*, a pris le parti de Fresnel, et bien d'autres en
d'autres pays, comprennent enfin toute la portée de
son œuvre.

Les raies du spectre. — *Brewster* ne trouvait pas
grand chose à invoquer contre la théorie des ondes,
sinon les raies claires ou sombres qu'on observe dans
les spectres des corps éclairés, et auxquelles on commençait seulement à prêter attention. Il devait bientôt
éprouver que ces fameuses raies sont précisément une
preuve de la théorie. C'est *Wollaston* qui, le premier,
en 1802, avait remarqué "la présence singulière de
lignes noires le long des quatre couleurs principales
du spectre scolaire, et bientôt après dans tous les spectres des corps incandescents, mais il n'y attacha pas
d'importance, les attribuant peut être à des anomalies,
ou à des défauts d'instruments. *Fraunhofer*, en 1814-
1815, cherchait à obtenir des objectifs achromatiques
et étudiait dans ce but le pouvoir de dispersion d'après
différentes qualités de verres ; il espérait déterminer
ce pouvoir de dispersion d'après la longueur du spectre
obtenu, mais la difficulté consistait dans le fait que la
limite de chaque couleur, variant insensiblement,
reste vague. Il essaya des flammes donnant une seule
teinte, ce qu'on appelle une lumière homogène. N'en
trouvant point, et voulant cependant obtenir un repère
fixe, il finit par remarquer dans les flammes d'alcool,
d'huile, de sel marin, etc., une raie très nette située
toujours au même endroit, entre le rouge et le jaune.
Depuis longtemps sans doute il l'avait vue, mais,

comme Wollaston, sans la remarquer. On ne voit réellement que ce qu'on veut bien voir dans la nature.

La raie du sodium avait fait son apparition et dès ce moment Fraunhofer s'en servit pour fixer les régions du spectre. Appliquant ensuite sa méthode pour étudier le spectre solaire, il aperçut enfin nettement une quantité de lignes verticales, tantôt faibles, tantôt sombres et fortes, certaines tout à fait noires. Il décida alors, si possible, de les déterminer, de les classer, et pour cela, de leur donner des noms ; dans cette difficile opération qui fut la grande œuvre de la vie de Fraunhofer, œuvre de patience surtout, il se servait d'un prisme de flint-glass, et de la lunette d'un théodolithe. Rien qu'entre B et H, il compta 574 raies, les dessina, et les mesura ; elles étaient toujours dans les mêmes teintes, les phénomènes de diffraction ne leur apportaient aucune modification. La lumière de Vénus lui donna les mêmes raies. Mais certaines étoiles lui donnèrent des raies différentes de celles du soleil ; pour Sirius par exemple, il observa une raie spéciale dans le vert et dans le bleu. La lumière électrique donnait un spectre à lignes claires, surtout dans le vert. L'hydrogène, comme l'alcool, donnait deux lignes sombres D tout à fait à la même place que deux lignes fortes du spectre solaire. Mais Fraunhofer était encore bien loin de concevoir quelle pouvait être la signification de ces lignes singulières.

Réseaux. — Fraunhofer s'occupa aussi de classer les spectres d'après les résultats des phénomènes de diffraction. Avec une seule fente, on a une raie centrale claire et de chaque côté de cette raie un spectre coloré que Fraunhofer appelle spectre de première classe.

Avec plusieurs ouvertures situées à des distances égales, on voit dans les intervalles, ou à la place des franges, de nouveaux spectres, ou spectres de 2e classe. C'est à la suite de ces expériences que Fraunhofer, en 1821-22 imagina les réseaux : il tendait des fils très fins, parallèles et très rapprochés, produisant en somme autant de fentes · ou bien il traçait sur une feuille d'or des fentes parallèles très voisines, distantes de 0,00114 de pouce ou enfin il traçait au diamant sur une lame de verre, avec une machine à diviser, des traits parallèles, qui étaient sensiblement opaques, et laissaient entre eux des fentes transparentes : il en faut au moins cinquante dans un millimètre ; on arrive à en tracer plus de mille. Plus ce nombre est grand, plus le spectre est dilaté , le spectre obtenu peut être considéré comme le vrai spectre normal. On a ainsi des spectres de 2e classe très étendus, tout comme avec les plus grands prismes Ces spectres de diffraction donnant les mêmes raies que ceux du prisme, on en conclut que ces raies sont dans la nature même de la lumière, produites sans doute par une absence de longueur d'onde dans les oscillations de l'éther.

Quelle peut être la cause de cette absence ? Par exemple, en D, les lignes sont doublées. Fresnel s'attacha à résoudre ce problème ; il était sûr, d'après sa théorie, et d'après les dimensions des spectres de diffraction de pouvoir mesurer les longueurs d'onde des différentes couleurs. Mais il n'avait pas de points de repère fixes dans le spectre ; la découverte de Fraunhofer les lui fournit. D'après l'écartement des raies dans les spectres adjacents, et l'écartement des ouvertures, il était facile de mesurer les différents parcours des rayons lumineux ; d'après le nombre de fentes contenu dans un millimètre, on pouvait déterminer la longueur d'onde correspondant à telle couleur, c'est ce qui résulte des équations de Fresnel. Il trouva des valeurs comprises entre 0,00001464 et 0,00002422, et put ainsi utiliser les raies de Fraunhofer comme une preuve de la solidité de sa théorie.

Fraunhofer, lui, ne fit aucune théorie, mais il reconnut la justesse des vues de Fresnel, et avoua qu'aucune autre interprétation des phénomènes de diffra tion n'est possible. Il se borna ensuite à la recherche de bons verres achromatiques.

Schwerd, à Mannheim, en 1835, poussa le développement analytique de la diffraction.

Unité de longueur, l'onde. — *J. Babinet*, en 1829, à force d'observer ces phénomènes, acquit une telle conviction de la théorie des ondes qu'il proposa de prendre pour unité de longueur invariable, et indépendante de tout changement, celle d'une certaine onde lumineuse.

Réfraction conique. — On peut citer comme un exemple mémorable de confirmation d'une théorie par le calcul, une découverte de *W. R. Hamilton*, qui rappelle en optique celle de Leverrier en astronomie. Hamilton trouva par le calcul que dans certains cas, le rayon qui sort d'un cristal doué de la double réfraction, ne peut ni demeurer simple, ni se diviser en deux, mais doit prendre une forme conique. Un autre Anglais, *Lloyd*, essaya de parvenir à ce résultat : le cône se forma distinctement, sa section recueillie sur du papier, est un cercle lumineux. Le phénomène reçut le nom de *réfraction conique* ; ainsi Fresnel eut le bonheur de voir sa théorie subir victorieusement la même épreuve que la théorie si éprouvée de la mécanique céleste.

Influence de la vitesse sur les ondes. — Donc la théorie de Fresnel, non seulement expliquait tous les faits connus, mais permettait de prévoir de nouveaux phénomènes. Il restait à simplifier cette théorie, à trouver certains chiffres, comme le rapport entre la longueur d'onde et la vitesse de propagation de la lumière, la raison de ce qui semble être une variation de vitesse pour les différentes couleurs. Les sons, eux, se propagent tous avec la même vitesse, tandis que pour les couleurs, entre le rouge et le violet, la différence de vitesse existe, bien qu'elle soit inférieure à la cent millième partie de cette vitesse. Mais l'observation des astres ne fournit aucune donnée pour ce problème, peut-être la distance est-elle encore trop faible.

Quoiqu'il en soit, Fresnel s'attacha davantage à montrer dans ses formules l'influence de l'élasticité, de la densité du milieu, plutôt que celle de la longueur d'onde. Il prétendit négliger l'influence des molécules matérielles sur l'éther alors que cette influence pourrait servir à expliquer la dispersion. *Cauchy* s'empara de cette idée, fit en 1822 une théorie de l'élasticité et l'appliqua en 1829 à la dispersion : l'éther, selon lui, est composé d'atômes, dont les intervalles sont infiniment grands par rapport à leur diamètre, et pourtant ce diamètre disparaît devant la longueur d'onde. Ces intervalles sont limités seulement dans les espaces où la vitesse de la lumière et la longueur d'onde ont un certain rapport. En introduisant ces rapports dans ses formules, Cauchy obtint pour la vitesse de la lumière une série en fonction de la longueur d'onde, et où par conséquent la vitesse varie avec les couleurs :

$$v^2 = a + \frac{bn^2}{\lambda^2} + \frac{cn^4}{\lambda^4} + \frac{dn^6}{\lambda^6} + \dots$$

v est la vitesse de la lumière dans un milieu dont l'indice de réfraction est n ; λ est la longueur d'onde ; a, b, c... sont des coefficients qui dépendent de la constitution du milieu.

Badon Powell tira de là une formule empirique excellente pour la valeur des indices de réfraction.

Biot et *Boussinesq* étendirent ces hypothèses au cas de l'éther de densité variable, et de l'éther influencé par les molécules matérielles.

Une question cependant n'était pas encore tranchée : les ondulations de l'éther en lumière polarisée sont-elles parallèles ou perpendiculaires au plan de polarisation. Au fond, la théorie est la même, quelle que soit la solution. Fresnel, puis Cauchy, adoptèrent la première idée, Neumann, en Allemagne, choisit la seconde. Il semble qu'aucune décision ne soit encore possible, pourtant la plupart des opticiens préfèrent la première hypothèse.

Analyse spectrale, ses origines. — Pour aller jusqu'au bout de la théorie, nous allons poursuivre l'historique des travaux relatifs au spectre. *Herschell* étudie les flammes de potassium, du strontium, du cyanogène. *Lecoq de Boisbaudran* étudie les spectres du permanganate de potasse, des sels d'urane, des métaux des familles du cérium et de l'yttrium, et il commence à différencier ces métaux voisins qu'on confondait auparavant : lanthane, didyme, samarium, terbium, etc. Il découvre le gallium, comme on devait découvrir l'holmium (Soret), l'ytterbium (Marignac), le scandium (Nilson), etc. *Talbot* montre les différences entre le strontium et le lithium par les raies rouges. *Kirchhof* va plus loin, il aperçoit de véritables variations dans les raies des différents corps et par une étude approfondie des spectres de la plupart des métaux connus, arrive à la certitude que les raies brillantes de ces corps coïncident avec beaucoup de celles du spectre solaire : il en conclut que ces métaux existent en vapeur dans l'atmosphère solaire, et les expériences subséquentes ont confirmé cette belle conclusion.

Brewster fait d'ailleurs en même temps des expériences analogues : par la lumière artificielle du gaz, il observe plus de deux mille raies sombres identiques à celles du soleil, d'autre part il conclut à un phénomène d'absorption de la lumière par certains corps transparents : leur couleur est celle de la lumière qu'ils laissent passer. Le spectre d'absorption se retrouve dans les gaz et dans les vapeurs.

Wrede continue les expériences, et cherche une explication des raies noires dans la théorie des interférences. Si, dit-il, les corps sont composés d'atômes à des distances fixes, il se produit sur chaque atôme une réflexion partielle, et on obtient un système d'ondes où certaines séries ont une intensité moindre et sont retardées : les interférences entre ces ondes peuvent être la cause des raies sombres. Mais Brewster disait que dans le cas des gaz où, avec cette théorie, l'éther devrait être plus libre, il y aurait moins de raies, tandis qu'au contraire il y en a davantage.

Photométrie, premiers essais. — C'est de 1814 que datent les premières expériences de photométrie, faites par Wollaston,. il laissait passer la lumière solaire ou celle de la lune par un trou rond, et observait l'ombre d'une tige ; celle du soleil est 801.072 fois plus intense que celle de la lune : les étoiles, Sirius même, ne donnent rien. *Ritchie*, en 1825, étudie et mesure les pouvoirs émissif et absorbant au moyen de son thermomètre différentiel, et les trouve égaux l'un à l'autre.

C'est de 1825 aussi que date la lumière *Drummond*, presque aussi intense que la lumière électrique et bien plus économique, surtout pour des expériences ; elle est obtenue au moyen du gaz d'éclairage mélangé avec l'oxygène au moment de l'inflammation, ce qui évite tout danger d'explosion : elle est 264 fois plus intense que celle de la lampe Argand.

L'œil. — Pour l'étude de l'œil, c'est Kepler qui avait montré le premier que les objets donnent sur la rétine une image renversée, comme on le voit très bien sur l'œil des lapins albinos. Depuis lors une quantité d'expériences ont été faites qui ont permis de bien connaître le mécanisme de l'œil, et ses imperfections. En particulier, la myopie paraît due simplement au défaut d'accommodation du cristallin. Ce muscle ne serait plus capable de se contracter ou de se relâcher, comme l'a montré Helmholz. C'est Wheatstone qui signala le fait que la disposition des deux yeux permet d'apprécier le relief et les distances : il inventa le *stéréoscope*. Depuis lors on a réalisé les fameuses mires de guerre, stéréoscopes géants de 5 ou 6 mètres et plus de largeur, permettant de saisir le relief très agrandi d'endroits éloignés.

Photographie. — Une découverte très importante date à peu près de 1813, et c'est la France qui en possède tout l'honneur. On pourrait à la rigueur faire remonter les premières tentatives de photographie à 1802, parce que le physicien *Charles* obtint dès ce moment une silhouette au moyen du Chlorure d'argent : on savait que ce sel, qui est blanc, noircit rapidement à la lumière. Au fond, c'était la vraie solution, et le gouvernement français tenta d'encourager les chercheurs en leur proposant un prix. Et pourtant il fallut passer par bien d'autres tentatives avant de retrouver le vrai chemin. *Nicéphore Niepce*, à force d'étudier l'action de la lumière sur diverses substances, s'arrêta au bitume de Judée : sur une plaque d'argent bruni, il disposait une mince couche de ce bitume, appliquait par dessus une gravure en taille-douce et l'exposait au soleil ; les rayons étaient arrêtés par les traits noirs, mais à travers les blancs, décomposait le bitume, qui devenait insoluble dans les essences. En lavant la plaque d'argent, les traits de la gravure étaient reproduits en creux. Beaucoup d'autres vernis, etc., se comportent comme le bitume de Judée.

En 1826, Niepce s'associa avec *Daguerre*, connu alors comme peintre de dioramas. Daguerre perfectionna d'abord le procédé de Niepce, puis il en imagina un autre, qui devint célèbre sous le nom de daguerréotype. Le Brôme et l'iode ont des propriétés analogues au chlore ; sous l'influence du soleil, ils enlèvent l'hydrogène à ses combinaisons organiques. Daguerre prenait une feuille de plaqué et l'exposait à la vapeur d'iode jusqu'à devenir jaune. Ensuite, il la mettait pendant vingt minutes au foyer d'une chambre obscure, où elle recevait l'impression d'un objet extérieur.

Enfin il la soumettait à la vapeur du mercure chauffé à 80°. Cette vapeur adhérait aux parties qui avaient subi l'action de la lumière et dessinait ainsi l'image : un lavage à l'hyposulfite de soude dissolvait l'excès d'iode. Le défaut était la faible adhérence du mercure ; *Fizeau* obtint plus de fixité par le chlorure d'or, et *Claudet*, en 1841, en ajoutant du brôme à l'iode réduisit la durée de pose, de vingt à deux minutes.

Cependant le chlore allait regagner le terrain perdu. *Talbot*, en 1834, obtint dans la chambre obscure une image négative sur du papier imprégné de chlorure d'argent (méthode de Charles) ; il la plaçait sur une seconde feuille, l'exposait au soleil, et avait une image positive. Voilà tout le procédé moderne, si étonnamment perfectionné depuis 1834. C'était bien plus simple que les procédés de Niepce et Daguerre ; mais pas plus en physique qu'en mathématique, on n'aperçoit d'abord la solution simple.

Les rayons lumineux agissaient donc chimiquement. *Bérard*, en 1817, signale leur grande activité à l'extrémité du spectre, au-delà du violet. *Biot*, en 1839, trouve les rayons calorifiques, les moins réfrangibles, en deçà du rouge. *Becquerel* remarque que le quartz laisse passer les rayons chimiques, et même d'autant plus facilement qu'il est plus sombre ; ce sont les rayons chimiques les plus forts qui produisent la phosphorescence.

Effets de la lumière. — La lumière produit encore d'autres effets : *Morichini*, en 1813, *Madame Somerville*, en Angleterre, en 1826, remarquent qu'une aiguille d'acier, sous l'influence des rayons violets, devient magnétique. D'autre part, *Matteucci* observe qu'un électromètre à feuilles d'or s'écarte au soleil, qu'un disque de verre s'électrise sous la même influence. Mais peut-être la cause en est-elle le frottement produit par un simple courant d'air. On est loin de soupçonner les étroites relations qu'on observera bien plus tard entre la lumière et l'électricité.

Polarisation elliptique. — En 1840, ce sont encore les expériences sur la lumière polarisée qui absorbent davantage l'attention des physiciens. On se demande pourquoi une partie de la lumière se perd dans le phénomène de la réflexion. *Airy* avait trouvé, en 1833, que pour beaucoup de substances, la lumière réfléchie n'est pas polarisée en ligne droite, mais elliptiquement : les deux rayons polarisés à angle droit ont une différence de phase, et Airy trouve là une contradiction aux formules de Fresnel. *Jamin*, en 1840, à la suite d'expériences minutieuses, établit que ce n'est pas là une exception, mais une règle ; par la réflexion sur les corps transparents, comme sur les métaux, il se produit un retard du rayon réfléchi par rapport à celui qui est polarisé perpendiculairement, et par suite la lumière réfléchie est polarisée elliptiquement. Jamin calcule même la grandeur de cette différence de phase pour beaucoup de substances.

Cauchy appliquant les mathématiques à ces phénomènes, trouve des formules qui coïncident avec celles de Jamin, sans contredire celles de Fresnel parce que l'ellipticité est très petite : la théorie de Cauchy repose sur l'hypothèse d'ondes longitudinales à la surface de séparation de deux milieux, ondes qui disparaissent très vite. Depuis Cauchy, on a préféré admettre plutôt une variation continue dans la densité de l'éther au voisinage de la surface de séparation.

Réflexion totale. — Pour la réflexion totale, Newton en avait déjà cherché l'explication dans une branche de parabole. *Fresnel* trouvait que le retard est de un huitième de longueur d'onde. *Quincke* trouve que ce retard est de plusieurs longueurs d'onde et que la pénétration du rayon est plus profonde dans la direction perpendiculaire au plan d'incidence qu'en toute autre direction. *Jamin* mesura la différence de phase pour toutes les incidences et justifia complètement la formule de Fresnel.

Aberration de la lumière. — Le phénomène de l'aberration de la lumière, découvert par Bradley, avait été très bien expliqué avant le xix° siècle. Quand la théorie des ondes fut bien établie, elle souleva une difficulté : la propagation de la lumière en ligne droite est naturelle dans l'hypothèse de l'émission, mais non plus avec les ondulations, parce que l'éther de la terre se meut avec elle. *Challis* cependant essaya une conciliation. *Fizeau* dit qu'on peut supposer trois choses : 1° l'éther est lié aux molécules du corps, et par suite, mobile ; 2° l'éther est libre et non affecté par les mouvements, quels qu'ils soient ; 3° il y a un éther libre et un éther lié. Pour résoudre la question, Fizeau fit de très curieuses expériences : se servant de deux faisceaux de lumière, issus de la même source, il les amena à interférer de la manière suivante : deux tuyaux sont parcourus par un courant d'eau ; un des rayons parcourt le premier tuyau dans le sens du mouvement de l'eau, l'autre en sens contraire. Le déplacement observé est toujours celui du rayon qui s'oppose au mouvement de l'eau. Fizeau conclut pour la troisième hypothèse ; une partie de l'éther est lié aux corps. Si dans les tuyaux passe un simple courant d'air, on n'observe aucun déplacement, le mouvement des gaz est donc sans influence sur l'éther, et l'ancienne théorie de l'aberration est exacte.

Vitesse de la lumière. — C'est alors également que Foucault, puis Fizeau font leurs étonnantes expériences de mesure sur la vitesse de la lumière. Mais *Arago* les avait précédés, s'inspirant d'un procédé dû à Wheatstone en 1834, pour mesurer la vitesse de l'électricité au moyen de miroirs tournants. Une batterie électrique était déchargée à travers un circuit interrompu en trois points horizontaux, le troisième très éloigné des deux autres. En regardant les trois étincelles dans un miroir tournant rapidement, on voyait les deux premières sur une ligne horizontale, la troisième déviée, à cause du déplacement du miroir. Arago faisait passer un rayon dans un tuyau d'eau long de 28 m., l'autre rayon étant parallèle à l'axe de rotation du miroir : d'après la théorie de l'émission, le premier rayon devait être dévié à droite, d'après celle des ondes, à gauche, mais l'expérience ne put rien donner de concluant.

L'expérience de *Foucault*, qui est bien connue, fut une éclatante confirmation de la théorie des ondes, il obtint comme vitesse 298.000 km. par seconde. Les mesures de *Fizeau* furent tout aussi remarquables et donnèrent 315.364 km. : un perfectionnement de Cornu apporté à la méthode de Fizeau donne pour la vitesse de la lumière dans le vide 300.330 km., avec une erreur probable inférieure à 1/1000. Michelson,

Young, Forbes obtinrent des chiffres un peu différents, 301.382 km. d'où on a conclu qu'il peut y avoir quelques changements avec la nature de la lumière employée.

Régularité des ondes. — Fizeau et Foucault firent de nombreuses expériences pour produire des interférences avec de grandes différences de marche et reconnaitre ces différences entre $1/2$ et $n+1/2$ longueurs d'onde. Ils arrivèrent à rendre visibles des différences de 50.000 ondulations, avec cette conclusion que les ondes successives présentent dans leur émission une régularité persistante, comme n'en présente aucun autre phénomène connu jusqu'ici.

Absorption, phosphoresce, etc. — Dans tous les phénomènes optiques, on chercha à mettre en opposition la théorie des ondes et celle de l'émission. Les phénomènes d'absorption de la lumière montrent que l'absoption varie avec l'élasticité optique du milieu, et que ceci peut expliquer les couleurs, le dichroïsme et le polychroïsme d'*Haidinger* : ce dernier phénomène laisse supposer que les mouvements ondulatoires de l'éther se transforment dans les corps en chaleur, ou bien en phosphorescence, fluorescence, etc. Cette faculté, d'abord favorable à l'émission, fut ensuite expliquée par les ondes. *Riess*, en 1845, montra que ce qui produit la phosphorescence du diamant, ce sont les rayons les plus réfractés, leur action a quelque chose de comparable à celle des harmoniques du son.

Draper, en 1851, étudia spécialement la phosphorescence, et nota les faits suivants de ce phénomène : aucun changement de volume ni de structure ; production de chaleur, mais pas d'électricité ; rapport inverse avec la température du corps ; condensation de vapeurs de mercure à la surface du corps.

Edmond Becquerel s'occupa des phénomènes d'absorption dès 1839 et plus tard en 1859 et 1867 ; il étudia spécialement les rayons violets et ultra-violets, l'étendue de ces rayons, etc. ; il conclut à l'identité de la phosphorescence et de la fluorescence. L'appareil qu'il imagina, le *phosphoroscope*, sert à reconnaître si les corps fluorescents ne gardent pas leur éclat pendant un temps appréciable et ne seraient point doués d'une phosphorescence très courte. Le fait est exact pour beaucoup de composés des métaux des deux premières sections, comme les sels d'alumine et d'urane, et les platinocyanures, mais aucun liquide, même fluorescent, ne s'illumine dans le phosphoroscope.

Emsmann en 1861 comparait la phosphorescence à l'effet d'un aimant sur le fer, et sa durée à celle de l'aimantation, à ce qu'on appelle la force coercitive.

La fluorescence fut observée dès 1550 par *Nicolo Monardès* ; elle diffère de la phosphorescence en ce qu'elle est presque instantanée, formant une atmosphère laiteuse qui enveloppe le corps éclairé. *Brewster* remarqua que la chlorophylle est fluorescente. *Herschell*, avec la quinine, étudiant la dispersion en lumière réfléchie, observa qu'elle est anormale, et les observations de *Jamin* confirmèrent cette observation pour d'autres corps, comme la fuchsine.

Fluorescence. — C'est l'Anglais *Stokes* qui trouva la véritable explication des phénomènes de fluorescence. D'abord c'est la surface seule du corps ou du cristal qui diffuse de la lumière ; ensuite, un tube de liquide fluorescent très lumineux au soleil, perd son éclat dès qu'on le plonge dans une cuve contenant le même liquide, qui alors s'illumine lui-même. Herschell disait que la lumière *épipolisée* (épipolé, surface) par une première substance perdait la propriété de l'être une seconde fois. Stokes montra en localisant la fluorescence dans le spectre que les substances fluorescentes absorbent certains rayons (en général les rayons ultra-violets), et les rendent après les avoir transformés : ainsi, en passant à travers un corps fluorescent, la lumière perd la cause de cette diffusion, c'est-à-dire les rayons, qui se transforment. De plus, Stokes établit une loi générale : les couleurs simples émises par un point fluorescent ont une réfrangibilité moindre que celle du rayon excitateur. *Ed. Becquerel* et *Lamansky* confirmèrent cette loi. Les expériences de Stokes furent très variées : faisant promener un tube de la solution à étudier le long d'un spectre, depuis l'infra-rouge jusqu'au violet, il n'observait rien, puis le liquide prenait une teinte d'un bleu magnifique qui augmentait encore d'intensité au-delà du violet.

La lumière électrique contient des rayons qui se réfractent encore plus que les rayons solaires ; ils traversent le quartz, mais sont absorbés par le verre. Avec des prismes de quartz, Stokes observa les étincelles d'une bouteille de Leyde. Recevant les spectres sur un verre d'urane ou sur du papier au sel d'urane, il les trouva six à sept fois plus longs que les spectres de la lumière ordinaire : il appela d'abord ce phénomène du nom de réflexion dispersive, et ensuite de fluorescence. En somme, il fit voir que la fluorescence n'est qu'un changement de réfrangibilité des rayons, celle-ci est toujours diminuée, il n'y a aucune exception à la règle.

A cette fluorescence de Stokes, qu'Emsmann appelait positive, on crut pouvoir en opposer une négative qui élève la réfrangibilité des rayons ; *Tyndall* en 1864 crut l'observer au foyer d'un miroir creux, et il l'appéla *calorescence. Bohn* en 1872 montra que la température élève la réfrangibilité des rayons, d'où l'apparence négative. Mais *Lommel* en 1871 montra que le rouge de naphtaline à la flamme du sodium donne un spectre de fluorescence qui s'étend du jaune au vert, au-delà de la ligne D, ce qui démontre une transformation de réfrangibilité plus faible en une autre plus forte. *Hagenbach* attribua cette anomalie à l'impureté de la lumière du sodium. Une belle expérience de *Lamansky* établit sans aucun doute l'erreur de Lommel et la moindre réfrangibilité constante de la lumière émise par fluorescence. Les Allemands essayèrent vainement d'établir à ce sujet une théorie rappelant en optique celle des sons de Helmholz, la résonnance optique, et la combinaison des sons, c'était là de l'imagination pure.

Lumière et son. — D'autres cherchèrent à établir des relations entre la lumière et le son. *Ch. Doppler* de Vienne fit remarquer en 1842 que la hauteur d'un son dépend non seulement de la longueur d'onde, mais des mouvements de l'organe récepteur, et aussi de ceux de la source ; le son peut changer non seulement d'intensité, mais de hauteur. Il en serait de même pour la coloration des étoiles doubles: par l'approche rapide d'un corps éclairé, le jaune devient vert, bleu, violet ; par l'éloignement, l'orange devient rouge ; ce serait là la cause des couleurs de certaines étoiles qui en réalité seraient blanches. *Buys-Ballot* fit l'expérience pour le son, et chacun peut la faire, elle est décisive, mais la vitesse du son et celle d'une locomotive sont des vitesses comparables, tandis que pour l'optique, les vitesses d'un astre et de la terre sont trop faibles vis-à-vis de celle de la lumière pour que la lumière blanche se change en lumière bleue. De plus il n'y a aucune raison pour que toutes les étoiles soient blanches. Doppler dut se rendre. Cependant plus tard, on découvrit un moyen de déceler l'approche ou l'éloignement des étoiles ; l'analyse spectrale permit d'observer dans ces faits la cause d'un changement de couleur, et nous y reviendrons.

Spectres des gaz, etc. — On se préoccupa de chercher si les vapeurs colorées, les gaz colorés, les flammes des sels métalliques qui ont une couleur, agissent sur leur lumière, mais les couleurs, à elles seules, ne donnent pas de raies ; peut-être la composition chimique d'un corps a-t-elle quelque rapport avec sa couleur. En tous cas deux corps simples qui par exemple ne donnent pas de raies, peuvent en donner un grand nombre par leur combinaison ; le nombre des raies peut augmenter avec l'intensité de la flamme, ou avec sa durée ; les divers oxydes d'une même substance peuvent faire apparaître les mêmes raies parmi d'autres différentes ; la lumière naturelle et la lumière polarisée peuvent donner les mêmes raies. Quand la lumière du soleil tamisée par une couche de vapeur d'acide hypoazotique passe à travers un prisme ou une lentille, on trouve un spectre interrompu (*Brewster*) par de larges bandes obscures presque équidistantes.

Miller et *Daniel* observèrent le même phénomène avec une lampe à gaz et découvrirent les spectres d'absorption du brôme, de l'iode, et de l'oxychlorure de chrôme. Le nombre et l'intensité des raies croissent avec l'épaisseur et la densité de la couche gazeuse observée.

Vers 1855 (?), *W. Swan* étudie les spectres prismatiques des flammes des hydrocarbures, et il en tire une conclusion qui va devenir importante : les lignes claires du sodium, du salpêtre, etc., coïncident avec certaines raies noires du spectre solaire. Les raies claires correspondent à des éléments simples, telle la raie D du sodium qui existe presque partout dans la nature.

Foucault, en 1849, fait l'observation qu'il existe toujours deux raies claires dans le spectre de l'arc électrique, et que ces raies coïncident avec la double raie D du spectre solaire. *Despretz* en 1850, remarque que les raies sont indépendantes de l'intensité du courant. *Angström* en 1855 observe que les composés chimiques des métaux donnent les mêmes raies que les métaux, sauf quelques déplacements. *Plucker* en 1858, observe les spectres de gaz enfermés dans des tubes de Geissler, et remarque que l'ammoniaque donne le même spectre qu'un mélange d'azote et d'hydrogène. On approchait ainsi peu à peu de la découverte de l'analyse spectrale.

La solution se présenta d'une manière imprévue. *Angstrom* en 1855 avait émis cette idée, qu'un corps à l'état incandescent doit toujours émettre toutes les raies qu'il absorbe à la température ordinaire. De même en 1860, *Balfour Stewart* disait : « l'absorption d'une plaque, à quelque température qu'elle soit, est égale à sa radiation. » L'absorption de chaleur est donc identique à l'absorption de lumière. Et on se perdait dans ces effets d'absorption sans les analyser.

Analyse spectrale. — C'est alors, en octobre-décembre 1859, que *Kirchhof* et *Bunsen* s'attelèrent au problème : ils n'apportèrent aucun fait nouveau, mais surent grouper les faits en lois, d'où il est possible de tirer des résultats. Le fait primordial est celui-ci : si on brûle du gaz d'éclairage dans la lampe de Bunsen, on a un spectre à peine visible et sans raies ; mais si on introduit dans la flamme un fil de platine trempé dans une solution saline, le spectre s'illumine et donne des raies caractéristiques pour chaque substance. Toutes ces raies coïncident avec certaines raies du spectre solaire ; de celles-ci, toutes celles qui ne peuvent être provoquées par l'atmosphère de la terre viennent forcément du soleil et ainsi on possède le moyen de reconnaître les corps qui existent dans les astres. Les lignes claires décèlent la présence des métaux, dont la présence de nouvelles lignes inconnues parmi toutes celles analysées par Kirchhof et Bunsen devait conduire à la découverte de nouveaux métaux. En effet, Kirchhof trouva ainsi le quatrième et le cinquième métal alcalin, le cœsium et le rubidium. *Crookes* trouva le thallium que *Lamy* classa comme métal lourd. *Reich* et *Richter* en 1862 trouvent l'aluminium et l'indium. Lecoq de Boibaudran, le gallium, etc. Le grand mérite de Kirchhof et Bunsen est dans la minutie et la précision de leur travail qui fut considérable. Les conséquences en furent très lointaines comme on vient de le voir. C'était le rêve de Herschel réalisé, un moyen infaillible d'analyse au moyen des spectres. On put analyser les taches solaires, et les prohibérances solaires, qui sont forméesd hydrogène ; depuis les travaux de Jansson, Young, etc., on peut dire qu'il reste peu d'incertitudes sur la constitution de couches extérieures du soleil. *Huggins*, le P. Secchi, etc., étudièrent les spectres des étoiles, et y reconnurent la présence de divers métaux, ainsi que l'état de condensation de ces astres. Quant aux nébuleuses, elles donnent un spectre continu, ou bien très peu de raies, quatre au plus ; elles semblent à l'état gazeux et contenir de l'azote et de l'hydrogène.

Plucker en 1867 remarque que la même matière peut donner naissance à des spectres différents, ce qui semble infirmer toute la théorie de Kirchhof. Avec *Hittorf*, Plucker étudie l'hydrogène, l'azote, la vapeur de soufre, etc. et il obtient deux sortes de spectres : l'un continu, avec des parties ombrées, l'autre avec des lignes claires, et des intervalles sombres. Le premier, qu'il appelle spectre du premier ordre, s'obtient avec les gaz sous faible pression, en tubes de Geissler. L'autre, ou spectre de second ordre, est produit par le passage du courant à travers une bouteille de Leyde, le gaz est probablement amené à une température élevée.

Wüllrer, en 1866-68, étudiant l'hydrogène, l'oxygène, l'azote, arrive à un troisième spectre en produisant un changement de pression dans les tubes de Geissler : si on fait diminuer la pression, le spectre continu disparaît, mais les lignes claires subsistent. A une pression inférieure à 3 mm. de mercure, les lignes disparaissent, mais le vert du spectre reparaît : ces phénomènes seraient dus à la température. Cependant Angstrom admet que le gaz à si faible pression peut être remplacé par l'air resté sur les parois du tube, et par des gaz impurs, d'où la production des raies du sodium, du chlore, de l'oxyde de carbone. En 1875, dans un manuscrit posthume, Angstrom arrivait à admettre des changements moléculaires pour produire ces spectres ; un exemple de ce genre, ou changement allotropique, est celui d'oxygène en ozone.

Lockyer, en 1873, émet l'idée de la décomposition possible des corps simples, en d'autres plus simples, dont chacun aurait son spectre formé d'une seule ligne. Comme tendance vers cette idée on remarque que les métaux légers ont un spectre à lignes larges, tandis que les métaux lourds ont davantage de lignes. Les lignes représentent alors des atômes libres, les bandes osnt des molécules ou des amas de molécules. Mais rien ne confirme ces hypothèses.

Déplacement des raies. — Nous voyons les savants revenir maintenant à l'étude du déplacement des raies du spectre. Ce déplacement serait dû à un mouvement comme le soupçonnent *Vogel*, puis Hagenbach. On se rappelle que Doppler avait attribué la couleur des étoiles doubles à un phénomène de mouvement. *Fizeau* en 1850 avait montré à Paris que l'approche ou l'éloignement rapide d'un corps brillant peut se remarquer par un déplacement des lignes de son spectre.

Mach, en 1861, revient à l'idée de Doppler, ce qui n'était pas le moyen d'avancer la question, aussi reste-t-elle en suspens. *Klinkerfuss* émet l'avis qu'une source lumineuse en mouvement produit une impulsion sur l'œil, mais que les longueurs d'onde ne changent pas, non plus que les couleurs, le rouge cependant tend vers l'infra-rouge, et le violet vers l'ultra-violet ; il ajoute cette remarque que tout le spectre doit manifester une réfraction variable qui dépendrait de la vitesse avec laquelle progressent les phases lumineuses.

Si la vitesse dans le premier milieu est v, et dans le second v', et si la vitesse de la source est g, les vitesses deviennent $v + g$ et $v' + g$, et l'indice de réfraction

sera $\dfrac{v - g}{v' - g}$, au lieu de $\dfrac{v}{v'}$. Par là on pourrait calculer

g. Cependant on ne put obtenir aucun résultat. L'idée poursuit son chemin sans avancer jusqu'en 1867.

A ce moment le P. *Secchi*, puis *Huggins*, en observant Sirius, remarquent un déplacement de la raie F de l'hydrogène, déplacement bien faible, de 0,04 de division du micromètre : ils évaluent ce déplacement, qui se trouve correspondre à un éloignement de 66 km. par seconde. Mais d'abord, pour rendre possibles les mesures, il fallait améliorer le spectroscope de Kirchhof. Ce fut l'œuvre d'*Amici* avec ses deux prismes, puis d'*Hofmann* avec cinq prismes ; avec ces instruments, dits à réversion, la déviation du rayon moyen se trouve annulée. *Thollon*, puis *Gassiot*, employèrent d'autres dispositifs avec lesquels la distance angulaire des deux raies D atteint 3 secondes.

J. C. Maxwell avait déjà annoncé qu'une vitesse comme celle de la terre, de 6 ½ km. par seconde produit un déplacement des raies du sodium, de $1/10^e$ d'une division, mais il était dans l'incapacité de faire cette mesure. Zollner avec les primes d'Amici et d'Hoffmann put mesurer $1/264^e$ d'une division, mais il restait des doutes sur les mouvements même des prismes, leur chaleur, etc. (1).

---

(1) Le mouvement des astres par les raies spectrales fut mis en évidence par M. Thollon, au moyen du soleil. Il projetait exactement au-dessus l'un de l'autre les deux spectres des bords opposés du soleil, l'un qui s'approche de nous, l'autre qui s'éloigne, et il constatait un léger défaut de coïncidence des raies. La vitesse de

Dispersion anomale. — Le principe cependant était posé depuis longtemps : une plus grande longueur d'onde cause toujours une réfrangibilité plus grande, c'est la condition même du spectre solaire. Or nous allons voir des exceptions à cette règle. *Le Roux* en 1862 opérant avec la vapeur d'iode qui absorbe la partie moyenne du spectre, laissant paraître seulement les rayons rouges d'un côté, violets de l'autre remarqua que le rouge est plus fortement réfracté que le violet, contrairement à ce qui a lieu pour toutes les autres substances. Il donna à ce phénomène le nom de *dispersion anomale*.

Hurion mesura l'indice de la vapeur d'iode. *Christiansen* en 1870, opérant avec une solution de fuchsine, au lieu de voir les couleurs du spectre dans l'ordre ordinaire, du rouge au violet, les voit dans l'ordre inverse. Sous l'incidence normale, la lumière réfléchie est colorée en vert ; pour des incidences croissantes, on voit successivement le bleu, le violet, le rouge, l'orangé et enfin le jaune qui est la couleur la moins réfrangible.

Sorel rendit facile en 1871 l'observation de la dispersion anomale en plaçant le prisme contenant une solution transparente de la substance étudiée, dans une cuve à faces parallèles pleine du dissolvant pur. *Kundt* cherche les lois de la dispersion anomale au moyen de corps analogues à la fuchsine, à éclat métallique superficiel : le bleu et le vert d'aniline, l'indigo, la cyanine, le carmin, l'alizarine, le murexide, le sang,

la lumière se trouve augmentée d'un côté, diminuée de l'autre, et de même la longueur d'onde et ceci modifie les raies telluriques (dues à l'absorption de la lumière par notre atmosphère), observation effectivement faite par *Cornu*.

la chlorophylle, etc. : il trouve des relations entre la dispersion et l'absorption ; les corps très réfléchissants sont très absorbants, de sorte que dans leur spectre, les couleurs de surface doivent manquer ; l'indice de réfraction atteint un maximum ou un minimum et n'est pas observable. Partout où il y a absorption, il y a dispersion anomale : la réfraction croît très vite avec la longueur d'onde, puis elle diminue en sens inverse ; la partie du spectre qui est absorbée se réfracte plus fortement que la suivante.

Plus tard, Kundt, étudiant les gaz et les vapeurs avec son assistant *Kohlrausch*, fut témoin d'un phénomène singulier. Au moyen d'un brûleur de Bunsen, avec une lumière puissante, il préparait le renversement de la raie jaune du sodium ; le fragment de sodium était contenu dans une pince en fer : le spectre prit une forme étonnante, avec deux gauchissements à la raie D : l'effet était produit par la dispersion anomale du sodium à l'état de vapeur agissant comme s'il était contenu dans un prisme et produisant le déplacement du spectre. On peut conclure de ces faits que les gaz qui absorbent une couleur peuvent la réfléchir, donc les gaz non éclairants par eux-mêmes, peuvent, en lumière réfléchie, apparaître avec leur couleur de réflexion propre.

Théorie des couleurs. — Nous passons maintenant à un autre ordre d'idées. Depuis longtemps, les physiciens se posaient la question de découvrir les causes qui produisent le changement de direction des rayons lumineux à travers les corps, et par conséquent les causes des couleurs, la théorie des couleurs. Les idées pourtant si vagues de Gœthe font encore l'objet d'une

conférence de Helmholz. D'autres, comme *Plateau,
Fechner*, etc., étudient les couleurs au dépens de leur
santé, de leur vue ; ils offrent leur œil à toutes sortes
d'impressions lumineuses, ils prétendent faire acquérir à l'œil la faculté de devenir insensible à la couleur
à force d'habitude. *Plateau* trouve que la durée de l'impression varie avec les couleurs et leur intensité. *Baden-
Powell* et *Walcker* attribuent l'irradiation (un disque
blanc paraît plus grand qu'un disque noir) à l'objet,
et non à l'œil, parce que les lentilles la suppriment.
H. Mayer l'attribue à une sorte d'aberration sphérique
de l'œil, d'autres prétendent que l'accommodation est
incomplète : le fait est que l'irradiation se produit même avec des vues excellentes.

Pour l'accommodation de l'œil, *Brücke*, en 1845, l'attribue à diverses causes : un changement de convexité
de l'œil, un mouvement en avant, un allongement
du rayon de la cornée, et surtout un allongement de
la pupille. *Dove*, en 1851, note que les images des
deux yeux diffèrent en éclat et en couleur. *Knoblauch*
parvient à étudier l'effet des rayons violets dans un
œil de bœuf. Enfin *Helmholz* en 1851 découvre l'optal-
moscope qui permet d'étudier l'œil vivant : c'est un
miroir plan ou concave incliné à 45° et percé d'un trou
au centre : il renvoie dans l'œil qu'on examine la lumière émanée d'une source : l'œil examinateur voit
distinctement l'image formée dans l'œil étudié. Une
quantité d'observations put être faite ensuite. Par
exemple, pour les daltonistes, le rouge et l'orangé du
spectre sont pâles et incolores ; ce qu'ils appellent le
bleu, c'est la partie la plus réfrangible du spectre, et
le blanc, c'est un mélange de vert et de violet : en un
mot, ils sont aveugles pour le rouge. D'autres ne dis-

tinguent dans le spectre que le rouge et le bleu qui se dégradent et se réunissent par une bande grise, ils sont aveugles pour le jaune-vert. Le phénomène de l'image unique vue par les deux yeux suscita une foule d'expériences, depuis Wollaston ; il est certain que se sont les muscles de l'œil qui agissent pour superposer les deux images. C'est cette superposition d'impressions diverses qui suggéra à *Wheatstone* l'idée du stéréoscope pour produire le relief.

Il y a des couleurs qui manquent dans le spectre, comme le brun et le gris de lavande. Cependant Brücke parvint à les produire avec un appareil de polarisation : il se servait simplement de feuillets de gypse entre deux nicols, et il obtenait du gris ; en croisant les nicols, il avait du brun. Le brun est moins réfrangible que le rouge, le gris est plus réfrangible que le violet. Pour *Listing*, le gris exige un nombre de vibrations doubles du brun, de l'une de ces couleurs à l'autre, il y a un octave d'ondes.

La couleur bleue du ciel, la couleur rose de l'aurore, furent l'objet de bien des recherches. *Clausius* les attribue à des gouttes de vapeur dont les enveloppes sont si minces que par interférence elles donnent la couleur bleue : en lumière transmise, à l'aurore, on a la couleur complémentaire, le rouge. Malheureusement personne n'a jamais vu ces gouttes de vapeur dans l'atmosphère claire d'un ciel bleu. *Lallemand* pense que le bleu du ciel est dû à une absorption des rayons ultra-violets par l'atmosphère, c'est une sorte de fluorescence.

Quant à la couleur de l'eau, il est certain qu'elle est due à son épaisseur : une couche d'eau épaisse éteint les rayons rouges et orangés ; mais si l'eau est impure, elle absorbe les rayons bleus et violets et prend une teinte verte, ou bien jaune ou brune. On observe ce changement de teinte avec l'épaisseur dans les sels de manganèse et de chrôme : si l'épaisseur du sel est moyenne, la teinte est verte ; si elle augmente, l'orangé et le vert s'éteignent, et la teinte devient violette. Ce sont des phénomènes de ce genre d'absorption qui se passent dans la formation des gelées de différents fruits, qui peuvent prendre de si belles teintes.

Modifications de la lumière. — Ces phénomènes d'absorption vont nous conduire à de nouvelles observations qui touchent plutôt aux mathématiques. La réfraction et la réflexion varient avec l'absorption, et celle-ci ne peut s'expliquer que par une transformation des mouvements de l'éther en d'autres mouvements des corps pondérables ; il en résulte que les autres modifications de la lumière dans les corps doivent s'expliquer aussi par des mouvement de l'éther. *Boussinesq*, en 1865, considère l'éther comme identique partout, en densité et en élasticité : les ondes d'éther ne varient qu'en touchant les corps ; alors la lumière change de vitesse, et Boussinesq en tire une simplication des formules de Fresnel dans la loi de la double réfraction, comme aussi dans les formules de Cauchy pour la dispersion et pour la polarisation rotatoire.

Helmholz, en 1874, entre aussi dans certains développements mathématiques au sujet de la dispersion anomale. Il imagine pour les actions de l'éther une certaine analogie avec les frottements dans la chaleur : la force de l'éther libre est la somme de l'éther qui agit sur le corps et de celui qui reste. De ses formules, Helmholz tire le rapport entre les longueurs d'onde et l'ordre de réfraction, qui dépend en fait du coefficient d'absorption. Suivant que celui-ci est nul ou très grand, on a la dispersion *normale* ou *anomale*.

Photométrie. — Passons encore à un autre genre d'observations, la mesure même des intensités lumineuses, la photométrie. Aucune branche de la physique n'est plus riche et diverse en manifestations que l'optique. Pour la mesure des intensités lumineuses, le problème consiste à la rendre indépendante de l'œil, comme trop subjectif : il s'agit d'avoir des unités absolues.

Un des premiers photomètres est celui de *Steinheil*, c'était une lunette permettant d'amener côte à côte une étoile et Vega de la Lyre prise comme étalon.

Wild, en 1856, construit un appareil permettant d'affaiblir la lumière à mesurer jusqu'à lui donner l'éclat de la lumière prise pour unité, ou inversement ; l'affaiblissement était obtenu, non pas par l'éloignement mais par la polarisation.

C'est *Arago* qui appliqua le premier la polarisation à la photométrie : il établit un théorème sur l'égalité des quantités de lumière polarisée dans les faisceaux réfléchi et réfracté. Si les intensités des lumières polarisées sont égales elles reproduisent de la lumière naturelle : on constate l'absence de polarisation par une plaque à deux rotations et un analyseur.

Zöllner construisit un astromètre fondé sur ce principe, et où le degré d'affaiblissement peut se mesurer par la loi du sinus de Malus. Pour comparer ensemble les éclats de couleurs différentes, il avait un troisième nicol dont la déviation donnait la couleur voulue.

Engelmann se servit de cet instrument aux Indes en 1868 lors d'une grande éclipse de soleil et obtint les mêmes résultats par rapport à la Lune qu'Herschell en 1834-38.

Voici quelques résultats de ces comparaisons entre les éclats :

$$\frac{\text{Soleil}}{\text{Pleine Lune}} = 618.000 \text{ millions.} \qquad \frac{\text{Soleil}}{\text{Mars}} = 6.994 \text{ billions.}$$

$$\frac{\text{Soleil}}{\text{Jupiter}} = 5.472 \text{ billions.}$$

avec une erreur moyenne de 5 %.

Comme comparaisons de divers corps, on a les chiffres suivants : neige fraîche=0,783. Papier blanc, 0,700. Quartz porphyrisé, 0,108. Verre, 0,040. Eau, 0,021.

Spectro-photomètre. — Le premier appareil utilisant la polarisation pour la photométrie, le spectro-photomètre, fut construit par *Gori* en 1860 : il faisait varier l'éclat respectif des deux spectres en éloignant ou rapprochant les sources. *Viesrordt* en 1872 utilisa cet instrument, dans lequel il préféra rendre mobiles et élargir à volonté les lèvres de la demi-fente inférieure, mais il restait l'inconvénient de rendre le second spectre moins distinct. *Glan* et d'autres améliorèrent plus complètement l'appareil. En somme, on obtient deux spectres superposés, celui d'absorption, et celui de comparaison. Vierordt mesura les intensités des diverses parties du spectre, et trouva les chiffres suivants :

De la raie A à la raie *a* : 72	De la raie D à la raie E : 478.544
De — *a* à — B : 1.529	De — E à — F : 186.143
De — B à — C : 4.114	De — F à — G : 36.190
De — C à — D : 288.957	De — G à — H : 4.283

Quelque soit le photomètre employé, il n'en reste pas moins que c'est toujours l'œil qui juge. Il n'existe au point de vue de la photométrie absolue que de simples projets. *W. Siemens* en 1875, essaya de se servir des mesures électriques, il prétendit utiliser le changement de conductibilité électrique que produit la lumière sur le sélénium cristallisé. Il se servait d'une pile Daniell et d'un galvanomètre et déplaçait la bougie de comparaison jusqu'à obtenir le même écartement du galvanomètre qu'avec la lumière à mesurer.

Radiomètre. — Mais déjà *Crookes* avait recommandé l'usage de son radiomètre comme un photomètre absolu. Même il avait donné des chiffres : l'intensité de la lumière est proportionnelle à la force vive du radiomètre, et cette force vive peut se mesurer sur une échelle circulaire que parcourt le sélénium dans son mouvement de rotation.

Nous parlerons plus loin des découvertes astronomiques du xixᵉ siècle, découvertes dues soit aux calculs mathématiques, soit au perfectionnement des lunettes et des télescopes. Nous allons dire ici quelques mots du microscope, non pas au point de vue de sa construction, mais de la mesure de sa capacité de grossissement.

Microscope. — *Amici* avait eu l'idée, pour augmenter le grossissement, d'interposer entre les lentilles intérieures du microscope, et l'objectif, au lieu d'air, un liquide choisi : eau, huile, glycérine, etc... ayant remarqué que l'effet est sensible, c'est ce qu'on appela le microscope à immersion. L'instrument fut amené à un certain degré de perfection par les opticiens

Merz et Harbruck. Ensuite les professeurs *Helmholz* et *Abbé* se mirent à calculer les limites que peut atteindre un pareil grossissement, et naturellement ils trouvèrent que cela dépend de la réfraction des rayons lumineux à travers le liquide. Or en appliquant la théorie des ondes, il est clair qu'on ne pourra plus percevoir des intervalles si voisins qu'au moins le faisceau lumineux produit par réfraction puisse pénétrer dans l'objectif en même temps que le faisceau non réfracté. Avec l'éclairage central, ou perpendiculaire, l'écartement des particules visibles ne pourra par conséquent descendre au-dessous d'une longueur d'onde de la lumière employée, et pour l'éclairage oblique, d'une demi-longueur d'onde. C'est ainsi que se trouve à peu près atteinte actuellement la limite de grossissement des microscopes, grâce à l'idée d'Amici.

Helmholz démontra le même résultat par la théorie mathématique. Comme moyen de mesure, il employait un réseau de l'extrême finesse perceptible ; l'éclairage était déterminé de telle sorte que la largeur des franges fût égale à la largeur d'un intervalle du réseau.

En appelant la longueur d'onde, la distance minima perceptible est $\varepsilon = \dfrac{\lambda}{2 \sin x}$, x étant l'angle de divergence du rayon lumineux. Si $x = 90°$, $\varepsilon = \dfrac{\lambda}{2}$, c'est-à-dire $\dfrac{1}{3636}$ mm. avec le microscope ordinaire, et $\dfrac{1}{4848}$ avec le microscope à immersion. Encore n'est-il presque jamais possible d'atteindre exactement 90° avec x. En tous cas, c'est le minimum en lumière blanche. Avec la lumière bleue, on peut aller un peu plus loin. Enfin la photographie avec les rayons ultra-violets a permis des grossissements encore un peu supérieurs.

C'est grâce à la photographie qu'on a pu obtenir les belles reproductions miscroscopiques actuelles du soleil, de la lune, de certaines planètes et étoiles. Comme l'a dit Huggins, nous possédons maintenant des témoins irréfutables de ce qui se passe dans l'univers.

Conclusion. — Pour tirer une conclusion de ce qui précède en optique, il est bon d'y remarquer le rôle purement passif des professeurs allemands. Ils ont travaillé l'idée d'Amici, réalisé des instruments et montré leurs limites, mais ils n'ont rien inventé. C'est le rôle qu'on leur voit jouer à peu près partout, aussi bien dans les mathématiques que dans les sciences physiques, mais ils ont tout perfectionné.

Nous arrivons enfin aux dernières années du XIXe siècle, de 1880 à 1900 ; elles embrassent une quantité de phénomènes dont la solution dépend encore de l'avenir. Plus la science progresse, plus elle devient compliquée. Faute de pouvoir discuter les avis des physiciens, nous serons obligés d'aller un peu vite, de nous contenter presque de citer les découvertes. Comme nous l'écrivait le regretté professeur Duhem, la science physique actuelle est un champ de bataille dans lequel il est impossible de discerner l'ensemble ; tel un soldat ou même un chef subalterne dans la guerre actuelle est incapable de voir l'ensemble des opérations, et risque de recevoir des coups non seulement de ses adversaires, mais même des siens. En voulant discuter les opinions des physiciens, on courrait le même risque.

Photographie des couleurs. — Voyons d'abord l'étude des vibrations lumineuses. Nous avons vu que de l'infra-rouge au violet extrême, le nombre de vibrations varie de 450 à 750 trillions par seconde. Mais il n'y a pas que des ondes de ce genre. Nous avons vu en électricité, à propos des expériences de Röntgen, qu'il existe des ondes stationnaires, comme dans les tuyaux sonores en acoustique. Il en existe de ce genre en optique, et c'est leur étude qui conduisit Lippmann à sa mémorable découverte de la photographie des couleurs. Une couleur est caractérisée par sa longueur d'onde, c'est-à-dire par la distance entre deux points du rayon où l'activité vibratoire est maximum ; si un faisceau de rayons est reçu dans l'épaisseur d'une courbe sensibilisée de bromure d'argent, ce sel sera décomposé, complètement aux maxima d'intensité, et nullement aux minima ; après développement et fixage, on obtiendra sous un faisceau de lumière blanche, le renvoi de toutes les radiations colorées *à leur place*, car les radiations d'autres couleurs, ne concordant pas avec la série des maxima et minima de réduction du sel d'argent, ne seront pas renvoyées.

Selon *Poincaré*, l'impression photographique résulte de la force vive du mouvement vibratoire de l'éther, tout comme l'impression sonore en acoustique : d'après cette remarque, il faut conclure, comme l'a fait *Wiener* que pour un rayon polarisé, la direction des vibrations est perpendiculaire au plan de polarisation, et ceci préciserait certaines formules de Fresnel, en les confirmant.

Dédoublement des raies par le magnétisme. — On a découvert encore d'autres modifications dans les longueurs d'onde, et ceci nous amène à une comparaison avec l'effet *Zeemann* en électricité, découvert en 1896 : les spectres d'émission ou d'absorption d'une flamme sont dédoublés, lorsque la flamme se trouve placée dans un champ magnétique. Il faut un champ intense pour que l'écart des lignes dédoublées soit sensible : l'état de polarisation des lignes dédoublées est variable ; chaque raie composante paraît être un triplet dissymétrique.

Nous avons vu qu'on a essayé d'observer une action des corps en mouvement sur les phénomènes optiques : Fizeau y était parvenu avec ses tubes contenant des courants d'eau en sens contraire. Plus récemment Michelson essaya de se servir du mouvement de translation de la terre pour rendre sensible ce mouvement, grâce à l'interférence de deux rayons lumineux, mais il n'obtint que des résultats négatifs. Une tentative de ce genre en électricité, avec les ondes électriques, était davantage encore condamnée à un échec. Il serait beau sans doute que l'homme pût être sensible à tous les mouvements du monde sur lequel il vit, mais c'est encore une chimère de la science.

L'éther. — Pour essayer de se rendre compte des mouvements si extraordinaires de l'éther, on a essayé diverses comparaisons. *Boussinesq* chercha des analogies avec les expériences de l'hydrodynamique. L'éther, semble-t-il, a des propriétés contradictoires : sa densité est infiniment faible, puisqu'il n'oppose aucune résistance aux mouvements des planètes ; cependant il se comporte comme un solide, puisqu'il transmet les vibrations transversales. Boussinesq tente une conciliation en expliquant que l'élasticité subsiste seule à cause de l'énorme vitesse des vibrations lumineuses comparée à celle des astres ; quant au coefficient d'attraction de l'éther, il serait nul pour le simple motif de la condensation de la nébuleuse primitive qui a absorbé tout ce qui possédait de l'attraction.

L'éther est un fluide nécessaire pour la transmission des ondes, puisque l'émission est inadmissible, et l'action à distance inexplicable, il n'en reste pas moins que ce fluide est encore à l'état hypothèse.

Lois de répartition des raies spectrales. — En spectroscopie, Kirchhof et Bunsen sont bien dépassés. On est arrivé à construire des réseaux de diffraction, et des spectroscopes à échelons qui permettent de séparer distinctement les composantes si rapprochées d'une raie multiple. *Deslandres* est parvenu à résoudre des spectres de façon à y compter plus de quatre mille raies, et à étudier s'il existe des lois de répartition de ces raies. Il trouve des lois arithmétiques simples, et une formule pour les représenter, où les positions dépendent des carrés de trois nombres entiers arbitraires. Cette formule rappelle, mais dans un type tout différent, celle qui donne les harmoniques d'un tuyau ou d'une membrane sonore. Et on ne peut s'empêcher de voir ici encore un de ces liens mystérieux qui unissent les phénomènes si multiples et si divers de la nature.

Pour les rayons infra-rouges et ultra-violets, nous savons que les longueurs d'onde sont, en appelant μ le millième de millimètre, $0\ \mu\ 734$ et $0\ \mu\ 396$. Contrairement à ce qui se passe dans le vide, l'indice de réfraction de ces rayons varie avec la longueur d'onde, et la vitesse de propagation varie avec le nombre de vibrations par seconde. Nous avons vu en effet les effets de la dispersion anomale, par la vapeur d'iode et par d'autres substances. Boussinesq, Le Roux et d'autres ont attribué ces phénomènes à l'action de la matière pondérable sur l'éther, mais nous entrons ici dans le domaine de la mécanique.

Mesures des longueurs d'onde, bolomètre. — *Desains* et *Curie* ont pu déterminer la dispersion due à un prisme de sel gemme jusqu'à une longueur d'onde de 7 μ. ; ils isolaient une série de raies, et mesuraient la longueur d'onde de chacune au moyen d'un réseau et d'une pile thermo-électrique.

Pour ces mesures, l'Américain *Langley* a substitué à la pile thermo-électrique le bolomètre, qui est encore plus sensible. Il montra par une série d'observations et de calculs qu'un simple fil métallique très mince est aussi sensible que la pile thermo-électrique aux radiations calorifiques ; replié sur lui-même, il expose aux radiations une longueur très grande, et sa déviation est proportionnelle à la variation de résistance. La disposition adoptée par Langley est celle du pont de Wheatstone. Avec cet appareil il put réaliser une dispersion de 22 μ. *Rubens*, en se servant de la réflexion métallique, arriva à 70 μ, c'est jusqu'à présent la limite extrême (1899).

Pour l'extrême petitesse, le microscope dépassa encore les limites que paraissaient lui avoir assignés *Helmholtz* et *Abbé*. En exposant les objets fortement éclairés sur un fond obscur, ce qu'on réalise en masquant le microscope au champ éclairant, on arrive à considérer des dimensions de l'ordre de 0 μ. 005, ce qui est bien inférieur à une longueur d'onde.

Signalons enfin deux autres phénomènes optiques mis en évidence vers la fin du XIXᵉ siècle.

Pression de la lumière. — Le premier est l'effet de pression qu'exerce sur une surface un faisceau de rayons lumineux. Cette force avait déjà été prédite par *Bartoli* et par *Maxwell*. L'expérience décisive a été faite par un russe, *Lebedef*. Il fallait éliminer les effets de l'échauffement, ce qui était le point délicat, ainsi que la force de convection des gaz. On peut réaliser ainsi un mouvement continu, et non pas seulement avec le sélénium, comme dans le radiomètre de Crookes. *Faye* se servit de cette expérience pour tenter d'expliquer la force répulsive du soleil sur les planètes ; mais il y a des difficultés à cause de l'intervention de l'éther.

Mouvement brownien. — Le second phénomène à signaler, c'est le mouvement brownien. L'expérience a été reprise par *Gouy*. Dans une goutte d'eau, une poussière minérale ou organique qui se trouve en suspension, est agitée d'un mouvement continuel qui dure plusieurs années dans des préparations hermétiquement fermées. Un tel phénomène de mouvements moléculaires est en opposition avec le principe de Carnot, et encore inexplicable. Faut-il y voir une action de la lumière, ou plutôt du genre de celle de la radio-activité ?

Radiations solaires. — Disons enfin quelques mots des radiations solaires dans lesquelles on a tenté de découvrir des ondes hertziennes : l'expérience a été faite par *Nordman* sur le glacier des Bossons, à 3.000 m. d'altitude. On n'a rien obtenu, ces ondes seraient absorbées dans la couronne solaire. Cependant notre atmosphère doit recevoir des ondes hertziennes de période courte absorbées dans les hautes couches de l'atmosphère : la forme générale des aurores boréales rappelle d'assez près les phénomènes cathodiques. Cette luminescence cathodique proviendrait donc d'ondes hertziennes solaires. *M. Deslandres* a donné, lui aussi, une théorie de la couronne solaire où ces ondes jouent au moins un rôle partiel.

Astronomie. — Nous avons peu parlé de l'astronomie parce que, depuis Laplace et Lagrange, elle est devenue surtout une science mathématique. Au point de vue physique, ses découvertes sont sans doute un résultat des instruments d'optique, mais elles appartiennent à des observatoires, à des groupes de savants, plutôt qu'à des particuliers. Le matériel astronomique est très coûteux, et les recherches nécessitent non seulement de longues lignées de chercheurs, mais de nombreux travaux en des points éloignés les uns des autres. Nous passerons donc rapidement sur les grandes découvertes à partir de *Laplace*, et de sa célèbre mécanique céleste.

C'est *Poisson* qui démontra en 1808 l'invariabilité des grands axes des orbites planétaires.

Delambre construisit les tables des satellites de Jupiter.

L'œuvre immense d'*Hershell* avait été couronnée par la découverte d'Uranus en 1781, mais les inégalités de cette planète en laissaient soupçonner une autre à *Bouvard* ; la mystérieuse vagabonde fut découverte par *Leverrier* en 1846, au bout de ses calculs ; il ne consentit jamais, dit-on, à la regarder effectivement dans une lunette. Cette découverte n'est d'ailleurs qu'un détail dans l'œuvre immense de Leverrier. L'Anglais *Adams* avait, en même temps que Leverrier, poursuivi la même recherche et arrivait au même résultat, mais un peu trop tard.

Delaunay consacra trente ans à la théorie de la lune.

Gaillot, collaborateur de Leverrier, rétablit la concordance entre la théorie des quatre planètes principales et les observations.

L'observation des étoiles de *Lalande* s'achève par un catalogue comprenant dix mille étoiles, le catalogue de *Bossert* donne les mouvements de 2.641 étoiles.

Villarceau, *Lœwy*, *Puiseux*, etc., déterminent les constantes de l'aberration, de la réfraction, la flexion des instruments méridiens. *Wolf* donne le catalogue des 571 étoiles des Pléiades.

On découvre, en France seulement, 180 petites planètes, dont 100 à Nice, etc.

Les frères *Henry* sont célèbres, l'un par sa découverte de 7 petites planètes, l'autre par sa carte photographique du ciel, travail de plus de trente ans.

Découvertes de la fin du XIXᵉ siècle. — Comme exposition générale des connaissances de l'astronomie à la fin du xixᵉ siècle, le grand traité de Mécanique céleste par *Tisserand* est une œuvre magistrale et durable, qui remplace le traité de Laplace. C'est un ouvrage qui condense tous les résultats antérieurs au point de vue mathématique et physique. Comme précision des lois de l'astronomie, inaugurées par Newton, on peut citer les faits suivants, d'après Picard :

En deux cent cinquante ans, la Lune s'est écartée de la position rigoureusement calculée, de quinze secondes.

au maximum, ce qui signifie une avance ou un retard de moins d'une seconde de temps sur les prévisions.

Les variations des planètes, en cent cinquante ans, sont inférieures à 2 secondes d'arc, sauf pour Mercure où elles ont atteint 8 secondes, c'est-à-dire une demi-seconde de temps en cent ans.

Les calculs de ces astres sont dus surtout à *Leverrier* et à *Newcomb*.

Au point de vue mathématique, *Poincaré* montre qu'il est impossible de calculer la position des astres à très longue échéance parce que les séries dont on fait usage dans les calculs ne sont pas toujours convergentes. Ce qui permet de faire des prévisions très exactes pour des échéances relativement courtes, c'est que le soleil est énorme par rapport aux planètes, de sorte qu'il est possible de faire l'intégration par approximations successives. Poincaré est pourtant arrivé à une solution périodique et à une solution asymptotique qui permettront de prévoir un peu plus loin. Ceci ne veut pas dire que la loi de la gravitation soit variable, ce sont les difficultés mathématiques de notre analyse qui sont la cause des petits écarts entre le calcul et la réalité.

Faye établit une nouvelle théorie de la condensation nébulaire, qui semble rendre compte des mouvements des planètes mieux que la théorie cosmogonique de Laplace.

D'après *Schiaparelli* et *Perrotin*, la planète Mercure tourne sur elle-même en 88 jours, dans le même temps qu'elle tourne autour du soleil, c'est-à-dire que son mouvement est le même que celui de la Lune autour de la Terre.

Vénus, d'après *Bielopolsky*, a une atmosphère

épaisse, et tournerait sur elle-même en 24 heures, au lieu de 225 jours, mais les observations sont très diffi-ciles.

Chandler fait une découverte curieuse sur le mouvement de la terre. Son axe de rotation oscille sur lui-même, le pôle décrit un mouvement en spirale, composé d'une précession et d'une nutation avec deux termes périodiques, d'un an et de quatorze mois.

Levy et *Puiseux* construisent un atlas de la lune à l'échelle de 1 millimètre pour 1.800 mètres ; ils observent une légère atmosphère qui a pu être autrefois plus dense. La fameuse lunette de l'Exposition de 1900, longue de 60 m. avec un diamètre de 1 m. 20, aide puissamment aux observations, sans toutefois mettre la lune à un mètre !

Parmi les petites planètes, *Witt*, à Berlin, découvre Éros en 1898 ; cette planète se trouve quelquefois placée entre Mars et la Terre, assez près par conséquent pour permettre un calcul plus précis de la distance qui nous sépare du soleil, et de toutes les distances du système solaire.

Barnard, à l'observatoire de Lick en Californie, pourvu d'un magnifique instrument, découvre en 1892, le 5e satellite de Jupiter qui tourne en 12 heures autour de la planète.

Pickering, en 1898, trouve le 9e satellite de Saturne, le plus éloigné de l'astre, et rétrograde ; il trouve encore le 10e satellite de Saturne, le plus faible que l'on connaisse ; comme le précédent, cet astre n'est décelé que par la photographie.

D'après *Deslandres*, etc., le mouvement d'Uranus est rétrograde, et probablement aussi celui de Neptune, et ceci ne peut s'expliquer que par la théorie de Faye, où la condensation nébulaire se produit, non pas en perdant, mais en produisant de la chaleur par son propre mouvement. Au lieu de l'immobilité, le mouvement était à l'origine.

Deslandres applique au Soleil la spectroscopie : il trouve que la couronne tourne en même temps que l'astre. Avec *Hale*, il obtient de belles photographies des protubérances. Ce qui rend difficile ces observations, c'est que la couronne ne peut-être observée que pendant une durée de six minutes par eclipse totale, c'est-à-dire quelques heures par siècle. Deslandres découvre la raie verte du *coronium*, métal encore inconnu sur la terre, tandis que l'*hélium*, trouvé dans le soleil d'abord, fut trente ans après découvert aussi sur la terre.

Les comètes appartiennent décidément toutes au système solaire ; elles sont peu à peu désagrégées par la chaleur solaire, ce qui explique la disparition de certaines d'entre elles après plusieurs retours périodiques.

Pour les étoiles, les astronomes ont terminé le catalogue de ces astres jusqu'à la onzième grandeur, il en renferme 2 à 3 millions. La grande carte du ciel, composée de 22.000 clichés, renferme 30 millions d'étoilés, et sera extrêmement utile dans l'avenir pour déterminer avec certitude les mouvements relatifs de tous ces astres.

La loi de l'attraction est vérifiée depuis Arago pour les étoiles doubles et multiples, comme Vega de la Lyre, Algol, etc. Au moyen du spectroscope, et grâce aux découvertes du déplacement des raies, on a pu observer que des étoiles qui paraissent simples, sont doubles et possèdent un mouvement périodique relatif orbital. Quelques astres, comme Sirius, possèdent un compagnon obscur, cause des irrégularités de leur mouvement principal : en 1862, on trouva autour de Sirius une étoile de 10° grandeur noyée dans son rayonnement, et qui l'accompagne toujours. On conçoit que l'observation de ces millions d'astres puisse occuper un nombre immense d'astronomes dans l'avenir, si l'homme veut posséder tous les secrets du ciel.

Parmi les distances des étoiles, on possède actuellement 50 parallaxes, qu'on a pu déterminer. Si une étoile est double, la 3e loi de Képler donne les masses, et par le rapport des dimensions des orbites autour du centre de gravité, on a chacune des deux masses. Ces masses sont toutes de l'ordre de grandeur du Soleil, ce qui démontre bien l'uniformité de l'Univers visible. Ainsi l'étoile α du Centaure, l'étoile la plus rapprochée de nous, dont la lumière met 4 ans et demi à nous parvenir, est composée de deux étoiles, chacune de la masse du Soleil, qui tournent en 81 ans autour du centre de gravité commun.

Pour les nébuleuses, *Bigourdan* en a dénombré actuellement près de 10.000. Il a montré que celles qui ne sont pas résolubles sont étrangères à notre voie lactée, et par conséquent peuvent constituer des mondes à eux seuls aussi immenses que celui qui embrasse notre voie lactée et toutes les étoiles que nous connaissons.

CHAPITRE VI

LA CHIMIE AU XIX° SIÈCLE

Anciennes idées. — La fameuse théorie du *phlogis-tique* régnait partout vers la fin du xviii° siècle, en 1770. Le phlogistique ,on le sait, c'est l'élément que les corps *perdent* en brûlant. On avait en vain objecté que les métaux *gagnent* du poids en brûlant. Une pre-mière atteinte fut portée au phlogistique en 1757 par *Black*, physicien anglais, qui établit l'existence propre de l'acide carbonique, appelé alors *air fixe*, parce qu'on le confondait avec l'air ; Black avait montré que ce gaz disparaît en se combinant aux alcalis, et alors les alcalis augmentent de poids, contrairement à la théo-rie de Stahl. Ensuite cet acide carbonique reparaît avec toutes ses propriétés quant on traite les alcalis par le feu ou par les acides. Au lieu du vague phlogistique, il existait donc une substance chimique bien définie, mesurable, transportable, etc. Mais les Allemands re-poussèrent la théorie de Black. Or *Cavendish*, en 1767, découvre un nouveau gaz, l'air inflammable : c'est l'hydrogène. Priestly, entre 1771 et 1774, en découvre plusieurs : l'air déphlogistiqué (oxygène), l'air phlo-gistiqué (azote), l'air nitreux (bi-oxyde d'azote), l'air nitreux déphlogistiqué (protoxyde d'azote), l'air alcalin (ammoniaque). *Lavoisier*, en 1777, aperçoit l'oxyde de carbone, *Volta*, en 1778, le gaz des marais, *Scheele*, le gaz muriatique déphlogistiqué (chlore). Malgré cela, Priestley, ennemi de la théorie, reste fidèle au phloristique, ainsi que Scheele, comme on le voit par les dénominations précédentes.

Découvertes de Lavoisier. — Lavoisier réfléchit sur les découvertes de ces gaz, sur les pesées exactes des produits des réactions chimiques, solides, liquides et gazeux, et sur les chaleurs mesurables. En logicien français, il tient compte de l'augmentation de poids des métaux en se transformant en « chaux », tel l'étain calciné en vase clos (1774), et il montre que l'augmentation de poids est égale à celle de l'air fixé, c'est-à-dire à la partie de cet air vital qu'il nomma plus tard oxygène (qui engendre les acides), le résidu constituant la mofette ou azote (impropre à la vie). Cette belle découverte excita une telle indignation en Allemagne que Lavoisier fut brûlé en effigie à Berlin comme hérétique de la science. L'indignation s'est poursuivie de nos jours jusque chez le chimiste allemand Ostwald, qui, dans son histoire de la chimie, a entrepris de réhabiliter Stahl et son phlogistique en dénigrant Lavoisier : beau résultat de la haine de l'Allemand contre le Français. Et pourtant le phlogistique, loin d'être une idée féconde, avait barré la voie à la chimie depuis l'an 1700 jusqu'à Lavoisier.

Lavoisier ne s'en troublait pas ; non seulement il fit la synthèse de l'air, mais il établit le rôle de l'oxygène pour former les acides (1772), il forma les acides sulfurique, phosphorique, carbonique, dont les poids étaient la somme des composants. l'oxygène était le principe acide tant cherché depuis plus d'un siècle, découverte capitale dans la science.

La combustion est l'inverse du phlogistique ; au lieu d'être une perte, c'est une combinaison avec un autre corps ; l'eau ; les bases ou alcalis, sont des composés. Au lieu des quatre éléments : le feu, l'air, la terre et l'eau, la nature possède des corps simples : les métaux d'une part, puis les corps combustibles, charbon, soufre, phosphore, substitués au vague phlogistique. C'est la ruine de l'alchimie.

Lavoisier va plus loin : il montre que la respiration des animaux est une combustion lente ; elle absorbe l'oxygène et produit de l'acide carbonique. Avec Laplace, en 1783, il mesure les effets de la respiration au moyen d'une balance et d'un calorimètre : c'est le commencement de la chimie physiologique. Lavoisier continue dans cette voie en montrant que les matières organiques sont composées de carbone, d'hydrogène et d'oxygène, car leur combustion donne de l'eau et de l'acide carbonique ; il y ajoute bientôt l'azote. Quant à la thermochimie, elle a son point de départ dans la théorie de Lavoisier, qui sépare dans la combustion le rôle de l'oxygène, base pondérable, du fluide calorifique, impondérable, alors que le phlogistique confondait les deux choses.

Nomenclature. — La réforme de la nomenclature suivit forcément les découvertes de Lavoisier. Au lieu des rouilles, on eut les oxydes, les vitriols, les sulfates, etc., et surtout on supprima les foies de soufre, beurres d'antimoine, crèmes de tartre, huile de vitriol, etc., qui faisaient de la science chimique, une véritable cuisine. La réforme demanda plusieurs années à *Guyton* de *Morveau*, *Berthollet*, *Fourcroy*, sans parler de Lavoisier ; elle fut terminée en 1787 : les noms des corps simples rappelaient leurs propriétés : oxygène, etc. Les noms des acides avaient des terminaisons analogues, etc. ; de même les sels. C'était un immense progrès qui fut aussitôt admis par toute l'Europe, et malgré la résistance de quelques Allemands.

De nouveaux progrès furent réalisés avec *Berthollet* qui, en 1789, découvrait le caractère acide de l'hydrogène sulfuré et de l'acide prussique, tous deux sans oxygène. *Davy* montra que le chlore est un corps simple, susceptible de faire des composés comme l'oxygène, et la nomenclature se prêta très bien à l'introduction des chlorures. Toutefois ces sels présentaient avec les sulfates, azotates et carbonates une analogie qui troubla la règle admise de l'union d'une base et d'un acide pour former un sel.

Alcalis. — Lavoisier avait pressenti la composition des alcalis et des terres : potasse, chaux, alumine, mais la mort arrêta ses travaux. C'est *Davy* qui en 1807, avec la pile de Volta put les décomposer et découvrit les métaux alcalins et alcalins-terreux. Malgré la guerre avec l'Angleterre, l'Académie des sciences de Paris décerna à Davy sa plus haute récompense pour sa découverte : bel exemple d'impartialité qui contraste avec le dénigrement dont l'Allemagne a fait preuve en 1914.

Chlore. — *Thénard* et *Gay-Lussac* étaient arrivés avant Davy à l'idée que le chlore est un corps simple, mais ils n'avaient pu le séparer de l'oxygène. En Allemagne, *Wenzel*, suivant les idées de Lavoisier, ex-

plique le fait connu depuis longtemps que deux sels
neutres, après s'être mutuellement décomposés, conservent leur neutralité : si l'acide du premier est neu-
tralisé exactement par la base du second, l'acide du
second neutralise exactement la base du premier. La
conséquence, heureuse pour la théorie, c'est l'*équivalence* des quantités d'acide et de base au point de vue
de la saturation. Mais ce n'est que vingt ans plus tard,
en 1794, que *Richter* confirma ces faits et établit les
rapports, avec *Bergmann*, suivant lesquels les corps se
combinent. Il établit que le rapport est constant entre
l'acide et l'oxygène de la base, et fut le premier à publier des tables d'équivalents. Ces découvertes n'excitèrent pas grand intérêt parce qu'elles sortaient des
travaux de Lavoisier et que leur interprétation théorique devait résulter seulement de la loi des proportions
multiples que découvrit *Dalton* en 1807.

Loi de Dalton. — Dalton arriva à sa loi par l'étude
comparative des oxydes de carbone, de l'azote, et des
hydrocarbures dans les combinaisons. Il trouva que
pour un même poids d'un corps dans diverses combinaisons, les poids de l'autre varient suivant des rapports simples : 1 à 2, 1 à 3, 1 à 4, etc... C'est de là
que naquit l'hypothèse atomique, formulée par Dalton. Les combinaisons résultent de la juxtaposition des
atômes, et le nombre des atômes est indiqué par la loi
de proportions multiples. Le poids des atômes est indiqué par la loi de Lavoisier des proportions définies.
La théorie atomique se confond donc ici avec celle des
équivalents ; *Wollaston* préfère ce dernier nom à celui d'atômes, en confirmant et précisant les résultats
de Dalton.

Lois de Berthollet. — Cependant Berthollet se refusait à admettre la loi des proportions définies et il engagea avec *Proust* une discussion célèbre, mais courtoise, qui dura de 1801 à 1808. Proust établit que toutes les fois qu'on croit à une combinaison indéfinie, c'est qu'on a affaire à des principes impurs et des composés définis qui se dissolvent les uns dans les autres. Mais Berthollet, par sa théorie de l'affinité chimique, fut amené à faire une série d'expériences qui lui procurèrent une revanche. Il découvrit les lois qui portent son nom et qui ramènent les phénomènes physiques aux lois de la physique, expliquant les réactions par les conditions mécaniques de solubilité et de volatilité ; Berthelot établit depuis que ces lois doivent satisfaire d'abord à des données plus générales, que la thermo-chimie a seule permis d'établir. Il faut que les réactions initiales et déterminantes dégagent de la chaleur, sinon les lois sont en défaut.

Les recherches de Gay-Lussac sur les gaz apportèrent une confirmation à la loi des proportions multiples.

Loi de Gay-Lussac. — Voici la découverte de Gay-Lussac : elle concerne les volumes des gaz. Jusqu'à lui les rapports suivant lesquels les gaz se combinent étaient imprécis, variant de 12 vol. d'oxygène à 23 et 25 d'hydrogène. Or Gay-Lussac démontra que ce rapport est rigoureusement de 1 à 2, (1805), et quatre ans après il généralisa sa loi, démontrant que non seulement il y a un rapport simple entre les volumes des gaz qui se combinent, mais entre la somme de ces volumes et le volume de la combinaison. C'est la loi de Gay-Lussac qui vient appuyer la théorie atomique

de Dalton, elle s'étend aux gaz, les poids des volumes
de gaz représentent leurs atômes. Les densités des gaz
fournissent leurs poids atomiques. Mais ce n'est pas
Dalton qui tira cette conclusion.

Loi d'Avogadro. — Ce fut un chimiste italien, *Avogadro*, en 1811, qui la tira. Selon lui, des volumes
égaux de gaz ont le même nombre de molécules, et
le poids de chaque molécule est en proportion de la
densité du gaz. Ceci est vrai aussi pour les gaz composés. Comme il y a un nombre égal de molécules dans
des volumes égaux, la chaleur ou la pression les écarte
également, et ceci explique les variations égales de
volume sous ces deux influences. C'est *Ampère* qui
mit en lumière l'observation d'Avogadro, passé inaperçue. On vit plus tard que cette hypothèse d'Avogadro et d'Ampère n'est exacte qu'en supposant que les
molécules renferment des atômes : les vapeurs de
phosphore ou d'arsenic ne renfermant pas le même
nombre d'atômes que les gaz hydrogène ou oxygène.

Equivalents des atômes. — Cependant Thomson,
Wollaston, Berzélius, faisaient des tables d'équivalents. C'est dans Berzélius que paraît pour la première
fois la distinction entre l'équivalent et le poids atomique : les atômes représentent les volumes gazeux, et
les poids atomiques les poids de volumes égaux de gaz.
Certains équivalents, ceux du Chlore, du Brôme, de
l'Iode, de l'Azote, sont formés de 2 atômes. Ceci con-
ciliait les idées de Gay-Lussac avec les idées antérieures, sauf quelques modifications. Le mérite de Berzélius fut sa notation au moyen des lettres initiales des
noms latins. Avant lui, on se servait de signes con-

ventionnels difficiles à retenir, à cause de leur nombre. Les exposants indiquèrent le nombre d'atômes.

Berzélius compléta la théorie de Lavoisier sur le rapport entre l'oxygène de la base et la quantité d'acide ; il montra que le rapport est constant et simple entre l'oxygène de la base et celui de l'acide ; 1 à 2 pour les carbonates, 1 à 3 pour les sulfates, etc. L'électrochimie vint encore compléter ces idées, au moins provisoirement. Chaque atôme a deux pôles : l'un positif, l'autre négatif, et suivant la prédominance de l'une ou de l'autre électricité, le corps est électropositif, ou électro-négatif. Dans une combinaison, c'est l'échange d'électricité qui donne la chaleur ou la lumière : ainsi s'expliquent les doubles décompositions, et toutes les réactions. L'électrolyse le confirme. Et Berzélius se mit à classer tous les corps en électro positifs et électro négatifs.

Pourtant les idées de Berzélius subirent de fortes atteintes. D'abord Davy en 1815, montra le rôle essentiel de l'hydrogène dans les acides. En 1816, *Dulong* montra l'analogie des hydracides avec les oxyacides et les acides organiques. *Gerhardt* en 1818, généralise cette idée et envisage les acides, les sels, les corps organiques comme des molécules uniques où certains éléments peuvent être déplacés par substitution. La substitution vient remplacer l'addition de la théorie de Lavoisier. Celui-ci pourtant avait entrevu le cas : dans un acide, l'hydrogène peut être remplacé par une quantité équivalente de métal, comme le prouve la saturation de l'acide sulfurique par la potasse.

En 1819, *Dulong* et *Petit* établirent leur loi sur le rapport constant entre les chaleurs spécifiques et les poids atomiques des corps simples. Ce rapport donne un nouveau moyen, physique cette fois, de mesurer les poids atomiques. Toutefois, comme dit Berthelot, cette loi n'est justifiable que pour les gaz ; pour les solides ,c'est seulement le résidu, la trace d'une loi véritable.

En 1820, la loi de l'isomorphisme des corps cristallisés, de *Mitscherlich*, permet aussi de mesurer les équivalents. Les corps isomorphes, ou cristallisant de la même manière, ont une composition chimique semblable. Lorsqu'on ignore l'équivalent, d'un corps, on examine avec quel cristal d'un autre corps il peut coïncider. Ce fut le cas de l'aluminium qui n'a qu'un oxyde. Or l'alumine peut remplacer dans les aluns les oxydes de fer et de chrôme Fe^2O^3 et Cr^2O^3. La formule est donc Al^2O^3.

Ces observations firent modifier à Berzélius, en 1826, plusieurs de ses poids atomiques. Depuis lors, sauf une douzaine, ils ont subsisté. On a dédoublé ceux de l'argent et des métaux alcalins, modifié ceux du sélénium, du glucinium, de cerium, etc. Cependant un fait vient troubler encore la théorie atomique. *Dumas* étudie les densités de vapeur du mercure, du soufre, du phosphore, de l'arsenic. Pour le mercure, le nombre qu'il obtient est deux fois trop faible pour correspondre au poids atomique ; il est deux fois trop fort pour le phosphore et l'arsenic, trois fois trop pour le soufre. Aussi *Gmelin* et d'autres chimistes abandonnent le système de Berzélius et reviennent aux équivalents. Actuellement on explique les expériences de Dumas en prenant un atôme de mercure pour deux d'hydrogène, chlore, etc., quatre de phosphore et d'arsenic, six de soufre : on a des corps polyatomiques.

C'est en 1835 que parut le mémoire de *Graham* sur

la polyatomicité de l'acide phosphorique. Il montra qu'il y a trois phosphates où l'eau peut jouer le rôle de base, et par suite, trois acides phosphoriques, qu'il obtient par calcinations successives.

La loi de Dulong et Petit permettait de supposer qu'on pourrait ramener peu à peu les corps simples à un seul : c'est l'illusion de la transmutation qu'avait fait évanouir l'invariabilité de poids, si bien mise en lumière par Lavoisier. Une tentative d'unification avait été faite en 1815 par un chimiste anglais, *Prout*. Il soutenait que les poids atomiques sont tous des multiples de celui de l'hydrogène, ce seraient des états de condensation de l'hydrogène. Mais on a trouvé bien des nombres qui ne sont pas des multiples de l'hydrogène. *Dumas* essaya de reculer le fait à un élément qui serait quatre fois plus léger que l'hydrogène, mais ce fut insuffisant. *Slas*, en 1860, fit de minutieuses recherches sur l'azote, le soufre, le potassium, le plomb, l'argent, et montra qu'il n'existe point de commun diviseur entre les poids des corps simples qui s'unissent pour former toutes les combinaisons définies.

D'autres phénomènes cependant, l'isomérie, la polymérie, etc., ne permettent pas de rejeter l'hypothèse.

Isomérie, etc. — On découvre en effet dès 1831 que deux corps de même composition peuvent avoir des propriétés différentes : tels les deux oxydes d'étain, plusieurs acides phosphoriques ; les acides cyanurique, cyanique et fulminique dont la composition est la même, etc. C'est l'isomérie. Elle s'observe même sur les corps simples, sous le nom d'allotropie : le soufre a deux formes cristallines, le phosphore aussi ;

l'oxygène a l'ozone. D'autre part, le nickel et le cobalt ont même poids atomique, et des propriétés chimiques semblables, tout en étant physiquement différents. On est donc en droit de supposer que ces corps ne sont pas simples, mais proviennent d'éléments plus simples.

Ensuite vient la polymérie : bien des poids atomiques sont multiples les uns des autres et forment des séries : tels sont l'oxygène, le soufre, le sélénium et le tellure. Tels sont les carbures d'hydrogène. La benzine est de l'acétylène trois fois condensé. Cependant on n'a jamais pu arriver à former du soufre avec l'oxygène, etc. Et puis, Berthelot a montré une différence essentielle entre les corps composés et les corps simples. Dans tous les corps simples pris sous le même volume, ou le même poids moléculaire respectif, la quantité de chaleur produisant une même variation de température est la même. Pour les carbures, etc., corps composés, cette chaleur croît avec le poids moléculaire : elle est triple de l'acétylène pour la benzine.

Malgré ce fait, les classifications chimiques ont peu à peu groupé les corps simples en familles ; je ne parle pas de celles de Thénard, Berzélius, Ampère, etc., fondées sur des caractères physiques, mais de celles qu'a inaugurées Dumas, en les basant sur le caractère de leurs combinaisons avec l'hydrogène, et le rapport en volumes des éléments qui se combinent : ceci pour les métalloïdes.

Familles de corps simples. — L'hydrogène mis à part, la première famille : chlore, fluor, brôme et iode, comprenait les corps monovalents ; la seconde : oxygène, soufre, sélénium, les corps bivalents, se combinant avec deux volumes d'hydrogène ou de métal ; la troisième, le phosphore, l'azote et l'arsenic, les corps trivalents ; enfin la quatrième : carbone, bore et silicium les corps tétravalents. Dumas renonça à classer les métaux, dont l'étude était trop peu avancée. Les essais qu'on fit pour ces derniers, *Naquet*, etc., reposant sur l'atomicité, furent critiqués par Berthelot, qui montra que l'atomicité est une propriété mal définie ; c'est une simple aptitude qui se développe entre deux éléments, au moment où ils se combinent. L'atomicité absolue, comme la concevait *Kékulé*, est en contradiction avec la loi des proportions multiples.

En vain *Frankland* essaya-t-il de soutenir que deux atomicités d'un élément polyatomique peuvent se saturer l'une l'autre, de sorte que l'atomicité est toujours paire ou impaire : on trouve des exceptions : le mercure, le cadmium gazeux, le bioxyde d'azote, l'ozone. *Wurtz* ne retint plus qu'une atomicité relative, dépendant de l'autre élément de la combinaison, et c'était l'opinion de Berthelot. On a donc renoncé à classer les métaux d'après leur atomicité.

Loi de Mendeléief. — Mais Mendeléief vint alors proposer une classification toute différente, laissant l'atomicité uniquement aux composés du carbone (1879). Les propriétés des corps simples sont en relations périodiques avec leurs poids atomiques. C'était la *vis tellurique* de Chancourtois, antérieure de plusieurs années à l'idée de Mendeléief, classification en spirale des éléments d'après leurs équivalents. Mendeléief eut le mérite de développer cette idée complètement, au lieu de s'en tenir à des idées comme New-

lands et *Lothar Meyer* ; aussi la loi de périodicité a-t-elle porté son nom.

L'origine de ces progressions arithmétiques est dans la chimie organique, où d'un même carbure, on fait dériver par addition ou substitution tous les corps d'une série. Ensuite les carbures se rangent en séries homologues, dont les termes semblables ont des différences numériques invariables, en général égales à 14, et ces relations coordonnent en même temps les propriétés physiques et chimiques des séries homologues. La classification de Mendeléief forme un tableau à double entrée, en lignes verticales et horizontales. Disposée sur un cylindre, les corps de l'extrémité d'une ligne rejoignent ceux de la ligne suivante, et de la sorte, la vis est ininterrompue. Bien entendu, ce tableau est loin d'être parfait, mais il y a des progressions remarquables, dont plusieurs ont pour raison constante un nombre compris entre 15 et 17.

On distingue deux progressions : l'une verticale, la période où les corps croissent comme les multiples de 16, ou environ 16, applicable aux corps compris dans chaque famille ; l'autre horizontale, la série, croissante suivant les multiples de 2, et applicable aux termes correspondants des différentes familles. Ainsi les poids atomiques des carbures d'hydrogène monovalents, bivalents, etc., croissant de 2 en 2 unités. De même, comparant les termes primordiaux des grandes familles minérales, carbone quadrivalent, azote trivalent, oxygène bivalent, fluor monovalent, on trouve 12, 14, 16, 19. De même le lithium, le glucinium, le bore, donnent 7, 9, 11. Et ainsi de suite. Et il se trouve que cette disposition du tableau fait coïncider en même temps les densités et les propriétés chimiques des éléments. Suivant les séries horizontales, les propriétés physiques et chimiques se modifient graduellement. La teneur en oxygène va en croissant. La conclusion de Mendeléif est celle-ci : « Les propriétés des corps simples, la formule de leurs combinaisons, sont des fonctions périodiques des poids atomiques. » Il y a sept périodes verticales ; dans une huitième se trouvent les éléments qui font la transition d'une série à la suivante. Cette remarquable classification présente des lacunes qui représentent des corps simples non encore isolés. Or Mendeléif a pu ainsi prévoir les propriétés d'éléments hypothétiques.

La découverte du *gallium* par Lecoq de Boisbaudran, celle du *scandium*, etc., ont confirmé ces prévisions. Et pourtant de nombreuses critiques ont été adressées à cette loi. Certains rapprochements sont très artificiels, tel le molybdène situé entre le sélénium et le tellure ; les hydrates sont en contradiction avec la loi, ainsi que les fluosilicates, les fluotantalates, etc. Et puis les raisons de ces progressions sont rarement des nombres entiers, elles varient de 1 à 2, comme de 15 à 17, et davantage.

Mécanique chimique. — Avec *Berthelot*, nous allons voir la chimie entrer dans une voie toute différente. Au lieu de faire dériver les propriétés des corps de leurs poids atomiques, on va chercher les relations entre la masse chimique des éléments et la chaleur de formation des combinaisons. Ce sera la mécanique chimique, où le travail sera fonction de la masse des molécules, de leur distance et de leur température. La chimie deviendrait une science physique, soumise à des

lois exactes, si l'on arrivait à formuler une loi générale
absolue.

Quand les éléments d'une famille s'unissent à un
corps simple dans des proportions identiques, la chaleur dégagée est en raison inverse de la masse chimique. Ainsi l'atòme d'hydrogène s'unissant à celui du
chlore, du brôme, de l'iode, dont les masses sont 36,
80, 127, dégage 22, 13, et — 1 calories. De même avec
l'oxygène, le soufre, le sélénium, le tellure. De même
pour les chlorures. De même avec les métaux alcalins,
etc. La plus grande quantité de chaleur correspond à
la plus forte contraction.

Plus les éléments sont lourds, d'après Berthelot,
plus la matière primordiale a perdu d'énergie, de sorte
que les éléments plus légers donnent des combinaisons
plus stables. Les anomalies observées pour les chaleurs
de formation des oxydes de fer et de manganèse, etc.,
s'expliquent par l'isomérie et la polymérie ; les corps
isomères sont formés avec des dégagements de chaleur identiques, lorsque ces corps ont même fonction
chimique : tels le nickel et le cobalt comparables à
des isomères de même fonction. Les corps simples,
d'équivalents multiples les uns des autres, sont analogues aux polymères d'une même fonction ; la combinaison finale dégage moins de chaleur parce qu'il
s'en est déjà dégagé une partie antérieurement.

Berthelot appuie sur cette théorie les états multiples du carbone à l'état libre, et engendrant des séries
de composés correspondant chacune à un de ses états
fondamentaux. La différence des éléments tient à leur
condensation. L'état limite est le carbone amorphe.
L'état primordial, le moins condensé, est révélé par
l'analyse spectrale sous forme gazeuse à haute tempé-

rature. De même l'ozone formé au moyen d'oxygène. Ainsi Berthelot tendait à montrer la possibilité de la transmutation des éléments l'un dans l'autre, mais sans qu'il fût nécessaire de recourir à un élément unique. Lockyer, en comparant les raies d'un élément dans le spectre du soleil et dans ceux de certaines étoiles très chaudes, a conclu à la dissociation des corps simples en éléments nouveaux. *Crookes* est arrivé à la même conclusion en étudiant les spectres dans l'arc électrique, différents des spectres phosphorescents pour un même élément.

Pour Berthelot, les éléments sont différents, mais peuvent avoir des relations comparables aux valeurs multiples d'une même fonction mathématique : un corps simple décomposé donnerait d'autres corps simples déjà connus, sans qu'il y ait nécessairement une relation entre leurs poids atomiques et ceux du composé. Les divers corps simples seraient constitués par une matière identique, mais de mouvements variables, d'où la transmutation possible par la seule transformation des mouvements. On voit combien cette théorie se rapproche de celle qui en physique réduit peu à peu la matière au mouvement.

William Thomson a émis la théorie des tourbillons, à la suite de Descartes et des travaux de Helmholz sur les fluides tourbillonnants. C'est l'éther qui serait le support ultime de la matière.

Nouveaux corps. — Cependant la chimie s'enrichit de nouveaux corps découverts par l'analyse spectrale : le rubidium et le cœsium en 1861, par Kirchhof et Bunsen ; le thallium en 1862, par Crookes ; l'iridium en 1863, par Reich et Richter ; le gallium en

1875 par Lecoq de Boibaudran. Celui-ci eut le mérite de prévoir sa découverte. Il avait remarqué dans les spectres des métaux d'une même famille, une certaine disposition générale des raies. Cette loi n'étant pas vérifiée dans la famille de l'aluminium, un terme devait manquer, dont l'équivalent fut compris entre l'aluminium et l'iridium. Boisbaudran le découvrit dans la blende de Pierrefitte. Depuis lors, dans les terres rares, minéraux noirs complexes, vitreux, on découvrit de nouveaux corps : le scandium, l'ytterbium, le samarium, etc., mais plusieurs sont encore problématiques.

Dissociation. — En 1857, les corps composés attirèrent l'attention de *Sainte-Claire-Deville*. Leurs réactions à haute température sont différentes des réactions ordinaires : l'hydrogène de l'eau qui réduit l'oxyde de plomb, produit au contraire cet oxyde, avec le plomb, à haute température. Deville pensa à une dissociation des corps composés ; les nouvelles réactions seraient dues aux éléments libérés. Partant de cette idée, Deville montra les analogies entre la décomposition et l'évaporation, la croissance de tension avec la température, et de nombreuses découvertes suivirent ces notions si simples. De nombreux corps présentaient des densités gazeuses deux à trois fois trop faibles : le chlorhydrate d'ammoniaque, celui d'aniline, le perchlorure de phosphore, le calomel, etc. La dissociation expliqua ces exceptions, il faut en tenir compte pour déterminer les poids moléculaires ; d'où une amélioration des méthodes par Gay-Lussac et Dumas, par *V. Meyer*, et surtout par le procédé cryoscopique de *Rœoult* : en dissolvant un corps dans un liquide convenablement choisi, (eau, benzine, acide acétique, etc.), l'abaissement du point de congélation permet de déduire le poids moléculaire.

Thermo-chimie. — Nous allons voir se développer maintenant la thermo-chimie de Berthelot. La chaleur a définitivement été établie comme mode de mouvement par S. Carnot, Seguin, Joule, etc., en 1842. Les conséquences ont été peu à peu établies par Helmholz, Clausius, W. Thomson, Rankine. A une diminution de chaleur, correspond toujours un travail, une force vive, et réciproquement. On appliqua ce principe à la chimie : il faut tenir compte ici non seulement des matières pondérables qui entrent en jeu, mais du travail produit et de la chaleur dégagée. Pour mesurer celle-ci, on a le calorimètre de Lavoisier et Laplace ; il remplace la balance des mesures de poids. *Dulong*, dès 1843, le perfectionna, puis vinrent *Graham, Andrews, Fabre,* et *Silbermann, Thomson* de Copenhague, enfin et surtout Berthelot.

Berthelot chercha d'abord le rapport entre le travail des forces moléculaires et la chaleur produite. Il en dégagea ce principe que l'affinité des corps est en rapport avec leur chaleur de combinaison : elle a même pour mesure cette quantité de chaleur, et le mot, vague auparavant, d'*affinité*, devint scientifique.

Peu à peu, Berthelot arrive à poser sa loi générale, ou principe du *travail maximum*, qui régit toute la mécanique chimique. « Tout changement chimique, sauf énergie étrangère, tend vers le corps qui dégage le plus de chaleur. » Cette loi était fort imprévue ; l'énergie interne donne les combinaisons par ordre d'intensité ; l'énergie externe, chaleur, électricité, etc., donne les décompositions.

Toutes les expériences de Berthelot, et celles faites plus tard, ont confirmé ce principe, expliquant en particulier les actions réciproques des acides, des bases et des sels. Les lois de Berthollet ne s'appliquent qu'en tant que conformes à la thermo-chimie ; si elles sont en défaut, c'est qu'elles la contredisent.

Comme suite rigoureuse de la thermo-chimie, Berthelot fonda la science des explosifs : une explosion étant surtout un dégagement de chaleur. Les poudres progressives de *Vieille* sont encore une conséquence du même principe.

Avec cette théorie, qui réduit les actions chimiques à une règle de statique moléculaire, les formules et les symboles de chimie perdent beaucoup de leur importance. Cependant on a pu voir par des travaux récents qu'il ne faut pas exagérer. Les symboles sont revenus, et même leur étude approfondie a permis de faire de très importantes découvertes, surtout en chimie organique.

Théorie de Gibbs. — Pendant les vingt dernières années du XIX⁰ siècle, la Chimie tend visiblement vers la Physique. Dans la Chaleur, la théorie de *Gibbs* a fait son apparition, or cette théorie sort directement de la chimie, ouvrant des perspectives toutes nouvelles sur les réactions chimiques. La théorie de Gibbs se résume en une loi de groupement de tous les phénomènes d'équilibre chimique, même de systèmes très complexes, comme les alliages métalliques, les sels de l'eau de mer, etc. C'est une relation nécessaire entre le nombre n des phases, c'est-à-dire des états physiques des différentes masses homogènes existant dans un système en équilibre chimique, et celui des composants indépendants qui interviennent dans la réaction. On ne fait aucun calcul, on rapproche simplement le nombre des paramètres définissant l'état d'un système de corps du nombre des relations entre ces paramètres. Dans un système en équilibre, le nombre p des phases ne peut dépasser de plus de 2 unités le nombre n des constituants : $p \leqslant n + 2$.

Si $p = n + 2$, il ne peut exister d'équilibre qu'à une seule pression et une seule température : exemple, le système glace, eau, vapeur. Si $p = n + 1$, on peut se donner arbitrairement la pression ou la température : exemple, un liquide et sa vapeur.

En somme, un changement de température provoque une réaction en sens inverse : si la chaleur augmente, la réaction se fait avec absorption de chaleur ; de même pour la pression, la force électro-motrice, etc. En outre, cette théorie a permis d'établir des lois relatives à l'influence de l'état des corps sur leur solubilité. *Le Châtelier* a pu fonder ainsi la théorie des mortiers et ciments hydrauliques. Le théorème de Gibbs sur les maxima des courbes de solubilité a permis une étude des alliages, complète au point de vue expérimental. La loi d'équilibre des systèmes gazeux a été établie par Gibbs en partant d'une hypothèse sur le potentiel des mélanges gazeux, choisie de façon à satisfaire certaines expériences de Regnault : elle donne une relation entre les variations simultanées de masse qu'on peut faire subir aux constituants d'un système gazeux en équilibre sans altérer cet état d'équilibre. L'intérêt industriel de cette loi, c'est de prévoir les phénomènes de combustion du charbon et de réduction des minerais.

Pour les mélanges liquides homogènes, *Van T'Hoff*,

en faisant une hypothèse sur les pressions osmotiques correspondant à la loi de *Wüllner*, est arrivé à une formule générale présentant une grande analogie avec celle des mélanges gazeux.

Equilibres. — On voit toute l'importance des travaux de Gibbs sur les équilibres chimiques. Quand ces équilibres ne correspondent pas à une transformation réversible, on les appelle de faux équilibres, suivant l'expression de M. *Duhem* : tels sont l'oxygène et l'hydrogène à la température ordinaire, ils ne se combinent pas. La résistance est comparable à celle du frottement, de la viscosité. Longtemps la confusion a existé. Actuellement on explique les *actions de présence*, et on trouve le moyen d'annuler les résistances passives, de même que l'huile annule le frottement dans les machines. Duhem a fait des distinctions entre les faux équilibres, les uns apparents, les autres réels. Les premiers rentrent dans les lois de l'énergétique, en ajoutant des termes négligés, relatifs aux surfaces de contact des différentes phases : surfusion, sursaturation, etc. Pour les seconds, les difficultés sont encore très grandes.

En somme, les travaux de Gibbs ont une importance presque comparable à ceux de Lavoisier, ou de Berthelot en chimie organique. Leur influence se fait sentir jusque dans l'industrie.

Dans d'autres branches de la chimie, depuis 1878, l'air l'azote et l'oxygène furent liquéfiés par *Caillelet*, *Pictet*, *Wroblewsky*. Vers 1900, l'hydrogène fut liquéfiés par *Dewar*, grâce aux machines de Linde et Claude. Seul l'hélium n'a pu être encore liquéfié, ce serait le gaz idéal pour la mesure des basses températures, il a

pu descendre jusqu'à cinq degrés du zéro absolu, la
plus basse température qu'on ait jamais atteinte.

Cryoscopie. — La cryoscopie est un résultat des basses températures, ou plutôt de l'abaissement du point de
congélation des dissolutions. Un liquide contenant des
matières étrangères en dissolution voit son poids de
congélation s'abaisser ; c'est *Raoult* qui a fixé les lois
de ces phénomènes. Les molécules jouent ici un rôle
important par leur nombre, et non par leur nature,
mais il y a des exceptions, par exemple pour les solutions électrolytiques. Et les *ions* vont remplacer les
molécules.

L'étude des vapeurs émises par les solutions, ou la
tonométrie, est encore une œuvre de Raoult. Le point
d'ébullition est influencé par la présence de matières
dissoutes, ainsi que la tension de vapeur, et c'est encore le nombre des molécules qui importe, et non pas
leur nature.

Osmose. — Dans toutes ces questions intervient la
pression osmotique ; *Dutrochet* d'abord, puis *Pfeffer*
firent de nombreuses expériences et conclurent que la
pression est proportionnelle au nombre des molécules
dans un volume donné. Van T'Hoff assimile la pression osmotique dans les solutions à la pression dans les
gaz. *Arrhénius* dans les solutions de sels, d'acides ou de
bases dans l'eau, fait intervenir les phénomènes de dissociation, et le passage de courants avec ions positifs
et ions négatifs, mais ce ne sont encore que des hypothèses.

Aux basses températures, on a observé que les
composés exothermiques ne peuvent se décomposer,

tandis que les composés endothermiques ne peuvent se former.

Synthèse par le four électrique, etc. — Pour les hautes températures, le four électrique de *Moissan* a permis la synthèse du diamant, l'affinage de métaux purs : uranium, chrôme, manganèse, tungstène, et des carbures métalliques. Par l'électrolyse, Moissan encore a obtenu le fluor libre et une série de dérivés, dont le fluorure de soufre, gaz inerte, indécomposable par l'eau.

Actions de présence. — Les métaux divisés ont fait preuve de propriétés spéciales, de grande puissance pour la formation directe de composés. On savait les effets de la mousse de platine pour combiner l'oxygène et l'acide sulfureux en acide sulfurique, pour faire réagir l'hydrogène sur certains corps, etc. *Sabatier* a pu ainsi, par catalyse, réduire le nickel de son oxyde. Il semble que de petites quantités d'une substance produisent des réactions qui se refont indéfiniment. L'aluminium divisé a donné des températures très élévées, etc.

La chimie organique

Elle débute seulement au xix⁰ siècle. Les Arabes avaient bien inventé des méthodes de distillation pour isoler certaines essences odorantes, comme le citron ou la rose. On avait aussi distillé le vin et obtenu l'alcool, on avait concentré des poisons. Plus tard, on avait analysé les végétaux ou les substances animales soumises à la distillation, et dans toutes, on retrouvait les mêmes produits : de l'eau, de l'huile, de la terre, etc., des produits empyreumatiques. On avait remarqué cette différence avec les minéraux que seuls, les végétaux et les produits animaux fournissent l'huile et l'alcool. Cette distinction sépara la chimie organique de la chimie minérale, par un fait capital : tous les végétaux et animaux donnent les mêmes produits.

Composition uniforme des produits organiques. — C'est *Lavoisier* qui par ses découvertes, fit faire le pas décisif. Car on reconnut que ces produits des végétaux et des animaux sont formés de carbone, d'hydrogène et d'oxygène. *Berthollet* y ajouta l'azote. Avant Lavoisier, pour obtenir les principes végétaux, on se servait des forces naturelles : pression, chaleur, solution dans l'eau, dans l'alcool : on isola ainsi les acides tartrique, oxalique, citrique, benzoïque, le sucre de canne, l'urée, etc. *Fourcroy* décrivant l'analyse d'un végétal, en fait sortir une vingtaine de composés : la sève, le muqueux, le sucre, l'albumine, l'extractif, le tannin, l'amidon, etc., les uns simples, comme l'amidon, d'autres fort composés, mais on l'ignorait.

Après Lavoisier, on cherche les principes immédiats, puis la composition, la formule et la fonction de chacun de ces principes. L'analyse organique est le point de départ. C'est *Chevreul* qui introduit en chimie organique la racherche de ces principes, en tant que substances douées de propriétés physiques et chimiques bien définies et invariables, et non pas de simples matériaux préexistant dans les êtres : on confondait auparavant les mélanges et les combinaisons. Les premières expériences de Chevreul se firent sur les corps gras d'origine animale. Comme méthode de séparation et de contrôle, il employa le système des lavages successifs, et il aboutit à ce résultat que les huiles, les graisses, les beurres, etc., sont formés d'un petit nombre de principes définis : l'oléine, la stéarine, la margarine, etc. Ces principes furent alors décomposés en leurs éléments en partant des méthodes de Lavoisier, qui le premier brûla des matières organiques (huiles et alcools) par l'oxyde de mercure, et recueillit les gaz formés : acide carbonique et eau, dont il tirait le carbone, l'hydrogène, et l'oxygène.

On se servit plus tard d'autres comburants : *Berzélius* employa l'oxyde de plomb, *Gay-Lussac* l'oxyde de cuivre, Gay-Lussac et *Thénard*, le chlorate de potasse. *Liebig* pesa le premier l'acide carbonique en 1831 ; jusque-là on le déterminait en volume. L'azote fut dosé en 1842 sous forme d'ammoniaque par *Will* et *Warrentrapp*.

Mesures. — Tandis que Berzélius obtenait des résultats en poids en combinant la substance avec un corps d'équivalent connu, Gay-Lussac développait la méthode des volumes, d'après la loi qu'il avait trouvée : pour un même volume, les poids des corps simples ou composés sont proportionnels à leurs équivalents. Dès 1815, il établit les relations entre les composés organiques, comme l'éther, l'alcool, le gaz oléfiant ; il décomposa le sucre en alcool et acide carbonique. Peu à peu on passa aux carbures d'hydrogène, aux matières colorantes, etc. Ainsi on était fixé sur la constitution des matières organiques.

Analyses. — Il restait de grands pas à faire : savoir

comment les éléments étaient réunis, et pouvoir de ces
éléments reconstituer l'ensemble. Le premier pas fut
fait par une analyse graduelle, en transformant les
corps successivement en produits de plus en plus simples : par exemple l'amidon est ramené à l'état de sucre, puis d'alcool, puis de gaz oléfiant, enfin d'acide carbonique, d'eau, etc. C'est ainsi que Chevreul donna
l'exemple. En soumettant les corps gras à l'action des
alcalis, des acides, de la chaleur, etc., il put les résoudre en deux principes distincts : un acide gras variable,
et un principe constant, la glycérine. Ensuite vinrent
les travaux de *Braconnot*, de *Liebig* et *Wohler* sur l'acide urique (1838), de *Biot* et *Persoz* sur la fécula (1835),
de *Frémy* sur les matières grasses du cerveau, de *Dubrunfaut* sur le sucre de canne, de *Demarçay* sur la
bile (1838), de *Piria* sur la créatine (1845); de *Berthelot* sur les sucres isomères du sucre de canne (1856),
de *Pelouze* et *Cahours* sur le pétrole 1863, de *Lossen*
sur la cocaïne et l'atropine 1866, de *Baeyer* sur les acides urique et mellitique 1871, de *Tiemann* et *Harmann*
sur la vaniline 1874, de *Schutzenberger*, sur les dédou-
blements de l'albumine 1875. Ces expériences montrèrent les actions exercées par la chaleur et l'électricité, le contact, les substitutions, les fermentations,
les oxydations, etc., servant de véritables réactifs pour
connaître les propriétés des principes et même pour
les dédoubler.

La chaleur produit des effets de décomposition très
variables sur les matières organiques. Berthelot en
1867 donna l'explication de la formation des carbures
homologues, et montra qu'on pouvait en tirer des méthodes de synthèse : un grand progrès devait en sortir.

L'électricité avec *Kolbe* en 1849 et *Bourgoin* en 1868 a donné de nouvelles séries de carbures d'hydrogène et des résultats remarquables.

Avec le contact et les fermentations, nous touchons à la chimie biologique. *Thénard* le premier en 1818 observa que le contact de l'eau oxygénée et du bioxyde de manganèse produit la décomposition de l'eau. *Biot, Payen, Persoz* observent la méthamorphose de la fécule et des sucres sous l'influence des ferments, en 1833 et 34. *Deville, Berthelot*, etc., voient s'accomplir les transformations des carbures d'hydrogène sous ces mêmes influences. Enfin *Pasteur* réalisa des expériences mémorables. Toutefois dès 1859, Berthelot a établi une division des fermentations ; les unes chimiques, solubles, comme la diastase, les autres physologiques, qui se multiplient, comme celles de Pasteur. Le ferment ressemble à l'agent de contact, en provoquant le phénomène, mais ne le produisant peut-être pas.

Enfin les agents oxydants ne donnèrent pas les mêmes résultats en chimie organique qu'en chimie minérale. On employa l'acide nitrique, les acides chromique, iodique, permanganique, le chlore humide, etc. En général, l'oxydation acidifie ; en même temps, l'hydrogène et le carbone peuvent partir. Il se produit des corps simples pouvant servir de base à une classification. On obtient aussi des formations simultanées dont le principe fut découvert en 1868 par Berthelot. Les composés nouveaux sont plus simples et disposés en séries symétriques. Beaucoup de classifications furent tentées par *Laurent, Gerhardt*, etc., au point de vue des combustions ci-dessus, mais elles étaient encore peu satisfaisantes.

Théorie des radicaux. — Cependant une théorie, la théorie des *radicaux*, allait jouer un grand rôle en chimie. Elle est fondée sur les phénomènes de substitution. Les premiers essais de substitution des corps simples : chlore, phosphore, etc., échouèrent par suite de ce fait que les corps organiques sont trop facilement altérables. On y parvint au moyen de composés : le chlorure de cyanogène (Gay-Lussac) le chlorure de carbone (Faraday) le chlorure benzoïque (Liebig et Wohler). Ces derniers supposèrent un radical composé, le *benzoïle*. L'essence d'amandes amères devient un hydrure de benzoïle, etc. Toute l'école allemande adopta la théorie de *Liebig* : certains radicaux sont réels : le cyanogène, le cacodyle ; d'autres sont fictifs : l'éthyle, le benzoïle. Le seul analogue aux métalloïdes est le cyanogène, belle découverte de Gay-Lussac. Le cacodyle de *Bunsen*, 1843, joue le rôle d'un métal. Composé de carbone, hydrogène et arsenic, il forme avec l'oxygène, le soufre, le chlore, des acides, sulfures, chlorures, etc. Depuis lors, on découvrit beaucoup d'autres radicaux analogues.

La théorie des radicaux est la première d'une série qui aboutira enfin à la classification de Berthelot.

Théorie des substitutions. — Les théories font donc leur apparition en chimie organique ; leur nécessité se fait sentir en présence de l'immense quantité de composés du carbone qui se découvrent constamment. Il importe de les classer. En même temps que Liebig, *Dumas* émet une idée très générale qui provoque de nombreuses découvertes : c'est la théorie des substitutions : « Par chaque atôme d'hydrogène que perd un corps hydrogéné sous l'action d'un réducteur : chlore, brôme, iode, oxygène, etc., il gagne un atôme ou un demi-atôme de ces corps. » Partant de cette idée, *Laurent* faisant agir le chlore sur la naphtaline, obtient une quantité de composés dont les propriétés chimiques sont en général analogues à celles du corps primitif ; et les propriétés physiques varient régulièrement du premier au dernier composé. Il y a donc un certain rapport entre le rôle du chlore et celui de l'hydrogène, comme dans les éthers chlorhydriques.

Malgré l'opposition de Berzélius, les travaux de *Regnault*, puis de Dumas, sur les éthers chlorhydriques, sur le chloróforme, sur l'acide trichloracétique, de *Malaguti* sur les éthers, confirmèrent la théorie des substitutions. C'est alors que Dumas put opposer à la théorie des radicaux celle des *types*. Comparant une substance organique à un édifice, cet edifice ne change pas de forme quand même les pierres qui le composent sont remplacées par d'autres. Il en est de même dans la théorie des *noyaux* de Laurent pour qui l'édifice est comparable à un cristal dont les angles sont des atômes de carbone et les arêtes des atômes d'hydrogène. Mais cette idée ne put durer devant celle des types de *Gerhardt* qui est une des bases de la théorie atomique.

Théorie des types. — Au début, Gerhardt établit une distinction entre l'atôme et la molécule, celle-ci existant en liberté, celui-là en composé, et toujours plus petit que la molécule : les poids moléculaires sont déterminés par la comparaison des poids de volumes égaux de gaz. Gerhardt fit une classification empirique suivant le nombre d'atômes de carbure de la molécule. Puis vinrent deux découvertes : les ammoniaques composés, de *Würtz* (1849), les éthers mixtes de *Williamson* (1851). Les ammoniaques composés pouvaient être regardés comme de l'éther où l'oxygène est remplacé par l'amidogène, ou bien comme de l'ammoniaque où l'hydrogène est remplacée par un radical alcoolique. C'est ce qui se présenta en 1850 pour la diéthylamine et la triéthylamine de *Hofmann*. Le type ammoniaque était créé, et les formules rationnelles reparaissaient. De même les éthers mixtes introduisent le type eau. Williamson compare à l'eau l'alcool et les éthers, et aussi les acides, les xv es et les sels de la chimie organique. Si dans une molécule d'eau on remplace un atôme d'hydrogène par de l'éthyle, on aura l'alcool ; remplaçant de même le second atôme ,on aura l'éther. La potasse est de l'eau où un atôme d'hydrogène est remplacé par du potassium, etc.

A ces deux types, eau et ammoniaque, Gerhardt en ajouta deux autres : l'hydrogène et l'acide chlorhydrique. L'hydrogène donne les hydrures d'éthyle ; l'acide chlorhydrique donne les chlorures. Mais de nouvelles découvertes de Würtz et Berthelot : la fonction alcoolique de la glycérine et des sucres, et le glycol, obligeaient à créer de nouveaux types mixtes et condensés. De plus les travaux de Kékulé, Hofmann et Frankland bouleversaient les idées. La plus grande découverte fut la synthèse des corps gras neutres par Berthelot en 1854. La glycérine se combine aux acides gras, aux acides minéraux et aux hydracides en trois proportions, pour donner naissance à trois composés neutres, principes immédiats des corps gras naturels, et comparables aux éthers. En un mot la glycérine est un alcool triatomique, comme l'acide phosphorique par exemple est tribasique.

Fonctions multiples. — La notion des fonctions multiples qui joue maintenant un rôle essentiel en chimie organique, était créée. Les alcools polyatomiques ont pour dérivés primaires les éthers-alcools, les acides-alcools, les alcalis-alcools, etc., et pour dérivés secondaires, les diéthers monoalcools, les dialdéhydes, etc. En allant plus loin, Berthelot montra que la mannite est un alcool hexatonnique, l'érythrite un alcool polyatomique, etc. Ainsi non seulement chaque corps a sa structure, mais chaque partie conserve ses aptitudes propres, de telle sorte que le même corps pourra être tantôt acide et tantôt alcali. Avec l'application de la théorie des alcools aux principes sucrés, la chimie organique pénétrait dans le domaine de la matière vivante : avec le partage des sucres en glucoses et saccharoses, on fera bientôt la synthèse du sucre de canne. D'autre part, la glycérine, alcool triatomique, fait chercher à Würtz une combinaison intermédiaire, diatomique (qui correspondrait aux acides bibasiques) et il trouve le glycol, dont le nom rappelle la double origine.

L'idée de polyatomicité fit descendre des radicaux aux corps simples. *Odling* vers 1854, émit l'idée qu'il y a entre les atômes des corps simples des différences de même ordre qu'entre les acides monobasiques, bibasiques, etc. En 1855, il qualifia l'azote, le phosphore, puis le bismuth, d'éléments tribasiques ; leur symbole était surmonté de trois accents.

Valences. — En 1858, *Kékulé* annonça que le carbone est tétratomique à cause de la formule du gaz des marais, et pour représenter les composés organiques dans la notation atomique, il imagina des formules qui sont encore très commodes actuellement et qu'il est bon d'exposer avec quelques détails. Suivant que les atômes d'un corps se combinent à un, deux, trois, ou quatre atômes d'hydrogène, on dit qu'ils sont univalent, bivalent, trivalent, quadrivalent : tels sont l'acide chlorhydrique Cl — H ; l'eau : $O\big\langle{}^H_H$; l'ammoniaque :

$Az{\textstyle\big\langle}{}^{H}_{H}$ enfin le gaz des marais $H — C — H$. Et les valences peuvent s'échanger entre atômes de même espèce.

Dans ces formules, s'il reste des valences disponibles, la chaîne est dite *ouverte* ; mais si les valences disponibles sont comblées par un seul atôme, la chaîne est *fermée*.

Le nombre de traits employés entre les symboles indique par combien de valences sont unis les atômes, ainsi Az≡Az est l'azote trivalent saturé ; — Az=Az — peut encore fixer deux atômes univalents ; =Az — Az= peut encore en fixer quatre.

Les carbures saturés CH^4, C^3H^8, C^2H^6, C^4H^{10}, méthane, éthane, propane, buthane, ont ainsi des formules qui ne se prêtent pas, sauf la première, à satisfaire la quadrivalence du carbone. Elles s'y prêtent en les écrivant :

Methane	Ethane	Propane

Du premier, on tirera le méthyle, des autres l'éthyle et le propyle très facilement, en remplaçant un atôme d'hydrogène par un atôme de chlore, ou d'un radical univalent, etc.

On expliquera de manière semblable les composés isomères, par exemple chlorure de propyle, chlorure d'isopropyle, et leurs dérivés, etc.

Tous ces composés sont à chaîne ouverte. Les composés à chaîne fermée sont plus rares. On a par exemple le bioxyde de baryum où les deux valences de la molécule d'oxygène sont comblées par un seul atôme bivalent de baryum, la chaîne fermée sera :

$$\begin{array}{c} Ba \\ \diagup \ \diagdown \\ O - O \end{array}$$

En 1866, Kékulé proposa pour la benzine la formule hexagonale suivante :

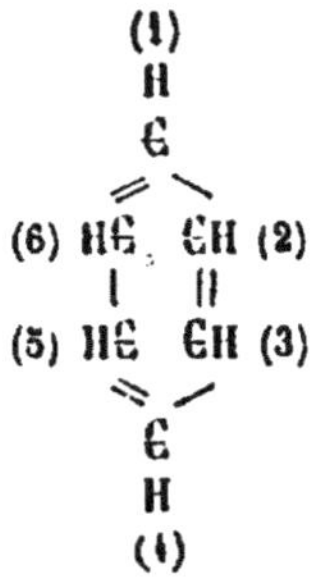

$$\begin{array}{c} (1) \\ H \\ C \\ \diagup \diagdown \\ (6)\ HC \qquad CH\ (2) \\ |\qquad\quad || \\ (5)\ HC \qquad CH\ (3) \\ \diagdown \diagup \\ C \\ H \\ (4) \end{array}$$

Cet hexagone permet de nouvelles formules. Kékulé donna celles de la naphtaline et de l'anthracène en accolant deux hexagones benzéniques. Mais il y a tant de cas d'isomérie que l'hexagone devint insuffisant.

Alors, *Ladenburg* et *Claus* donnèrent aux formules des formes de prismes, puis d'étoiles. Mais, nouvel obstacle, elles ne se prêtaient plus à représenter l'isomérie physique tenant à la dissymétrie cristalline, à la différence des pouvoirs rotatoires, dus sans doute à la diversité dans l'arrangement intérieur de la molécule. Il fallait faire un pas de plus, et il fut franchi par Le Bel, en France, Van T'Hoff en Hollande, au moyen de formules tracées non plus dans le plan, mais dans l'espace.

Le gaz des marais est figuré par un tétraèdre régulier où l'atôme de carbone est au centre. Si on substitue à trois atômes d'hydrogène des sommets, trois radicaux monovalents, il n'y a plus de plan de symétrie, l'atôme de carbone est asymétrique, la molécule jouit du pouvoir rotatoire.

Ces formules prétendent représenter la disposition des atômes des corps, mais il y a là une confusion. Le principe même de l'atomicité est inapplicable aux métaux. De plus, comme l'a fait remarquer Berthelot, ce système repose sur au moins trois hypothèses que bien des faits semblent contredire. Et puis, en chimie minérale, la complication des formules devient inextricable : pour une seule réaction, il faut tout de suite quatre ou cinq formules. Où la notation en équivalent a un type de formules, la notation atomique en a huit. En chimie organique, c'est autre chose ; les simplifications possibles ont eu d'heureux résultats en faisant faire de nouvelles découvertes, et leur emploi s'est maintenu avec avantage, sans toutefois qu'on en ait rien tiré de nouveau comme théorie générale. Ce sont des déductions, comparables à celle du système algébrique, séduisantes et faciles pour beaucoup d'esprits, mais où l'effort synthétique ne peut se produire.

Synthèse organique. — Il faut maintenant passer à la méthode synthétique et aux progrès réalisés depuis

Lavoisier parallèlement à la méthode analytique, ou de décomposition, que nous venons d'exposer.

Lavoisier avait défini la chimie, la science de l'analyse, consistant à décomposer sans cesse. Mais après avoir décomposé, on fut conduit à recomposer, et c'est même la marque distinctive de la chimie, de pouvoir refaire ce qu'elle a défait. En chimie minérale on rencontra peu de difficultés, comme nous l'avons vu, mais ici, en chimie organique, ce fut autre chose. Les corps organisés semblaient soumis à des forces différentes de celles des corps bruts ; Berzélius l'écrivait en 1849 : « les lois, dit-il, semblent tout autres qu'en chimie inorganique. La clef de la chimie organique est tellement cachée que nous n'avons aucun espoir de la découvrir, du moins quant à présent. »

On n'avait réussi à produire, et encore accidentellement, par synthèse, que deux ou trois substances organiques, comme l'urée, et même étaient-elles placées, dit Berzélius, sur la limite extrême entre la composition organique et la composition minérale. Cette infériorité tenait à la nature des méthodes employées, qui procédaient de celles, plutôt rapides, de la chimie minérale, et de ce fait qu'au lieu de partir des corps simples, on prenait comme points de départ les produits immédiats de l'organisation.

L'imitation incomplète des produits organiques ne pouvait conduire à rien. Ce qui décourageait, c'était l'extrême mobilité de ces composés, leur facilité de destruction par les corps les plus simples, de telle sorte qu'on les envisageait comme dépendant de l'action mystérieuse *d'une force vitale*, toujours en lutte avec celle qui cause les phénomènes chimiques ordinaires.

Il fallut les mémorables expériences de Berthelot

pour renverser ces idées. Ce fut une série ininterrompue de vingt ans de découvertes ; il parvint à recombiner les éléments des matières végétales et animales par les seules forces chimiques et physiques. Il fonda définitivement la chimie organique sur des lois inébranlables.

Berthelot suivit deux méthodes générales : l'une en partant des éléments libres, carbone, oxygène, etc., l'autre en partant d'éléments complètement oxydés : eau et acide carbonique.

Comme éléments, il combina d'abord le carbone et l'hydrogène sous l'arc électrique, et obtint l'acétylène en 1862, synthèse fondamentale. Avec l'acétylène et l'hydrogène, il eut l'éthylène, puis l'hydrure d'éthylène dont la décomposition lui donne le formène ou gaz des marais. Par condensation sous l'influence de la chaleur, il réalisa la synthèse de la benzine. Il eut ensuite l'anthracène, la naphtaline, etc., enfin tous les carbures d'hydrogène.

Par la seconde méthode, Berthelot obtint par réduction l'oxyde de carbone ; celui-ci avec l'eau, lui donna l'acide formique, par le concours du temps et des affinités naturelles. Avec une base ordinaire, il eut un formiate, puis il revint aux carbures en détruisant le formiate par la chaleur : il eut le gaz des marais, le gaz oléfiant, le propylène. Vint alors le moment de passer aux alcools par l'union directe de l'éthylène avec l'eau, du propylène, etc. Ces produits sont les plus difficiles à réaliser ; ils sont spéciaux à la chimie organique, sans analogues en chimie minérale, et ils servent de base à toutes les autres formations.

Les alcools et les aldéhydes produisent les carbures, qui embrassent les huiles essentielles oxygénées, les acides organiques, etc. Les alcools avec les carbures donnent les éthers composés. Enfin possédant la plupart des principes ternaires, on passe aux quaternaires : amides et alcalis.

Comme l'annonçait Berthelot, il n'y a plus de limite aux progrès de la synthèse ; on passe d'un terme à l'autre par degrés insensibles à travers l'immense multitude des corps organiques, jusqu'aux matières sucrées et aux principes azotés d'origine animale.

On trouvera dans la biographie de Berthelot, le résultat de sa classification des matières organiques, suivant huit types fondamentaux ou fonctions, qui les comprennent tous, dans l'ordre graduel de leur complication ; cet ordre est aussi celui de leur synthèse méthodique. Ainsi se trouvèrent définitivement relégués dans l'oubli les radicaux de Liebig et les types de Gerhardt.

Tissus végétaux et animaux. — Il reste à passer à un étage supérieur de la chimie organique, à l'étude des tissus animaux et végétaux dont le principe est la fibrine, les matières albumineuses ou sucrées dissoutes dans ces tissus. Or les corps gras neutres ont été fabriqués artificiellement par Berthelot au moyen de la glycérine et d'acides gras.

Les principes sucrés et albumineux ont fait l'objet des recherches de *Kiliani* et surtout de *Fischer*. Les matières albuminoïdes ont été étudiées par *Schützenberger*. Toutes ces études se rapprochent de la chimie biologique, plus difficile encore que la chimie organique.

Comme synthèses récentes, citons l'alizarine, en 1869, par *Graebe* et *Lübermann* ; la purpurine, par de *Lalande*, en 1874, matière colorante de la garance ; l'indigo, par *Baeyer*, les couleurs d'aniline, par *Hofmann* en unissant la rosaniline avec les acides nitrique, acétique, chlorhydrique. *Girard, de Laire, Lauth,* ont découvert beaucoup de nouvelles couleurs d'aniline, encore plus éclatantes que celles de la nature. Ces travaux sont parmi les plus caractéristiques de l'état d'avancement de la science moderne et des services qu'elles rend à la civilisation. Ajoutons que ce n'est pas sans des frais très élevés que beaucoup de ces découvertes se réalisent, surtout industriellement.

Disons enfin quelques mots de la stéréochimie.

Stéréochimie. — Après Berthelot, les plus importants travaux de synthèse ont été faits par *Fischer*, et grâce aux conceptions de la *stéréochimie*. On savait que l'aldéhyde méthylique se condense sous l'influence de substances alcalines pour produire du glucose, mais on n'avait pu isoler du mélange des espèces chimiques pures. Fischer obtint des corps cristallisés, les osazones, comme il avait déjà obtenu la phénylhydrazine. Il revint ensuite au sucre, et put faire la synthèse de la lévulose. Continuant à suivre la théorie stéréochimique, il agrandit le cadre des sucres avec six atômes de carbone, et acheva ainsi une des plus belles œuvres de la chimie de la fin du xix⁰ siècle.

Comme reproduction d'autres corps de la nature, se rattachant à la théorie des atômes, on doit citer la préparation de la caféine et de la théobromine, alcaloïdes du café et du cacao ; puis celles de l'atropine et de la cocaïne ; la synthèse du parfum de violette, l'ionone, et celui de l'iris. Il faut dire que ces recherches demandent beaucoup de matériel et de capitaux.

Ferments. — L'étude des ferments a fait des progrès avec les travaux de Büchner sur la levure de bière ; celui-ci a obtenu une matière sécrétée, la zymase, capable de dédoubler le sucre en alcool et acide carbonique. D'autres ferments ont été découverts dans certains sucs par *Bertrand* et *Bourquelot*, produisant des oxydations et des hydratations : telle est la bactérie du sorbose. Ces ferments ont déjà permis d'obtenir certains corps à l'état pur.

Retour à la chimie minérale. — On a fait récemment certains rapprochements entre la chimie organique et la chimie minérale. Le dérivé organique, hydrazine, de Fischer, a pu être obtenu par synthèse de produits minéraux ; de même l'azimide de *Curtius*. Mais il est bien difficile d'introduire en chimie minérale les formules de stéréochimie, dans l'ignorance où l'on se trouve des groupements de molécules. On a pourtant quelques indices pour les dérivés du chrôme et du fer ; on connaît les modifications profondes de l'étain qui se produisent lentement au-dessous de 20°, produisant *l'étain gris* de densité inférieure à l'étain blanc, et tout à fait méconnaissable.

Citons dans cet ordre d'idées les sels tétracuivriques de Sabatier et la notion de tétravalence du plomb établie par la chimie organique. Comme conséquence des valences, d'après la loi de Mendéleief, citons la découverte de deux nouveaux corps, le germanium et le scandium. Enfin, citons la découverte des gaz nouveaux de l'air et celle de l'hélium, dans beaucoup d'eaux minérales, par *Moureu* ; ils seraient restés intacts, grâce à leur inertie, depuis l'origine de la terre

CHAPITRE VII

LA GÉOLOGIE AU XIX⁰ SIÈCLE

La science géologique ne date guère, comme celle de l'Electricité, que du XIX⁰ siècle. C'est à peine si auparavant on se faisait quelque idée de cette terre que pourtant nous touchons de si près.

La géologie est en effet la science de ce qui s'est passé sur la terre, du moins sur une enveloppe bien mince du globe terrestre ; ses progrès sont marqués uniquement par les idées de plus en plus précises que certains hommes ont émises sur la constitution de cette enveloppe, sa disposition, et enfin ses mouvements : les roches, les couches de terrains, les plissements, voilà toute la géologie.

Idée de la Géologie. — On peut se faire une idée des études géologiques en considérant la figure suivante : supposons une sphère de treize mètres de diamètre (la millionnième partie de celui de la terre) ; cette sphère à une surface de 530 mètres carrés, et se trouve recouverte d'un relief d'argile et d'eau imitant celui de la terre ; l'épaisseur maxima accessible de cette couche ne dépasse pas quinze millimètres ; le plus

souvent elle est inférieure à un millimètre. Les plus
hautes montagnes varient de quatre à huit millimètres
en contraste frappant avec la surface à explorer. Il
s'agit de savoir comment s'est produit ce relief, et les
raisons de son irrégularité. L'homme est un infiniment petit sur cette surface, tellement petit qu'il a vu
là sans doute une raison de renoncer longtemps à étudier son domaine. Il a fallu le développement des autres
sciences, et la facilité des voyages pour qu'il finît par
se rendre compte de la possibilité de cette étude. Mais
il y avait tant de roches différentes, tant de couches de
terrains, tant d'accidents, des montagnes si grandes
et si irrégulières que le travail aurait découragé toute
patience individuelle. Heureusement les hommes sont
nombreux sur la terre, il leur suffisait d'être d'accord,
de fixer certaines bases, de coordonner leurs efforts,
pour faire céder les faits devant la multiplicité des observations

Et en effet la science géologique est le résultat d'un
nombre immense de travaux. Aucune science n'est riche d'un aussi grand nombre de chercheurs. Si quelques-uns ont pu s'élever à de hautes conceptions, embrasser des faits en apparence inconciliables, c'est à
la suite d'observations de détail qui demandaient parfois autant d'effort d'imagination pour être bien faites.
Celui qui voit le détail ne peut pas voir l'ensemble ; mais si celui qui voit l'ensemble n'a pas saisi
les détails, il sera incapable de tirer des conclusions capables de découvrir l'énigme. La géologie vaut surtout
par l'observation ; elle est du domaine, peut-on dire,
de tout le monde ; elle doit être, et elle devient, la
plus populaire des sciences.

Puisqu'on savait si peu de géologie avant le XIX°

siècle, il ne sera pas long de dire un mot des précur-
seurs.

Premiers géologues. — C'est un artiste, *Bernard Pa-
lissy*, qui formula le premier des idées justes sur l'origine des fossilles et la formation des terrains sédimentaires. D'autres que lui avaient eu ces idées, tels Léonard de Vinci, Albert de Saxe, etc., mais le premier,
il montra que la plupart des roches se sont formées
au milieu des eaux, et que les coquilles qu'elles renferment ont vécu sur place, dans la mer ou dans les
fleuves.

Au xvii⁰ siècle, *Descartes*, aussi grand dans le domaine de l'observation que dans celui de la pensée, « s'élevant, dit M. de Margerie, à une hauteur que nul avant
lui n'avait atteinte », établit que la terre, astre refroidi
à sa surface, conserve encore un feu central, et que
c'est le refroidissement de cette masse qui, par *contraction*, produit les fentes et la chute des parties ex-
ternes, obligées de s'accommoder d'une superficie devenue trop étroite pour les « recevoir en la même
situation qu'elles avaient auparavant. »

L'ouvrage de Descartes parut en latin en 1644, bien
avant celui du Danois Sténon, qui fit un passage à
Paris en 1664-66 ; les idées de Sténon furent publiées
seulement en 1669.

Les expressions même dont se sert Descartes envi-
sagent nettement tout ce qui va faire le développement de la géologie au xix⁰ siècle, depuis les théories
du *rempli* d'Élie de Beaumont jusqu'aux *effondrements*
de Suess, aux *plissements tangentiels* et aux *charriages*
de Marcel Bertrand. Buffon en 1778 divise les phénomènes en six époques, et leur attribue une durée to-

tale de 75.000 ans. Si ce chiffre est infime comparé
aux conceptions récentes, il faut se rappeler qu'à l'é-
poque de Buffon, on ne faisait pas dater le monde do
plus de 6.000 ans.

Jean Guettard en 1752 avait reconnu la véritable nature des volcans du centre de la France ; il figurait
sur ses cartes la continuité des strates de sables, do
marnes, de schistes, qui correspondent en somme aux
terrains tertiaires, crétacés, et anciens, d'une partie de
la France.

Desmarets en 1763-71 explique les basaltes de la
chaîne des Puys, comme de véritables laves, bien plus
perspicace que l'Allemand *Werner*, qui, 40 ans après,
voudra faire du basalte une roche sédimentaire. *Giraud-
Soulavie* 1780-84 commence la stratigraphie du Lan-
guedoc et des Cévennes, et l'accompagne d'une chronologie des volcans éteints du Vivarais et du Lan-
guedoc.

Palassou en 1782 étudie les Pyrénées et montre le
parallélisme de leurs terrains redressés, plus heureux
que Saussure qui ne voit rien dans les Alpes « de constant que leur variété ».

Avec l'origine du XIXᵉ siècle, la géologie va cesser
d'être une spécialité de savants. Nous voyons les études de terrains se développper en Angleterre avec *Hutton, Murchison* et *William Smith* ; en Allemagne avec
Werner et *Léopold de Buch*, tandis qu'en France *Lamarck* et *Cuvier* s'élèvent à des théories générales qui
embrasseront un lointain avenir.

Caractères des terrains. — La découverte fondamentale de l'aurore du XIXᵉ siècle, c'est que les animaux
n'ont pas été toujours les mêmes à la surface de la

terre, et qu'on peut même caractériser l'âge d'un terrain par sa faune. C'est ce qu'on appelle la paléontologie, science indispensable à un géologue, et dont les fondateurs ont été *Cuvier* et *Brongniart*, auxquels on peut ajouter *W. Smith* en Angleterre (1).

Seulement, comme on trouvait des êtres différents en passant d'un étage à l'autre, on fut tenté d'expliquer ces changements par des catastrophes générales correspondant ensuite à des créations nouvelles. Peut-être l'idée préconçue correspondant aux jours de la Genèse ne fut-elle pas étrangère à cette classification de catastrophes. Pour *Cuvier* et *d'Orbigny* par exemple, la création est détruite et recommencée une vingtaine de fois ; les mers viennent on ne sait d'où, abandonnent leurs dépôts où s'éteint leur faune, et disparaissent de la façon la plus incompréhensible, et cela sur toute la terre : de la sorte un seul fossile suffit à fixer l'âge précis d'un terrain, comme une médaille l'époque d'un souverain. De même le Saxon *Werner* expliquait tous les dépôts marins par une immense mer, qui avait d'abord couvert toute la terre, puis s'était évaporée en laissant des dépôts qui ont toute sorte d'inclinaisons suivant la forme des fonds primitifs.

Et voilà ce que voyaient des observateurs ! Il fallait être, ou un philosophe, comme Lamarck, ou un esprit réfléchi comme Hutton pour démêler sous les faits la véritable nature des choses. Hutton, en 1795, distingua d'abord nettement les terrains sédimentaires, déposés par les eaux, et les roches ignées, dues à la fusion, alors que *Werner* confondait toutes les roches ;

---

(1) Je dite une fois pour toutes ici les ouvrages de L. de Launay : *Science géologique* et *Histoire de la Terre*, auxquels j'ai eu recours plus d'une fois.

de plus Hutton saisit la cause des changements de forme des mers et des continents, dans les mouvements de l'écorce terrestre, il esquissa un géographie ancienne, appliquant ainsi sans le savoir les idées de Descartes ; on voit poindre l'évolution dans cette pensée que les éléments détruits et redevenus libres doivent concourir aux reconstructions. Hutton commença à saisir les changements inévitables de forme dans la surface si mince et si humide de la croûte terrestre.

Quant à *Lamarck*, ce n'est qu'après cinquante ans, lorsqu'il eut fait connaître une immense quantité de formes fossilles nouvelles, qu'il entreprit de les intercaler parmi les formes actuelles. Tandis que Cuvier, fondant la paléontologie des grands animaux, en déduit de radicales séparations entre les êtres de la création, Lamarck, de l'étude des animaux inférieurs, déduit le passage graduel, l'évolution des formes ; il définit, avant Darwin, et avec plus de raison, le v transformisme, car il l'attribue bien moins aux e eux-mêmes et à leurs moyens d'attaque ou de défense, qu'à l'influence du milieu dans lesquels ils vivent, idée reprise de nos jours par les Américains. Seul *Geoffroy S. Hilaire* comprit à leur époque les idées de Lamarck sur la descendance des êtres par voie de transformations et émit aussi l'idée qu'on peut retrouver leurs généalogies. Dans son hydrogéologie, Lamarck émit autres vues vraiment profondes, mais où faisait défaut l'expérience.

Stratigraphie. — *Alexandre Brougniart* fit paraître en 1808 et 1835 un travail fondamental sur la stratigraphie du bassin de Paris : c'est un des premiers modèles de ces travaux de détail si nécessaires et qui peu à peu vont se multiplier partout, et finiront par donner une idée complète de la surface terrestre. Pourtant ce travail n'est pas comparable à celui que faisait en même temps *William Smith* pour l'Angleterre. En fait, nos voisins insulaires furent les premiers à pouvoir présenter au monde la surprise d'une carte géologique où figure un pays presque entier.

En 1816, un savant belge, *d'Omalius d'Halloy*, va pourtant battre les Anglais sur ce terrain qu'ils croyaient tenir, les contours géologiques ; non seulement il décrit la structure du pays compris entre la Manche et le Rhin, mais il signale la présence de deux ordres de terrains, l'un inférieur, formé de couches inclinées, l'autre supérieur, en couches horizontales, premier exemple, incompris alors, de ces anciennes chaînes de montagnes, qui ont marqué certaines époques géologiques et que la durée des temps a fait totalement disparaître.

En 1822, paraît la première carte géologique de la France entière, signée par d'Omalius d'Halloy, où se trouve établie l'analogie des terrains primaires des Ardennes, de la Bretagne et du Plateau Central. Peu après Brongniart étend cette carte jusqu'à la Suisse, montrant l'analogie des roches noires des Diablerets avec notre calcaire grossier, de la montagne des Fiz avec la craie de Rouen, etc., au moyen des fossilles caractéristiques, et sa méthode va être suivie dorénavant pour toutes les cartes géologiques d'Europe.

Bien que les géologues aient eu surtout pour objet l'étude des couches profondes, ils ne négligèrent pas les effets superficiels, la dégradation des montagnes, et les observations de *Saussure*, de *Surell*, furent précieuses. Elles eurent leur répercussion sur les faits

observés en profondeur, et facilitèrent leur interprétation. Il faudrait citer une quantité de géologues, depuis
Elie de Beaumont, jusqu'à Lugéon, mais dans un
résumé historique, il vaut mieux se borner aux découvertes essentielles de la géologie.

Théorie volcanique. — Les volcans attirèrent de tout
temps l'attention des hommes, et donnèrent lieu à toute
espèce de divagations, on peut dire de légendes, jusqu'au xixᵉ siècle. Même des savants, comme *Léopold
de Buch* et *Alexandre de Humboldt,* après 1820,
émirent des théories et admirent des faits vraiment
extraordinaires. C'est à Léopold de Buch, savant prussien, qu'on doit la trop fameuse théorie des cratères
de soulèvement, qui égara des hommes instruits et raisonnables pendant plus de 20 ans. Et c'est Al. de Humboldt qui raconte sérieusement, dans son voyage au
Mexique, que le volcan célèbre, le Jorullo, s'éleva en
une nuit, au milieu de champs d'agave et de forêts de
palmiers. On se demande comment la crédulité peut
faire à ce point taire la réflexion.

Même *Dufrénoy* et *Elie de Beaumont* célébrèrent la
théorie de L. de Buch comme une de celles qui présentent le plus de caractères d'évidence ; heureusement leurs belles descriptions des volcans du Mont-
Dore, de l'Etna et de Naples servirent à contredire
leurs propres idées. Mais il fallut les études de *Constant Prévost* sur les volcans d'Italie et de Sicile, et sur
l'Ile Julia, surgie entre la Sicile et l'Afrique, pour
démontrer que les cratères résultent d'un simple entas-
sement sur place, de laves et de projections, sans la
moindre poussée verticale de bas en haut. En fait, le
Jorullo mit plus de cinquante ans à atteindre sa hau-

teur, qui n'est pas grande. C'est ainsi qu'une fausse théorie peut longtemps égarer les recherches : l'histoire l'a montré pour Ptolémée en astronomie, nous l'allons voir avec Elie de Beaumont en Géologie.

Théorie du rempli. — L'erreur d'Elie de Beaumont ne fut pas grossière comme celle de L. de Buch. Bien loin de définir les montagnes par des soulèvements, il fut le premier au contraire à parler de plissements de l'écorce superficielle, avec déversement latéral « par la nécessité de s'appliquer sur un noyau qui se contracte en se solidifiant ». C'est la suite de l'idée de Descartes.

Théories géométriques. — Elie de Beaumont voulut, par malheur, lui donner une forme géométrique. Rien ne s'y oppose, *à priori*. Il s'agit de trouver la forme de surface invariable capable d'envelopper un solide régulier de volume minimum, idée de géomètre. C'est de là qu'est né le réseau pentagonal. Ce n'est pas ici une cristallisation, c'est une surface qui se contracte régulièrement ; les plis suivent des lignes géométriques régulières. Elie de Beaumont alla plus loin encore ; il voulut établir un lien entre les directions de certaines lignes du réseau pentagonal obtenu, et l'âge des montagnes qui suivent ces directions. Et nombre d'étudiants s'acharnèrent à découvrir ces relations.

On ne pouvait rien découvrir de pareil, comme on le vit bientôt ; les grandes chaînes de notre monde sont presque contemporaines. C'est plus tard qu'on mit à jour les anciennes chaînes, que presque rien ne décèle à la surface. Et quand au réseau régulier, il fut lui aussi abandonné dès qu'on eut l'idée de ces anciens ridements de la terre, dont le plus ancien système seul aurait pu avoir quelque régularité, car les autres plis devaient venir se buter contre lui. Mais n'allons pas trop vite.

Elie de Beaumont reste le fondateur de ces belles théories des chaînes de montagnes ; il fallait bien épuiser les hypothèses accessoires fausses, avant d'arriver à la vraie, il fallait aussi d'innombrables observations de détails. Pour continuer un instant la phase géométrique de la question des montagnes, exposons rapidement le système tétraédique imaginé par un géologue amateur anglais, *Lowthian Green.* C'est une preuve que le bon sens peut appartenir à tout homme.

L. Green, grand voyageur, fit remarquer la forme allongée en pointe de tous les continents vers le Sud, et en outre la masse concentrée de ces continents vers le pôle nord. Une forme de contraction, dérivée du tétraèdre, s'applique donc beaucoup mieux que toute autre sur la surface terrestre : depuis lors, l'idée fut confirmée par les découvertes des mers arctiques, et du continent antarctique. Enfin les découvertes des anciennes chaînes, de plus en plus reportées vers le nord, ont paru venir en aide à cette théorie. Toutefois elle correspond encore bien faiblement à la réalité. D'abord quelle est la profondeur maxima qui sépare les profondeurs marines des plus hautes cimes ? 15 à 16 kilomètres, c'est-à-dire, 15 à 16 millimètres sur la sphère de 13 mètres de diamètre qui nous a servi de comparaison. Ensuite l'aplatissement des pôles a dû exercer une influence marquée sur la contraction, et de fait, il semble bien maintenant que les plus anciennes régions solidifiées du globe ont été deux couronnes, boréale et australe.

A la suite de Constant Prévost, les géologues anglais et américains, *Lyell*, *Dana*, achevèrent de démolir les fausses idées de L. de Buch sur les volcans. Elie de Beaumont lui-même, en 1847, établit une note sur les émanations volcaniques et métallifères qui est un réel titre de gloire ; puis *Charles Sainte-Claire Deville*, *Fouqué*, et d'autres, achevèrent de mettre en lumière le véritable fonctionnement des volcans. Ensuite on rechercha un rapport entre leurs alignements et ceux des principales chaînes de montagnes ; ce fut un très long travail, qui touche à la plus récente branche de la science, la *tectonique*, à peine ébauchée aujourd'hui, et que nous reprendrons tout à l'heure.

Division en époques. — Il faut en effet montrer d'abord comment s'est constituée la stratigraphie, l'étude scientifique des couches de terrain, avant de voir comment ces couches se sont plissées.

La stratigraphie, ou l'ordre de formation des terrains, fut commencée par *Alcide d'Orbigny*, 1849-1852, continuée par *d'Archiac*, *Daubrée*, etc. ; elle établit les trois grandes divisions : primaire, secondaire et tertiaire, avec un grand nombre de subdivisions. La plupart des noms appliqués par d'Orbigny ont subsisté : on a ainsi établi, dans l'histoire de la Terre, environ soixante étages divisés en trois groupes ; cette division est assez simple pour permettre rapidement l'attribution d'un terrain quelconque observé dans une étude géologique. Naturellement, il y a plus de soixante étages de dépôts, mais on ne peut compliquer indéfiniment leur nomenclature. Quant aux trois grandes divisions, elles ne sont pas non plus rigoureuses ; leur durée semble même extrêmement inégale,

mais elles correspondent en somme à des ordres d'événements distincts : l'époque primaire est le théâtre
d'une suite d'immenses bouleversements ayant produit
plusieurs chaînes successives ; l'époque secondaire est
presque une période de calme, sans nouvelles chaînes
de montagnes, et caractérisée en Europe par deux
expansions successives de la mer, avec un maximum
à l'époque cénomanienne ; l'époque tertiaire redevient
le théâtre d'un vaste bouleversement par les grands
plissements des chaînes actuelles en Europe et en Asie ;
elle finit par une période glaciaire.

Ces faits nombreux ont été coordonnés en France
dans le grand ouvrage de *Lapparent*, véritable encyclopédie de toutes les observations stratigraphiques bien
établies. Cet ouvrage a eu cinq éditions successives,
dont les dernières, 1900 et 1906, renferment des
esquisses de la terre et des mers aux différentes époques géologiques. La partie descriptive générale,
roches, etc., n'est pas moins magistrale. On peut dire
que cette œuvre, résultat d'une vie de travail, représente tout l'ensemble des travaux de plusieurs générations de géologues, et qu'il se passera longtemps avant
qu'un autre la reprenne dignement.

Au nom de Lapparent, il convient d'ajouter ceux de
Munier-Chalmas comme organisateur de la stratigraphie et de sa nomenclature, de *Murchison* et *Murray*,
en Angleterre, de *Credner* et de *Richtofen*, en Allemagne ; ce grand voyageur donna une description géologique du Nord de la Chine, que des géologues récents
ont bien améliorée. En France, *Verneuil* fut aussi un
grand voyageur, il étudia les roches anciennes de
l'Amérique du Nord, puis il étendit ses observations à
l'Espagne et à la Russie. *Barrande* fit une description

monumentale du Silurien de la Bohême ; *Barrois* établit les relations des mers dévoniennes de Bretagne avec celles des Ardennes. *Grand-Eury* et *Zeiller* consacrèrent leur vie aux études du terrain houiller. Il faudrait citer des noms par centaines, et non seulement en France, mais dans toute l'Europe, en Amérique et jusqu'au Japon. La Géologie est une science d'infiniment petits, et c'est pourquoi il faut de temps à autre qu'un savant, comme Lapparent, doué d'autant de raison que de patience, vienne synthétiser ces masses de documents et tirer de cette œuvre complexe un ensemble ordonné qui, à son tour, servira de point de départ à une nouvelle orientation de recherches plus savantes que les premières.

Mouvements des terrains ou tectonique. — C'est ce qui semble se produire maintenant : de l'immense quantité des travaux stratigraphiques, est sortie la tectonique, les mouvements des terrains. De cette étude minutieuse de dépôts d'une lenteur infinie, dans le monotone silence d'âges qui se perdent dans un incommensurable lointain, sort peu à peu l'étude des mouvements de tous ces dépôts : c'est la vie qui prend sa place dans cette nature des âges passés, et la géologie, qui était une science de patience, un travail de dictionnaire pour ainsi dire, devient une science de vie ; au lieu de la mémoire impeccable qu'elle exigeait, la nouvelle géologie réclame de l'intelligence ; elle ne se contente plus d'exposer, elle explique. Quelle différence dans l'enseignement ! Tous ceux qui ont suivi les maîtres de la géologie pendant les vingt dernières années du XIX° siècle ont été témoins de ce changement de face, de la substitution de la vie au calme de leurs anciens livres.

Beaucoup de causes ont amené ce changement, non seulement les théories orogéniques y ont contribué, depuis Elie de Beaumont, mais les théories transformistes, depuis Darwin jusqu'à Cope, Gaudry, etc., et il faudra, à partir de ce moment, faire une distinction entre les deux ordres d'idées.

Pour suivre l'ordre logique, nous prendrons d'abord les travaux consacrés exclusivement à la tectonique, à partir des successeurs d'Elie de Beaumont.

Après Elie de Beaumont, plusieurs géologues : *Michel Lévy*, *Lapparent*, *Marcel Bertrand*, etc., cherchèrent une loi géométrique de la répartition des montagnes sur le globe. Le système tétraédrique ne pouvait et de loin résoudre toutes les difficultés. *L. de Launay* émit récemment l'idée que cette disposition géométrique est jalonnée surtout par les lignes de volcans, et qu'elle continue à se poursuivre : mais si l'on connait les roches éruptives anciennes de beaucoup d'endroits, on est certainement loin de connaître les alignements qui ont dû accompagner les anciennes chaînes. D'autres observateurs cependant remarquaient les forces tangentielles qui produisent des mouvements horizontaux : *J. Thurmann*, dès 1840, à propos du Jura ; *Ebray*, pour le Morvan, en 1858 ; *Lory*, dans les Alpes, 1860 ; *Bleicher*, en Alsace, 1870 ; *Magnan*, dans le Midi, en 1874 ; enfin *J. Gosselet*, dans le bassin houiller du Nord, en 1880.

Chose curieuse, c'est de cette région sans relief que devait venir la lumière qui éclaire les mouvements montagneux ; les résultats des travaux de mines et des sondages du Nord pour trouver la houille démontrèrent que les plis du bassin houiller étaient dus à une énorme poussée, s'exerçant du Sud vers le Nord, et dont l'effet a été de ramener le terrain dévonien par-dessus les couches houillères *plus récentes*. C'est là le point de départ, le fait capital, d'où ont surgi tant de découvertes qui ont renouvelé la science géologique. Les plissements allaient, entre les mains de *Marcel Bertrand*, devenir le thème de développements vraiment prophétiques, comme le dit Margerie, et dont en 1884, on ne pouvait même saisir la portée. L'idée confuse du *rempli* d'Elie de Beaumont, allait prendre toute sa signification sous l'expression de charriage, beaucoup mieux appropriée, car pour remplir les vides, les terrains ont dû souvent parcourir une longue distance.

Marcel Bertrand montra ces renversements de terrains, d'abord en Provence, 1884, puis dans l'île du Beausset où le Trias repose sur le Crétacé, à plusieurs kilomètres de son lieu d'origine, 1887 ; ses investigations étaient assez avancées en 1890 pour qu'il pût présenter le manuscrit de sa théorie à l'Académie des Sciences. Ce manuscrit ne fut imprimé que dix-huit ans plus tard. Bertrand était mort prématurément, mais il suffit de citer le titre de son travail pour le mettre en pleine valeur : « Mémoire sur les refoulements qui ont plissé l'écorce terrestre et sur les déplacements horizontaux ». Le nom de Bertrand fait suite dignement à celui d'Elie de Beaumont ; bien que son œuvre soit loin d'être aussi volumineuse que celle du géologue autrichien, Suess, dont nous allons parler, on peut dire qu'elle est tout aussi grandiose et même beaucoup plus féconde par ses résultats.

Une foule de chercheurs, en effet, dont les plus célèbres sont Lugeon, Termier, Haug, apportèrent d'écla-

tantes et grandioses confirmations aux idées de Marcel
Bertrand ; la tectonique atteignit sa pleine floraison, la
vie circula à pleins bords dans les ouvrages de géologie. La meilleure manière de faire comprendre ces
progrès sera de faire tout à l'heure une histoire rapide
de ce qui s'est passé à la surface de la terre depuis
qu'elle a commencé à se refroidir.

Effondrements. — Le système de *Suess* est, en
somme, exactement le contraire de celui de Léopold de
Buch. Il remplace les soulèvements par des effondrements ; même les compressions latérales produites par
les roches éruptives ne jouent qu'un rôle passif, celui
de forcer les effondrements à suivre des lignes
sinueuses. Et Suess fait ressortir les bords rectilignes
de nombreuses régions : l'Hindoustan, le Groenland,
Madagascar, la côte américaine du Pacifique, etc.,
pour montrer l'existence de ces failles profondes le
long desquelles ont plongé des voussoirs de l'écorce
terrestre. Puis il se sert des compartiments les plus
anciens du globe : le Canada, la Scandinavie, la
Sibérie orientale, les Indes, etc. pour montrer qu'ils
sont restés intacts à travers les âges géologiques,
comme des *môles*, des *horsts*, au milieu d'un chaos de
mouvements qui venaient s'y briser. Il y a ainsi d'une
part des bassins d'affaissement dus à la brusque descente de la croûte terrestre par contraction, suivis
d'une descente de la mer, créant une dénivellation, et
par suite une apparence de soulèvement du horst ;
d'autre part, sous l'influence de la compression des
horsts, les couches se plissent et il se produit des frac-
tures horizontales qui peuvent faire chevaucher des
couches inférieures sur les couches supérieures. C'est

ici que vient l'explication par les charriages de Marcel Bertrand, mais il y en a d'autres, comme nous le verrons, par exemple la formation d'un géosynclinal ; en fait, Suess insiste surtout sur les effondrements, pour expliquer non seulement les chaînes de montagnes, mais les contours des mers aux diverses époques ; la terre s'effondre, la mer suit. L'érosion détruit les montagnes, la mer remonte.

Môles anciens. — Cependant où l'idée de Suess devient féconde, c'est dans l'explication d'une chaîne tertiaire par le principe de continuité : les plis ne sont pas rectilignes, comme le croyait Elie de Beaumont, ils s'infléchissent, contournent les obstacles préexistants, les môles anciens ; on se demande comment il a fallu plus d'une génération pour engendrer une idée aussi naturelle ; c'est ainsi qu'on peut suivre une même chaîne à travers l'Europe et l'Asie, par exemple, des Alpes à l'Himalaya par les Carpathes, les Balkans, le Caucase et le Pamir. C'est ainsi que Suess rend compte de nos chaînes actuelles.

Mais Suess va plus loin ; étudiant et scrutant les plis plus anciens, il reconstitue deux autres zônes de plissements, en grande partie disparues aujourd'hui du relief terrestre : l'une qui s'étend de l'Irlande à la Bohême et au Tien-Chan ; l'autre qui va de l'Ecosse à la Scandinavie. Il est curieux de lire dans Suess les magnifiques développements qu'il donne à ces diverses chaînes. L'édition française, plus complète, et mieux illustrée, ajoute beaucoup de valeur à la *Face de la Terre*. On ne doit pas d'ailleurs exagérer la valeur de ce géologue, dont les idées n'étaient pas très nettes

avant d'avoir passé par le creusét des géologues français.

Chaînes anciennes. — *Marcel Bertrand*, qui avait le
premier entrevu les anciennes chaînes, compléta l'œuvre de Suess par deux chaînes plus anciennes et plus
septentrionales. Si celui-ci a achevé de détruire le réseau pentagonal, Marcel Bertrand a retrouvé un système orthogonal, en montrant que les zônes de disloca-
tion sont sensiblement orientées suivant les méridiens d'une part, suivant l'équateur d'autre part. Il
a aussi mis en relief le rôle capital des nappes de charriages dans la surrection des chaînes en se servant
du pli d'affaissement ou géosynclinal, à la suite de
Dana, mais bien plus complètement. Comme certaines découvertes de la physique, celle de Bertrand
a trouvé plus tard son application dans d'autres faits,
tels ici que ceux du métamorphisme de profondeur.

C'est un traité français de Géologie, celui de *Haug*,
1908-1911, qui est venu couronner et coordonner ces
innombrables découvertes ; sans nuire au grand traité
de Lapparent, qui reste une encyclopédie des connaissances géologiques en 1906, le traité de Haug s'empare
plus directement de tout ce qui a trait à la tectonique
du globe : il en fait une œuvre vivante, que rehausse,
une profusion de gravures bien plus typiques que celles
du vieux traité de Neumayr par exemple. On voit venir
l'heure où la géologie pourra s'apprendre toute entière
par l'image.

Avant de passer aux autres sciences géologiques,
nous allons faire une courte histoire de la terre. Le
lecteur verra quel a été le chemin parcouru depuis
l'actualisme qui avait cours au début du XIXe siècle, en

dépit des idées plus avancées de Descartes et de Sténon, sur « les couches marines envahies par de brusques sorties des mers emprisonnées sous l'écorce ». Le catastrophisme, comme le système géométrique, est allé rejoindre l'actualisme.

Résultats de la géologie. — Voici donc les plus intéressants résultats auxquels ont abouti depuis cent ans les études de plusieurs milliers de géologues sur la constitution de notre globe. Ils ne concernent pas même le globe tout entier, à plus forte raison n'ont-ils rien de mathématique, mais pourtant ils approchent de la vérité.

Les montagnes sont des plis ; ceux de ces plis qui sont les plus saillants à notre époque sont les plus récents; il en est qui ont complètement disparu de la surface, mais qu'on connaît en profondeur par les travaux de mines, etc. Ce sont d'anciennes chaînes qu'on a pu reconstituer en partie sur les cartes. On connaît avec certitude qu'un pli montagneux a été en saillie lorsqu'il y a une lacune entre les sédiments plissés qui le composent, et les couches horizontales qui le surmontent.

Ces rides ou ces plis sont causés par la contraction du globe en se refroidissant. Cette contraction progressive amène, à la suite des plis avec charriages et remplis, des cassures et des effondrements suivis d'autres plis. Les mouvements verticaux d'effondrements sont démontrés par des filons dont certains dépassent cent kilomètres de long, et marquent de fortes dénivellations, par les bords rectilignes qui encadrent certains pays, le Groenland, Madagascar à l'Est, les Indes, etc. ; par la ligne de volcans du Pacifique, etc.

Les premiers plis formés sur le globe ont été faibles, ils sont marqués par deux couronnes très anciennes, un massif initial polaire, et une bande équatoriale prolongée vers le Sud. Cet ancien continent équatorial s'étend de l'Amérique du Sud à l'Afrique, à Madagascar, aux Indes et à l'Océanie, il existait dès le début des temps primaires : il porte le nom de *Gondwana*.

Quant au massif polaire, il était composé de quatre faîtes primitifs, disposés comme les pétales d'une fleur ; on leur a donné le nom de boucliers : boucliers canadien, fino-scandinave, sibérien ou de l'Angara, et sino-coréen. On suppose l'existence d'un cinquième bouclier effondré dans le Pacifique. Les quatre premiers sont accentués par les effondrements tertiaires dirigés Nord-Sud entre l'Amérique et le Groenland, à l'Ouest de la Scandinavie, etc.

Ces anciens *môles* ou *horsts*, comme Suess les appelle, n'ont jamais été plissés depuis les temps primaires, ils forment l'ossature primitive du globe ; contre eux viendront se tordre, s'infléchir tous les plis postérieurs, et de même chaque pli nouveau influera sur les plis subséquents : tels se montreront les horsts du Plateau Central, des Vosges, de Bohême, d'Espagne, la plate-forme russe, etc. Nous allons voir ainsi se dérouler l'histoire des chaînes de montagnes.

Ajoutons un mot avant de parler de la formation de ces chaînes et de leur histoire. Les deux côtés d'un pli s'appellent l'Avant-Pays et l'Arrière-Pays ; le déplacement se fait de l'arrière vers l'avant avec tendance à coucher les plis sur l'Avant-Pays.

Voici maintenant comment se forme une chaîne : les faits suivants sont démontrés par une série d'observations, à partir de *Dana*, etc., faites en tous pays.

Il se produit d'abord une fosse très allongée par suite de la contraction de la surface : dans cette fosse se dépose peu à peu une épaisseur énorme de sédiments, la fosse s'approfondissant aussi vite qu'elle se comble. On remarque en effet, dans les Alpes par exemple, des épaisseurs de mille mètres de sédiments sans aucun changement ni dans le dépôt ni dans la faune. Cette fosse s'appelle un géosynclinal.

Lorsque la fosse rencontre un fond solide, il se produit une ride anticlinale. L'échauffement produit par la pression de ces masses et par la chaleur des roches internes engendre des plis, accentués sous l'influence de la compression latérale des deux voussoirs contigus. Mais la vitesse plus grande du voussoir de l'arrière pays fait chevaucher les plis sur l'avant pays et produit des charriages qui dépassent parfois cent kilomètres. Telles sont par exemple la Suisse en partie comme la Savoie, c'est-à-dire les Pré-Alpes, qui proviennetn de régions plus méridionales.

Quant à l'altitude des plis, 4 à 8.000 m. des Alpes à l'Himalaya actuellement (elle fut bien plus grande autrefois) elle peut être due en partie à l'abaissement des zones contigues, à leur effondrement. La mer recule pendant le plissement, laissant seulement des lagunes saumâtres tout le long de la chaîne, et des dépôts de gypse, de sel marin, de sels potassiques, etc.

Lorsque le calme est tout à fait revenu, on n'observe plus que de longues marées à très grands intervalles, et dont la cause est encore inconnue.

L'histoire qui vient d'être si brièvement résumée est celle des cinq chaînes qui ont successivement ridé la croûte terrestre, et qui ont été étudiées par Suess et Bertrand. Ce sont d'abord les plissements cambriens

de la zône boréale. C'est ensuite la chaîne calédonienne
qui suit l'Ecosse, la Norwège, les Montagnes Vertes :
la mer s'épanche alors en Europe, puis recule pour
laisser se former au carbonifère la chaîne hercynienne
qui parcourt le sud de l'Irlande, la Belgique, l'Europe
centrale, l'Oural ; et en Amérique, les Apalaches. Les
mers sont réduites au minimum en Europe. Nous arrivons à la grande période de calme des temps secondaires où l'on a fait tant de découvertes, mais qui
peut-être n'est pas plus longue que l'une de celles qui
séparent les chaînes précédentes des temps primaires.

A l'époque secondaire, on observe d'abord une
expansion de la mer en Europe, puis un recul, ensuite
une nouvelle expansion qui atteint son maximum pendant la période cénomanienne, et enfin la mer recule
de nouveau. Il est encore impossible de savoir la cause
de ces mouvements.

Dès le commencement du tertiaire surgissent les
Montagnes Rocheuses en Amérique, puis viennent les
plis Pyrénéens, ceux de la Provence, des Apennins, et
au miocène les grands plissements qui s'étendent des
Alpes à l'Himalaya, puis ceux du Jura, des Carpathes,
etc., enfin du Caucase. La mer s'évapore le long des
Alpes, laissant du gypse et du sel, comme à l'époque
du Trias, le long de la chaîne Hercynienne : de même les dépôts du flysch qui ont précédé la surrection
alpine rappellent absolument les dépôts des lagunes
carbonifères avant la chaîne Hercynienne.

Au pliocène se produit l'effondrement de l'Atlantique amenant la jonction de l'Océan avec la Méditerranée, cause peut-être de grandes chutes de pluies et
du développement glaciaire. Alors le climat redevient
plus chaud ; mais la mer Egée s'effondre, la fente de

la mer Rouge sépare l'Asie de l'Afrique, et une période glaciaire recommence. Enfin le froid sec domine, et le climat s'adoucit en Europe, c'est le commencement de la période historique.

Comme on le voit, il manque bien des traits à ce tableau, bien des découvertes restent à faire par les géologues des deux mondes, l'ancien et le nouveau, mais on possède déjà des données sûres, on voit comment s'est fait le ridement de notre globe. Les théories géométriques ont fait place à des courbes sinueuses en tous sens qui naissent et disparaissent avec le temps et que, pour déchiffrer, ce n'est pas trop de toute la patience de milliers de chercheurs. La durée de ces périodes de plis est immense, on ne peut mieux faire pour en donner idée que de répéter la comparaison de Suess : nous n'avons pas plus de points de repère pour la mesurer dans le temps que les astronomes n'en possèdent dans l'espace pour mesurer les distances des plus lointaines étoiles.

Ce n'est pas le lieu de décrire ici les alignements de volcans anciens et leur rapport avec les chaînes de montagnes, mais ces rapports sont certains ; les volcans sont toujours au voisinage d'une zône récemment effondrée, et ils sont dus à la pression du compartiment affaissé.

Les mers aussi ont été étudiées, il existe des atlas de paléogéographie, non sans lacunes bien entendu, ni sans énigmes. On peut dire cependant qu'un pli qui se forme refoule la mer, et que par contre, lorsqu'un compartiment s'effondre, la mer suit. Mais bien d'autres mouvements de la mer sont encore sans explication.

Cristallographie. — La cristallographie est de créa-

tion française. Elle est due à *Haüy* ; aucune branche
des connaissances humaines, suivant le mot de Mallard,.
ne fut, à ce degré, l'ouvrage d'un seul homme. Dans
la célèbre théorie de l'abbé Haüy, tous les cristaux sont
constitués par la juxtaposition de petits parallélipipèdes semblables. *Bravais* arriva de là à la théorie
moléculaire des cristaux, aux mailles réticulaires,
englobant toutes les formes hémiédriques et holoédri-
ques possibles. *Mallard* simplifia la théorie mathématique de Bravais, la compléta et la mit d'accord avec de
nouveaux faits. Enfin *Friedel* fit ressortir la loi de Bravais, le lien entre les faces des cristaux et leur densité
réticulaire. Les étonnantes propriétés optiques des cristaux sont des découvertes sorties des progrès de la
théorie réticulaire : *Sénarmont*, des *Cloiseaux*, *Fouqué*, *Michel-Lévy*, etc., ont apporté des contributions
très intéressantes sur ces questions.

Wallerant est arrivé à une explication du polymorphisme, par des considérations de physique moléculaire ; ses idées furent confirmées par les travaux de
Wyroubof qui favorisent l'individualité de la particule
complexe, et aussi par l'étude des cristaux mous,
comme ceux d'oléate d'ammoniaque. En modifiant les
conditions de cristallisation, on arrive à produire de
nouvelles faces, et même des faces courbes. Enfin les
cristaux liquides sont une des dernières découvertes
du XIX° siècle.

On a tenté d'assimiler l'existence des cristaux à une
sorte de vie de la matière, susceptible d'assimilation,
où les phénomènes antérieurs joueraient un rôle ; pour
le moment, on ne peut voir aucun rapprochement
entre une agglomération quelconque de cristaux et le
plus grossier de nos bancs de coraux.

Minéralogie. — Outre Sénarmont, etc., citons ici *Lacroix*, dont le voyage à la Montagne Pelée, à la Martinique, a été si intéressant il a pu observer sur place la formation de quartz et de roches granitiques sous l'action de la vapeur d'eau comprimée. Ceci n'est que l'aboutissement de la minéralogie, commencée par *Beudant*, *Dufrénoy*, *des Cloiseaux*, dont le manuel est resté longtemps sans rival, *Lapparent*, etc.

Pétrographie. — La pétrographie remonte à *Haüy* et à *Brongniart*. La précision est venue avec le microscope entre les mains de *Fouqué* et de *Michel-Lévy* qui ont classé les roches éruptives d'après leur composition minéralogique et leur structure, et sont parvenus à reproduire par synthèse des roches telles que les basaltes et les andésites. Un allemand a même qualifié ce résultat de « surprenant et à jamais mémorable ».

Métallogénie. — La métallogénie date d'Elie de Beaumont, Groddeck, Pozsepny, Burat. Elle a été enfin l'œuvre de L. de Launay qui, plus que les précédents et que les Américains W. Lindgren et Emmons, est arrivé à classer les métaux par groupes régionaux, reliant enfin la métallogénie avec la géologie. Nous y reviendrons aux biographies.

Il faut dire maintenant quelques mots de la paléontologie et de ses principaux créateurs.

Paléontologie. — Au début du XIXe siècle, on commençait seulement à se douter de l'importance des fossilles. Il fallait toutefois un homme de génie comme *Cuvier* pour en faire sortir une science, devenue ensuite admirable. Les premières recherches de Cuvier eurent pour résultat la reconstitution de tout un monde d'animaux disparus, qu'il découvrit dans la craie de Paris. Cuvier admit le perfectionnement organique graduel des faunes, depuis les plus anciennes jusqu'aux modernes, et pourtant il recourut au catastrophisme pour expliquer leur disparition et leur renouvellement : d'ailleurs il évite le mot de créations nouvelles, et le remplace par des invasions venues d'ailleurs, des migrations.

D'Orbigny, *d'Archiac*, *Agassiz* firent des catalogues de fossilles, sans s'occuper des idées de Cuvier ou de *Lamarck* sur le mécanisme de leur succession. Il fallut *Darwin* pour ramener l'intérêt général des savants sur ces questions. On sait qu'il fait tout reposer sur la sélection naturelle, ayant pour modèle la sélection artificielle des éleveurs anglais, et pour cause, la lutte pour la vie. Mais les observations de Darwin en paléontologie furent assez superficielles et laissèrent la question entière. De plus darwinistes que lui, comme *Haeckel* poussèrent à fond sa théorie, et l'appuyèrent sur l'embryogénie, c'est-à-dire la reproduction par l'embryon de certains stades d'existences antérieures, mais ils y apportèrent une telle fantaisie qu'on est en droit d'écarter ces idées du domaine scientifique pur. L'ouvrage de Haeckel, paru en 1867, n'a été suivi d'aucun développement fécond.

Evolution. — Les recherches sérieuses sur l'évolution commencèrent avec *Neumayr* en 1889. La paléontologie de Neumayr succéda à sa Géologie, et resta inachevée. Il étudia des quantités d'espèces de coquilles, et leurs variations dans la même époque ou des époques successives. Il étudia aussi les mammifères, les ancêties du cheval, le passage des oiseaux aux reptiles, et l'archaeopteryx. En somme il illustra par des exemples les séries de formes par lesquelles passent les types à travers les âges : c'est un argument solide en faveur de l'hypothèse de la descendance de Darwin, surtout pour le cas des invertébrés.

Edouard Cope alla beaucoup plus loin que Neumayr ; aussi précis que Neumayr dans ses recherches, il se rapproche de l'esprit imaginatif de Haeckel, mais avec bien plus d'originalité. Il s'occupa surtout des vertébrés fossiles de l'Ouest Américain : son œuvre s'échelonne de 1868 à 1896. Transformiste d'abord comme Darwin, il pénètre ensuite dans les idées de Lamarck, l'influence du milieu, au point qu'on le nomme le chef du Néo-Lamarckisme.

L'idée directrice de Cope, qu'il démontre d'ailleurs, c'est que l'évolution a été selon les cas *progressive* et *régressive*, c'est-à-dire que les modifications de formes se sont produites tantôt par addition, tantôt par soustraction d'organes ou de parties d'organes. Il est important de ne pas confondre l'évolution générale d'un être avec celle de certains organes ; c'est en cela que l'embryogénée a renru certains services, bien qu'elle ne fournisse que des données partielles.

Une autre découverte de Cope c'est que la spécialisation amène à l'extinction d'une espèce. La succession des êtres est marquée par des séries de lignes, tantôt parallèles, tantôt divergentes ; bien des branches de l'arbre de la vie n'atteignent pas le sommet, et ce sont surtout celles qui, parvenues à une certaine spécialisation de structure, ne peuvent plus sortir de la direction prise, et deviennent incapables de donner naissance à des formes supérieures. La grande taille est une spécialisation et aboutit invariablement à l'extinction. Les groupes de reptiles, de mammifères, commencent par des types de petite taille et s'éteignent à l'apogée de leur puissance, ou bien il y a régression. Celle-ci est d'ailleurs bien plus fréquente qu'on ne s'imagine.

Albert Gaudry, à la suite de ses études sur la faune de Pikermi, près d'Athènes, a cherché à montrer des types intermédiaires, d'abord dans le tertiaire, puis dans les terrains plus anciens. Mais il se borne à exposer l'unité de plan de la création, le progrès continu du monde animal, idée que Cuvier avait déjà défendue, mais en dehors de l'évolution. Toutefois *M. Depéret* fait remarquer que Gaudry s'est laissé aller à de grands écarts d'imagination, confondant, ce que Cope avait si bien évité, l'évolution des formes avec celles de certains organes. Mais il est assez facile de tenir compte de ce fait en lisant Gaudry.

La fin du xix° siècle a été marquée par un grand ouvrage d'ensemble sur la Paléontologie, celui de *Karl von Zittel* : c'est une révision complète des connaissances acquises sur les animaux et les plantes fossilles, avec une histoire de chaque groupe, de son origine, de son évolution, et de ses rapports vraisemblables avec les rameaux voisins. Tout en étant transformiste, Zittel met en garde contre la théorie, ne conservant comme argument solide que celui de Neumayr, les séries de formes, ou d'espèces affines. Il montre les lacunes entre les oiseaux et les reptiles, malgré l'Archæopteryx ; celles entre les Mammifères et les autres Vertébrés, dont le type le plus intermédiaire n'est pas même fossile, c'est l'ornithorynque actuel. L'œuvre de Zittel est immense, et aboutit à nous montrer que le transformisme n'est guère encore qu'une théorie.

Il est toutefois certains faits bien acquis, que *Depéret* a su mettre en pleine lumière. Quand un rameau s'éteint sans laisser de descendants, il est pour ainsi dire « relayé par un autre rameau à évolution jusque là plus lente, qui traverse à son tour les phases de maturité et de vieillesse jusqu'à sa fin ». C'est ainsi qu'on prévoit cette phase finale pour les Eléphants, les Baleines, l'Autruche, etc.

D'autre part, l'évolution des êtres fossilles présenterait deux mécanismes distincts : l'un continu, pour ainsi dire normal, où les rameaux se développent lentement, par mutations graduelles, jusqu'à la sénilité et l'extinction ; l'autre intermittent, où les rameaux naissent par divergence de rameaux plus anciens. Cette divergence se produit soit par isolement géographique, soit par une allure rapide, une sorte d'explosion, provenant d'une force longtemps cachée et comprimée, dont certaines expériences de *de Vries* sur des plantes actuelles, peuvent donner une idée.

Malgré le nombre immense de chercheurs, on voit combien de lacunes il reste à combler, et puis deux phénomènes sont encore complètement obscurs : l'apparition de la vie sur le globe, et la transformation de l'instinct animal dans la libre raison humaine. Un savant philosophe, L. de Launay, en se fondant sur une curieuse théorie de *Quinton*, essaye de faire surgir notre liberté de l'effort animal pour lutter contre son milieu, sa réaction thermique, etc., mais ce n'est pas le lieu de faire ici des théories.

Résultats probablement acquis. — Essayons seulement de donner quelque idée des transformations probables des formes fossilles. Il faut dire d'abord que

nous partons d'une époque peut-être déjà éloignée de
l'origine : l'époque cambrienne : il s'est écoulé peut-
être plus de temps entre elle et le premier ridement
de la terre, qu'entre nous et l'époque cambrienne. Dès
le cambrien paraissent des êtres complexes, des brachio-
podes, dont un, la lingule, s'est conservée jusqu'à nos
jours sans changement, des bilobites dont l'embryogénie accuse déjà de lointains ancêtres, etc. Dans la
faune seconde, apparaissent les poissons et un scorpio-
nide. La faune troisième renferme les nautiles, etc.
Les insectes et les batraciens apparaissent au dévonien,
les reptiles au carbonifère ; les mammifères au trias,
sous forme de marsupiaux ; les oiseaux au jurassique
supérieur ; les mammifères placentaires à l'éocène ;
l'homme au pleistocène.

Les transitions qu'on aperçoit sont les suivantes :
entre les animaux aquatiques et les animaux terrestres,
les poissons dipneustes qui ont branchies et poumons,
et les batraciens qui commencent par des branchies et
finissent par des poumons. Les batraciens sont d'abord
cartilagineux et passent aux reptiles carbonifères dont
les vertèbres sont d'abord rudimentaires, puis se
soudent peu à peu. Les reptiles sont tout à fait conti-
nentaux. Leur transition aux mammifères semble se
faire par les théromorphes du permo-trias, qui sont
des reptiles carnassiers, et par les monotrèmes. La
transition des reptiles aux oiseaux est plus visible, par
les reptiles volants, iguanodons, dont les membres
d'arrière annoncent ceux des oiseaux, les chéloniens
au bec corné, enfin les premiers oiseaux jurassiques
qui ont encore des dents comme les reptiles.

Comme mammifères anciens, il nous reste des marsupiaux, mais il n'y a aucun passage pour le moment

entre eux et les mammifères supérieurs ou placentaires.

Pour les végétaux, on ne trouve au cambrien que des végétaux marins, des algues. Au silurien, paraissent les premières plantes terrestres, cryptogames sans fleurs. Au carbonifère paraissent les fougères, les cycadées, et les conifères du trias à la fin du jurassique. Au crétacé commencent les monocotylédones, les palmiers, puis les dycotilédones, figuiers, ormes, platanes, etc. ; au sommet du crétacé, les hêtres, saules, lauriers, magnolias, et enfin les châtaigners et les chênes. Beaucoup d'espèces sont soudaines, et nous ne soupçonnons absolument pas leurs ancêtres. Les lacunes sont plus grandes peut-être encore que pour les animaux. La géologie en est à se demander si l'origine de la vie est unique.

Le fondateur de la paléobotanique est *Adolphe Brongniart*, et les savants qui ont le plus contribué à son développement vers la fin du XIX° siècle sont *Saporta*, puis *Grand-Eury* et *R. Zeiller*.

Les observations qui précèdent sur l'évolution animale et végétale font en somme ressortir le plan unique de la création, et le sens du progrès aboutissant à l'homme, intelligence capable de comprendre l'univers d'où il sort. Ainsi que les jeunes arbres, d'abord étouffés sous les épaisses frondaisons plus anciennes, il a fini par percer au jour et il se sert maintenant de sa force pour élaguer les branches mortes et activer sa croissance. Le succès du résultat est la preuve que la direction du progrès était consciente, car toute autre eût abouti à un échec, ou bien à une nature incohérente.

DEUXIÈME PARTIE

———

BIOGRAPHIES

I. — Listes chronologiques.

L'ÉLECTRICITÉ AU XIXᵉ SIÈCLE. — Biographies ou Notices citées.

Lesage	1724-1803	Breguet	1804-1883
Coulomb	1736-1806	G. Weber	1804-1891
Galvani	1737-1808	Lenz	1804-1865
Volta	1745-1827	Moser	1805-1880
Romagnosi	1761-1835	R. Kohlrausch	1809-1858
Mojon	1772-1837	Quet	1810-1884
Biot	1774-1862	Bunsen	1811-1899
Ampère	1775-1836	Matteucci	1811-1868
Oerstedt	1777-1851	Geissler	1814-1879
Gauss	1777-1855	Clarke	1814-
Poisson	1781-1840	Tresca	1814-1885
Grotthus	1785-1822	Siemens	1816-1892
Peltier	1785-1845	Joule	1818-1889
Arago	1786-1843	Jamin	1818-1886
Ohm	1787-1854	E. Becquerel	1820-1891
A. Becquerel	1788-1878	Helmholtz	1821-1894
Pouillet	1790-1868	Clarke Latime	1822-1898
Faraday	1791-1867	Kirchhof	1824-1887
Morse	1791-1872	R. Carré	1824-1894
Mossotti	1791-1862	W. Thomson	1824-1907
Green	1793-1841	Gramme	1826-1901
Melloni	1798-1854	Dellinghausen	1827-
F. Neumann	1798-1895	Hughes	1831-1900
Henry	1799-1878	Tait	1831-
Reich	1799-1895	Maxwell	1831-1879
Schonbein	1799-1868	Crookes	1832-
De la Rive	1801-1873	Cailletet	1832-1913
Jacobi	1801-1874	El. Gray	1835-1901
Colladon	1802-1892	M. Levy	1838-
Wheatstone	1802-1875	Stolietof	1839-1896
Ruhmkorf	1803-1877	Potier	1840-1905
Gintl	1804-1883	F. Kohlrausch	1840-

Maxim	1840-	Lorenz	1853-
Pacinotti	1841-	Poincaré	1855-
M. Deprez	1843-	Hall	1856-
Kerr	1845-	Tesla	1856-
Rœntgen	1845-	Hertz	1857-1894
Branly	1846-	Bose	1858-
Edison	1847-	Curie	1859-1906
Gr. Bell	1847-	Duhem	1861-1916
Rowland	1848-1901	Zeemann	1861-·
d'Arsonval	1851-	Marconi	1874-
H. Becquerel	1852-1908	Perrin, etc.	
Moissan	1852-1907		

L'ACOUSTIQUE AU XIXᵉ SIÈCLE. — Biographies citées.

Lagrange	1736-1813	G. Weber	1804-1891
C. E. Wünsch	1744-1828	Seebeck	1805-1849
Monge	1746-1818	J. D. Forbes	1809-1868
Chladni	1755-1827	Regnault	1810-1878
Gerstner	1756-1832	Wertheim	1815-1861
L. G. Gilbert	1769-1827	du Moncel	1821-1884
Th. Young	1773-1829	Helmholtz	1821-1894
Cagniard-Latour	1777-1859	Lissajous	1822-1880
Poisson	1781-1840	Kœnig	1832-1901
Barlow	1780-1862	Quincke	1834-
Ohm	1788-1861	Radau	1835-
Savart	1791-1841	Mercadier	1836-
E. H. Weber	1795-1878	Mach	1838-1892
Duhamel	1797-1872	Violle	1841-
R. Willis	1800-1875	A. Picard	1844-1913
Wheatstone	1802-1880	J. J. Müller	1846-1870
Colladon	1803-1893	E. Picard	1856-
Doppler	1803-1853		

LA CHALEUR AU XIX· SIÈCLE. — ographies citées.

Cugnot	1725-1804	Magnus	1802-1870
Ingenhousz	1730-1799	Ericson	1803-1889
Borda	1733-1799	Buff	1805-1878
Watt	1736-1819	Masson	1806-1858
Lavoisier	1743-1794	Silbermann	1806-1865
Laplace	1749-1827	Senarmont	1808-1862
Bramah	1749-1814	Bourdon	1808-1884
Rumford	1753-1814	Regnault	1810-1878
Dallery	1754-1835	Bunsen	1811-1899
Leslie	1766-1832	Pierre	1812-1881
Dalton	1766-1844	de la Provostaye	1812-
Fourier	1768-1830	Favre	1813-1880
Seebeck	1770-1831	Andrews	1813-1886
Pfaff	1773-1852	Augstrom	1814-1874
Biot	1774-1862	Faye	1814-1902
Cagniard-Latour	1777-1859	R. Mayer	1814-1878
Gay-Lussac	1778-1850	Colding	1815-1888
Clément	1779-1842	Hirn	1815-1890
Crelle	1780-1850	Girard	1815-1871
A. Stephenson	1781-1848	Würtz	1817-1884
R. Stephenson	1803-1859	Marignac	1817-1894
Dulong	1785-1838	Desains	1817-1885
Arago	1786-1853	P. Secchi	1818-1878
Seguin	1786-1875	S. Cl. Deville	1818-1881
Franklin	1786-1847	Joule	1818-1889
Despretz	1789-1863	Jamin	1818-1886
Coriolis	1792-1843	Edlund	1819-1888
Pecqueur	1792-1852	Roche	1820-1883
Péclet	1793-1857	Tyndall	1820-1893
Mitscherlich	1794-1863	Rankine	1820-1870
Lamé	1795-1870	Helmholtz	1821-1894
Morin	1795-1880	Lenoir	1822-1900
S. Carnot	1796-1832	Clausius	1822-1888
Boutigny	1798-1884	Paaltzow	1823-
Farcot	1798-1875	W. Thomson	1824-1907
Melloni	1798-1854	Q. Icilius	1824-1885
Clapeyron	1799-1864	Pfaff	1825-1886
Henry	1799-1878	Giffard	1825-1882
Dumas	1800-1884	Troost	1825-1911
de la Rive	1801-1873	Wiedemann	1826-1899

Berthelot	1827-1907	Rutherford	1839-1899
Zeuner	1828-1907	Violle	1841-
Bosscha	1831-1911	Dewar	1841-
Cailletet	1832-1913	Pictet	1842-
Cazin	1832-	Ditte	1843-
Guthrie	1833-	Bolzmann	1844-1906
Mallard	1833-1894	Lippmann	1845-
Langley	1834-1906	Wrobiewsky	1848-1888
Mendeleief	1834-1907	Tommasi	1848-
Gernez	1834-1910	Rowland	1848-1901
Stefan	1835-1893	Exner	1849-
Sarrau	1837-	Ramsay	1852-
Levy	1838-	Wüllner	

L'OPTIQUE ET L'ASTRONOMIE AU XIXᵉ SIÈCLE.

Biographies citées.

Lagrange	1736-1812	Lloyd	1800-1881
Herschell	1738-1822	Nachet	1801-1881
Rochon	1741-1817	Plücker	1801-1868
Méchain	1744-1804	Airy	1801-1892
Piazzi	1746-1826	Plateau	1801-1883
Bode	1747-1826	Wheatstone	1802-1875
Delambre	1749-1822	Colladon	1803-1892
Laplace	1749-1827	Sturm	1803-1885
Niepce	1765-1833	Doppler	1803-1853
Wollaston	1766-1826	Breguet	1803-1883
Bouvard	1767-1843	Gintl	1804-1883
Nicol	1768-1851	Niepce	1805-1823
Bichat	1771-1802	Hamilton	1805-1865
Young	1773-1819	Moser	1805-1880
Browd	1773-1858	Masson	1806-1858
Malus	1775-1812	Dupré	1808-1869
Benzenberg	1777-1846	Sénarmont	1808-1862
Brewster	1781-1868	Kohlrausch	1809-1858
Dupin	1784-1873	Grassmann	1809-1877
Arago	1786-1853	Müller	1809-
Chevreul	1786-1889	Barnard	1809-1889
Amici	1786-1864	Leverrier	1811-1877
Fraunehofer	1787-1826	Bravais	1811-1863
Fresnel	1788-1827	Draper	1811-1882
Daguerre	1789-1851	Augstiom	1814-1874
Cauchy	1789-1857	Froment	1815-
Mossotti	1791-1863	Colding	1815-1888
Schwerd	1792-1861	Wertheim	1815-1861
Whewell	1794-1866	Warren de la Rue	1815-1889
Babinet	1794-1872	Delaunay	1816-1872
Pontécoulant	1795-1874	Miller	1817-1870
Quetelet	1796-1874	Buys Ballot	1817-1890
Beer	1797-1850	P. Secchi	1818-1878
Henry	1797-1878	Bertin	1818-1884
Dvunnyoud	1797-1840	Jamin	1818-1886
Neumann	1798-1895	Fizeau	1819-1896
Reich	1799-1882	Foucault	1819-1868

Adams	1819-1892	Mascart	1837-
Stokes	1819-1903	Kuhne	1837-1900
Becquerel	1820-1891	Lecoq de Boisbaudran	
Poitevin	1820-1882		1838-
Puiseux	1820-1883	Javal	1839-
Kirchhof	1824-1887	Stanhope	1840-1893
Janssen	1824-1907	Cornu	1841-1902
Verdet	1824-1866	Violle	1841-
Wiedemann	1826-1899	André	1842-
Oudemans	1827-1906	Boussinesq	1842-
Dubosq	1827-1886	Cros	1842-1888
Swan	1828-	Guyon	1843-
Zeuner	1828-1907	Lippmann	1845-
Marey	1830-	Tisserand	1845-1896
Landolt	1831-	Kerr	1845-
Maxwell	1831-1879	Glan	1846-
Crookes	1832-	Eötvös	1848-
Mallard	1833-1894	Rowland	1848-1901
Vogel	1834-1898	Pellet	1850-
Zollner	1834-1882	Bigourdan	1851-
Langley	1834-1906	H. Becquerel	1852-1908
Newcomb	1835-1909	Michelson	1852-
Schiaparel i	1835-1910	Deslandres	1853-
Toepler	1836-	Poincaré	1854-1912
Ketteler	1836-	Zeemann	1856-

LA CHIMIE AU XIXᵉ SIÈCLE. — Biographies citées.

Guyton de Morveau	1737-1816	Liebig	1803-1873
Leblanc	1742-1806	Erdmann	1804-1869
Lavoisier	1743-1794	Graham	1805-1869
Berthollet	1748-1822	Persoz	1805-1868
Fourcroy	1755-1809	Laurent	1807-1853
Proust	1755-1826	Pelouze	1807-1867
Tennant	1761-1815	Regnault	1810-1878
Richter	1762-1807	Arrhenius	1811-
Vauquelin	1763-1829	Draper	1811-1882
Wollaston	1766-1828	Bunsen	1811-1899
Dalton	1766-1844	Cahours	1813-1891
Link	1767-1851	Claude Bernard	1813-1878
Lebon	1769-1804	Stas	1813-1891
Avogadro	1776-1856	Fick	1813-1858
Dutrochet	1776-1847	Andrews	1813-1886
Darcet	1777-1844	Frémy	1814-1894
Labarraque	1777-1850	Gerhardt	1816-1856
Thénard	1777-1857	Würtz	1817-1884
Davy	1778-1829	Roussin	1817-1894
Gay-Lussac	1778-1850	Ste-Claire Deville	1818-1881
Berzélius	1779-1848	Hoffmann	1818-1892
Dulong	1785-1838	Kolbe	1818-1884
Prout	1786-1850	Chancourtois	1820-1886
Chevreul	1786-1889	Helmholtz	1821-1894
Marsh	1789-1846	Pasteur	1822-1895
Daniell	1790-1845	Williamson	1824-1904
Faraday	1791-1867	Schlœsing	1824-1900
Despretz	1792-1853	Troost	1825-1911
Mitscherlich	1794-1847	Frankland	1825-1899
Payen	1795-1871	Debray	1827-1888
Dubrunfaut	1797-1881	Berthelot	1827-1907
Saint-Venant	1797-1886	Schützenberger	1827-1897
Reich	1799-1882	Kékulé	1829-1896
Dumas	1800-1884	Girard	1830-
Wœhler	1800-1882	Raoult	1830-1901
Boussingault	1802-1887	Lother Meyer	1830-1895
Balard	1802-1876	Cailletet	1832-1913
Ruhmkorf	1803-1877	Crookes	1832-
		Mendeleef	1834-1907
		Ad. Baeyer	1835-

Lauth	1836-	Wroblewsky	1848-1888
Bourgoin	1836-	V. Meyer	1848-
Gautier	1837-	Haller	1849-
Gibbs	1838-1903	Le Chatelier	1850-
Lecoq de		Elie Bourquelot	1851-
Boisbaudran	1838-	Van t'Hoff	1852-1911
Solvay	1838-1894	E. Fischer	1852-
Jungfleisch	1839-	Moissan	1852-1907
Sebert	1839-	Démarçay	1852-1903
Græbe	1841-	Ramsay	1852-
Amagat	1841-	Vieille	1853-
Dewar	1841-	Ostwald	1853-
Lemoine	1841-	Sabatier	1854-
Pfeffer	1845-	S. Arrhenius	1859-
Müntz	1846-	P. Curie	1859-1906
Le Bel	1847-	Duhem	1861-1916
Tiemann	1848-	Mme Curie	1867-

SCIENCES GÉOLOGIQUES AU XIXᵉ SIÈCLE.

Biographies citées.

Desmarest	1725-1815	Lowtian Green	1814-1890
de Saussure	1740-1799	Pasteur	1822-1895
Pallas	1741-1811	Sorby	1826-
Haüy	1743-1822	A. Gaudry	1827-1908
Lamarck	1744-1829	Fouqué	1828-1904
Dolomieu	1750-1802	Ed. Suess	1831-1914
Werner	1750-1817	Mallard	1833-1894
J. Hall	1761-1832	Richtofen	1833-1905
Cuvier	1769-1832	Geikie	1835-1904
Humboldt	1769-1859	Pozsepny	1836-1895
W. Smith	1769-1839	Fuchs	1837-1899
Brongniart	1770-1847	Groddeck	1837-1887
L. de Buch	1774-1853	Lapparent	1839-1908
Desmarets	1784-1838	V. Zittel	1839-1904
Dufrénoy	1792-1857	J. Geikie	1839-1915
Murchison	1792-1871	Ed. Cope	1840-1897
Barrande	1797-1883	Credner	1841-1903
Lyell	1797-1875	J. Murray	1841-
Hutton	1798-1860	Munier Chalmas	1842-1903
El. de Beaumont	1798-1874	Wyroubof	1843-
Brongniart	1801-1876	Michel-Lévy	1844-1911
d'Archiac	1802-1868	Ed. Perrier	1844-
d'Orbigny	1802-1857	Neumayr	1845-1890
Agassiz	1807-1873	Douvillé	1845-
V. Cotta	1808-1879	M. Bertrand	1847-1907
Burat	1809-1883	H. de Vries	1848-
Darwin	1809-1882	R. Zeiller	1848-1915
Bravais	1811-1863	Barrois	1851-
Hall James	1811-1890	Deperet	1854-
de Boucheporn	1811-1857	Termier	1859-
Dana	1813-1895	L. de Launay	1860-
Cl. Bernard	1813-1878	Lacroix	1863-
Daubrée	1814-1896		

II. — Biographies ou Notices.

1° L'Électricité au XIX° siècle.

LESAGE, *Georges-Louis*, né en 1724, mort à Genève en 1803, le 9 novembre. Lesage est avant tout un philosophe, et si son œuvre est oubliée aujourd'hui, il eut cependant une réelle influence.

Il fut professeur de mathématiques à Genève, puis membre correspondant de l'Académie des Sciences de Paris ; il devint aussi membre de la Société royale de Londres. Il expliquait les phénomènes d'attraction par le choc d'atômes rapides, ou, suivant son expression, de corpuscules ultra-mondains. Il fit rentrer plus tard les attractions électriques dans cette théorie.

Ses écrits se rattachent presque tous à cette question des atômes, sauf un essai de chimie mécanique, et un traité de Physique mécanique.

Son nom se rattache à l'électricité de frottement par son essai de télégraphie électrique avec 24 fils.

COULOMB, *Charles-Augustes*, 1736-1806. Il naquit à Angoulème et fit ses études à Paris.

Ses dispositions mathématiques le firent entrer au génie militaire, et il alla construire le fort Bourbon à la Martinique. Plus tard, revenu en France, il fit à Rochefort de nombreuses expériences sur les effets hydrauliques, le frottement, etc. Il fut élu membre de l'Académie des sciences en 1782.

Lors de la création de l'Institut, Coulomb fit partie des tout premiers élus. Il devint enfin Inspecteur général de l'Université.

Ses travaux sur les actions magnétiques datent de 1784, ne se terminèrent qu'après 1800, et forment la clef de voûte de tous les travaux d'électricité statique du xviiie et même du xixe siècle. C'est grâce aux résultats de Coulomb que Poisson parvint à ses beaux travaux analytiques sur la distribution de l'électricité dans les conducteurs. Un instrument que Coulomb connut de bonne heure, la boussole marine, le conduisit plus tard à l'invention de son instrument si délicat, la *boussole de torsion*, qui est à la base de toutes les mesures électriques.

Pendant la Révolution, Coulomb quitta Paris pour se retirer près de Blois. En 1800, revenu à Paris, il publia encore un mémoire très précis sur le magnétisme. Il mourut en 1806, laissant des regrets sincères, estimé de tous pour sa science et la droiture de son caractère.

La balance de torsion permet de mesurer les forces électriques par la rotation d'un fil métallique fin auquel est suspendue une aiguille de gomme laque terminée par une boule de sureau. Une seconde boule de sureau, à l'extrémité d'un support non conducteur, touche la première quand le fil est sans torsion. Dès qu'il y a électrisation, les boules se repoussent, l'aiguille tourne avec le fil, et on mesure la rotation. Coulomb montra que la force de torsion est inversement proportionnelle à la longueur du fil, et directement proportionnelle au carré de son rayon. Si l'angle de rotation est α, on a :

$$F = k\alpha \frac{r^4}{l}.$$

Les résultats que Coulomb obtint avec sa balance sont les suivants :

1. Il y a deux fluides électriques, l'un positif, l'autre négatif.

2. Les molécules de même nom se repoussent ; celles de nom contraire s'attirent.

3. Les attractions et les répulsions s'exercent en raison inverse du carré des distances.

4. Le fluide électrique se répand seulement à la surface des conducteurs, non dans l'intérieur, excepté pour les corps isolants.

5. Les attractions et répulsions se font par une action à distance, sans qu'il y ait d'atmosphère électrique autour des corps.

6. A l'état naturel, les deux fluides sont réunis. C'est le frottement de deux corps qui sépare les deux fluides; actuellement on admet plutôt que le fluide est unique, mais qu'un des corps en a davantage après le frottement et l'autre moins.

GALVANI, *Louis*, 1737-1798. Il était professeur d'anatomie à l'Université de Bologne, lorsqu'il lui arriva l'aventure singulière que nous avons racontée et qui décida de la naissance de l'électrodynamique.

VOLTA, Alexandre, 1745-1827. Né à Côme, il était dès l'âge de dix-huit ans en correspondance avec des savants tels que l'abbé Nollet à Paris. Avant 1777, il avait imaginé l'électrophore, le condensateur électrique, l'eudiomètre, le pistolet électrique. En 1777, il visita Voltaire à Ferney, et rapporta la pomme de terre en Italie. En 1779, professeur de Physique à Pavie, il visita la France où il se lia avec Lavoisier et Laplace et imagina avec eux une expérience restée célèbre sur l'électricité atmosphérique : l'évaporation de l'eau dans un vase métallique isolé laissa le vase chargé d'électricité négative ; on en peut conclure que l'évaporation de la vapeur d'eau de l'air laisse l'atmosphère chargée d'électricité, et qu'un orage n'est pas autre chose que la recomposition des gaz dissociés, reproduisant la vapeur d'eau sous forme d'averse, un peu à la manière de l'eudiomètre.

C'est seulement en 1800 que Volta résolut l'énigme de Galvani. Il avait cru d'abord lui aussi à l'électricité animale, puis il remarqua qu'un arc métallique formé de deux métaux différents produit des effets plus énergiques. Il soupçonna alors que la source d'électricité doit se trouver dans le métal. Il essaya de supprimer les grenouilles et de placer simplement en contact des disques de cuivre et de zinc qu'il tenait au moyen de manches isolants ; après séparation, il les présentait à son condenseur. Au bout de plusieurs contacts, le condenseur était chargé ; Volta parvint même à charger de cette manière une bouteille de Leyde. Nous avons rappelé ailleurs ses autres expériences.

Le nom de pile vient de l'empilage des disques de métaux différents ; malgré le succès de Volta, il fallut attendre vingt ans un nouveau progrès. -

En 1801, Napoléon appela Volta à l'Institut de France, le nomma comte et sénateur du royaume d'Italie. Le

savant italien mourut en 1827, après avoir publié de
nouveaux mémoires sur la grêle et sur les orages : il
était revenu à Côme en 1819. Il laissa le souvenir d'une
forte intelligence, d'un caractère droit et affectueux,
que l'envie ni la cupidité ne troublèrent jamais. Il
avait eu quelques discussions avec Lavoisier et Laplace
au sujet de la fameuse expérience de l'eudiomètre,
mais ses droits furent bien reconnus ; d'ailleurs, même
à l'heure actuelle, on semble encore mal fixé sur la
cause des orages, et sur le phénomène de la foudre,
toujours accompagné d'un abondant dégagement
d'eau.

ROMAGNOSI, 1761-1835, fut professeur de Physique
à Milan, après avoir été jusqu'en 1802, avocat à Trente.

MOJON, *Joseph*, 1772-1837. Mojon et Romagnosi
constatèrent dès 1804, donc bien avant Oerstedt, le
pouvoir d'aimantation des courants voltaïques. Mojon était un chimiste, fils d'un professeur de chimie
à Gênes, et directeur d'une fabrique de produits chimiques. L'Académie des sciences de Paris lui donna
un prix en 1820, comme auteur de la découverte de
1804 avec Romagnosi.

OERSTEDT, *Christian-Jean*, 177-1851. C'est lui qui
franchit le pas où Volta s'était arrêté, mais seulement
en 1820. Oerstedt était Danois. Son père était apothicaire à Rudkjœbing, dans l'île de Langeland. Le jeune
homme apprit assez de français pour traduire la Hen-
riade en Danois ; en 1794, il alla à Copenhague et subit en 1797 l'examen de Pharmacie. Deux ans après, il
était Docteur en philosophie et adjoint à une chaire

de Chirurgie. En 1801, Oerstedt eut une bourse de voyage de cinq ans. Il visita l'Allemagne, où la Chimie surtout retint son attention. Il était à Paris en 1803, et il y passa quinze ans, lié avec Cuvier, Haüy, Berthollet, Thénard, Vauquelin, etc. A son retour en Danemark, il fut nommé à une chaire de Physique, et ses leçons appuyées sur ses expériences de voyage, eurent un grand succès. Mais jusqu'en 1820, sa principale préoccupation fut la Chimie, avec les rapports entre les forces chimiques et électriques. Sans avoir encore aucune autre preuve de ces rapports que ceux de la pile de Volta, il voulait y rattacher les phénomènes magnétiques, simplement guidé par l'idée d'identité des forces de la nature. Entre temps, il faisait une classification chimique, remarquait que la silice est un acide et que les verres pourraient être regardés comme des sels. Mais ce n'était pas ce qui le préoccupait le plus.

Sa fameuse expérience avec l'aiguille aimantée date de 1820 ; elle eut lieu pendant une leçon, devant ses élèves, et il la communiqua en juillet à toute l'Europe. Tout le monde la connaît. Ce n'est point par hazard qu'Oerstedt plaça une aiguille aimantée parallèlement à un fil où passait le courant d'une pile, c'est par suite de ses idées sur les rapports nécessaires entre les forces électriques et magnétiques. On vit aussitôt l'aiguille se déplacer, influencée par le courant. Ce qui est remarquable, c'est qu'Oerstedt ne vit pas les conséquences de cette expérience ; il fallut Ampère pour les découvrir.

Oerstedt fit un autre voyage en Europe en 1822, il passa à Paris où il construisit avec Fourier une pile thermo-électrique. Il enseigna la Physique jusqu'à sa mort, en 1831, après avoir célébré le cinquantenaire de son entrée dans le professorat. Cette occasion fut un curieux exemple de l'ironie des choses humaines. Le roi de Danemark lui faisait don d'un château, le Fasanhof, et ses élèves organisaient une fête pour l'y recevoir triomphalement.

Une légère indisposition survint à Oerstedt, s'aggrava, et l'enleva en si peu de temps qu'il ne prit jamais possession de son beau château. Les honneurs et l'argent venaient le combler lorsque la mort l'emportait : il avait, d'ailleurs, 74 ans.

AMPÈRE, *André-Marie*, 1775-1836. Ce qui justifie le rapprochement entre Newton et Ampère, c'est que ce dernier possédait à la fois l'esprit d'observation, et la science mathématique permettant la synthèse des conceptions. Il est très rare qu'un homme possède ce double don. D'autre part, Ampère, comme Newton, avait l'esprit si absorbé dans ses pensées qu'il resta, lui aussi, un exemple de distractions mémorables.

Il naquit dans un village voisin de Lyon, où ses parents possédaient une petite propriété. La tourmente de 1793 lui enleva son père, qui fut guillotiné comme réactionnaire. Ce souvenir hanta toute sa vie, car son intimité avec son père était très grande, et il en avait reçu toutes ses premières leçons : le calcul arithmétique fut sa première passion : il exécutait tout petit, de longues opérations à l'aide de cailloux, et peut-être, comme dit Arago, était-il sur la voie des ingénieuses méthodes des Hindous.

A douze ans, Ampère avait pour lecture principale les vingt volumes de l'Encyclopédie, dont il sut jusqu'à sa mort de grandes pages par cœur, étant doué d'une mémoire extraordinaire.

A quatorze ans, il se mit à peu près seul à l'étude du calcul différentiel dont il devina certains éléments, car il imagina pour le problème des tangentes, une solution particulière qui se rapprochait de la méthode des limites. A dix-huit ans il lisait seul le célèbre ouvrage de Lagrange, la Mécanique analytique, parue en 1787, et qui était alors le point culminant des Mathématiques. C'est à ce moment que son père fut emprisonné : on conserve encore les émouvantes lettres de cet homme intègre à sa femme, datées de sa prison. Ces lettres influèrent plus tard, non moins que sa mort, sur le revirement d'idées du jeune Ampère qui avait applaudi trop généreusement l'explosion de 1789. La mort de Lavoisier avec le triste mot de ses juges : La République n'a pas besoin de chimistes, fut significative pour un savant.

Avant de parler des travaux scientifiques d'Ampère, il est nécessaire d'exposer le travail moral qui se fit dans son esprit, et qui rapproche ce savant de Pascal dans un certain sens.

Ce n'est qu'en France, soit dit en passant, qu'on a vu ce phénomène étrange de savants, tels que Pascal et Ampère, d'artistes tels que Racine, abandonnant l'œuvre de leur vie pour se vouer au problème de l'au-delà. Il s'agit ici, comme disait Pascal, de ce monde spirituel où le cœur a plus de part que l'intelligence, et qui appartient à un ordre supérieur.

Ampère avait été élevé chrétiennement, mais vers 1886, alors qu'il était répétiteur à l'Ecole polytechnique, et en relations avec des savants et des médecins, le scepticisme l'envahit. Il se lia alors avec Maine de Biran, qu'il comparait à Kant ; ses lettres parlent du néant qui est dans son cœur. Un triste mariage aboutit à la séparation avec la charge d'une fille ; on pourrait chercher quelque influence de femme dans ses doutes, si la force et la sincérité de caractère d'Ampère n'excluaient cette idée.

C'est vers 1815 qu'il va rentrer en possession de toute son intelligence, et en même temps que va s'épanouir son génie de physicien. Il avait repris l'étude des Écritures, des Prophètes, peut-être à l'exemple de Pascal, et en 1817, la Méthaphysique le ramène à son point de départ et à la tranquillité. Désormais il est prêt pour ses grandes découvertes.

Les premières expériences d'Oerstedt datent de 1819. Dès qu Ampère les connut, il les répéta et l'instrument précieux qu'il possédait, l'analyse mathématique, lui fit deviner, puis démontrer la cause du phénomène. Sa conception scientifique était hardie, mais les résultats en manifestèrent rapidement la fécondité. L'action d'un courant sur l'aiguille aimantée parut à Ampère identique à celle de la terre sur les aimants, ce fut le trait de génie qui avait échappé à Oerstedt. En outre, Ampère devine l'action inverse que devait exercer un aimant sur un courant, puis un courant sur un courant. Le magnétisme et l'électricité vont se ramener au même ordre de faits, et la théorie mathématique de l'Electro-dynamique va être créée. Ampère avait 44 ans, mais il gardait encore la vivacité d'esprit d'un jeune homme ; en 1826, il publiait son célèbre mémoire : *Théorie des phénomènes électro-dynamiques déduits de l'expérience*, qu'on a pu comparer au *Livre des principes* de Newton. S'il n'a pu voir toutes les conséquences de la théorie, jusqu'à la conception des ondes, c'est qu'il fallait pour cela d'autres découvertes ; mais Newton non plus ne put tout découvrir : il fallut

Laplace pour réparer un désordre qui semblait à Newton inévitable à tel point que la main de Dieu devenait nécessaire. De là d'ailleurs le mot fameux de Laplace : Dieu est une hypothèse dont je n'ai pas eu besoin, — sous-entendez jusqu'à une limite plus éloignée que celle qui bornait le monde de Newton.

D'autre part, la théorie mathématique de l'Electricité n'est pas encore achevée aujourd'hui, et nous avons vu que, depuis Maxwell, on semble même revenir à Ampère, en se servant de propositions de Helmholtz et W. Thomson.

Il fallait d'abord construire des appareils d'expérience pour réaliser des courants mobiles. Telle fut la *Table d'Ampère*, que possédèrent bientôt tous les cabinets de Physique de l'Europe. Ensuite l'assimilation des aimants aux courants fut pleinement résolue par la construction des solénoïdes, qui furent, en somme, les premiers électro-aimants. Enfin Ampère réalisa, avec Arago, la rotation d'un aimant par un courant, ce qui est proprement de l'électro-dynamique. Cette expérience appelait immédiatement celle, inverse, de Faraday, la rotation d'un courant par un aimant, et l'induction. Tous ces appareils sont si connus qu'il est inutile de les décrire.

Mais ce qu'il faut dire, c'est la part que prit Ampère dans la construction du *premier* moteur électrique, celui de Pixii, fondé sur l'induction : cet appareil fut construit sur les idées d'Ampère quand il connut les expériences de Faraday et il le compléta par le commutateur.

Nous avons parlé de la théorie d'Ampère, ajoutons ici qu'il va très loin : il cherche à « rendre raison de « la force électro-motrice par la réaction du fluide ré-

« pandu dans l'espace, et dont les vibrations produi-
« sent les phénomènes de la lumière. » Ceci est nettement une assimilation entre la lumière et l'électricité,
donc elle touche aux ondulations. Pourtant elle ne fut
développée que bien plus tard par Maxwell, et encore
sans que l'enchaînement mathématique fût encore
satisfaisant.

Pour bien apprécier les résultats si simples d'Ampère
il faut se rendre compte de la complication extrême
des phénomènes à expliquer: éléments parallèles ou
non, de même sens ou de sens contraire, d'intensités
variables, de longueurs différentes, de diamètres variés, à des distances variées, etc. Ampère découvrit que
l'action varie, comme pour l'attraction, et comme pour
l'électricité statique de Coulomb, en raison inverse du
carré de la distance qui sépare les éléments de fils parallèles.

Dans les cas où les fils ne sont pas parallèles, la loi
mathématique reste simple, mais elle dépend de trois
angles qui définissent la position relative de deux
éléments de fil : d'abord les deux angles que font les
directions de ces éléments, avec la droite qui joint leurs
milieux ; ensuite l'angle des directions mêmes de ces
deux éléments.

Les lois d'Ampère sont l'expression de vérités définitivement acquises à la science ; peut-être même
pourra-t-on y ramener un jour les lois qui règlent les
autres formes de l'attraction moléculaire, et universel-
selle.

Ampère s'occupa aussi de Mathématiques pures et
de Chimie. Il soumettait tous ses calculs à Laplace qui
montra que les calculs nouveaux rentraient dans les
principes de Newton et ne les contredisaient pas, mal-

gré la forme circulaire des actions et des réactions : ces mouvements giratoires résultaient bien d'attractions et de répulsions directes. Les savants étrangers, incapables de rien comprendre aux déductions analytiques du savant français, conservèrent longtemps leurs vagues idées sur les tourbillons électriques beaucoup plus imaginaires que ceux de Descartes. Seul un savant anglais fut converti à Paris par Ampère lui-même. Arago, puis Bertrand en 1872 ,rendirent pleine justice à Ampère en disant que son livre était l'œuvre la plus admirable produite en Physique mathématique depuis le Livre des Principes de Newton.

Les dernières années d'Ampère furent consacrées à une classification des sciences. On a regretté qu'il ait consacré tant de temps à une œuvre un peu utopique, alors qu'il aurait pu découvrir l'induction en poussant davantage ses travaux d'électricité. Mais il y avait, chez Ampère, un revirement que nous avons pu comparer à celui de Pascal, puisqu'il voulait ramener toutes nos connaissances à la lumière divine. D'autres grands esprits, comme Bacon, ont été tentés par la même chimère qui touche à la question religieuse. Ces hautes préoccupations n'ont rien qui puisse surprendre ; au fond, c'est la science même qui est illusoire. Lorsqu'on veut contempler réellement la face du monde ; il n'y a plus de réel que l'au-delà ; tout le reste est vain. La parole de Bossuet traduit avec éloquence notre déception : « Si l'intelligence humaine veut aller plus avant que l'écorce, sa propre subtilité la confond. »

Ampère est resté célèbre par ses distractions. Sa simplicité et sa bonté sont restées légendaires. Il avait le regard contemplatif, plutôt intérieur : il était myope et regretta souvent de ne pouvoir mieux distinguer la beauté de la nature. Il préférait la musique simple et naïve à celle qui lui paraissait compliquée. Enfin, en vrai sage, il ne s'occupa jamais de politique.

Je citerai comme dernier trait de la vie d'Ampère, ses relations avec Ozanam, qu'il avait accueilli chez lui en pension, comme un fils. Il montra peu à peu le plus grand intérêt pour les œuvres de charité judicieuses dont il comprenait la valeur en regard des chimères socialistes, et de l'égoïsme des hommes en Société. Il mourut d'une pneumonie, et ses funérailles furent modestes. Trente-trois ans plus tard, en 1869, ses restes furent transportés au cimetière Montmartre, à Paris.

Arago raconte que « peu d'instants avant que le mou-
« rant perdit entièrement connaissance, M. Deschamps,
« proviseur du collège de Marseille, ayant commencé
« à demi-voix la lecture de quelques passages de l'Imi-
« tation, Ampère l'avertit qu'il savait le livre par
« cœur. Ce furent ses dernières paroles. »

Arago, *François*, 1786-1843. Malgré la désinence de son nom, il était bien Français, des Pyrénées-Orientales, où il naquit à Estagel. Sa famille vint de bonne heure à Perpignan, parce que son père y fut nommé trésorier de la Monnaie. Tout jeune, il se passionna pour les Mathématiques, et lut à peu près seul les ouvrages d'Euler, de Lagrange et de Laplace. Il fut reçu le premier à l'Ecole Polytechnique en 1803, « ayant appris, dit-il, beaucoup au delà de ce qu'on exige pour la sortie de l'Ecole ».

Ses goûts et les circonstances le firent entrer à l'Observatoire, où il s'occupa non seulement des astres, mais de nombreuses recherches en Physique.

Il s'agissait d'aller reprendre en Espagne, avec Biot,

la mesure du méridien, commencée par Mechain, et ce fut l'occasion de ce voyage épique d'Arago, qui dura près de quatre ans, 1806-09. Biot avait pu rentrer en France en 1807, mais Arago était resté à Mayorque lorsqu'éclata la guerre avec l'Espagne. Enfermé en prison, il s'échappe, son bâtiment est enlevé par un corsaire espagnol, qui le conduit à Alger. Le dey d'Alger avait envoyé à Napoléon de riches présents, dont une paire de lions sur le navire même d'Arago ; les pauvres lions périssent, et Arago n'a rien de plus pressé que d'en informer le dey, d'où fureur de celui-ci contre les Espagnols, et mise en liberté du navire. En vue de Marseille, coup de mistral qui ramène le bateau à Bougie, et retour à pied d'Arago à Alger. Bref, il fallut onze mois à Arago, au lieu de quatre jours pour aller d'Alger à Marseille. Mais il pouvait supporter les intempéries, il avait vingt-trois ans.

La vie ouvrit à Arago de bien autres perspectives de voyage que celles de sa jeunesse ; il parcourut des astres sans nombre, et les décrivit dans son magnifique traité d'astronomie populaire, mais ce ne sont pas ces découvertes qui nous intéressent ici. Arago avait l'esprit très ouvert, s'intéressait à tout, et enrichit l'Electricité de plusieurs trouvailles. Ses observations, ses suggestions furent utiles, même à Ampère et à Fresnel : il n'y a pas de doute qu'avec une concentration d'esprit plus grande, il eut été un génie de premier ordre. Par contre, il sut former des élèves, gagnant en étendue ce qu'il perdait en profondeur.

Arago découvrit la propriété du fil qui réunit les pôles d'une pile, d'attirer la limaille de fer ; il obtint l'aimantation d'une aiguille au moyen d'un courant en spirale ; il découvrit les perturbations de la déclinaison, de l'inclinaison et de l'intensité magnétiques. Il observa la déviation qu'éprouve, par l'approche d'un aimant, le jeu de lumière qui réunit les deux extrémités du charbon conducteur, dans un courant électrique fermé ; il fit remarquer les analogies de cette expérience avec les phénomènes de l'aurore boréale.

Sa grande découverte fut le magnétisme de rotation qui lui valut la médaille anglaise de Copley, et par laquelle il a constaté que tous les corps peuvent devenir magnétiques. Il s'agissait d'un disque de cuivre tournant au-dessous d'une aiguille aimantée. Celle-ci est déviée dans le sens du mouvement, et si le mouvement est assez rapide, elle finit par tourner aussi. C'était au fond la première expérience d'induction, mais on ne pouvait en donner une explication satisfaisante, jusqu'à ce que Faraday eut découvert l'induction.

Arago fut pendant vingt ans secrétaire perpétuel de l'Académie pour les sciences mathématiques, et il fut, paraît-il, sans rival dans ces fonctions, comme orateur, compétence, faculté d'assimilation et d'exposition. Il fut député des Pyrénées-Orientales sous Louis-Philippe, et proposa des réformes qui eussent pu éviter une révolution. Pendant la révolution de 1848, il fut chargé des Ministères de la Guerre et de la Marine. Comme directeur de l'Observatoire, il refusa le serment au nouveau gouvernement en 1852, tandis que Gauchy le refusait à la Sorbonne ; ni l'un ni l'autre ne fut déplacé. Il mourut l'année suivante à 67 ans.

FARADAY, *Michaël*, 1791-1867. La science électrique va passer en Angleterre pour faire un nouveau pas, mais nous savons qu'Arago et Ampère le manquèrent de près, et que Colladon à Genève faillit faire ce même pas avant Faraday.

Fils d'un forgeron près de Londres, Faraday, à treize ans était apprenti relieur, et ce fut un livre sur la chimie, lu tout en le reliant, qui lui donna le goût des sciences. Il faisait, autant qu'il le pouvait, toutes les expériences du livre. Au bout de huit ans, il eut la chance de pouvoir suivre les leçons du fameux chimiste Davy, et de devenir son aide-préparateur en 1813.

Il parcourut alors, faveur spéciale de l'empereur Napoléon envers Davy, la France et l'Italie en compagnie de son chef et se fit dès cette époque des amis dévoués en France et à Genève.

Ce n'est qu'en 1821, âgé de 30 ans, qu'il commença à s'occuper d'Electricité ; il eut connaissance tout de suite des trouvailles d'Oerstedt et d'Ampère, et son esprit précis le porta à remonter à la source des phénomènes, à la pile. On s'était bien rendu compté de l'action chimique comme cause des courants, mais on n'avait jamais mesuré cette action.

C'est Faraday qui en eut l'idée : il imagina un voltamètre particulier et arriva à la découverte d'un principe devenu capital : c'est toujours la même quantité d'électricité qui se produit par la décomposition des équivalents chimiques des différents corps. Ce principe a d'immenses conséquences, tout comme le principe d'Archimède, celui de Galilée ou celui de d'Alembert ; il est le fondement de la théorie toute récente des *ions*, grâce à la démonstration des équivalents électriques. Comme la classification chimique, créée par Lavoisier était encore récente et incomplète, on voit combien était difficile la découverte de Faraday.

Ce qui le conduisit, peu après, en 1832, à la merveilleuse trouvaille de l'induction, ce fut la découverte par Arago du magnétisme de rotation ; tel est l'enchaînement des idées.

Cette découverte donna naissance aux machines de Pixii et Ampère, de Clarke, de Bréguet et Ruhmkorf, c'est-à-dire à l'électro-dynamique, et même aux ondes électriques.

L'esprit élevé de Faraday le conduisit à une théorie qu'avait entrevue Ampère, et différente de celle qu'on admettait alors pour l'action électrique. Rejetant l'idée de l'action à distance du corps influençant sur le corps influencé, il supposa l'action transmise par l'intermédiaire de l'éther. C'était précéder de loin les futures idées de Maxwell. Faraday était conduit par le fait du spectre magnétique, des lignes de force réparties autour d'un aimant ; il ne perdait jamais de vue ce phénomène, tel Newton pensait toujours à la pesanteur.

Si Faraday n'était pas un théoricien, il était un sagace observateur, et il découvrit deux autres phénomènes : l'action exercée par un aimant sur la lumière polarisée, et le diamagnétisme ; les corps diamagnétiques, pour Faraday, sont les corps repoussés par l'aimant ; il soutint qu'il existe une polarité inverse de la polarité magnétique : les rayons magnétiques partant des pôles seraient rendus convergents par les corps attirés, divergents par les autres. Quant à la première découverte, elle date de 1845 : un corps transparent placé entre les pôles d'un électroaimant en activité acquiert temporairement le pouvoir rotatoire, c'est-à-dire que si la lumière est éteinte, elle reparaît.

Faraday était foncièrement religieux, il était même prédicant.

Biot, *Jean Baptiste*, 1862. Biot s'occupa de la théorie du condensateur électrique. (1774-1862.)

Gauss, *Charles-Frédéric*, 1777-1855. Gauss fit une théorie du magnétisme terrestre ; nous la retrouverons avec Weber dans le choix des unités magnétiques, (1777-1855). Comme Biot, il fut surtout mathématicien.

Poisson, *Siméon-Denis*, 1781-1840. Poisson aussi s'occupa du magnétisme ; avec des hypothèses simples, il parvint à réaliser une théorie du magnétisme induit aboutissant à cette proposition : quand un aimant est produit par influence, il n'y a de magnétisme libre qu'à sa surface. Cette propriété simplifie beaucoup l'étude du magnétisme induit. (1781-1840). Poisson a préparé les travaux théoriques de Helmholz et W. Thomson.

Grothus, 1785-1822, était russe. Il naquit à Leipzick et mourut en Courlande, où se trouvaient les propriétés de la famille. Il suivit les cours des Universités de Leipzick en 1803 et de Paris en 1804. Enfin il vécut à Rome en 1805 où il fit ses recherches galvanoplastiques. Son mémoire fut rédigé en français et traduit aussitôt dans toutes les langues d'Europe.

Dans un voyage à Paris en 1806, il fut volé de toutes ses collections scientifiques. Rentré en Courlande, il continua ses recherches, mais fut atteint d'une maladie incurable qui le poussa au suicide.

L'hypothèse de Grothus en électrolyse est la suivante : l'action d'une force électro-motrice sur un électrolyte est telle que, dans chaque molécule, le métal s'oriente dans la direction du courant, et le radical dans la direction inverse. Par exemple, dans le cas du sulfate de cuivre, le cuivre va au pôle négatif, l'acide sulfurique au pôle positif.

PELTIER, 1785-1845, était né à Ham (Somme) ; son père était sabotier ; il vint travailler comme apprenti horloger à Paris, chez Bréguet. Après des recherches microscopiques en physiologie, il se passionna pour la météorologie et l'électricité où il fit plusieurs découvertes. La principale est celle du phénomène connu sous le nom de *phénomène Peltier* : si un conducteur est formé de plusieurs pièces à la suite l'une de l'autre, le passage d'un courant détermine aux points de suture des variations de température distinctes de l'échauffement général. Il inventa pour ces mesures un thermomètre spécial, qu'on appelle la *pince* thermo-électrique. Il inventa aussi un électromètre spécial.

En météorologie, Peltier démontra l'origine électrique des trombes et les différencia des orages. Milne Edward plaçait Peltier au niveau de Dulong et de Fresnel. C'est trop sans doute, car Fresnel avait un génie mathématique extraordinaire, et les travaux de Dulong et Petit ont abouti à une loi très féconde en Physico-Chimie, néanmoins Peltier fut remarquable dans cette difficile science de la météorologie.

OHM, *Georges-Simon*, 1787-1854. C'était le fils d'un serrurier, à Erlanger. Il commença son apprentissage dans le métier de son père, mais il montra tant d'intelligence qu'à 30 ans, il était professeur de mathématiques au collège des Jésuites de Cologne. Il fut ensuite professeur à Nuremberg, puis à Munich en 1852.

Ce sont les phénomènes électriques qu'il s'attacha le plus à étudier, et il a proposé les trois lois suivantes : 1° la grandeur du flux électrique, entre deux molécules est proportionnelle à leur différence de tension. 2° Au point de contact, la différence de tension tend vers une constante. 3° La perte d'électricité est proportionnelle à la tension.

Au fond ces trois lois restent un peu vagues. C'était en 1827. Il fallut les travaux de Pouillet en 1835 pour démontrer expérimentalement les lois d'Ohm sous une forme claire et utilisable. La loi des résistances est donc bien plutôt la loi de Pouillet que la loi d'Ohm.

POUILLET, 1790-1868. Il était du Doubs, et mourut à Paris. En 1811, il entra à l'Ecole normale; il fut professeur de Physique, puis Directeur du Conservatoire des Arts et Métiers, en même temps que Professeur à l'Ecole polytechnique. Député du Jura, il s'occupa avec Arago de questions scientifiques et industrielles : chemins de fer, télégraphe, phare, monnaies, postes, etc.

Sous l'Empire, il vécut dans la retraite, restant fidèle à ses anciennes convictions.

Comme professeur, Pouillet était remarquable ; comme expérimentateur, il fut très habile, dépassant de beaucoup Ohm dans ses recherches sur l'électricité, pour ne parler de ce qui nous intéresse ici. Les résultats d'Ohm avaient quelque rapport avec ceux que Fourier avait établis pour la conductibilité calorifique, mais il étaient exposés d'une manière abstraite et vague, et il leur manquait l'appui de l'expérience.

Les résultats de Pouillet en 1835 furent suivis de ceux de Gaugain, Becquerel, Branly et Riemann. Beequerel naquit un an avant Pouillet, mais ses travaux vinrent après.

BECQUEREL, *Antoine*, 1788-1878, fut d'abord un brillant officier du premier Empire ; les infirmités le firent renoncer à cette carrière à 27 ans, elles ne l'empêchèrent pas de vivre 90 ans.

Les découvertes d'Ampère et d'Arago firent son envie ; il réussit aussi une série de découvertes : le thermomètre électrique sortit de ses études théoriques, et permit de résoudre des problèmes difficiles. Il fit le premier la théorie complète de la pile, et montra que le travail chimique est équivalent à la chaleur (pile thermo-électrique), à la pression (électrisation des métaux), au frottement (machine de Ramsden, etc.). La pile de Daniell à deux liquides est une invention de A. Becquerel, et on ne sait pourquoi elle ne porte pas son nom Il inventa encore deux instruments de précision : le galvanomètre différentiel, et la balance électro-magnétique.

MORSE, *Samuel*, 1791-1872. Avec cet Américain, nous entrons de plein pied dans l'utilisation pratique des découvertes théoriques. C'est le génie américain prenant possession de la science, et sous une forme d'autant plus étrange que Morse était un peintre et ne songeait guère à la science.

Fils d'un pasteur, il étudiait la peinture à Londres et il réussissait comme portraitiste. Il revint à New-York où il fonda la Galerie Nationale du Dessin. Il était sur la voie de fournir une carrière de peintre célèbre, lorsqu'un jour sur mer, à bord du *Sully*, faisant la traversée de Londres aux États-Unis, la causerie tomba sur

Ampère et sur l'instantanéité de la transmission électrique. Ce fut comme un trait de lumière pour Morse, il eut d'emblée la conception du télégraphe.

Dès 1835 il faisait un essai de transmission sur un demi-mille de longueur, et prenait un brevet. En 1843, il faisait poser un fil sous-marin sous le port de New-York, et en 1844, il établissait le télégraphe sous-marin entre New-York et Baltimore.

On sait l'immense développement de cette invention géniale ; l'alphabet Morse est encore usité partout. Sans doute, ce n'était pas bien difficile à trouver, puisque ce fut un peintre qui distança les savants et les professeurs, mais c'est toujours la même histoire, celle de l'œuf de Colomb.

Mossotti, 1791-1861. Astronome à Milan, puis à Pise. Voir en optique.

Green, 1793-1841. Il fut un mathématicien antodidacte, car il était d'abord boulanger, comme plus tard Weierstrass était professeur de gymnastique.

Sa contribution à l'Electricité consiste dans un mémoire célèbre où il appliqua l'analyse mathématique à la théorie de l'Electricité et du Magnétisme. Ce mémoire aboutit à un théorème non seulement important en physique, mais qui a servi de base à des théories relatives aux fonctions.

Les limites d'une intégrale triple sont égales à la somme des limites de trois intégrales doubles qui sont relatives à la surface dont l'intégrale triple est le volume, moyennant une condition :

$$\frac{d^2u}{dx^2} + \frac{d^2u}{dy^2} + \frac{d^2u}{dz^2} = 0.$$

Melloni, *Macédoine*, 1798-1854, fut professeur de physique à Parme, vécut à Genève et à Paris ; il ne revint en Italie qu'en 1839. Il étudia avec Nobili la chaleur rayonnante, et perfectionna avec lui la pile thermo-électrique. Il en fit un thermo-multiplicateur très sensible qu'il employa à des expériences célèbres sur la transmission de la chaleur. Il arriva à poser le principe de l'identité de la chaleur et de la lumière, démontré expérimentalement depuis par Jamin et Masson.

A propos de la pile thermo-électrique, on ne saurait oublier de citer le nom de *Seebeck*, 1770-1821, savant allemand-russe (de Reval) qui produisit le premier un courant électrique en chauffant les soudures d'un circuit de fils métalliques de natures diverses.

Reich, 1799-1882, étudia l'Electricité atmosphérique et Schonbein, 1799-1868, étudia l'Electrolyse.

De la Rive, *Auguste*, 1801-1873. Les de la Rive sont une ancienne famille de Genève. C'est le père du savant dont nous parlons qui fonda le musée d'histoire naturelle et le jardin botanique de Genève ; il s'occupait de physique et de chimie et avait fait ses études à Edimbourg.

Auguste de la Rive, professeur de physique à Genève, se réfugia à Paris, puis à Londres, pendant les troubles de 1830 ; il revint à Genève en 1836.

Ses principaux travaux portent sur l'Electricité et le Magnétisme. Il eut le premier l'idée, en 1828, de la dorure galvanoplastique du cuivre et de l'argent dans les bains alcalins, application industrielle de la pile ; il montra, un des premiers aussi, que l'électricité des piles est le résultat de réactions chimiques. Il fit des recherches sur les courants d'induction, mais après Faraday. Enfin il est l'auteur du principe de la boussole des sinus, et concourut, peut-être plus qu'aucun autre physicien, à faire triompher la théorie électro-chimique.

Son père, Charles de la Rive (1770-1834), avait déjà inventé un galvanomètre mesurant l'énergie d'une pile par la quantité d'eau décomposée dans un temps donné. (Les de la Rive ne sont pas le seul exemple d'une famille de savants. La plus célèbre en mathématiques fut, comme on sait, celle des Bernouilli.)

COLLADON, *Jean*, 1802-1892, est né aussi à Genève. Il fut professeur à l'Ecole des Arts de Paris, puis professeur de mécanique à l'Académie de Genève. Il s'occupa beaucoup de chimie et de physique, spécialement avec le savant français Sturm. Nous aurons occasion de citer ailleurs ses expériences curieuses sur la réflexion totale de la lumière à l'intérieur des veines liquides paraboliques.

En Electricité, Colladon observa la déviation de l'aiguille aimantée par le courant d'une machine électrique à frottement, et il s'occupa, comme nous l'avons vu, des expériences d'induction. Malheureusement, il était trop placide, il ne sut pas voir ; peut-être aussi était-il mal outillé, alors que Faraday, avec sa précision, devait veiller au moindre détail.

Colladon dispersa d'ailleurs ses travaux sur d'autres branches de la physique, la photométrie, la compressibilité des liquides et celle de l'air, d'où il tira le principe des perforatrices à air comprimé qui rendirent tant de services pour le percement du S. Gothard.

Il fut nommé, en 1876, correspondant de l'Académie de Paris et publia beaucoup de notes et de mémoires jusqu'à sa mort. On voit par ses travaux qu'il avait le sens d'un véritable ingénieur, porté vers le côté économique et utile des problèmes.

Il s'occupa enfin des bateaux à vapeur et des paratonnerres.

HENRY, *Joseph*, 1799-1878. Américain, professeur de mathématiques, puis de physique. Il fit d'intéressantes expériences sur l'électromagnétisme. Il constata, sans l'étudier, dès 1842, l'action à distance des décharges d'une bouteille de Leyde produisant des étincelles sur un conducteur. Ce fut la première manifestation des ondes, alors insoupçonnées.

JACOBI, *Moritz-Hermann*, naquit à Potsdam en 1801, et mourut en 1874, à Petrograd où il était devenu professeur après l'avoir été à Dorpat : il était le frère du mathématicien, et inventa la galvanoplastie.

WHEATSTONE, *Charles*, 1802-1875, naquit à Gloucester et mourut à Paris. Il fut d'abord constructeur d'instruments de musique ; ses études sur la propagation des sons l'amenèrent à s'occuper d'autres parties de la physique, et il devint en 1834, professeur au King's Collège de Londres.

L'électricité le captiva. Il inventa, avec Cooke, le premier appareil de télégraphie électrique qui ait été en usage, en 1837. Cet appareil fut remplacé par celui de Morse, tandis qu'en France on adoptait le système Foy et Bréguet : l'idée de la transmission électrique était en tous pays à l'ordre du jour. Si Morse l'a emporté, c'est à cause de l'impression des caractères, et par suite, de la conservation des signaux ; mais les appareils Wheatstone et Bréguet qui n'exigent pas d'apprentissage, sont encore employés dans bien des cas.

L'appareil auquel Wheatstone a donné son nom, le pont de Wheatstone, sert à mesurer les résistances électriques, son avantage est de n'exiger ni des piles constantes, ni des galvanomètres bien étalonnés, il compare directement la résistance à mesurer à une série de résistances connues.

Ruhmkorf, *Henri*, 1803-1877, naquit à Hanovre et mourut à Paris. Il vint travailler, tout jeune, comme ouvrier, chez des constructeurs d'instruments de précision, à Paris et à Londres, surtout chez Chevalier. Grâce à son habileté méticuleuse, il réussit, en 1839, à fonder à Paris une maison spécialisée pour les instruments électromagnétiques, et qui devint bientôt célèbre.

Il fit d'abord un instrument pour étudier la polarisation rotatoire magnétique, puis il apporta des perfectionnements à la machine de Holtz, et enfin il construisit la bobine qui porte son nom. Sans doute, cette bobine fut plus parfaite que celles qui la précédèrent, mais il ne faut pas oublier que Bréguet avait déjà construit une bobine d'induction à deux fils, et que l'idée du commutateur de la bobine de Ruhmkorf était due à de la Rive.

Gintl, *Guillaume*, 1804-1884, directeur des Télégraphes autrichiens, s'occupa de la télégraphie simultanée.

Moser, *Louis*, 1805-1880, fut professeur de physique à Kœnigsberg, s'occupa de l'électricité et des gaz.

Bréguet, *Louis* (1804-1833), naquit et mourut à Paris. La famille Bréguet, célèbre comme maison d'horlogerie, était d'origine française, de la Picardie, mais elle s'était réfugiée en Suisse lors de la Révocation de l'Edit de Nantes. Le père de Louis Bréguet était déjà revenu en France près de Corbeil.

Après avoir été apprenti horloger, élevé à la manière prônée par Rousseau, Louis Bréguet vint suivre à Paris les cours de l'Ecole Polytechnique, spécialement la Physique et la Mécanique. Devenu en 1833, chef de la maison de précision Bréguet, il construit avec succès divers appareils scientifiques pour Arago, Yvon Villarceau, etc. Surtout il est l'initiateur de la télégraphie électrique en France, avec le manipulateur et le récepteur à lettres, et le parafoudre des postes télégraphiques.

Ses divers travaux relatifs aux mesures de vitesse des projectiles, etc., n'ont pas d'intérêt ici, mais il faut lui rendre cette justice que c'est de ses efforts avec Masson que sortit la fameuse bobine de Ruhmkorf. Ce dernier travaillait à Paris chez Chevalier, et sa bobine ne date que de 1851, alors que Bréguet et Masson avaient, dès 1842, fait breveter une bobine d'induction à double fil, très analogue. Elle vaudrait d'être décrite en détail, et donnait de belles étincelles. L'interrupteur était plus compliqué que celui de Ruhmkorf (lequel d'ailleurs avait été imaginé par de la Rive), mais il avait l'avantage de fournir des courants induits toujours de même sens. Cette bobine montrait en outre la différence d'aspect des deux pôles,

à l'ouverture et à la fermeture du courant, et la différence d'intensité des deux courants induits. Il est clair
que la bobine célèbre mériterait d'être nommée la
bobine de Bréguet, si les Français n'étaient toujours
trop généreux pour les étrangers.

WEFER, *Guillaume*, 1804-1891, né à Wittemberg et
mort à Goettingue, fut un théoricien. Il commença
avec Gauss, en 1832, ses recherches sur l'électricité,
sur les solénoïdes d'après Ampère. La question était de
savoir pourquoi un corps aimanté peut garder indéfiniment son aimantation sans absorber de travail, ni
dégager de chaleur. Weber proposa cette hypothèse :
les courants formant les solénoïdes ne dégagent pas
de chaleur, parce qu'ils traversent un milieu sans résistance ; ce milieu est constitué par l'espace intermo-
léculaire. Dans un corps à l'état neutre, il y a un
grand nombre de courants élémentaires dans tous les
sens, de telle sorte que leur résultante est nulle, et
dans le corps aimanté, ces courants ayant pris une
direction, ne peuvent plus s'arrêter, pas plus que les
astres autour du soleil, puisqu'il n'y a plus de résistance. Il s'agit en somme de théories encore embryon-
naires.

G. Weber fit aussi des expériences pour déterminer
l'ohm, unité de résistance, et aussi pour trouver le
fameux nombre K, rapport de l'unité électromagnétique à l'unité électrostatique. Ce rapport fut trouvé
par lui et Kohlrauch, d'une manière assez exacte.

LENZ, 1804-1865, physicien russe, né à Dorpat, en
Livonie, Il est remarquable de rencontrer une série de
savants originaires de ces confins de pays, comme si

le mélange des races avait une influence sur le développement de certaines facultés, au même titre que le milieu, ou bien le repos ancestral.

Lenz étudia la théologie, il accompagna Kotzebue comme physicien dans son second voyage autour du monde ; il enseigna la physique à l'Université de Petrograd. Il fut précepteur des enfants du tzar, et mourut dans un voyage en Italie. Ses travaux de physique furent insérés dans les mémoires de l'Académie russe ; le principal de ces mémoires conduit à la loi bien connue qui porte le nom de Loi de Lenz :

Toutes les fois qu'on déplace un courant ou un aimant dans le voisinage d'un circuit fermé, il se développe dans ce circuit un courant induit tel qu'il s'oppose au mouvement qui l'a produit. Par exemple il repousse l'aimant qu'on approche, ou bien il attire le courant qu'on éloigne. Cette loi est commode pour trouver le sens du courant induit dans les expériences d'induction. Lenz reconnut que l'induction est proportionnelle au nombre de tours de la bobine, et indépendante de la nature du fil.

KOHLRAUSCH, *Adolphe*, 1809-1858, né à Goettingue. Construisit un électromètre, ébaucha avec Weber une théorie des mesures électro-dynamiques.

BUNSEN *Robert*, 1811-99, fut surtout un chimiste. Né à Goettingue, il acheva ses études à Paris, Berlin et Vienne. En électricité il inventa une pile composée ; le dégagement d'hydrogène de la pile de Volta était évité en remplaçant le cuivre par du charbon.

Sa grande célébrité lui vient de sa découverte avec Kirchhof, de l'analyse spectrale, dont nous parlerons ailleurs, et qui est un exemple de la faculté d'analyse des Allemands, car le fait même n'appartient pas à Bunsen, mais seulement la poursuite tenace des déductions.

Gœttingue est une ville du royaume de Prusse ; Kirchhof était de Kœnigsberg, également en Prusse.

Quet, 1810-1864, fut professeur à Grenoble, Paris, Besançon. Ses recherches portent sur l'action des aimants à l'égard de l'arc voltaïque ; il découvrit l'acétylure cuivreux ou précipité marron, et fit de belles expériences sur les lames et les tubes capillaires.

Matteucci, *Charles*, 1811-1868. Ancien élève de l'Ecole Polytechnique de Paris, il fut professeur de physique à Bologne et à Ravenne, puis sénateur et ministre en 1862.

Il s'occupa d'Electricité dynamique et statique, et des effets physiologiques de l'Electricité. Dans cet ordre d'idées, il composa des piles voltaïques avec des grenouilles, et étudia l'électricité des torpilles, dont Becquerel et Faraday s'étaient déjà occupés. Il fut correspondant de l'Académie des Sciences de Paris dès 1844.

Geissler, *Henri*, 1814-1879. Né e nSaxe et mort à Bonn, il fut d'abord employé dans une verrerie ; de là lui vinrent sans doute ses idées de tubes en verre. Il fut fonctionnaire en Hollande et se fixa à Bonn en 1854 où il fonda une maison d'instruments de physique et de chimie qui devint célèbre. Les plus connus de ses instruments furent les tubes de verre qui portent son nom.

Ces tubes, très contournés, et à étranglements capillaires, sont pénétrés à leurs extrémités par des fils de platine. On introduit un gaz à l'intérieur par une tubulure latérale, on le raréfie avec une pompe à mercure, et on le ferme à la lampe. Le courant d'une bobine de Ruhmkorf remplit le tube d'effets de lumière curieux, et variables avec le gaz, la température, la pression, etc. Les étranglement capillaires montrent une stratification mouvante de la lumière ; un aimant puissant en change la couleur, etc.

Nous verrons plus tard comment Crookes se servit des tubes de Geissler et les modifia pour pousser beaucoup plus loin l'étude des phénomènes mystérieux qui s'y produisent.

CLARKE, *Edward*, 1812 ou 1815, s'occupa surtout d'électricité ; il construisit la machine qui porte son nom, magnéto-électrique, et perfectionnement de celle de Pixii. (On l'a confondu dans certaines encyclopédies avec Hyde Clarke, ingénieur et philologue, qui parlait une quarantaine de langues, etc.). La machine de Clarke est un véritable moteur à courants alternatifs.

TRESCA, *Henri*, 1814-1885, naquit à Dunkerque et mourut à Paris. Il sortit de l'École Polytechnique et fut ingénieur des Ponts et Chaussées, puis professeur de mécanique aux Arts et Métiers et à l'École Centrale.

En électricité, Tresca se consacra à des mesures industrielles.

SIEMENS, *Ernest*, 1816-1892. Les Siemens sont une famille d'ingénieurs et de savants Allemands, issus d'un agriculteur du Hanovre. Ernest était l'aîné, il s'engagea à dix-huit ans dans l'artillerie prussienne. En 1858, étant officier d'artillerie à Magdebourg, il occupait ses loisirs avec des expériences d'électricité, en rapport avec les découvertes si intéressantes de l'époque. Il fit à Kiel les premières expériences sur l'inflammation des mines sous-marines par l'électricité. Il construisit des lignes télégraphiques, et fonda la maison devenue rapidement célèbre de Siemens et Halske où il employa cinq de ses frères, véritable usine scientifique, à la fois théorique et lucrative, pour la construction des câbles, machines électriques, etc. C'est à lui surtout que l'Allemagne dut ses progrès dans l'électricité industrielle. Sa principale construction, c'est la bobine Siemens, venue après celle de Gramme, et une machine dynamo-électrique sans aimant permanent, construite avec Wheatstone.

Il ne fut pas un inventeur, car son enroulement en tambour fut imaginé après l'anneau de Gramme, et fondé sur le même principe, il est moins commode et moins puissant, mais Siemens fut d'une grande habileté industrielle, au point de rivaliser longtemps avec Gramme, né plus tard, et dont nous sommes obligés de parler après.

Avec Gramme et Siemens s'ouvre le grand développement industriel de l'électricité.

Les autres Siemens n'imaginèrent rien de remarquable, ils furent de bons praticiens.

JOULE, *James*, 1818-1889. Fils d'un brasseur de Manchester, il fut aussi brasseur. Il devint ensuite élève du célèbre chimiste Dalton. Il commença à 20 ans, en 1838, ses études de magnétisme, et construisit un moteur. En 1840, il découvrit le phénomène de la saturation magnétique et peu après formula la double loi thermique qui porte son nom :

La quantité de chaleur dégagée par le passage d'un courant dans un fil est proportionnelle à la résistance de ce fil, et au carré de l'intensité du courant électrique.

Il établit, par d'autres moyens que Seguin et Carnot, l'équivalence du travail mécanique et de la chaleur, et eut l'avantage de pouvoir y joindre l'équivalence du travail électrique.

Ses nombreuses découvertes dans d'autres branches de la physique lui valurent de grands honneurs et des récompenses pécuniaires du gouvernement anglais.

JAMIN, *Jules*, 1818-1886. Son père était un ancien colonel de dragons, qui le fit préparer à l'Ecole Normale. Il fut professeur, et se fit remarquer par une thèse, devenue classique, sur la réflexion de la lumière.

En électricité, il s'occupa des courants magnéto-électriques avec Royer, de la construction d'aimants très puissants, et d'une lampe électrique originale. En théorie, il détermina les constantes de la formule d'Ampère. Il fit aussi beaucoup d'expériences avec Bouty.

BECQUEREL, *Edmond*, 1820-1891, fils d'Antoine Becquerel, dont nous avons parlé. Il travailla beaucoup avec son père ; comme son fils fut, lui aussi remarquable, on peut dire que la famille Becquerel constitue, autant et plus que la famille Siemens, un exemple de persistance des dons scientifiques de père en fils.

Edmond Becquerel aborda beaucoup de branches de la physique ; en ce qui nous regarde ici, il étudia avec Frémy les relations électro-chimiques, les pouvoirs thermo-électriques, les dégagements de chaleur pendant le passage des courants électriques, le magnétisme et le diamagnétisme. Enfin il s'occupa d'un chapitre nouveau : l'électro-optique.

HELMHOLTZ, *Hermann-Louis-Ferdinand*, 1821-1894, naquit à Potsdam et mourut à Charlottenburg. Il étudia d'abord la médecine et devint médecin militaire. En 1848, il enseignait l'anatomie à Berlin, il fut ensuite professeur de physiologie à Kœnigsberg, Bonn, Heidelberg, enfin à Berlin. Il fut conduit à ses découvertes par son esprit philosophique, et par ses fortes études mathématiques.

Son premier ouvrage, sur la *conservation de la force*, parut en 1847 ; il y compare l'énergie cinétique et l'énergie potentielle, et montre qu'elles varient en sens inverse l'une de l'autre. En physiologie, il montre qu'un muscle qui travaille engendre de la chaleur et des changements chimiques.

Les années suivantes, il étudie la physiologie des sens, et spécialement la vue et l'ouïe. En optique, il se rattache aux idées de Young. En acoustique, il découvre un domaine original par sa création des résonateurs, son étude du timbre, des voyelles, etc. : ce sont, paraît-il, des causeries avec des musiciens habiles qui contribuèrent à le mettre sur la voie de la composition des sons. C'est la finesse d'oreille de Tartini par exemple qui lui fit découvrir les harmoniques inférieurs. L'étude de l'oreille fournit à Helmholz le modèle de ses résonateurs.

Il résolut par l'analyse des problèmes d'hydrodynamique, et aussi d'électricité. Sa doctrine est intermédiaire entre celles d'Ampère-Weber et de Maxwell. C'est lui qui considéra le premier la décharge d'un condensateur comme formée d'une série de décharges de sens contraire, et il arriva ainsi à la décharge oscillante. Mais c'est W. Thomson qui établit la loi par des calculs analytiques. L'expérience a confirmé la théorie, en montrant dans la décharge oscillante, une image lumineuse coupée d'espaces sombres, comme de la lumière stratifiée.

Helmholz fut élu, en 1870, membre correspondant de l'Académie des Sciences de Paris, et en 1892, associé étranger, à la place de l'empereur don Pedro du Brésil, qui venait de mourir.

CLARKE, *Latimer*, 1822-1898, né à Great-Marlow. Il précisa les lois des câbles sous-marins et imagina une pile, d'après celle de Marié-Davy, devenue un étalon de force électromotrice, car elle varie très régulièrement entre 5° et 25°.

KIRCHHOF, *Gustave*, 1824-1887. Né à Kœnigsberg, et d'origine balte, il fut professeur à Breslau, Heidelberg et Berlin. Son principal titre de gloire, c'est l'analyse spectrale qui l'occupa presque toute sa vie. Toutefois en électricité, il établit la loi d'intensité d'un courant dans un conducteur formé de plusieurs branches ; il donna aussi une constante des courants d'induction. Enfin il s'occupa des décharges de la bouteille de Leyde.

THOMSON, *William*, 1824-1907 (Lord Kelvin). Né à Belfast, il était à 22 ans, professeur de physique à l'Université de Glasgow. Il reçut le titre de Lord Kelvin

en 1892. C'est un des plus grands savants du xixe siècle ;
il s'occupa de la chaleur et de l'électricité.

En électricité, W. Thomson s'attacha d'abord à la
détermination de l'ohm, puis à l'action mutuelle des
courants, enfin à l'électro-magnétisme. Poursuivant
les idées de Faraday, il fit une théorie des images électriques, qui fournit la solution de plusieurs problèmes.
Le phénomène de Thomson, d'après son nom, est une
de ses découvertes : quand la température d'un fil
métallique n'est pas la même en tous ses points,
l'échauffement d'une portion du fil produite par un
courant *diffère* suivant que le courant est dirigé de la
partie chaude à la partie froide ou inversement. Thomson imagina une série d'Electromètres, construisit une
machine électrique à frottement produit par l'écoulement de l'eau, fort curieuse, des galvanomètres, etc.

Le principal service industriel que rendit ce grand
savant, c'est l'invention du *syphon recorder* et la part
qu'eut cet instrument aux progrès de la télégraphie
sous-marine.

Auparavant on munissait les câbles de piles puissantes, et malgré cela les résultats étaient confus, et
souvent même les signaux indéchiffrables. On s'en
rend compte lorsqu'on réfléchit que le câble constitue
un condensateur d'énorme surface dont le fil conducteur forme l'armature interne. A chaque émission,
l'électricité fournie par la pile doit charger d'abord le
câble avant de se perdre dans le sol à travers les spires
de l'électro-aimant récepteur. Le courant qu'on reçoit
est par conséquent extrêmement faible d'abord ; ce
n'est qu'au bout de huit secondes environ que la bande
de l'appareil Morse commence à être impressionnée.
Un phénomène analogue se produit à la suppression

du courant. Ainsi le nombre des signaux qu'on peut envoyer par minute est très restreint, et il ne sert à rien d'augmenter la puissance de la pile parce que la charge du câble et ses effets perturbateurs augmentent en même temps.

Thomson et Varney compensèrent ces effets au moyen de condensateurs de capacité égale à celle du câble total, placés à chaque extrémité de ce câble ; seulement les récepteurs devaient alors être extrêmement délicats ; il fallut toute l'ingéniosité de W. Thomson pour les créer. Il imagina d'abord son galvanomètre, puis il inventa le *siphon recorder*. C'est un petit siphon plongeant dans l'encre par une extrémité, l'autre touchant une bande de papier déroulée par un mouvement d'horlogerie. L'encre s'écoule par la pointe du siphon. Celui-ci subit des oscillations à droite et à gauche de la position normale, et inscrit ainsi une ligne sinueuse qu'on prend comme alphabet. C'est le récepteur qui fait osciller le siphon, en subissant lui-même le sens du courant direct ou inverse.

Enfin, nous avons dit, à propos de Helmholz, la part importante de W. Thomson dans la théorie de l'Electricité.

GRAMME, *Zénobe*, 1826-1901. Il était né en Belgique, et il mourut à Bois-Colombes près de Paris. Comme on l'a fait remarquer, son histoire a quelque rapport avec celle d'Edison, en ce sens qu'il fut lui aussi un simple ouvrier, et découvrit lui-même sa propre valeur. Toutefois, à vingt-cinq ans, il savait tout juste lire et écrire. Il était ouvrier modeleur et il vint à trente ans à Paris, en 1856, pour être employé à la Société *l'Alliance*, qui construisait des machines magnétiques

pour les phares électriques. Ces machines l'intri-
guèrent, il n'eut pas de repos qu'il n'en comprît tous
les détails et le fonctionnement : il étudia à ce sujet
une de ces vieilles physiques de Ganot, si pratiquement écrites, que bien des écoliers connaissent encore.

Après avoir travaillé chez Ruhmkorf, il résolut de
travailler pour son compte. Sa cuisine devint un laboratoire ; il ne gagnait plus rien, au grand émoi de sa
femme et de sa fille qui devaient parer à tout. Mais il
avait la foi, et son coup d'essai fut un coup de maître,
qui en étonna de beaucoup plus savants que lui. L'histoire vaut d'être racontée avec quelques détails, et je
l'emprunte à un ouvrage de M. Lucien Poincaré, cousin de l'illustre mathématicien.

Le germe de l'idée de Gramme se trouvait dans un
moteur réversible décrit en 1864 par Pacinotti, mais
ce moteur ne fut pas construit pour fonctionner utilement, c'était un simple projet. D'autre part, dans
toutes les machines construites avant Gramme, toutes
les parties de l'induit passaient simultanément par les
mêmes influences alternatives, le commutateur établissait une discontinuité brusque, d'où une self-in-
duction intense. Dans l'anneau de Gramme par contre, est-ce un instinct qui l'inspira? les sections de
l'induit sont soumises *successivement* aux variations
du flux et la prise de courant se fait toujours au moment où le flux est presque invariable. Il y a entre
les collecteurs une différence de potentiel à peu près
constante. La symétrie de la machine empêche toute
modification importante dans le flux, que pourrait
causer la rotation de l'anneau. On se demande comment ces avantages n'avaient frappé personne avant
Gramme.

Le fait est que des savants sérieux démontraient par un raisonnement rigoureux en apparence, que l'anneau de Gramme ne devait fournir aucun courant, rester tout à fait inerte. Worms de Romilly, qui avait imaginé, un peu avant Gramme, un dispositif semblable, et obtenait un courant continu, montra longtemps la lettre où un savant officiel lui démontrait que si sa machine donnait un courant, c'est qu'elle était mal faite, elle avait un défaut de symétrie, sans quoi la symétrie aurait réduit à zéro toute formation de courant.

Gramme, simple ouvrier, mais habile constructeur, dut se rendre compte au contraire de l'avantage de la forme annulaire, il avait du bon sens ; dès 1869, il avait construit son moteur qui fonctionnait fort bien, tellement bien que tous les moteurs qu'on a construit depuis, malgré leur variété, en sont plus ou moins dérivés, qu'ils soient à courant continu ou alternatif. La pratique, dans le cas de Gramme, a vaincu la théorie.

RIEMANN *George*, 1826-1866. Il fit de la théorie pure. Il naquit en Hanovre, et mourut au lac Majeur, à 40 ans. Ce fut surtout un mathématicien, célèbre par ses surfaces qui ont jeté un certain jour sur la nature des fonctions abéliennes.

Le seul intérêt qu'il y a en électricité à connaître le nom de Riemann, c'est de savoir qu'il s'occupa un peu de la théorie du magnétisme.

DELLINGHAUSEN, 1827-   . Physicien russe, quitta l'armée pour étudier les sciences en Allemagne, surtout la gravitation et les vibrations.

HUGHES *David*, 1831-1900. Né à Londres Il partit en 1838 pour les États-Unis où il étudia la musique puis les sciences. Il fut ainsi professeur de musique avant d'être professeur de physique.

En 1855 il inventa le premier télégraphe qui imprimât les dépêches en caractères d'imprimerie, et ce système se répandit bientôt en Europe comme aux États-Unis.

La plus belle invention de Hughes, c'est le *microphone* qui seul permit l'emploi pratique et le grand développement du téléphone, en lui donnant une grande sensibilité. L'inventeur de téléphone, G. Bell, naquit seulement en 1847.

Enfin il imagina la balance d'induction, permettant d'étudier l'influence des métaux sur l'induction.

Hughes fut un grand observateur, de la lignée des Gramme et des Edison.

TAIT *Pierre*, 1831, était écossais, et fut professeur de physique à Edinbourg. Il s'occupa de physique mathématique, et des théories de l'électricité.

Ce furent surtout les mesures thermo-électriques qui l'intéressèrent. Il définit le pouvoir thermo-électrique d'une soudure, un certain facteur qui, multiplié par la différence des températures, donne la force électro-motrice, et il en donna une représentation graphique assez commode.

MAXWELL *James-Clerk*, 1831-1879. C'était aussi un écossais. Cette race étonnante a fourni à l'électricité deux hommes doués des plus grandes facultés d'imagination, lord Kelvin et Maxwell. La race écossaise possède comme la race bretonne, une force étrange d'où jaillissent des types extraordinaires d'humanité.

Maxwell naquit à Edimbourg et mourut à Cambridge. Il fut professeur de Physique à Aberdeen et à Londres. Dès l'âge de quinze ans, il s'était fait remarquer par une communication à la Société royale d'Edimbourg sur une question de Mathématiques.

Son activité d'esprit l'entraîna quelque temps vers la théorie des couleurs, vers celle des gaz et vers la constitution de la matière, mais il revenait sans cesse à l'Electricité qui exerçait sur lui une sorte de fascination. On eût dit qu'il s'était juré de pénétrer son secret, et nous verrons qu'il essaya de l'aborder par tous les moyens ; il lui appliqua la méthode de Fresnel, puis celle de Fourier, enfin celle de Lamé ; il essaya de convertir les ondes lumineuses, puis les ondes calorifiques, en ondes électriques. Bref il trouva les formules exactes, mais on eût dit qu'il les avait posées d'avance pour être sûr d'y arriver, et le plus extraordinaire, c'est qu'elles furent vérifiées par l'expérience. Seulement leur fécondité se ressentit de leur point de départ, il n'en est encore rien sorti de nouveau.

L'existence mentale de Maxwell fut vraiment curieuse.

Ce fut un homme singulier, faisant tout au rebours des autres. Alors que les savants, les français surtout, suivent les règles de la logique, et accumulent les preuves derrière eux, comme un général qui veut emporter une position fortifiée, Maxwell suit une idée fixe, et si les preuves sont insuffisantes, il ne s'en embarrasse pas, il les abandonne pour en chercher d'autres ; il va toujours de l'avant, à la recherche d'une théorie.

Celle d'Ampère, après les phénomènes d'induction,

ne lui suffit pas. Du moins, il s'empare d'une idée fugitive d'Ampère, celle de l'éther, que nous avons signalée plus haut ; il abandonne l'action à distance, représentée comme l'attraction, par le rapport $\frac{mm'}{a^2}$.

Ampère dans sa théorie obtenait la représentation des courants dans les corps conducteurs. Pour représenter l'induction de Faraday, Maxwell imagine le flux de polarisation des isolants, c'est-à-dire des corps *non conducteurs*. Visiblement, il conçoit l'électricité comme aussi active dans les isolants que dans les conducteurs, mais d'une autre manière ; l'assimilation s'impose avec les phénomènes des corps opaques pour la lumière, des corps, non conducteurs pour la chaleur. Personne avant Maxwell ne s'était occupé des isolants, des *diélectriques*, comme il les appelle. Weber avait ajouté aux formules d'Ampère un terme proportionnel au carré de la vitesse et dans un sens parallèle à la droite joignant les deux masses en présence. Gauss avait cherché cette vitesse de propagation des forces électriques, mais il n'osait formuler aucune idée précise. C'est Riemann qui avait le premier osé parler de l'égalité de cette vitesse à celle de la lumière, mais ce n'est chez lui qu'une idée. On ne peut faire honneur d'une découverte qu'à celui qui apporte les preuves matérielles de son exactitude. Lorenz, un Hollandais dont nous parlerons, ajouta aux équations des termes indiquant l'existence d'un phénomène d'ondulation, suivant les formules célèbres et si élégantes de Fresnel. Mais aucun de ces hommes ne formulait une hypothèse bien développée.

Maxwell, lui, part des isolants ou diélectriques soumis à l'induction : il suppose que ces corps sont composés de *cellules* à parois très minces faites d'un *solide* parfaitement élastique et incompressible, et dont l'intérieur renferme un *fluide* parfait animé de mouvements tourbillonnaires (ce sont les mouvements magnétiques, auxquels obéit le spectre de limaille de fer qui avait tant intrigué Faraday). Le solide suit des déplacements à la suite de ces mouvements, qui correspondent à la polarisation de Faraday, et Maxwell dégage de cette hypothèse des équations d'élasticité de ces cellules assez analogues aux équations d'élasticité de Lamé. Ensuite il rapproche ces équations de celles qu'on admet pour l'optique, pour la chaleur, pour l'électricité. Il obtient des analogies, et il va toujours de l'avant. Les éminents physiciens qui ont eu la ténacité de suivre pas à pas Maxwell, Potier et Duhem, ont montré son insuffisance, le coup de pouce inconscient qu'il donne à ses équations. Et pourtant, il avance toujours et il arrive à poser enfin six équations qui se trouvent être justes, et qui au fond, comme l'ont dit Herz et d'autres, constituent en fait toute la théorie de Maxwell.

Est-ce un Dieu, disait un Allemand, qui a fait descendre du ciel ces six équations? Hélas non, si elles rendent compte de certains faits, si elles ont été consacrées par la découverte des ondes électriques montrant que l'idée de Riemann d'identité des ondes lumineuses et électriques, était juste, elles n'ont fait qu'exprimer une idée antérieure.

Il faut donc accepter sans démonstration les équations de Maxwell, comme une hypothèse fondamentale.

Mais il reste à faire. On ne saurait mettre en parallèle la théorie de Maxwell avec celles de Fourier et de

Fresnel, surtout avec cette dernière, le chef d'œuvre de la physique. Voici cependant les deux lois qu'on a tirées des équations de Maxwell, lois d'ailleurs prévues d'avance.

1. Dans le vide, les courants de déplacement ont la vitesse de la lumière.

2. Le pouvoir inducteur spécifique dans le vide D, est lié aux vitesses v et v' de propagation dans les diélectriques et dans le vide par la relation :

$$\frac{v^2}{v'^2} \times \frac{1}{\mu}$$

μ étant le coefficient de perméabilité magnétique du diélectrique.

M. Duhem a proposé un terrain de conciliation entre la théorie de Maxwell et celles de Poisson et d'Ampère : il le trouve dans la doctrine de Helmholz dont nous avons parlé.

Il est bien curieux en tous cas de voir une pure idée réfléchie en des formules mathématiques, conçue presque a priori, se trouver démontrée par l'expérience, avant qu'on ait eu le temps d'en construire une théorie réellement satisfaisante. Le lecteur curieux pourra lire Maxwell dans l'étude de M. Duhem, il n'aura pas d'ailleurs la même satisfaction qu'à lire les théories de Fresnel ou de Fourier.

Crookes *William*, 1832-? naquit à Londres. Ses travaux sont d'une étonnante originalité. Nous n'en parlons ici qu'au point de vue de l'électricité. Il montra les phénomènes nouveaux d'incandescence produits dans les tubes de Geissler où le gaz est plus raréfié : il étudia la lumière de ces tubes, les espaces sombres, et le mouvement oscillatoire de la lumière stratifiée ; il montra que le passage de la décharge transporte de la cathode des parcelles infiniment ténues qui bombardent le tube. Ces études intéressantes ont fini par laisser le nom de Crookes attaché aux tubes de Geissler, elles ont ouvert la voie aux rayons X, la découverte de Roentgen.

CAILLETET *Louis*, 1832-1913. Né à Châtillon-sur-Seine. Il est connu surtout pour ses succès de liquéfaction des gaz. En électricité, Cailletet s'occupa de la décharge disruptive, comme beaucoup de chercheurs, hallucinés par les effets de la bobine de Ruhmkorf, etc.

NEUMANN *Charles*, 1832-? Son père était déjà un mathématicien qu'avaient occupé des théories électriques. Il naquit à Kœnigsberg et fit ses études à Tubingue et à Leipzick.

Quant à ses théories électriques, bornons-nous à dire qu'il prolongea les travaux d'Ampère et de Poisson ; nous en avons parlé ailleurs.

GRAY *Elisha*, 1835-1901. Il naquit aux Etats-Unis, dans l'Ohio, et fut, comme bien des Américains, ouvrier, forgeron, charpentier, enfin apte à tout métier actif. Mais en même temps il étudiait, la curiosité des Américains pour les sciences est fréquente. Il fut constructeur de bateaux, puis d'appareils électriques. Il obtint une cinquantaine de brevets relatifs à la télégraphie, puis à la téléphonie. Il déposa son premier brevet de téléphone deux heures après Graham Bell, et de là sortit une interminable contestation. En fait il eut autant de mérite que Graham Bell, et d'ailleurs le téléphone ne devint pratique qu'après l'invention du microphone de Hughes.

Elisha Gray inventa encore le télégraphe *harmonique* ou *multiplex*, permettant les transmissions électriques simultanées, et le télautographe qui transmet à distance l'écriture et toute espèce de dessins. Il fallut l'ingéniosité d'Edison pour dépasser Gray.

STOLIETOF, 1839-1896. Il était russe, et fut professeur de physique à l'Université de Moscou.

Il publia en français des travaux sur l'électricité, où il s'occupe de la fonction magnétisante dans le magnétisme induit, de l'aimantation du nickel, etc.

POTIER *Alfred*, 1840-1905. Il fut ancien élève de l'Ecole Polytechnique, et ingénieur des mines. Mais il s'intéressa surtout à la physique dont il devint professeur. Ses leçons d'optique et d'électricité étaient très estimées. Il fut un des rares à voir clair dans les théories de Maxwell, il en fit saisir le défaut d'enchaînement, et cependant en montra l'intérêt. Chose curieuse, il était en même temps assez bon praticien pour que des industriels vinssent le consulter sur des enroulements de dynamos. Il était donc loin des pures abstractions où se meuvent les théoriciens allemands, vrai savant français observateur.

En pratique, il mesura l'énergie dépensée dans les appareils électriques, spécialement avec les courants polyphasés dont nous parlerons plus tard.

En théorie, ceux qui ont entendu Potier exposer ses théories électriques ne sauraient l'oublier ; on y sentait le regret de n'y point trouver le joint qui les eût rendues aussi merveilleuses que la théorie de Fresnel.

Kohlrausch *Frédéric*, 1840-   , étudia les courants, les résistances de beaucoup de solutions, et trouva une relation entre ces résistances dans l'électrolyse.

Maxim *Hiram*, naquit aux Etats-Unis (Maine), en 1840. Ses aptitudes le portaient à la mécanique, et il ne dépassa pas l'école primaire. C'est encore un exemple de tempérament américain ; il existe sans doute un trait original qui doit peu à peu caractériser la véritable *nation* américaine, tant il semble que les hommes, au lieu de s'unir, vont en se spécialisant, en se différenciant les uns des autres, subissant l'influence du milieu, de la nature où ils vivent, plutôt que celle des autres nations.

Maxim fut employé dans divers ateliers de construction de machines et d'instruments de précision. Ce n'est qu'après l'âge de trente ans qu'il se consacra à l'électricité et fonda à New-York une compagnie d'éclairage électrique. En 1881, on voyait à l'exposition de Paris des dynamos et des lampes à incandescence système Maxim. L'éclairage électrique industriel, suite de l'invention de Gramme, faisait des progrès rapides, l'électricité envahissait le monde. Il fallut cependant Foucault pour construire le premier régulateur des lampes à arc. Mais Foucault est surtout célèbre par ses travaux de mécanique et d'optique où nous le retrouverons.

Citons pour mémoire l'invention capitale de Maxim, sa mitrailleuse automatique, utilisant le recul pour les mouvements de la charge, invention bien américaine, où rien ne doit se perdre.

Pacinotti *Antonio*, 1841. Il était de Pise où son père était professeur de physique, comme il le devint lui-même ensuite.

C'est en 1864 qu'il imagina le fameux anneau, principe de la découverte de Gramme. La priorité ne lui est pas contestée, et il reçut un diplôme d'honneur à l'Exposition de Paris en 1881. Seulement Gramme fit son invention d'une manière indépendante, sans théorie, et la réalisa, alors que Pacinotti fit une théorie contestée et sans doute contestable jusqu'à Gramme. Il est clair que la découverte appartient à celui qui la réalise ou qui la démontre sans contestation possible.

Deprez *Marcel* naquit dans le Loiret en 1843. Il échoua à l'Ecole Polytechnique, mais entra à l'Ecole des Mines. Il y fut très peu assidu, et faillit s'en faire exclure, car ses examens n'étaient pas brillants, mais son esprit n'était pas occupé de choses frivoles, comme on s'en aperçut bientôt par ses inventions originales. Occupé d'abord par les machines à vapeur, il se consacra bientôt à l'électricité et imagina des interrupteurs, un ampèremètre, un galvanomètre apériodique dont nous aurons à parler à propos de d'Arsonval, etc. Il perfectionna la construction des dynamos et leur théorie, car malgré son échec à l'Ecole polytechnique, les calculs ne l'effrayaient pas.

A propos de l'ampèremètre, Deprez imagina les courbes caractéristiques, fonctions des intensités des courants et des forces électromotrices, et dont on se sert couramment aujourd'hui.

Les plus remarquables expériences de Marcel Deprez se rapportent au transport de la force électrique à distance, elles commencèrent en 1880. C'était bien une conséquence de l'invention de Gramme. Les résultats ne furent pas d'abord très satisfaisants ; après les essais faits à Munich, à Paris, à Grenoble, Deprez construisit près de Paris une ligne de 56 km., en 1885, avec des dynamos à une tension de six mille volts, la plus forte qu'on eût encore réalisée ; le rendement obtenu fut de 45 %.

Depuis lors, on a dépassé cent mille volts, et les rendements sont de 80 %, c'est l'histoire actuelle de l'électricité qui étend de plus en plus son domaine.

KERR (Docteur), 1845-   . Il fut professeur de physique à Glasgow, et découvrit en 1875 une propriété spéciale des corps isolants, solides ou liquides soumis à l'électrisation. C'est ce qu'on appelle le phénomène de Kerr.

L'isolant devient biréfringent, d'une manière lente, s'il es. solide ; immédiatement, s'il est liquide. On fait l'expérience d'électrisation avec une bobine de Ruhmkorf, et on voit reparaître la lumière dans l'analyseur lors même qu'on le tourne ; il ne s'agit donc pas de polarisation rotatoire. La différence de marche des rayons ordinaire et extraordinaire varie proportionnellement au carré de l'intensité du champ magnétique ; l'action électrique sur le verre est analogue à une compression. Ces phénomènes arriveront peut-être à mettre sur la voie de la nature de l'électricité.

ROENTGEN *Conrad*, 1845-   , était né en Prusse, à Lennep. Il fit ses études à Zurich, où il fut le préparateur du professeur Kundt. Il alla ensuite à Wurtzbourg et à Strasbourg où il revint deux fois.

Ses premières recherches portèrent sur les chaleurs

spécifiques des gaz, d'après les méthodes de Clément et Desormes ; il s'occupa aussi de diverses parties de le physique et enfin des corps diélectriques dont il cherchait à déterminer le pouvoir électrodynamique.

La découverte célèbre des rayons X date de 1895. Elle est une conséquence de l'expérience des tubes de Geissler. Ce physicien se contentait de faire le vide à un millimètre de mercure ; il obtenait la lumière positive et les belles teintes violacées de la cathode. Crookes poussa le vide jusque vers le millième de millimètre : alors la lumière positive disparaît, et la gaîne cathodique reste seule visible. Ce sont les rayons de cette zône, les rayons cathodiques qui jouissent de propriétés étranges. Crookes s'était aperçu en effet que certaines substances, comme le platinocyanure de baryum, devenaient vivement lumineuses lorsqu'elles se trouvaient exposées à ces rayons. On alla plus loin, on reconnut des effets de phosphorescence sur beaucoup de corps, sur le verre qui présente une fluorescence verte, la craie qui devient jaune orangé, etc. M. Villard réalisa avec ces teintes de véritables bouquets artificiels. Crookes, nous l'avons vu, montra l'effet calorifique produit par le bombardement véritable parti de la cathode : le platine iridié est porté au rouge blanc sous le choc des projectiles dans le vide.

Mais ce ne sont pas là encore les rayons X. Ceux-ci proviennent de l'obstacle rencontré par les rayons cathodiques. Alors que les rayons cathodiques ne sortent pas du tube dans l'air, les nouveaux rayons se propagent dans l'air, tout en restant invisibles : ils excitent la fluorescence, ils impressionnent les plaques photographiques, et enfin, voilà le phénomène étrange, ils traversent tous les corps, et avec des *vitesses différentes.* C'est ainsi que lorsqu'on reçoit sur une plaque de platinocyanure de baryum les rayons X provenant d'un tube de Crookes alimenté par une bobine assez puissante, après avoir interposé la main par exemple entre la plaque et le tube, on voit apparaître sur la plaque le spectre des os de la main, parce qu'ils sont traversés moins vite que la chair. On devine le magnifique champ d'applications qui s'est ouvert devant une aussi étonnante découverte.

La radiographie en médecine est devenue d'un usage courant. Les douanes internationales, la police même se servent des rayons de Roentgen.

BRANLY *Edouard*, 1846-   . Il naquit à Amiens et fut élève de l'Ecole normale supérieure. Il quitta l'Université vers 1880 pour devenir professeur de physique à l'Institut catholique de Paris.

Outre ses travaux théoriques, Branly fit des découvertes intéressantes sur les phénomènes électrostatiques dans les circuits des piles, sur la décharge électrique par les rayons violets, les corps incandescents, les gaz, etc.

Sa grande invention, c'est le *cohéreur* ou radioconducteur, inspiré sans doute par la même vue obsédante qui intriguait Faraday, le spectre magnétique. C'est l'organe capital de la télégraphie sans fil ; la limaille de fer, sensible à l'influence d'une bobine de Ruhmkorf, même d'une machine de Holz. C'est l'entrée en scène des ondes électriques, que Branly expérimentait avant d'avoir connaissance des expériences de Herz, et qui allait bientôt faire surgir Marconi, génie pratique qui vit d'instinct ce qu'un savant théoricien osait à peine imaginer.

En 1905, Branly alla plus loin, il appliqua son radioconducteur à la mécanique, et donna une solution générale du problème de la télémécanique sans fil. Par le dispositif de Branly, on peut allumer un phare, mettre un moteur en marche, décharger un explosif, etc., et l'expéditeur reçoit même un message automatique l'avertissant si l'effet commandé est produit.

EDISON *Thomas-Alva*, 1847, naquit à Milan, dans l'Ohio. C'est le type achevé du génie américain, où la réclame même joue un rôle important, l'Américain sait se faire valoir, s'il vaut quelque chose.

Ses grands-parents étaient Hollandais. Son père avait exercé toute espèce de métiers, tailleur, potier, pépiniériste, etc., enfin brocanteur et il ne reçut guère de leçons que dans une arrière boutique, et de la part de sa mère qui avait été institutrice.

A douze ans, ce père, incapable de l'entretenir, le fit embaucher dans une compagnie de chemin de fer comme apprenti-ouvrier, *train-boy*. L'ingéniosité du gamin se manifesta de suite : il colportait d'un wagon à l'autre des journaux, des sucreries, de ces gommes dont raffolent les Américains, des cigares, etc. Il embaucha même de jeunes gamins pour l'aider et gagna plusieurs milliers de francs. Il fit mieux, il trouva moyen d'imprimer un journal de nouvelles dans le train, en se mettant en rapport avec une agence d'informations ; les nouvelles étaient fraîches et sûres, on s'arrachait le journal du petit Edison.

Mais la curiosité l'emporta vers la Chimie et faillit tout gâter. Une expérience avec le phosphore mit le feu au wagon expérimentateur. Revenu à la presse, il entreprit de corser les nouvelles par des racontars personnels, fort blessants pour certaines gens, si blessants même qu'il se fit attraper et jeter dans un rivière par une de ses victimes. Il savait nager et se sauva, mais l'aventure le fit réfléchir, il avait quatorze ans.

Le hazard le servit : il sauva le bébé d'un chef de gare au risque de sa vie, et il se trouva que ce chef de gare était un homme reconnaissant, qui lui enseigna le vocabulaire et la manœuvre du télégraphe Morse. Edison obtint une place dans un bureau télégraphique à Port-Huron. Malheureusement ses instincts de liberté le rendaient insupportable. Il s'absentait et imaginait des inventions automatiques pour le remplacer ; en 1864, à dix-sept ans, il indiqua le moyen de faire passer à la fois deux messages télégraphiques sur le même fil, mais on se moqua de lui, on ignorait les essais de ce genre faits en Europe au même moment. Il voulut établir ce télégraphe entre deux trains en marche, mais il fit une bévue, et causa une rencontre : cette fois il fut renvoyé et dut chercher une place ailleurs (1868).

Il inventa alors des appareils vibratoires et ouvrit un atelier à New-York ; il fut employé ensuite comme ingénieur électricien par une compagnie de télégraphes ; celle-ci comprit enfin son système *Duplex* et le lui acheta contre une rente annuelle de six mille dollars. C'était la réalisation de la fortune : car la même compagnie lui achetait, à des prix déterminés par arbitre, ses futures inventions. Il eut enfin un grand atelier à New-York et plusieurs centaines d'ouvriers (1870), il avait 23 ans.

En 1873, il quitta ses ateliers pour s'installer défini-livement dans le New-Jersey, à Orange, où il fonda ce fameux laboratoire de Menlo-Park où il réalisa tant d'inventions.

Outre ce laboratoire, Edison éleva peu à peu une véritable cité industrielle occupant plusieurs milliers d'ouvriers. Il construisit d'autres usines d'éclairage électrique, des fabriques de dynamos, etc. Il fonda en 1881 à Paris la Compagnie continentale Edison pour exploiter ses brevets relatifs à l'éclairage électrique. Rien qu'à Paris, il possède quatre usines, et sa fortune est énorme.

Edison est toujours robuste, de haute taille, l'air distrait, et pourtant réfléchi. Il passe pour aimer la musique, bien qu'aux Etats-Unis, la musique soit surtout l'affaire des *minstrels*.

Le nombre des brevets d'Edison est de plusieurs centaines, huit cents, dit-on. Cependant ce sont surtout des perfectionnements : les principaux ont rapport au télégraphe multiplex et au téléphone. La plus réelle invention d'Edison est le phonographe, qui date de 1877, peu à peu amélioré et définitif en 1888 seulement. C'est cet instrument qui, par sa combinaison avec le transmetteur à charbon et l'électromotographe a donné naissance au grammophone. Le monde actuellement est plein de grammophones ; il est vraiment admirable de voir une simple ligne sinueuse réaliser les combinaisons de sons les plus compliquées et les timbres les plus divers. Ce résultat extraordinaire réalisa peut-être le goût musical d'Edison, mais vraiment il pousse à l'extrême, jusqu'à la parodie, en tous cas à la mécanique pure, le rôle considéré comme si spirituel de la musique.

Edison fit encore un voltamètre sonore, un appareil de subdivision de la lumière électrique, des fils susceptibles de brûler huit cents heures, un séparateur magnétique du minerai de fer, une poupée phonographique (est-ce l'Ève future de Villiers de l'Isle-Adam qui la lui inspira?) une machine dynamo-pyromagnétique, un compteur de courant, etc., etc.

Il s'est opposé aux courants alternatifs qu'il redoutait, n'employant que les courants continus ; jusqu'ici pourtant nul danger ne s'est révélé de la part des alternateurs ; ceux-ci au contraire semblent peu à peu prendre partout la place des dynamos à courant continu.

Edison a donc fait beaucoup d'inventions d'une utilité incontestable, sans cependant posséder aucune théorie ; on peut faire remarquer qu'il est rare de voir une découverte issue directement de la théorie ; dans tous les cas, ce ne sont pas les plus frappantes. Sans doute, c'est toujours le travail qui mène à la découverte, mais il ne suffit pas, la nature et ses circonstances, le hazard, la chance, la Providence, jouent aussi leur rôle. Peut-être sans le petit bébé qu'il sauva, Edison n'eût-il jamais réalisé ses capacités inventives.

Graham Bell est né en 1847 à Edimbourg, mais il vécut longtemps aux Etats-Unis, et devint citoyen américain. Il fut d'abord professeur de sourd-muets, et même il épousa une sourde-muette. C'est à la suite de ses efforts pour améliorer le sort de ces pauvres gens qu'il découvrit le téléphone en Angleterre. Au début, cet instrument était destiné uniquement aux sourds, on sait depuis quel développement universel il a pris ; à l'heure actuelle, grâce à un perfectionnement il est en voie de reprendre sa grande utilité pour les sourds. Comme nous l'avons vu, l'invention du téléphone fut contestée à Bell par Elisha Grey qui prit un brevet le même jour, mais fut mis en déchéance pour vice de forme. Bell découvrit en outre le radiophone, qui permet d'entendre le passage d'une ombre interrompant l'action de la lumière sur une plaque de sélénium. Cet instrument devait permettre la transmission de la parole par un rayon lumineux, et Bell y parvint, mais jusqu'à 40 ou 50 m. seulement.

Rowland, né en 1848, était Américain de Pensylvanie ; il mourut à Baltimore. Il fut professeur de Physique à l'Institut polytechnique Troy, à New-York ; il vint travailler une année en Allemagne avec Helmholtz et depuis lors resta à Baltimore.

Rowland détermina l'unité de résistance électrique, et étudia le spectre solaire. Il dépassa de beaucoup les résultats de Kirchhof. Il fit d'autres découvertes en Optique, notamment sur les réseaux de diffraction. En Electricité, il étudia l'effet magnétique, et à la suite de Maxwell, la *convexion électrique* : disons ce que c'est que la convexion.

Il s'agit d'imprimer des mouvements à des corps électrisés de façon à reproduire les effets des courants électriques. Rowland réalisa un dispositif qui met en évidence l'action magnétique de l'électricité en mouvement : il obtint de fortes déviations d'une aiguille aimantée sous l'influence de disques électrisés tournants ; la déviation est de même sens que celle d'un courant dirigé dans le sens de la rotation si le disque est chargé d'électricité positive ; de sens contraire dans le cas de fluide négatif. Rowland a même pu mesurer en unités électrostatiques la quantité d'électricité qui passe dans une seconde normalement au mouvement, ainsi que l'intensité du champ agissant sur l'aiguille aimantée, en unités électromagnétiques, et il en a tiré le rapport v des deux unités ; $v = 3 . 10^{10}$ C. G. S., nombre égal à celui de la vitesse de la lumière.

D'ARSONVAL, 1851. Originaire de la Haute-Vienne, il s'occupa surtout de médecine, et fut préparateur de Claude Bernard, puis directeur du laboratoire de physique biologique au Collège de France, et enfin Professeur. Il fut un des premiers à appliquer avec succès l'électricité à la médecine. Il imagina des galvanomètres, un téléphone magnéto-électrique, etc. Ses recherches les plus originales portèrent sur les courants de haute fréquence, dont le dispositif, comme nous le verrons pour Tesla, est construit pour produire les ondes électriques.

Le galvanomètre principal de d'Arsonval a été construit avec Marcel Desprez.

Les courants de haute fréquence, et c'est la découverte de d'Arsonval, sont absolument inoffensifs pour la vie humaine, seulement le condensateur est délicat, et peut se briser. M. d'Arsonval a imaginé un dispositif qui permet d'éviter tout accident.

BECQUEREL *Henri*, 1852. C'est le représentant de la troisième génération des Becquerel. Il fut Ingénieur des Ponts et Chaussées, et professeur au Conservatoire des Arts et Métiers. Il étudia la polarisation rotatoire magnétique, l'influence du magnétisme terrestre sur l'atmosphère, etc.

H. Becquerel est un des physiciens qui ont le plus

étudié les rapports entre le pouvoir rotatoire magnétique et les propriétés optiques.

LORENZ *Hendrik*, 1853. Il est né à Arnhem en Hollande, et devint professeur à Leyde. Les diverses parties de la Physique l'attirèrent, mais surtout l'électricité. Il étudia l'optique magnétique, le phénomène de Hall, et surtout les rapports entre les conductibilités électriques et calorifiques.

Lorentz à émis une théorie célèbre sur l'électricité : il avait annoncé par le calcul l'expérience de Zeeman où les radiations d'un corps sont modifiées par un électro-aimant. L'électricité pour Lorentz est matérielle, elle existe à la surface des corps ; c'est lui qui est arrivé à cette conception de l'électron, système dynamique composé d'un centre immobile et de satellites de masse très inférieure tourbillonnant autour de lui. Il est arrivé à cette théorie par des considérations mathématiques, en ajoutant aux équations de Maxwell l'intensité du courant de convexion, dû au moment des Electrons (Duhem, p. 132).

POINCARÉ *Jules-Henri*, 1854-1914, fut un des plus grands mathématiciens français, originaire de Nancy.

En électricité, Poincaré s'occupa des théories générales dont celle de Lorentz, sans entrer dans la pratique courante. Il est célèbre aussi par ses ouvrages de haute philosophie sur les limites de la science et de l'hypothèse. Toute vérité est bornée à nos propres conceptions.

HALL *Edwin*, 1855, naquit aux Etats-Unis, à Gorham,

dans le Maine. Il fut professeur de Physique à Baltimore, puis à Cambridge. Un phénomène curieux qu'il découvrit et qui porte son nom lui donna la célébrité. Voici en quoi consiste ce phénomène.

Lorsqu'une plaque métallique est parcourue par un courant, et placée dans un champ magnétique de manière que son plan soit perpendiculaire aux lignes de force, les lignes équipotentielles de cette plaque sont déviées. La première expérience de Hall date de 1880 : il s'aperçut de la déviation de l'aiguille d'un galvanomètre relié à une feuille d'or que portait une plaque de verre placée entre les pôles d'un électro-aimant. Hall attribuait l'effet produit à l'action directe de l'aimant sur le courant. Depuis lors, on a montré que le phénomène peut s'expliquer par une action combinée d'effets thermo-électriques, et de l'effort mécanique déterminé par l'électro-aimant.

Cette expérience de Hall, comme beaucoup d'autres, et comme il s'en fait de plus en plus étranges, suggère une réflexion. Comment est-on amené à les faire? C'est évidemment d'abord le fruit d'innombrables réflexions de laboratoire et ensuite le fait de certains hazards. Sans doute la science fait naître le hazard, mais le hazard favorise la science. Et puis, il est certain que plus la science progresse, plus les expériences sont coûteuses, et nécessitent de perfection dans les appareils. Ce n'est plus le profane qui peut faire des découvertes, ce sont les Universités ; même Gramme, tout ouvrier qu'il fût, disposait d'un matériel peu ordinaire pour ses études de courants.

Tesla *Nicolas*, 1856. C'est un Croate, donc de race slave, et sujet autrichien, né à Smiljan.

Il découvrit des courants d'induction de haute fréquence auxquels on a donné son nom.

Tesla se servait d'une bobine de Ruhmkorf ou d'un alternateur relié à un circuit comprenant un condensateur. Le fil secondaire de la bobine était très résistant, de telle sorte que le condensateur se chargeait progressivement, sans oscillations. La différence de potentiel aux bornes du circuit allait donc en augmentant jusqu'à la production d'une étincelle. Dans ces conditions, l'énergie acumulée dans le condensateur provoque une décharge oscillante de haute fréquence, maintenue par le flux de la bobine. La fréquence des oscillations a atteint cent mille par seconde dans les expériences de Tesla. Ce dispositif est exactement celui de Hertz dont nous allons parler.

HERTZ *Henri*, 1857-1894, naquit à Hambourg et mourut prématurément à Bonn, à 37 ans.

Il fut professeur de physique.

Hertz mérite une place spéciale parmi les observateurs électriciens. Il fut le premier à voir clair dans les phénomènes des ondulations électriques. Avant lui, de l'Américain Henry, jusqu'aux Français Brandy et d'Arsonval, on avait réalisé l'existence des ondes, mais sans les concevoir clairement. Hertz expliqua le dispositif de la bobine de Rhumkorf déjà connu, et imagina un système ingénieux de résonateurs électriques qui ne pouvaient plus laisser aucun doute sur l'existence des ondes. Le grand retentissement de ces expériences était dû à ce qu'elles apportaient une confirmation éclatante aux hypothèses de Maxwell, et établissaient l'identité de transmission entre la lumière, l'électricité et la chaleur rayonnante, à travers ce

milieu qu'on appelle l'éther, et non plus par l'action
à distance, mais au moyen d'ondulations. De plus,
Hertz, qui connaissait à fond les théories de Maxwell,
réalisa une forme simple et symétrique des équations
auxquelles aboutissent ces théories. Il alla de l'avant
mais ne revint pas en arrière, de sorte que l'origine
de ces équations reste obscure, et Hertz put dire que
toute la théorie de Maxwell, ce sont ses six équations.
Pourtant l'esprit humain ne peut se satisfaire de signes. Peut-être arrivera-t-il un jour, en refaisant en
sens inverse le chemin parcouru, ou de toute autre
manière, à dégager des hypothèses encore insoupçonnées qui jetteront un jour sur le fluide électrique encore si mystérieux. Nous allons entrer dans
quelques explications sur les expériences de Hertz parce qu'elles ouvrent décidément un chapitre nouveau
de l'électricité, chapitre entièrement en dehors du
champ découvert par Ampère et Faraday.

Ce nouveau champ de découvertes devait tenter
d'autres esprits que celui de Hertz, car nous avons
vu que les expériences de Tesla par exemple emploient
exactement le même dispositif. La découverte de
Hertz date de 1888, les expériences de N. Tesla sont
de la même époque, les Revues techniques américai-
nes en parlent dès 1890 et 1891, mais tandis que Tesla
cherchait seulement à élever de plus en plus la fréquence des périodes, c'est-à-dire des inversions de
courant par seconde, Hertz cherchait directement à
établir l'existence d'ondes électriques ; il connaissait
les théories de Maxwell et cherchait le moyen de
déceler la présence d'ondes se propageant de la même
manière que les ondes lumineuses. D'autre part, plus
on rapproche la fréquence de ces ondes, plus on doit

les rendre sensibles, et c'est pourquoi Hertz et Tesla aboutissaient aux mêmes appareils. Tesla se mit ensuite à la recherche d'ondes si rapides qu'elles eussent été capables de faire jaillir la *lumière*, la lumière froide, mais nous n'y sommes pas encore arrivés.

L'excitateur de Hertz est une bobine de Ruhmkorf dont les pôles sont reliés à des tiges métalliques terminées d'un part par des boules, de l'autre par des boutons métalliques qu'on peut rapprocher à volonté. Ce montage est plus simple que celui de Tesla, il y manque le condensateur, mais celui-ci est remplacé par l'air qui sépare les boules situées aux extrémités des tiges métalliques. La rapidité des oscillations devient ici beaucoup plus grande que dans le dispositif de Tesla, on atteint quatre à cinq cent millions d'oscillations par seconde. Les successeurs de Hertz, Blondlot, etc., sont même arrivés à cinquante milliards. Il n'y aurait plus qu'à multiplier ce chiffre par dix mille pour arriver aux ondulations lumineuses.

Pour révéler à distance cet ébranlement, Hertz imagina ses résonateurs, simple fil de cuivre replié sur lui-même et dont les extrémités sont terminées par de petites boules. Les étincelles provoquées par le choc des ondes électriques jaillissent entre ces deux petites boules. Les premières expériences permirent de réaliser ces étincelles à quelques dizaines de mètres de distance.

Pour aller plus loin, il fallut recourir au tube de Branly.

On parvint à faire des expériences assez précises pour montrer que la vitesse de propagation de ces ondes électriques est égale à celle de la lumière et ainsi l'hypothèse de Maxwell et ses équations se trouvèrent démontrées : il y a identité entre la lumière et l'électricité, l'hypothèse des diélectriques ou isolants est vérifiée. Les tourbillons du fluide que renferment les cellules des isolants obéissent aux lois de Maxwell ; le spectre de la limaille de fer qui avait tant intrigué Faraday reçoit son explication théorique. Il ne reste plus qu'à établir le lien qui doit relier définitivement les équations de Lamé à celles de Maxwell, sous la forme que leur a donné Hertz ; peut-être ce lien suggérera-t-il une dernière hypothèse encore insoupçonnée sur la nature de l'électricité.

Bose *Jagadis*, 1858-? Avec Bose, le champ de la science pénètre aux Indes anglaises. Bose est en effet un Hindou, né au Bengale. Il obtint le diplôme de bachelier à Calcutta et vint ensuite en Angleterre où il compléta ses études. En 1855, il revint aux Indes comme professeur, à Calcutta.

Bose compléta heureusement et simplifia les expériences de Hertz. Il inventa un appareil qui permet de produire des radiations électriques très courtes, se rapprochant par conséquent des ondes lumineuses, et il parvint à montrer dans le domaine électrique une série de phénomènes optiques : réflexion, réfraction diffraction, polarisation, etc., en 1897.

En 1900, Bose vint à Paris à l'exposition et fit de mémorables conférences sur l'unité de la matière, au congrès international de Physique : il montrait la tendance par toutes les formes inorganiques de la matière à posséder une propriété commune avec les formes vivantes.

Curie *Pierre*, 1859-1906, mourut encore jeune, à 47 ans, écrasé par un tramway. Sa mort, survenue peu après la mémorable découverte du radium, fit une immense impression. Me trouvant près de San-Francisco, et au moment du fameux tremblement de terre, je me rappelle qu'un journal américain déclara que la mort de Curie était une perte plus grande pour l'humanité que le désastre de Californie.

Curie fut préparateur à la Sorbonne, et découvrit d'abord avec son frère la *piézo*-électricité. En 1882, il était chef des travaux de Physique à l'École de Physique et de Chimie industrielle de Paris.

En 1895, l'année même de sa thèse sur les Propriétés magnétiques des corps à diverses températures, il épousait une polonaise, Mlle Sklodovska, étudiante à la Sorbonne, et qui depuis lors fut associée à toutes ses recherches. Il est permis de penser que la finesse d'intelligence féminine fut pour quelque chose dans la délicatesse des expériences qui permirent à Curie d'arriver à isoler le radium. D'ailleurs le prix Nobel qu'il reçut en 1904 fut partagé entre lui et Mme Curie, en reconnaissance sans doute des services de celle-ci. Curie fut depuis 1903 professeur de Physique générale à la Sorbonne.

En électricité, il étudia le phénomène réciproque de dilatation électrique des cristaux, etc., et surtout les phénomènes de radio-activité, qui reproduisent avec beaucoup plus d'énergie les mêmes phénomènes que ceux de Roentgen dont nous avons parlé.

Curie imagina divers instruments de précision en rapport avec les expériences si variées, si difficiles qu'il avait réalisées : électromètre, balance à lecture directe, condensateur à anneau de garde, etc. Après sa mort, Mme Curie, née en 1867, fut nommée titulaire de la chaire qui avait été créé pour lui. C'est la première fois qu'une femme occupa une chaire en France dans le haut enseignement, mais les travaux de Mme Curie sont aussi une exception dans les travaux féminins. En Mathématique seulement on avait vu des femmes éminentes : Sophie Germain, Marie Agnesi, et surtout une Russe, Mme Kovalevska.

DUHEM *Pierre*, naquit à Paris en 1861. Sorti du Collège Stanislas, il entra le premier à l'Ecole normale supérieure, et dès 1887, fut maître des conférences à la faculté des sciences de Lille. Il passa par Rennes, et fut nommé à Bordeaux en 1895.

Ses nombreux mémoires, et ses leçons magistrales sur toutes les branches de la Physique mathématique le firent élire Correspondant de l'Académie des Sciences en 1900. Il éclaircit en outre divers points importants d'histoire scientifique, grâce à une étude spéciale d'anciens manuscrits.

En électricité, le principal ouvrage de Duhem est son étude des théories de Maxwell, dont il fut le premier, avec Potier, à mettre en évidence les points faibles.

ZEEMANN *Pierre*, né en 1865, est un hollandais, de la Zélande. Il fit ses études à Leyde et fut en 1900 nommé professeur de physique à l'Université d'Amsterdam.

Zeemann étudia les relations entre les phénomènes de l'optique et du magnétisme : il aborda un champ d'expérience presque neuf, et réussit à montrer l'influence d'un champ magnétique sur les rayons lumineux. Kerr avait remarqué que certains corps deviennent biréfringents sous l'action d'un champ magnétique ; il avait en outre fait dévier au moyen d'un électro-aimant le plan de polarisation d'un rayon de lumière simple. Zeeman découvrit que le champ magnétique peut modifier la *période vibratoire* d'un rayon de lumière simple.

C'est ce qu'on appelle le phénomène de Zeeman. L'expérience date de 1896, et fit une véritable sensation. Au moyen du spectroscope, on put observer distinctement qu'une raie brillante se décompose, suivant qu'on se trouve dans la direction du champ ou dans un plan normal, en un doublet ou un triplet de raies.

Ce fait, interprété par la théorie de Lorentz, dont nous avons parlé, fut l'origine de la théorie qui semble de plus en plus probable aujourd'hui, des *ions* et des *électrons*. Le calcul faisait prévoir le phénomène, toutefois les complications observées depuis sont encore inexplicables avec la théorie ébauchée. Ce changement de longueur d'onde révélé par le spectroscope est réel, et non pas apparent comme dans l'effet optique Doppler-Fizeau, observé lorsque la distance de l'observateur à la source lumineuse change rapidement ; ce dernier effet est analogue à celui des ondes sonores, du sifflet d'une locomotive qui s'éloigne rapidement.

Les ions de Lorentz, en vibrant, propagent des ondes électromagnétiques, et sont la cause directe du changement observé par l'action d'un champ magnétique sur la période vibratoire d'un rayon lumineux : le phénomène était donc annoncé par Lorentz et reçut sa démonstration de Zeeman tout comme la théorie de Maxwell annonçait les résultats de Hertz.

MARCONI *Guglielmo*, né le 25 avril 1874, à Bologne. Il fut élève du professeur Righi, qui s'occupait beaucoup de répéter et d'étendre les expériences de Hertz. Il rencontra un Anglais, William Preece, qui lui donna des conseils d'anglais pratique. Marconi était d'origine anglaise par sa mère, et il trouva en Angleterre un concours empressé de la part de l'administration des postes et télégraphes, quand il voulut faire ses expériences. Son premier succès eut lieu en 1899, entre Boulogne et Douvres.

L'invention de la télégraphie sans fil appartient presque au xxe siècle, mais elle est une conséquence si immédiate et naturelle des découvertes de Branly, Hertz, etc., qu'on doit la rattacher encore au xixe siècle. Ce sont le cohéreur, successivement perfectionné par Lodge, etc., puis les antennes verticales terminées par de larges conducteurs, imaginées par Tesla, enfin un dispositif de M. Popof, en Russie, qui préparèrent la découverte de Marconi. Le seul point défectueux était le transmetteur d'ondes, il fallait en imaginer un qui fût assez puissant.

Marconi fit breveter son système originaire le 2 juin 1896 : il comprenait l'oscillateur de Righi, le récepteur de Branly, modifié par Bose et Lodge, les antennes et le dispositif de Popof. Ce n'était donc pas très original, mais la combinaison était ingénieuse, si ingénieuse même que le résultat fut immédiatement bien supérieur à ce qu'on obtenait auparavant.

Depuis lors, on se sert, au lieu de tubes Branly, de détecteurs magnétiques ou électrolytiques beaucoup plus sensibles, mais ce sont bien les radio-conduc—teurs de Branly qui ont eu la part prépondérante dans la découverte de Marconi. Les autres perfectionnements sont tenus secrets, mais les transmetteurs d'ondes sont de plus en plus puissants, et les distances atteintes dépassent quatre et cinq mille kilomètres. Le défaut le plus grave, c'est qu'un message envoyé par une station peut être capté par une autre. De plus, les circonstances atmosphériques rendent parfois les effets recueillis très faibles et capricieux.

Ici, comme en bien d'autres cas, on peut dire qu'une invention n'est presque jamais due à un seul homme, elle est le résultat de patients efforts faits pendant long-temps et à grande distance les uns des autres. La science avance à pas lents, et quand il s'est fait une infinité d'efforts infinitésimaux, on s'aperçoit tout à coup que le chemin parcouru est appréciable ; c'est l'instant de la découverte. L'heureux savant qui en bénéficie est souvent modeste, car il sait les étapes parcourues ; il ne fait que représenter une somme d'efforts, c'est le phare qui éclaire, mais le phare n'éclairerait pas sans les conducteurs, les dynamos, les turbines invisibles, et surtout sans les chutes d'eau naturelles qui représentent pour le phare ce que repré-sente pour l'homme l'intelligence et la volonté de savoir, les dons naturels, dont l'homme n'a pas le mérite.

PERRIN, membre de l'Académie des Sciences, décou-vrit l'électrisation des rayons cathodiques, et d'autre part, établit, mieux que personne, la réalité de la molé-cule, arrivant même à dénombrer les molécules et les atomes.

2° L'Acoustique au XIX° siècle. Biographies

LAGRANGE, 1736-1813, déjà cité en optique, fit une théorie mathématique des plaques vibrantes. Il donna l'équation de la courbe affectée par une corde vibrante, une sinussoïde.

$$y = Y \sin (x\sqrt{f}) \sin (t\sqrt{g})$$

où Y est l'ordonnée maxima de la courbe et où f et g sont des constantes.

WUNSCH *Christian-Emmanuel*, 1744-1828, fut professeur de mathématiques et de physique à Francfort-sur-l'Oder ; il étudia la propagation du son à travers les corps solides.

MONGE, 1746-1818, connu en optique, laissa une trace en acoustique par sa théorie du timbre qu'il attribua aux harmoniques du son. L'exactitude de cette idée fut démontrée bien plus tard par Helmholz.

CHLADNI *Ernest-Frédéric*, 1756-1827, était d'origine slave, comme l'indique son nom (qui signifie *froid*), il naquit à Wittemberg et mourut à Breslau. Docteur en droit et en philosophie, il ne fut jamais professeur titulaire, mais il fit de nombreuses expériences d'acoustique et des cours sur ce sujet, tout en voyageant beaucoup.

Il inventa deux instruments de musique : le *clavi-

cylindre où l'on fait résonner des tiges en bois, et *l'euphon* où les tiges sont en verre. Le son de ces instruments est doux et agréable, mais trop faible pour attirer l'attention dans un concert.

Les figures acoustiques de Chladni sont bien connues. Elles attirèrent tellement l'attention que Chladni les présenta à l'Institut de France en 1809. Laplace s'y intéressa et Napoléon donna à l'auteur 6.000 fr. pour faire traduire son ouvrage d'acoustique en français.

GERSTNER *François-Joseph*, 1756-1832, fut professeur à Prague. Il montra que la courbe des ondes sonores est une cycloïde simple, ou aplatie, ce qui est exact en général ; mais dans certains cas, la partie antérieure de la courbe peut avoir une toute autre forme que la partie postérieure.

GILBERT *Louis-Guillaume*, 1769-1827, fut professeur de physique à Halle, puis à Leipzick. Il s'occupa de la vitesse de propagation du son dans les gaz.

YOUNG *Thomas*, 1773-1829, célèbre dans la théorie des ondes lumineuses (v. en optique), étudia les mouvements des cordes vibrantes en même temps que Lissajous, mais sans y apporter la même attention.

CAGNIARD-LATOUR, 1777-1859, fit partie d'une des premières promotions de l'École Polytechnique, fut ingénieur-géographe, et employé au ministère de l'intérieur à Paris.

Il est l'inventeur de la *sirène*, le premier instrument qui permit de compter le nombre de vibrations d'un son quelconque.

Poisson *Siméon-Denis*, 1781-1840. Nous l'avons cité en Électricité. Dès sa jeunesse, il fut remarquable. Peut-être ses discussions avec Laplace, Fresnel, Fourier et d'autres savants ont-elles nui longtemps à sa réputation. Il semble qu'on lui rende beaucoup plus justice maintenant, on reconnaît qu'il avait souvent raison contre ses illustres contradicteurs, pour la théorie de la capillarité par exemple.

Il fut professeur à l'Ecole Polytechnique, à la Faculté des Sciences, etc., enfin pair de France. Ses théories sur l'Electricité ont prouvé qu'elles étaient susceptibles de grands développements. En Optique, ses vibrations suivant la direction du rayon ont trouvé une vérification dans les expériences de Neumann. On ne peut dire encore que Poisson eut toujours raison, mais ses idées étaient fort soutenables, malgré le succès qu'eurent les théories de Fourier, de Fresnel et de Laplace.

En acoustique, Poisson étudia les vibrations des cordes et des verges élastiques. Les théories élastiques de Poisson concordèrent plus tard avec celles de Lamé.

Barlow *Pierre*, 1780-1862, était fils d'un ouvrier. Il devint professeur de Mathématiques et de Physique à l'Ecole militaire de Woolwich, et enfin membre de toutes les académies scientifiques de l'Europe. C'est lui qui rendit possibles les boussoles sur les navires en fer par l'emploi de compensateurs. Il améliora également les télescopes.

En acoustique, il imagina le Logographe.

Ohm, 1788-1861, fort connu en Electricité, prit

part aux recherches d'acoustique par sa composition des vibrations.

Savart *Félix*, 1791-1841, était fils d'un ingénieur très habile. Sorti de l'hôpital militaire de Metz, il devint chirurgien de l'armée, puis docteur médecin à Strasbourg et à Metz. Mais il abandonna bientôt la médecine pour s'occuper d'expériences d'acoustique.

Il étudia les vibrations des corps solides, liquides et gazeux, le mécanisme de la voix, et enfin la constitution de l'organe auditif. En 1838, il succédait à Ampère au Collège de France dans la chaire de Physique.

L'élasticité des cristaux, celle des métaux, les lois de la torsion des verges et des lames rigides furent l'objet de plusieurs de ses mémoires. Il en fit un aussi sur la voix des oiseaux.

Sa roue dentée, destinée à compter le nombre de vibrations d'un son donné par les vibrations d'une carte, est encore employée dans les cabinets de Physique.

Weber *Ernest-Henri*, 1795-1878, de Wittemberg, était le frère de Guillaume Weber, très connu par ses travaux en Électricité. E. H. Weber fut professeur de Physiologie à Leipzig. En 1825, il s'était occupé avec son frère de la théorie des ondes. En 1828, il fut nommé professeur extraordinaire à Halle, en 1831 professeur titulaire à Goettingue jusqu'en 1837. Il vint ensuite en particulier à Goettingue, et reste en relations intimes avec Gauss jusqu'en 1843. C'est là qu'il établit un des premiers télégraphes entre sa maison et celle de Gauss.

En 1849, E.-H. Weber fut nommé professeur à Leipzig, mais il en revint bientôt pour reprendre ses anciennes fonctions à Goettingue. Bien que l'aîné des trois frères Weber, c'est lui qui survécut aux deux autres.

La théorie des ondes lui fit faire quelques observations en acoustique.

Duhamel *Jean-Marie-Constant*, 1797-1872, était de Saint-Malo. Il sortit de l'Ecole Polytechnique et fut bientôt nommé répétiteur, puis examinateur et enfin professeur d'analyse à cette même école. Il fut membre de l'Académie des Sciences.

L'originalité de Duhamel a été de revenir à la méthode différentielle de Leibniz, contrairement à celle des dérivées de Lagrange.

Duhamel s'occupa de la théorie des forces en Mécanique analytique ; avec Biot, il confirma les résultats de Sénarmont sur la conductibilité des cristaux.

En acoustique, il se trouve d'accord avec Ohm pour les effets d'un mouvement vibratoire sur l'oreille ; celle-ci s'en trouve affectée de la même manière qu'elle le serait par les effets provenant de la décomposition de ce mouvement. C'est la transposition de l'équation de Fourier dans la théorie des sons.

Willis *Robert*, 1800-1875, fut professeur de mécanique en Angleterre.

Etant jeune, il se passionna pour la musique. De santé délicate, il reçut une éducation particulière à Cambridge. Il fut ordonné prêtre en 1827. Devenu membre de la Société royale en 1830, il continua à enseigner la mécanique. En 1855, il fut un des rapporteurs anglais à l'Exposition de Paris. Il voyagea en France et en Italie, et s'occupa beaucoup d'architecture, de l'écriture médiévale, etc. ; il inventa à cette occasion un appareil pour copier les moulures.

Au point de vue acoustique, son étude sur le mécanisme du larynx est regardée comme contenant la théorie véritable du mode d'action de cet organe.

WHEATSTONE, 1802-1880. Nous l'avons cité en électricité. En acoustique, il fit quelques travaux et imagina le Kaléidophone.

COLLADON, 1803-1893. Professeur à Genève, il détermina avec le mathématicien Sturm, la vitesse du son dans l'eau, entre Thonon et Rolle, sur le lac de Genève.

DOPPLER, 1803-1853, mieux connu en Chaleur. Il est célèbre par son principe d'optique dérivé d'un principe sonore : la hauteur du son varie avec la distance et sa vitesse.

WEBER *Guillaume*, 1804-1891, mieux connu en Electricité. En Acoustique, il étudia les vibrations des liquides comme point de comparaison ; nous les avons décrites précédemment en détail. Les trois frères Weber étaient surtout des physiologistes.

SEEBECK, 1805-1849. Connu surtout dans la Chaleur et l'Electricité, fils de Seebeck Jean, de Reval, qui avait fourni le principe de la pile thermo-électrique. En acoustique, celui-ci étudia la vitesse du son.

REGNAULT, 1810-1878, bien connu par ses travaux sur les dilatations calorifiques, etc. En acoustique, il s'occupa de la vitesse du son.

WERTHEIM, 1815-1861. Connu aussi par ses travaux sur la chaleur. En acoustique, il étudia les vibrations torsionnelles, la propagation du son dans les tuyaux, la vitesse du son, etc. Il était professeur à Paris.

DU MONCET *Achille-Louis*, 1821-1884, était fils d'un général du génie, pair de France. Il s'occupa de météorologie, puis d'électricité, spécialement au point de vue télégraphique, inventant des régulateurs, avertisseurs, etc. Il observa, le premier, l'effluve électrique, détermina les lois de l'aimantation des électro-aimants, la composition de la décharge d'induction, etc., la conductibilité électrique et calorifique. En acoustique, il est connu par ses études du Microphone, du Radiophone et du Télégraphe.

HELMHOLTZ, 1821-1894, bien connu en Electricité. Ses travaux en acoustique ont plus encore contribué à sa renommée. Il imagina les résonateurs qui mettent en évidence le phénomène du timbre, dont l'explication mathématique avait déjà été donnée par Monge.

LISSAJOUS *Jules-Antoine*, 1822-1880, sortit de l'Ecole normale et fut professeur de Physique à Chambéry, Besançon, puis Paris. Son grand travail est une Etude optique des mouvements vibratoires ; les expériences en ont été reproduites dans le monde entier, elles permettent de reconnaître immédiatement le rapport de deux sons. Lissajous étudia les vibrations des verges, la position des nœuds dans les tuyaux, les battements ou interférences du son. Son comparateur est instrument plus général que le microscope vibrant de Helmholtz. Il construisit une machine permettant de tracer les courbes résultant de deux vibrations rectangulaires de périodes et de phases quelconques. il observa la double réfraction conique, etc. Il eut le premier l'idée du diapason normal en 1859.

Kœnig *Rodolphe*, 1832-1901, était d'origine allemande, né à Kœnigsberg, mais il se fit naturaliser Français en 1852. Il était venu à Paris comme mécanicien. Il travailla plusieurs années chez le luthier Vuillaume, célèbre par la belle fabrication de ses archets de violon. En 1858, il fonda une maison d'appareils acoustiques qui se distingua par son excellente facture. Mais ce qui distingua surtout Kœnig, c'est son appareil ingénieux, la capsule manométrique, destinée à mesurer et à étudier les mouvements vibratoires de l'air. Il étudia aussi la représentation géométrique des sons, leur vitesse, le diapason normal, et enfin ce qu'on appelle l'audition colorée. Il publia ses expériences en 1882.

Quincke *George-Hermann*, 1834, né à Francfort sur l'Oder, fit ses études à Berlin. Il devint professeur aux Universités de Würtzbourg et de Heidelberg. Ses expériences portèrent sur la capillarité, les forces moléculaires, l'interférence lumineuse, la propagation de l'électricité dans les plaques, la contraction électrique des gaz, l'endosmose électrique. En acoustique, il étudia les interférences du son.

Radau *Rodolphe*, 1835-? fut surtout un vulgarisateur scientifique. Il s'occupa de l'acoustique d'après
Helmholz et étudia les battements.

Mercadier *Ernest-Jules-Pierre*, né en 1836, était
de Montauban. Il sortit de l'Ecole Polytechnique dans
les télégraphes. Pendant le siège de Paris, il organisa le service des pigeons voyageurs. Après la guerre,
il fut nommé répétiteur de Physique à l'Ecole Polytechnique et organisa l'Ecole supérieure de télégraphie où il professa le cours d'Electricité théorique.
Enfin, en 1881, il devint directeur des études à l'Ecole
Polytechnique. Ses travaux portèrent sur diverses
branches de la Physique, notamment sur la radiophonie. Il imagina le télégraphe multiplex. En acoustique, il fit un électro-diapason à mouvement continu, des recherches sur les vibrations des lames élastiques et des fils métalliques, un monotéléphone ou
résonateur électro-magnétique, un bitéléphone, etc.

Mach *Ernest*, 1838-1892, né à Tavras, Moravie,
mort à Bournemouth, fut professeur à Gratz, puis à
Prague, laissa un ouvrage sur la théorie de Helmholz
et sur l'Analyse des sons. Membre de l'Académie des
sciences de Vienne.

Violle *J.*, 1841-? est bien connu par ses travaux
sur l'optique et la chaleur.

Picard *Maurice-Alfred*, 1844, naquit à Strasbourg,
sortit de l'Ecole Polytechnique et de celle des Ponts
et Chaussées. En 1867, il fit une mission en Orient
et au canal de Suez. En 1870, étant ingénieur à Metz,

il fut chargé de préparer l'inondation des abords de cette place. Après la capitulation, il s'échappa et prit du service dans l'armée de la Loire comme chef de bataillon du génie. La paix conclue, il fut envoyé à Nancy où, comme ancien officier, il fut tant que dura l'occupation allemande, en but à toute espèce de vexations. Ses travaux pour le canal de la Marne au Rhin : réservoir, souterrains, etc., furent très remarqués. Depuis lors, il devint un des grands chefs de l'Administration des travaux publics , chemins de fer, etc. Il fut un des directeurs de l'Exposition de 1889, et commissaire général de celle de 1900. Malgré ses occupations incessantes, il fit de nombreux ouvrages sur les chemins de fer, etc.

MULLER *J.-J.*, 1846-1870, fut professeur au Polytechnicum de Zurich, s'occupa de la vitesse du son.

PICARD *Charles-Emile*, 1856, né à Paris, sortit de l'Ecole normale, et fut nommé maître de conférences à Paris, puis professeur à Toulouse, enfin professeur de Calcul différentiel et intégral à Paris. Il est encore professeur d'algèbre supérieure et de mécanique générale, et membre de l'Académie des sciences.

Picard est célèbre dans l'Europe entière comme mathématicien. On peut le citer en acoustique parce qu'il a mis en évidence une fonction dont les points singuliers correspondent aux harmoniques successives d'une membrane vibrante.

Citons enfin parmi les savants qui se sont plus récemment occupés d'acoustique :

Von Scott, pour le phonautographe.

Le Roux, pour la vitesse du son.

Hopkins, pour les interférences du son.

Bauza et *Espinosa*, pour la vitesse du son.

Despretz, pour ses théories acoustiques.

Faber pour sa machine parlante.

Guéroult, pour sa théorie de la gamme.

Hajech, pour la réfraction du son.

Kiessling, pour les interférences du son.

Norremberg, également pour les interférences du son.

Romieu et *Sorge*, pour les sons résultants.

Toepler, pour le stroboscope.

3° La chaleur au XIXᵉ siècle. Biographies.

CUGNOT *Nicolas*, 1725-1804. Il fut en somme le successeur de Papin, réalisant la première voiture à vapeur sur routes. Cette voiture, qui se trouve encore, comme la marmite de Papin, au Musée du Conservatoire des Arts et Métiers, était destinée au transport de l'artillerie.

Cugnot fut d'abord ingénieur militaire en Allemagne ; rentré en France en 1763, il imagina un nouveau fusil qui passa sans retard aux uhlans.

Le maréchal de Saxe lui fournit des fonds pour construire, en 1765, la première locomotive, puis la première automobile à vapeur pour le transport des canons. Cette machine n'existe plus, mais celle des Arts et Métiers, plus puissante, fut construite en 1770, sur la demande du ministre, le duc de Choiseul. Pouillet assure que cette voiture fut soumise aux essais.

En 1772, Cugnot obtint de Louis XV une pension de 600 livres. La révolution la lui supprima. Cugnot, vieilli et malade, faillit mourir de misère à Bruxelles. Napoléon lui rendit sa pension en 1800, en la portant à mille livres, mais Cugnot mourut peu après. Il laissa quatre livres sur l'art militaire, auquel il avait surtout songé dans son invention.

INGENHOUSZ *Jean*, 1730-1799, né à Bréda, s'occupa

de physique, et fut médecin de Marie-Thérèse à Vienne, puis de Joseph II. Il fit un petit appareil pour mesurer la conductibilité de diverses substances ,en les recouvrant d'une couche de cire.

Borda *Jean-Charles*, 1733-99, servit d'abord dans le génie militaire, puis aux chevau-légers. Il prit part à la bataille de Hastenbeck, et à partir de 1768 entra dans la marine : il perfectionna les instruments de mesure des marins, et prit part à un combat naval en 1782 à la Martinique. Fait prisonnier, il fut traité avec égards par les Anglais, qui connaissaient ses instruments.

Il fit partie de la commission chargée de fixer l'*unité* fondamentale de mesure, le mètre, et créa la plupart des appareils employés pour cette opération : règle en platine, thermomètre métallique pour mesurer les dilatations, etc.

Suivant Biot, il fut le maître qui enseigna aux marins à se servir de la science exacte, au lieu de leurs anciennes routines, et de là vient que son nom fut donné en 1840 à l'école navale, au navire-école. — La règle de Borda sert encore à mesurer les dilatations.

Bramah, 1749-1814, de Stainborough (York), mort à Londres. Il était d'une famille d'agriculteurs, devint ébéniste, construisit une chaudière à vapeur, améliora la machine de Watt, inventa une machine à imprimer les numéros et les dates des billets de banque.

Watt *James*, 1736-1819, était écossais. Son père était fournisseur d'appareils et d'instruments pour la navigation. Tout jeune, il prenait beaucoup d'intérêt à de petites expériences. A vingt ans, il se plaça à Londres chez un constructeur d'instruments de mathématiques, et au bout d'un an, il devint ingénieur de la ville de Glascow. Disposant d'un atelier, il y construisit de très beaux appareils de physique et de mathématique, dont plusieurs existent encore.

C'est à l'université de Glascow qu'il s'occupa de la machine à vapeur. Le cabinet de physique possédait un petit modèle de la machine de Newcomen, et Watt eut vite fait d'en reconnaître les défauts énormes. Dans cette machine, issue du principe de Papin, le même vase faisait fonction de chaudière, puis de corps de pompe et de réfrigérant. Watt sépara le corps de pompe de la chaudière, puis du condensateur, ce qui facilita singulièrement les mouvements du piston. Un jeu de soupapes mu par la machine même établit et supprima l'entrée de la vapeur. Enfin le parallélogramme articulé permit le mouvement en ligne droite de la tige du piston. Il réalisa ce que Robert Hooke disait à Newcomen : « Si Papin pouvait opérer subitement le vide sous le piston, votre affaire serait faite. » C'était assez simple, mais il fallait le trouver ; c'est ainsi qu'un homme supplée un autre, en continuant son idée avec des capacités nouvelles. De plus Watt imagina le double effet, l'action alternative de la vapeur sur les deux faces du piston, et plus tard le tiroir remplaçant les soupapes.

Watt imagina et exécuta les fameuses pompes à vapeur de Cornouailles, à simple effet et si parfaites pour les mines profondes, qu'on les voit encore en quelques endroits.

Ces beaux travaux font de Watt le créateur de la

machine à vapeur presque complète. Il mourut à 83 ans, aussi estimé pour son caractère que pour son intelligence.

LAVOISIER et LAPLACE s'ocupèrent de la dilatation des corps, mais leur histoire est davantage à sa place avec celle des chimistes pour l'un, des physiciens de l'optique pour l'autre.

RUMFORD (Thomson, comte de), 1753-1815. Il prit part avec les Anglais à la guerre de l'indépendance des Etats-Unis. En 1790, il fut nommé comte de Rumford et gouverna la Bavière pendant quinze ans. S'étant occupé de sciences dans sa jeunesse, il voulut les appliquer à l'organisation de la Bavière ; il fonda une grande maison d'industrie qui fit de très gros bénéfices. Par surcroît, il réalisa dans cette industrie plusieurs découvertes sur la chaleur et la lumière, sur la conductibilité des tissus, les lois de refroidissement, la meilleure construction des fours et des cheminées, l'emploi du serpentin pour le chauffage, le calorimètre à eau, et le thermoscope à air.

On connaît aussi sa lampe et son photomètre, utilisés en optique, et issus de ses expériences sur la chaleur ; il fonda des prix pour poursuivre ces recherches.

Il termina sa vie en France, très estimé de tout le monde et pourtant, avouait-il, ne s'estimant lui-même, ni n'aimant personne, et convaincu qu'il est absurde de confier aux hommes le soin de leur propre bonheur.

DALLERY *Thomas* (1754-1835), était fils d'un facteur d'orgues. Après avoir continué cette fabrication, il fit des montres à répétition, mais ne réussit pas. Il imagina alors d'appliquer l'hélice à la navigation à vapeur. En 1803, il fit des expériences à Bercy pour remplacer les bateaux plats de la flottille de Boulogne par des bateaux à vapeur. Depuis Papin, on avait fait quelques recherches dans cette voie, et à la même époque l'américain Fulton essayait un bateau à roues sur la Seine.

La difficulté pour Dallery était de transmettre le mouvement des pistons aux hélices. Il échoua après avoir dépensé près de 300.000 francs ; le gouvernement français lui refusa les fonds nécessaires à la poursuite de ses expériences. Dallery découragé, démolit son bâtiment, et déchira son brevet ; il mourut oublié à 81 ans.

Dix ans après, sur le rapport du général Morin, l'Académie reconnut ses droits, non seulement à l'emploi de l'hélice, mais à celui des chaudières tubulaires où, à l'inverse de Seguin, il faisait circuler l'eau dans les tubes.

FULTON *Robert*, 1765-1815, naquit en Pensylvanie de pauvres émigrés irlandais.

Il imagina d'abord une sorte de torpille, qui fut examinée par le gouvernement français.

Napoléon nomma une commission composée de Volney, Monge et Laplace, pour expérimenter son bateau sous-marin, puis sa torpille. En 1803, Fulton construisit sur la Loire un bateau à vapeur, mais il se brisa par le milieu. Un second réussit mieux. En Angleterre il obtint des encouragements, ayant réussi à torpiller un bateau danois de 200 tonnes, mais il voulait faire profiter l'Amérique de son invention, et les Anglais lui refusèrent leur aide. Rentré à New-York, il construisit un bateau long de 45 m., muni d'un moteur à double effet, et à aubes : ce bateau faisait en 3o heures, sur l'Hudson, les 240 km. qui séparent New-York d'Albany, soit 8 km. à l'heure. Il fit ensuite d'autres bateaux, et enfin le gouvernement des Etats-Unis fit construire sur ses plans, une frégate à vapeur, pour la défense des ports.

Fulton avait reconnu les droits antérieurs du marquis de Joufroy d'Abbans à utiliser la vapeur pour un bateau.

LESLIE *John* (Ecossais), 1766-1832, fut professeur de mathématiques à l'Université d'Edimbourg.

Il est célèbre par son thermomètre différentiel dont il se servait pour comparer entre eux les pouvoirs réflecteurs, émissifs et absorbants, des divers corps, bien avant l'invention de Melloni.

Il imagina un nouvel hygromètre, et le moyen de faire de la glace artificielle.

Les plus remarquables de ses ouvrages ont trait aux mathématiques.

DALTON *James* (1766-1844), est surtout connu en chimie, où nous le retrouverons.

En physique, il étudia les dilatations des gaz, les tensions maxima de la vapeur d'eau, les chaleurs spécifiques des gaz.

FOURIER *Jean-Baptiste* (1768-1830), est le créateur de la théorie analytique de la chaleur.

Son père était tailleur et originaire de Lorraine. Orphelin de bonne heure, il fut recueilli par un organiste d'Auxerre. D'esprit très vif, il fut vite remarqué et admis à l'Ecole militaire où les mathématiques l'absorbèrent complètement.

En 1789, à la Révolution, il fut nommé professeur de mathématiques à Auxerre, et prit une part active aux mesures militaires contre l'étranger. Quoique partageant les idées révolutionnaires, il réussit à sauver quelques victimes, notamment la mère du maréchal Davoust.

Il devint maître de conférences à l'Ecole normale, puis bientôt professeur d'analyse à l'Ecole Polytechnique jusqu'en 1798 ; il suivit alors Kléber, Monge et Berthollet en Egypte. A l'Institut d'Egypte il s'occupa de mathématiques, de mécanique, d'archéologie et d'histoire, et surtout de fabriques d'acier et d'armes. Sa bienveillance et sa justice lui donnèrent un grand ascendant sur la population, il réussit non moins bien dans des missions diplomatiques ; enfin il sut glorifier avec tact le général Kléber à ses funérailles, malgré son assassinat par les Musulmans.

De retour en France, il fut préfet de l'Isère de 1802 à 1815 et dirigea l'assèchement si nécessaire des marais de Bourgoin.

C'est à Grenoble qu'il commença son immortel Traité de la chaleur.

En 1815 il essaya modérément d'arrêter la marche de Napoléon qui lui donna la préfecture du Rhône pendant les Cent-Jours. Louis XVIII confirma son élection à l'Académie des Sciences en 1816.

Ses dernières années furent consacrées à la science ; il mourut d'un anévrisme en 1830, ayant gardé l'habitude, prise en revenant d'Egypte probablement, de se couvrir outre mesure, même en été, et d'entretenir chez lui une température de 30 degrés.

Nous n'avons pas à parler ici des œuvres mathématiques de Fourier, nous dirons quelques mots seulement de sa Théorie de la chaleur. Il établit l'équation générale des phénomènes thermiques, ou de la propagation de la chaleur dans les corps solides ; il étudie séparément l'état mobile des températures du corps considéré en tous ses points et l'état final, ou permanent, auquel parviendrait le corps au bout d'un temps infini. Il arrive à déterminer la valeur de tous les coefficients de son équation. Ce qui est remarquable, c'est la découverte de la fameuse formule connue sous le nom de *Série de Fourier* qui permet de développer une fonction quelconque en une suite continue de termes formés des sinus et cosinus des multiples de la variable. Cette série rend de très grands services dans toutes les branches de la physique mathématique : elle a servi enfin à Maxwell pour sa théorie électromagnétique de la lumière.

SEEBECK *Jean* (1770-1830), né à Reval, en Russie, il étudia à Berlin et à Goettingue.

Il étudia le pouvoir calorifique des rayons du spectre, fournit le principe de la pile thermo-électrique ; il observa aussi la diffraction de la chaleur.

PFAFF *Christian*, de Stuttgard (1773-1852), fut médecin, puis professeur de physique et chimie, il s'occupa des dilatations.

BIOT *Jean-Baptiste* (1774-1862), fut surtout mathématicien.

Dans la chaleur, il étudia les dilatations et les capacités calorifiques.

De Girard *Philippe*, 1775-1845, est l'auteur de la production du mouvement rotatoire sans l'intermédiaire d'un balancier.

Cagnard-Latour (1777-1859), l'inventeur de la sirène, connu en acoustique, s'occupa de la vaporisation totale.

Gay-Lussac (1778-1850), passa son enfance au milieu des embarras de la révolution ; son père était procureur du roi. Il apprit seul les mathématiques et fut reçu en 1797 à l'Ecole Polytechnique. A sa sortie, il accepta une position auprès de Berthollet, puis il fut nommé professeur à l'Ecole Polytechnique.

Dans son cours, il établit les lois de la dilatation des gaz, et trouva, comme on sait, que par chaque degré centigrade, un gaz quelconque se dilate de la 1/267 partie de son volume, loi extraordinairement générale. Depuis, il donna les lois sur les chaleurs spécifiques, sur les combinaisons volumétriques des gaz, sur le mélange des gaz et des vapeurs.

Dans les autres branches de la physique, il construisit le baromètre à syphon, l'alcoomètre, etc.

En chimie, il produisit la potasse et la soude en grandes masses ; il découvrit le bore, le cyanogène, l'acide fluoborique, et on peut lui faire honneur de la découverte du chlore, autant qu'à Scheele.

Clément-Desormes *Nicolas* 1779-1842, naquit à Dijon et mourut à Paris.

Il fit ses études à Dijon et vint ensuite à Paris comme clerc de son oncle Desormes, qui était notaire.

Mais il trouvait moyen de s'instruire en même temps

dans la physique et la chimie ; la chimie surtout l'attirait, et il abandonna le notariat pour devenir un élève de Guyton de Morveau.

Il fut nommé plus tard professeur de chimie appliquée au Conservatoire des Arts et Métiers. C'est ainsi qu'il étudia l'alun, l'outremer, l'oxyde de carbone.

Les gaz le conduisirent à la physique par l'étude de leur calorique. Dans son mémoire sur le zéro absolu, il détermina la valeur du rapport des chaleurs spécifiques des gaz sous pression constante et sous volume constant. — Enfin il amena, par ses théories, une grande économie dans la fabrication de l'acide sulfurique.

CRELLE, 1780-1850, surtout mathématicien, fit le projet du chemin de fer de Berlin à Potsdam. Membre de l'Académie de Berlin.

STEPHENSON *Georges*, 1781-1848, et *Robert*, 1803-1859). Le père de Georges était chauffeur, employé à la pompe à feu d'une houillère. Jusqu'à 17 ans, Georges aida son père, et ce n'est qu'alors qu'il commença de suivre l'école de son village. Devenu mécanicien près de Newcastle, il se maria en 1802, mais perdit presque aussitôt sa femme à la naissance de son fils Robert.

La réparation d'une machine de Newcomen lui fournit l'occasion d'y apporter d'ingénieuses modifications. En 1812, il était nommé ingénieur de la mine de Wellington, avec 2.500 fr. par an.

C'est dans ces mines que Georges Stephenson eut pour la première fois l'idée de la locomotive ; en même temps, il employait des rails en fer au lieu de

bois ; la vapeur sortait par la cheminée de la locomotive afin d'activer le tirage. Ainsi les mines eurent
l'honneur d'inaugurer les chemins de fer.

Le premier chemin de fer à ciel ouvert ne fut auto-
risé qu'en 1823, et inauguré en 1825 entre Stockton
et Darlington. Stephenson dirigea les travaux avec
7.200 fr. d'appointements.

Dès 1815, les habitants de Liverpool et Manchester
avaient songé à réunir leurs deux villes par un chemin
formé de rails en bois, muni d'un système de traction
par corde, mais après le succès de Stephenson, ils
s'adressèrent à lui, et ouvrirent un concours pour la
meilleure locomotive. Georges, aidé de son fils Robert,
construisit alors *la Fusée* (the Rocket) en appliquant
heureusement la chaudière tubulaire qu'avait récemment inventée le français Seguin. Ce chemin de fer
fut inauguré en 1829.

Il y eut alors en Angleterre un véritable engoue-
ment pour les voies ferrées, et les deux Stephenson
en construisirent une dizaine de 1830 à 1840. Georges
se rendit en Belgique vers 1843 pour des chemins de
fer et visita à cette occasion la France et l'Espagne.

Robert Stephenson étudia à l'Université d'Edimbourg, et travailla d'abord en Angleterre avec son
père. En 1825-27, il se rendit dans l'Amérique du Sud
pour réorganiser des installations de mines d'or et
d'argent. A son retour il géra l'usine de machines à
vapeur de Newcastle, où avec son père, il construisit
la *Fusée*. Peu après il construisit la *Planète*, qui fit
en 2 h. 39 le trajet Liverpool-Manchester avec un long
train de marchandises.

La belle invention de Robert, c'est la coulisse Stephenson, combinée avec le tiroir Clapeyron, réalisant

le moyen le plus rapide et le plus simple de changer le sens de la vapeur et d'obtenir l'arrêt subit en cas de danger.

Robert participa à la construction de divers chemins de fer en Suède, en Italie, aux Etats-Unis et en Egypte. En outre il réalisait une autre idée, celle des ponts tubulaires ; il construisit le pont de la Tyne à New-castle, long d'un kilomètre et sous lequel passent les plus gros navires. Il fit le pont Victoria sur la Tweed, etc., deux ponts en Egypte et un au Canada.

Marié en 1829, il n'eut pas d'enfants, mais il laissa 12 millions en faveur d'établissements utiles à la classe ouvrière pour laquelle il avait toujours été généreux. Il s'opposa autant qu'il put au creusement du canal de Suez.

Papin était mort en 1714. Il fallut les inventions de Watt et des Stephenson, sans parler d'autres, pour réaliser complètement son idée de moteur à vapeur ; il en avait cependant donné le principe et le moyen pratique de réalisation, le piston. Malgré cela, il fallut plus de cent ans d'efforts, c'est-à-dire plus de 3 générations pour apporter la solution complète, de 1714 à 1825.

Arago *François*, 1786-1853, s'occupa surtout d'optique, d'astronomie et d'électricité, comme nous l'avons vu.

Il s'occupa de la densité des gaz, et des effets de la loi de Mariotte qu'il constata conformes à cette loi sans altération essentielle jusqu'à 27 atmosphères.

Dulong *Pierre-Louis*, 1785-1838, entra à 16 ans à l'Ecole Polytechnique, mais voulait être médecin. Il s'occupa aussi de chimie avec Berthollet et Thénard.

En physique, il eut pour but presque continuel la théorie de la chaleur.

Dès 1818, son mémoire, avec Petit, sur le refroidissement, fut couronné par l'Académie des sciences.

Avec Arago, il rechercha en 1825, une loi sur le fonctionnement des machines à vapeur : il fallait déterminer d'abord les tensions maxima de la vapeur d'eau pour toutes les températures supérieures à 100° : ils allèrent jusqu'à 212°.

Ses études sur la dilatation des solides et des liquides lui firent inventer le cathétomètre.

Il fut professeur à l'Ecole normale, à la Faculté des sciences et à l'Ecole polytechnique.

La loi de Dulong et Petit forme un point de jonction remarquable entre la physique et la chimie, entre les phénomènes extérieurs des corps et leur nature intime : « Le produit de la chaleur spécifique d'un corps simple quelconque par son équivalent chimique est un nombre constant. » C'est de toutes les lois découvertes jusqu'ici, celle qui tend le plus vers l'unité de la matière. Elle a été confirmée depuis par les expériences de Masson et de Cazin.

Seguin *Marc*, 1786-1875. Il était d'Annonay et neveu de Montgolfier. En 1820, il construisit le pont suspendu de Tournon, puis s'occupa de la navigation à vapeur. C'est en 1827 qu'il inventa la chaudière tubulaire, dite « à tubes de fumée » pour les locomotives du chemin de fer de Saint-Etienne à Lyon. Nous avons vu que le chemin de fer de Stephenson, Liverpool-Manchester, fut une application de cette chaudière en 1829.

Seguin s'appliqua ensuite à réaliser la navigation à vapeur sur le Rhône.

En 1845, il fut nommé Correspondant de l'Institut pour ses ouvrages sur les chemins de fer. C'est dans l'un d'eux, datant de 1839, qu'il signale (dit Thurston) les données nécessaires à une grossière détermination de l'équivalent mécanique de la chaleur, sans en déduire lui-même la valeur. Mais là-dessus, eu égard à la date, et comme le fait remarquer J.-B. Dumas, le savant si judicieux, les physiciens se fonderont toujours pour dire que Seguin, le *premier*, exprima les bases de la théorie mécanique de la chaleur, théorie que S. Carnot, mort trop jeune, avait déjà scientifiquement établie.

Seguin était donc à la fois théoricien et praticien ; d'un esprit certainement plus élevé que Georges Stephenson. Il fut, autant au moins que celui-ci, le père des chemins de fer, puisque c'est sa chaudière tubulaire qui a seule rendu les locomotives possibles. Il y eut discussion en Angleterre sur la priorité de l'invention, mais Robert Stephenson lui-même reconnut l'emprunt fait au brevet de Seguin, qui est du 22 février 1828, tandis que la *Fusée* ne parut que le 6 octobre 1829. On essaya le système inverse, l'eau dans les tubes, mais il ne réussit pas. Seguin avait imaginé les *tubes de fumée*. Les machines de Stephenson, antérieures à 1839, du chemin de fer de Darlington, ne dépassaient pas 300 kg. de vapeur à l'heure, d'où une vitesse insuffisante et qu'on ne pouvait dépasser. C'est à ce sujet que Seguin conçut l'idée de multiplier la surface de chauffe. Il faut donc bien lui rendre ce qui lui appartient.

Despretz *Charles* (1792-1853), naquit dans le Hainaut, fut répétiteur à l'Ecole Polytechnique, professeur à la Sorbonne, et membre de l'Académie des Sciences.

Il s'intéressa à la théorie de Fourier et voulut en vérifier les résultats ; il obtint ainsi les valeurs numériques des constantes qui entrent dans les calculs, principalement les coefficients de conductibilité.

Il mit hors de doute les inégalités de la loi de Mariotte.

Il fit des expériences délicates sur la dilatation des liquides par la chaleur ; pour l'eau, lorsqu'elle approche de 4 degrés centigrades, il constata que le phénomène singulier qu'elle présente, n'est qu'en apparence une exception, il rentre dans une loi générale.

Coriolis *Gaspard-Gustave* (Marquis de) (1792-1843), devint ingénieur des Ponts et Chaussées, puis fut directeur de l'Ecole Polytechnique et membre de l'Académie des Sciences.

D'une santé très délicate, il fit cependant de belles découvertes théoriques et pratiques, surtout en mécanique : il fit un ouvrage sur le calcul des effets des machines.

Pecqueur *Onésiphore* (1792-1852), était fils de laboureurs, et fut d'abord agriculteur.

A vingt ans, il entra chez un horloger à Paris et inventa une pendule régulatrice, puis une machine arithmétique. En 1824, il était chef d'atelier au Conservatoire des Arts et Métiers. En 1844, il fonda une raffinerie de sucre à Paris.

Comme savant, il créa une arithmétique nouvelle

appliquée à la mécanique pour ajouter ou retrancher les mouvements, et en conserver l'égalité. Les fameux instruments d'astronomie de Gambey sont issus des procédés de Pecqueur et de ses systèmes d'engrenages. Les dynamomètres de Pecqueur sont admirables de simplicité, d'exactitude et de visibilité.

Dans son chariot à vapeur, Pecqueur inventa le mécanisme différentiel dont le principe est si usité pour les automobiles actuels.

PÉCLET *Jean-Claude* (1793-1857), naquit à Besançon et mourut à Paris.

Il fut professeur à l'Ecole normale, puis à l'Ecole centrale, après avoir passé par Marseille.

Son principal ouvrage est un traité de la chaleur et de ses applications aux arts et aux manufactures ; il fut traduit en allemand.

MITSCHERLICH (1794-1863), d'Oldenbourg, fut surtout un chimiste, qui trouva la loi de l'isormophisme, il s'occupa aussi des dilatations.

LAMÉ *Gabriel* (1795-1870), fut ingénieur des mines, sorti un des premiers de l'Ecole Polytechnique.

Il fut envoyé en Russie avec Clapeyron pour la construction de routes. En 1832, rentré en France, il dirigea les travaux des chemins de fer de Saint-Germain et de Versailles.

Surtout mathématicien, il fit un cours de physique où il apporta le goût de l'extrême rigueur des mathématiques. Il y fit notamment une théorie analytique de la chaleur.

Morin (Général) (1795-1880), sortit de l'Ecole de Metz dans l'artillerie, devint général de division en 1855, puis directeur du Conservatoire des Arts et Métiers pendant 45 ans.

Il s'occupa de mécanique expérimentale, des efforts développés par les machines de rotation, et de la tension de vapeur dans les cylindres à toutes les positions du piston.

Carnot *Sadi*, 1796-1832. Il était le fils aîné du grand Lazare Carnot (1753-1823).

La famille Carnot, originaire de Nolay, est une des plus anciennement connues de la Bourgogne. Elle portait des armoiries, dès le xiv° siècle (d'azur à trois merlettes d'argent, deux et un).

Le père de Lazare eut dix-huit enfants, dont quatorze garçons : Lazare sortit comme officier de l'Ecole de Mézières, s'occupa de fortifications, de l'emploi des ballons, de finances ; il fut membre de l'Assemblée législative en 1791. Il vota la mort de Louis XVI, qui, dit-il, appela l'étranger en France.

Il prit une part si active à la défense des places fortes du Nord qu'on l'appela l'organisateur de la victoire ; il créa quatorze armées, les pourvut de généraux, les répartit sur toute la frontière, déployant une énorme activité. Président du Directoire en 1796, il cessa toute fonction publique à l'avènement de Napoléon. En 1803, on le voit tout occupé de sa géométrie de position, puis exilé à Magdebourg, opposé qu'il avait été au Consulat à vie et à l'empire. Probe et désintéressé, il fut, semble-t-il, le seul vraiment grand homme de la Révolution et c'est pour cela que j'en parle à propos de son fils dont il forma aussi le caractère.

Sadi Carnot sortit de l'Ecole polytechnique à 18 ans et entra à l'Ecole d'application de Metz. Devenu capitaine du génie, il démissionna pour s'occuper de sciences. L'explication de la puissance motrice du feu l'attirait, le travail mécanique de la chaleur avait été envisagé jusqu'alors uniquement au point de vue géométrique. Carnot en entreprit l'étude mécanique. Il posa en principe que la chaleur donne un travail limité, et ce fut le point de départ de la physique moderne.

L'idée géniale de Carnot fut de comparer la chute de température à une chute de niveau en hydraulique, par la différence des températures entre la chaudière le condensateur. Sa théorie est parfaite et montre que le cycle complet, qu'on appelle depuis cycle de Carnot, est réversible, et composé de deux lignes isothermes et deux adiabatiques. Ces cycles sont toujours employés pour l'étude, la construction et l'essai des machines à vapeur, en vue de leur rendement le plus parfait.

Carnot, dans cette théorie, fut amené à établir une équivalence entre le travail mécanique et la chaleur, et il trouva le nombre 370. Plus tard, des mesures plus exactes le fixèrent à 425, mais Carnot avait ouvert la voie. Il mourut trop jeune, à peine âgé de 36 ans, et c'est longtemps après sa mort que sa valeur fut révélée en France par l'attention des savants étrangers.

Son plus bel éloge a été fait par un des plus grands savants anglais, W. Thomson, lord Kelvin : « Dans tout le domaine des sciences, dit-il, il n'y a rien de plus grand que l'œuvre de Sadi Carnot. »

Bouticny, 1798-1884, était de la Normandie et fut surtout chimiste.

Mais en physique, il fit une étude approfondie de l'état sphéroïdal des corps, et y trouva le point de départ des théories biologiques et même cosmogoniques. Faye s'en servit pour expliquer par la répulsion des surfaces incandescentes, la théorie des comètes.

Fancot *Joseph*, (1798-1875), fut de bonne heure apprenti dans un atelier de précision. En 1820, il était monteur chez Périer, à Chaillot. En 1823, âgé de 25 ans, il créait la fameuse maison de machines à vapeur et de pompes qui porte son nom.

Comme inventions, il réalisa le système de distribution à *détente variable* dont le brevet est de 1836 et vaut le système Meyer, une pompe à jet continu, le premier pétrin à vapeur de Paris, etc.

Clapeyron *Benoît* (1799-1864), sortit de l'Ecole polytechnique comme ingénieur des mines. Nous avons vu qu'il fut employé en Russie avec Lamé, puis aux chemins de fer en France. Il réalisa, sur le refus de Stephenson, une locomotive remorquant un train sur une rampe de 5 mm. par mètre sur 18 km. de longueur. En 1834, il commenta les idées de Sadi Carnot sur la chaleur, y introduisant l'algèbre.

Dans la machine à vapeur, Clapeyron obtint de fortes économies de combustible par *l'avance de la soupape* ; les règles de Clapeyron servent toujours aux constructeurs. C'est aussi le tiroir à renversement qui avait permis la détente et par suite le progrès de Stephenson par sa coulisse, réalisant la détente variable.

Avec Clapeyron, la machine à vapeur est presque complète, les études théoriques peuvent reprendre.

MELLONI DE PARME (1798-1853), était professeur en Italie quand les événements politiques l'exilèrent, en 1831. Il vint à Dôle, puis à Genève, où il commença ses études sur le calorique rayonnant. Il obtint une médaille à Paris, et put rentrer en 1833 en Italie où il fut nommé professeur de physique à Naples. Il mourut du choléra à Portici.

Le thermo-multiplicateur de Melloni est bien connu : c'est la pile thermo-électrique munie d'un galvanomètre. L'appareil est sensible à la chaleur de la main, à un mètre de distance.

Melloni fit la table des pouvoirs réflecteur et absorbant des différents corps ; le pouvoir absorbant varie avec la source de chaleur très sensiblement. Le pouvoir diathermane varie aussi avec la source, et avec la nature et le nombre des écrans interposés. Après avoir traversé le verre, la chaleur traverse plus facilement les autres substances. La théorie de Melloni le conduisit à conclure que la chaleur, comme la lumière, se compose de différents rayons pouvant exister isolément ; ainsi certains corps n'émettent que certaines teintes.

DUMAS *Jean-Baptiste*, 1800-1884. Ce fut surtout un chimiste, et un chimiste illustre.

Il a sa place dans le domaine de la chaleur par ses études des vapeurs et de leurs densités.

DE LA RIVE *Auguste* (1801-1873), d'une famille de Genève ; son père Gaspard, était un savant, et avait fondé le musée d'histoire naturelle et le jardin botanique de Genève.

Auguste fut professeur de physique et s'occupa surtout d'électricité et de magnétisme.

En chaleur, il étudia avec de Candolle la conductibilité des bois ; avec Marcet, les chaleurs spécifiques des gaz. Il s'occupa aussi de la température de l'écorce terrestre.

MAGNUS (1802-1870), naquit et mourut à Berlin, mais passa un an au laboratoire de Berzélius à Stockholm, il devint alors agrégé et professeur de chimie à Berlin.

En physique, il étudia le pouvoir diathermane des gaz, la polarisation de la chaleur rayonnante ; il détermina les coefficients de dilatation de l'air et de divers gaz, la force d'expansion de la vapeur d'eau, et du mélange de différentes vapeurs.

ERICSSON *John* (1803-1889), fils d'un célèbre ingénieur suédois, devint plus célèbre encore dans son pays comme mécanicien, et mourut à New-York. Très bien doué, il se forma lui-même par la pratique, et se fit remarquer dès l'âge de 14 ans. De 17 à 20 ans, il fit un grand travail de canaux.

Il alla étudier la mécanique en Angleterre, et imagina une pompe à vapeur qui fut bientôt adoptée dans les grandes villes. Il se rendit aux Etats-Unis parce qu'un propulseur à hélice qu'il avait inventé, avait été rejeté par l'amirauté anglaise. Or la frégate *Princeton*, munie de son hélice, battit le plus rapide des navires à roues anglais. Le monde entier adopta alors l'hélice.

C'est lui aussi qui inventa le *Monitor*, cuirassé à tour

mobile, presque immergé, qu'il soumit à Napoléon III et qui joua un rôle important aux Etats-Unis en 1862 dans la guerre de sécession. Ensuite Ericsson imagina un torpilleur rapide à projectiles remplis de dynamite, puis d'air comprimé.

Son moteur solaire, qu'il travailla pendant vingt ans, a le défaut d'être très coûteux.

Il fit une machine à air chaud, mais elle ne travaille économiquement qu'en petit.

COLLADON, 1803-1892, s'occupa de la conductibilité de la compressibilité, etc.

MASSON *Antoine* (1806-1858), était d'Auxonne. Il fut dès 1824 préparateur de physique et chimie à l'Ecole forestière de Nancy ; reçu à l'Ecole normale en 1828, il devint professeur de physique à Caen, puis à Paris au lycée Louis-le-Grand et à l'Ecole Centrale.

En dehors de ses travaux sur l'électricité, il chercha à ramener les unes aux autres les radiations calorifiques et lumineuses ; il alla plus loin, et chercha une corrélation entre les propriétés physiques de tous les corps pour les ramener à l'unité.

Nous avons dit que la bobine de Masson, antérieure à celle de Ruhmkorf, ne présente aucune différence essentielle ni avec celle-ci, ni avec les bobines perfectionnées actuelles qui donnent les rayons X, la télégraphie sans fil, et le transport électrique de la force (transformateurs).

BUFF *Henry*, 1805-1878, était allemand, mais travailla à Paris chez Liebig, puis chez Gay-Lussac. De l'âge de 30 ans jusqu'à sa mort, il fut professeur à

Giessen. Ses travaux en chimie et en physique sont d'une précision rare chez les Allemands, et qu'il devait sans doute à ses études en France. Il n'en fut que plus apprécié en Allemagne même.

Il fit des recherches importantes sur la conductibilité calorifique.

Sénarmont (*Henri de*), 1808-1862, fut surtout un minéralogiste. Il sortit le premier de l'Ecole Polytechnique, où il devint professeur, puis professeur à l'Ecole des Mines.

Ses travaux de physique ont trait à la conductibilité des cristaux, à la lumière polarisée, enfin aux propriétés optiques des cristaux.

Forbes *James-David*, 1809-1868, naquit à Edimbourg où son père était baronnet, et quelque peu allié à Walter Scott. Son goût pour les sciences le fit élire à 19 ans à la Société Royale d'Edimbourg. En 1832, il fut élu à celle de Londres. On lui attribue justement la découverte de la polarisation de la chaleur. En 1840-42, il voyagea dans les Alpes, observant les glaciers au point de vue scientifique. En 1850, il étudia les glaciers de la Norwège ; en 1851 il eut une hémorragie qui fut le commencement d'une longue maladie de 17 ans.

Le thermo-multiplicateur de Melloni lui servait à mesurer le pouvoir de réfraction du sel sur la chaleur de diverses sources, lumineuses ou non. Employant le mica pour dépolariser, il réussit à montrer la double réfraction de la chaleur non lumineuse ; il obtint aussi la polarisation rotatoire de la chaleur par deux réflexions intérieures, en se servant de cristaux de sel. Il observa aussi la conductibilité du fer à diverses températures, trouvant une dérogation à la loi de Fourier, et conforme à la conductibilité électrique.

Il assimila les glaciers aux corps visqueux.

BOURDON *Eugène*, 1808-1884, fut employé dans une maison de commerce, puis chez le mécanicien Calla. En 1835 il fonda une usine pour la construction de machines à vapeur et de machines-outils. Il inventa deux instruments fort pratiques, sinon très précis : le manomètre métallique, à spirale creuse, adopté aussitôt en Belgique, en Russie, et encore usité en France pour les épreuves de chaudières à vapeur. Le baromètre métallique, dit anéroïde, de Bourdon, n'est qu'une simplification de celui de Vidi. Les indications de ce baromètre sont, en outre de leurs causes d'erreur, beaucoup plus lentes que celles du baromètre à mercure.

REGNAULT *Henri-Victor*, 1810-1878, fut un expérimentateur d'une minutie telle qu'on peut dire qu'il dépasse certaines bornes. Sorti de l'Ecole polytechnique, à laquelle il s'était préparé seul, et de l'Ecole des Mines, il sentait le besoin instinctif de s'occuper d'enseignement. Il fut d'abord préparateur de Gay-Lussac et lui succéda en 1840 à l'Ecole Polytechnique : en outre, en 1841, il fut professeur à la Sorbonne.

En 1854, il devint directeur de la manufacture de Sèvres, où un accident de laboratoire, en 1856, lui causa une commotion cérébrale dont il ne put se remettre complètement.

C'est son fils, le peintre Henry Regnault, qui fut tué en 1871 à Buzenval.

Ses expériences de Physique sont très considérables, et concernent surtout la chaleur. Pour les faire, il dut imaginer ou perfectionner de nombreux appareils et instruments : calorimètres, thermomètres, etc., n'étant jamais satisfait et trouvant toujours un défaut quelque part.

Ses travaux embrassent les dilatations, spécialement celle du mercure, les chaleurs latentes de la vapeur d'eau sous diverses pressions, les forces élastiques de la vapeur d'eau à diverses températures, la compressibilité des liquides et des fluides élastiques, etc. Ses résultats sont d'une précision restée légendaire. Et cependant ces expériences ont subi à leur tour des vérifications dont les lois de Dulong, de Gay-Lussac, de Mariotte, sont sorties intactes. En somme, si les résultats de Regnault sont précis, les conceptions générales des autres physiciens n'en sont pas moins justes, et gardent tout l'avantage d'avoir été fécondes pour leurs successeurs.

Regnault avait perdu son fils à Buzenval ; mais il fut frappé en outre par les Allemands dans son domaine scientifique, car ceux-ci pillèrent et brûlèrent ses registres d'expériences laissés dans son laboratoire de Sèvres, come s'ils prétendaient déjà à la désorganisation des monuments dus au génie des autres nations.

Bunsen *Robert*, 1811-1899, fut un chimiste allemand, mais il étudia à Paris. Il fut professeur de chimie en diverses villes d'Allemagne, puis définitivement à Heidelberg.

Bunsen est connu par ses travaux en chimie, en électricité et en analyse spectrale.

Dans la chaleur, il imagina un calorimètre et étudia la fusion.

FAVRE *Pierre-Antoine*, 1813-1880, était de Lyon. Il fut docteur en médecine et en sciences physiques, puis professeur de Chimie à Besançon et ensuite à Marseille.

Il s'occupa des équivalents des corps, des chaleurs de combustion. Les nombres qu'il trouva furent un peu modifiés, à cause de l'imperfection de ses appareils.

L'étude de la chaleur dégagée dans les piles l'amena à des conclusions intéressantes au point de vue de la théorie mécanique de la chaleur. Si on ajoute à la chaleur dégagée dans une pile celle que dégage le reste du circuit, la quantité de chaleur est égale à celle des réactions qui se passent dans la pile. Si on introduit un voltamètre dans le circuit, il faut ajouter la chaleur que peuvent dégager l'oxygène et l'hydrogène en se recombinant. Si on introduit un petit moteur, il faut ajouter une quantité de chaleur équivalente au travail produit.

C'est ainsi que Favre trouva, par la thermo-chimie, un équivalent mécanique de la chaleur assez voisin de celui que donnent les autres méthodes plus directes.

Son collaborateur Silbermann était né en 1806 et mourut en 1865.

ANDREWS *Thomas*, 1813-1886, de Belfast en Angleterre. Il fut professeur à Belfast et membre de la Société royale de Londres. Il s'occupa de thermo-chimie, et de l'ozone.

Il étudia la quantité de chaleur dégagée par le déplacement des bases les unes par les autres, les chaleurs de formation et de combustion de beaucoup de composés.

Dans l'étude des gaz, il découvrit le point critique, c'est-à-dire l'existence pour chaque gaz, d'une température au-dessous de laquelle le gaz, suffisamment comprimé, se liquéfie et se sépare en deux couches, l'une liquide, l'autre gazeuse.

Amgstrom, 1814-1874, suédois, mourut à Upsal.

En 1842, il était astronome à Stockholm, en 1850 à Upsal et en 1858, il devint professeur de physique dans cette même ville.

Ses études regardent surtout l'optique et l'analyse spectrale, la polarisation des cristaux, etc., mais il fit aussi un mémoire sur la température de la terre, et un autre sur la conductibilité calorifique.

Faye *Hervé*, 1814-1902, né dans l'Indre, fut un physicien de l'Optique, et un célèbre astronome. Au point de vue de la chaleur, Faye étudia la chaleur solaire ; dans son *Origine du Monde*, il tente de construire une théorie cosmogonique où la chaleur résulte du mouvement, au lieu d'être posée à l'origine, comme le supposait Laplace.

Mayer *Robert*, 1814-1878, est un physicien allemand dont la valeur a été fort discutée. Bien que les Allemands lui attribuent le premier énoncé clair du principe de la conservation de l'énergie, il n'est pas cité dans la Grande Encyclopédie, nous avons longuement discuté cette question dans l'histoire de la chaleur. Mayer naquit et mourut à Heilbron ; son éducation mathématique resta insuffisante, d'où ses erreurs évidentes en mécanique. Il étudia à Stuttgard et à Tubingue, puis à Munich et à Vienne. Il voyagea en France, en Hollande, alla même à Batavia, où une étude médicale le conduisit à étudier la conservation de l'énergie. C'est à son retour à Heilbron qu'il voulut généraliser le principe de l'énergétique, mais il ne fit aucune détermination de l'équivalent mécanique de la chaleur. Carnot l'avait évalué déjà à 370 kgm., comme le reconnaît la Biographie universelle allemande de Leipzig, en 1855. — Il est curieux de remarquer que Mayer reçut beaucoup de diplômes et de prix d'Académie, mais n'obtint jamais aucun emploi d'Université, ni d'Académie, aucun poste de gouvernement. Il resta un peu trop dans la vague philosophique.

HIRN *Gustave-Adolphe*, 1815-1890, était né près de Colmar. Ses procédés d'expérience sont devenus classiques, et pourtant il ne suivit les cours d'aucune école ni université. Il montra que le moteur à vapeur n'est pas seulement un mécanisme, mais un appareil de physique, et peut se perfectionner, surtout par l'emploi judicieux de la vapeur : il mit en évidence le rôle de l'enveloppe de vapeur autour du cylindre, et réalisa en 1855 un moteur vertical de 100 chevaux ne consommant que neuf kg. de vapeur sèche par cheval et par heure.

Son travail capital est la mesure théorique qu'il fit seul, indépendamment de Joule, Mayer, etc., de l'équivalent mécanique de la chaleur ; il inventa un radiomètre, des ventilateurs, et mesura la capacité calorifique de l'eau.

Membre de l'Académie dès 1867, sa santé délicate fut encore ébranlée par les malheurs de 1870.

Colding *Louis*, 1815-1888, était Danois et fut professeur de Physique à Copenhague où il mourut. Il avait commencé sa carrière comme ouvier menuisier, puis il entra à l'Ecole polytechnique danoise. Ses titres à la découverte de l'équivalent mécanique de la chaleur ont été examinés précédemment.

Girard, 1815-1871, fut surtout un hydraulicien. Il devint célèbre par son chemin de fer glissant.

Wurtz *Charles-Adolphe*, 1817-1884, étudia la médecine à la Faculté de Strasbourg, fut chef de travaux cliniques, reçu docteur en 1843, et directeur du Laboratoire de Chimie à l'Ecole Centrale en 1846.

Il professa la Chimie à l'Institut agronomique, à la Sorbonne, etc., fut membre de l'Académie de médecine et de l'Académie des sciences, enfin Sénateur en 1881.

Il fut surtout un chimiste, mais il étudia aussi les densités des vapeurs.

Marignac *Galisard de*, 1817-1894, était Suisse. Il naquit et mourut à Genève. Cependant il fut reçu à l'Ecole polytechnique, et sortit de l'Ecole des Mines comme ingénieur. Il professa ensuite la Chimie à Genève. Mais il s'occupa aussi de Physique, de la déviation du plan d'oscillation du pendule, etc., des dilatations, et de la calorimétrie.

Desains *François-Edouard*, 1817-1885, était de Saint-Quentin. Il acheva ses études au lycée Louis-le-Grand, à Paris, et entra à l'Ecole normale en 1835. C'est là qu'il se lia avec La Provostaye, un Breton, qui

était surveillant et qui devint son ami et son collaborateur. En 1841, il professa au Collège Stanislas, à
Saint-Louis et à Condorcet. Dès 1853, il fut professeur à la Sorbonne et enseigna la Physique jusqu'à sa
mort, avec une clarté remarquable.

La plupart de ses recherches sont du domaine de
la chaleur, elles ont trait à la chaleur rayonnante surtout. Desains était très habile expérimentateur. Pour
ses cours publics, il imagina un système de projections qui permettait de comprendre des expériences,
possibles seulement dans un laboratoire. Le laboratoire de l'Ecole pratique des Hautes Etudes est une
belle création de Desains ; il comprend 53 petites
salles où se trouvent 70 appareils toujours réglés et
prêts à fonctionner, permettant ainsi de faire à la fois
70 manipulations sans aucune gêne. Cette disposition
fut copiée à l'étranger.

Desains mourut de rhumatismes contractés pendant
le siège de Paris en 1870 ; il réussit à établir des communications électriques par la Seine, mais à force de
passer des journées entières en petit bateau, au milieu des glaçons et sous la neige tombante, il contracta le germe de sa maladie.

Ses travaux comprennent la chaleur latente de fusion de la glace, la polarisation de la chaleur, la réflexion de la chaleur, le pouvoir absorbant des corps,
la polarimétrie de la chaleur, la diffusion de la chaleur, le pouvoir rotatoire exercé sur la chaleur par
l'essence de térébenthine et les dissolutions sucrées.

La Provostaye *Hervé* ; le collaborateur de Desains
était de Redon en Bretagne.

Secchi, *le P. Angelo*, 1818-1878, naquit à Reggio et mourut à Rome. Il entra jeune chez les Jésuites où il compléta son instruction scientifique. Puis il enseigna dans divers collèges des Jésuites, tels que celui de Washington aux Etats-Unis. En 1849, il fut nommé professeur de Physique et d'Astronomie au Collège Romain et Directeur de l'Observatoire annexé à ce collège.

Après la prise de Rome, en 1870, et la dispersion des Jésuites, il fut maintenu à Rome.

Il fit de nombreuses découvertes astronomiques, spécialement sur la constitution physique du Soleil, de la Lune et des principales planètes ; il observa les étoiles, surtout les étoiles doubles, au spectroscope.

Dans la physique solaire, il chercha à déterminer la chaleur du soleil.

Sainte-Claire Deville *Henri*, 1818-1881, né aux Antilles, suivit à Paris les cours de l'Université et devint maître de conférences à l'Ecole normale. Il fut chimiste et industriel, et contribua à la physique de la chaleur par ses expériences sur la fusion, les densités de vapeur , la thermométrie.

Joule *James-Prescott*, 1818-1889, était anglais, il étudia l'électricité, comme nous l'avons vu. Cependant il fut élève du chimiste Dalton, et collabora à ses travaux sur les gaz et les vapeurs.

Les lois de Joule sur la chaleur des courants sont classiques, comme ses recherches sur la chaleur. C'est en 1843, dans un mémoire sur les effets calorifiques de l'électricité et sur le travail mécanique de la chaleur, qu'il établit nettement le principe d'équivalence entre la chaleur et le travail. Avant 1832, Carnot avait établi théoriquement cette équivalence et son rapport ; en 1839, Seguin avait signalé les données nécessaires à une détermination pratique de cette valeur. En 1843, la même année que Joule, l'Allemand Mayer émettait l'idée de la conservation de l'énergie, mais de la manière la plus vague, sans théorie ni données pratiques. Joule le premier, procéda à des mesures directes, et par plusieurs méthodes obtint le chiffre 425, à peine différent de celui qui est reconnu comme exact. Joule observa en outre les changements de température produits par la condensation et la raréfaction de l'air, la dilatation du fer par l'aimantation, les effets calorifiques des fluides en mouvement (1850) en collaboration avec W. Thomson. Sans être encore professeur, il fut membre de la Royal Society, de l'Académie des sciences de Paris, et reçut du gouvernement anglais une rente viagère de 5.000 fr. Il laissa une centaine de mémoires originaux ; il était docteur ès-lois d'Edimbourg, et docteur ès-sciences physiques et mathématiques.

JAMIN *Jules*, 1818-1886, fils d'un colonel de dragons de la grande armée, manifesta de bonne heure des dispositions pour les sciences. Il fut reçu premier, à vingt ans, à l'Ecole normale ; à 23 ans, il était agrégé des sciences physiques. Il devint professeur à Caen et à Paris, à l'Ecole Polytechnique, et à la Sorbonne, tout en s'occupant un peu aussi de peinture.

Ses travaux concernent l'optique, l'électricité, les sciences naturelles.

Au point de vue de la chaleur, il étudia le rapport

des deux chaleurs spécifiques des gaz, la calorimétrie,
et l'hygrométrie.

EDLUND *Erik*, 1819-1888, était Suédois, et fut professeur de physique à l'Académie des sciences de
Stockholm. Il s'occupa surtout d'électricité, et fit une
très intéressante théorie de l'électricité atmosphérique, expliquant aussi bien les orages que les aurores
boréales, par le frottement de couches d'air dans la
rotation de la terre, et la recombinaison des fluides
supérieur et inférieur.

Dans la chaleur, il étudia la thermodynamique et
la thermo-électricité.

ROCHE *Edouard-Albert*, 1820-1883, de Montpellier,
sortit de l'Ecole Polytechnique, fut docteur ès-sciences mathématiques, attaché à l'Observatoire, et enfin
professeur à Montpellier.

Il étudia les variations de la température à la surface de la terre, et aussi en profondeur.

TYNDALL *John*, 1820-1893, naquit en Irlande. Il
fut ingénieur d'une Compagnie de chemin de fer
puis professeur. Il passa cinq ans aux Universités de
Marburg et de Berlin, et devint professeur de Physique à l'Institut royal de Londres. A partir de 1887,
il s'établit en Suisse, dans un chalet qu'il avait fait
bâtir près du glacier d'Aletsch, à 2.500 m. d'altitude.

Tyndall fut surtout un expérimentateur et un excellent vulgarisateur.

Il s'occupa du magnétisme, de l'optique, des mouvements des glaciers.

Son principal ouvrage est une exposition méthodique de la théorie mécanique de la chaleur, science alors nouvelle, qu'il contribua à répandre.

RANKINE *William-Macquorn*, 1820-1872, était un ingénieur écossais, né à Edimbourg, où il fit ses études. Il fut d'abord ingénieur civil à Glasgow, puis professeur.

Il contribua à perfectionner la théorie mécanique de la chaleur, et étudia les lois de la transformation de l'énergie.

HELMHOLZ *Hermann*, 1821-1894, est surtout connu par ses travaux en Electricité et en Acoustique, dont nous avons parlé ; il s'occupa de la chaleur au point de vue purement théorique. Son premier mémoire (1847) est sur la conservation de la force. Ce qui est frappant dans cette histoire des sciences, à partir de la découverte de la vapeur, et de la machine servant à l'utiliser, c'est de trouver le domaine divisé en machines et en expériences de professeurs. Le champ est ouvert ; d'une part, des hommes ingénieux en tirent le parti le plus utile ; de l'autre, les professeurs se divisent une théorie de plus en plus abstraite pour expliquer les effets et rechercher les causes et réalisent des expériences pour déterminer les nombres nécessaires aux calculs qui justifient les théories.

En somme, quand une découverte est faite, tout le monde s'en empare ; c'est une mine ouverte, à laquelle viennent s'appliquer le capital et des outils perfectionnés pour la mettre en exploitation de plus en plus intense.

LENOIR *Jean-Joseph-Etienne*, 1822-1900. Nous voici revenus à un inventeur pratique, un prospecteur, Lenoir était Français d'origine, mais naquit dans le Luxembourg belge.

Sans fortune, il vint à 16 ans à Paris comme garçon de café. Il fut ensuite émailleur, et découvrit à 25 ans un nouvel émail blanc. C'est lui qui imagina en 1851 le procédé spécial de galvanoplastie, acquis par la maison Christophe.

Très inventif, il réalisa un frein électrique, un moteur électrique, un compteur d'eau, une méthode d'étamage des glaces, un régulateur de dynamos, un pétrin mécanique, enfin et surtout en 1859, le moteur à gaz. En 1878, il eut le grand prix de 12.000 fr. de la Société d'encouragement.

Pour ses services rendus en 1870 pendant le siège de Paris, il fut naturalisé français.

Le moteur à gaz date de janvier 1860 ; dans le brevet il est caractérisé ainsi :

1. Combinaison ou mélange de l'air et des gaz inflammables.

2. Action du mélange dans une machine à peu près de la même manière qu'une machine à vapeur ordinaire. Le gaz employé est le gaz d'éclairage.

Le moteur n'agit pas par détonation, il agit plutôt par dilatation de l'air agissant sur le piston. En somme, c'est la combustion progressive, reprise par *Diesel* pour les moteurs de sous-marins.

Les avantages de ce moteur sont la simplicité, l'absence de chaudière, le fonctionnement immédiat. Depuis lors, le moteur à détonation, au pétrole, a pris un tout autrement grand développement.

CLAUSIUS *Rodolphe*, 1822-1888, naquit en Poméranie. Il fit ses études à Berlin, et y devint professeur de Physique. Il passa ensuite aux Universités de Zurich, de Wurzburg et de Bonn, où il mourut. Il fut en 1865, nommé correspondant de l'Académie des sciences de Paris.

Il s'occupa de l'Optique, de l'Electricité, de l'Elasticité, mais surtout de la chaleur. Il trouva cette théorie déjà ébauchée, mais il contribua à l'établir sur des fondements mathématiques. Il reprit le principe que Sadi Carnot avait énoncé dès 1824, le rendit évident et en tira des conséquences sous forme d'équations qui portent le nom de Clausius. L'ouvrage de Clausius sur la théorie de la chaleur a été traduit en français en 1868-69. On a fini par dire le principe de Carnot-Clausius, bien que d'autres que Clausius lui aient découvert des conséquences. Le mérite de Clausius a été d'écarter de la théorie de Carnot certains rapports inexacts, et la fausse hypothèse du calorique indestructible. Mais l'essentiel de la théorie restait exact, tout aussi fécond que le principe de Newton.

PAALTZOW, 1823-?, d'origine russe, fut professeur à Berlin.

Il étudia la conductibilité calorifique.

W. THOMSON, 1824-? est connu en Electricité.

Dans la chaleur, il étudia la fusion et la thermo-dynamique.

QUINTUS *Icilius*, 1824-1885, était Allemand et fut professeur au Polytechnicum de Hanovre, il s'attacha à la thermo-dynamique et à la thermo-électricité.

Pfaff *Frédéric*, 1825-1886, fut professeur de géologie et de minéralogie. Nous le retrouverons ailleurs.

Giffard *Pierre*, 1825-1882. Avec Giffard, nous découvrons un homme original, et qui apporte à la machine à vapeur un perfectionnement inattendu.

Giffard n'était pas riche et ses études furent modestes : il était employé aux chemins de fer de l'Est et étudiait dans des cahiers de l'Ecole centrale que lui prêtait un ami. De 1843 à 1855, il essaya la direction des ballons. C'est ensuite que, frappé des inconvénients que présentaient les pompes d'alimentation des chaudières, il eut l'idée de les supprimer par son injecteur qui fut aussitôt adopté partout, et lui donna la fortune. D'autres inventions avaient été faites pour utiliser les jets de vapeur ; on peut suivre la progression des idées depuis Maunoury-Dectot, par Bourdon, jusqu'à Giffard. Mais ce dernier seul précisa définitivement le problème, en donna la solution, et fut le premier à imaginer l'injecteur pour les pompes des chaudières. L'originalité du jet fourni par la chaudière elle-même était si grande que l'appareil fut qualifié de *merveilleux*. Un calcul précis pouvait seul le justifier. (V. l'histoire de la mécanique française de E. Eude, p. 70 à 76).

Troost *Louis-Joseph*, né en 1825, sortit de l'Ecole normale. Il s'occupa surtout de Chimie et fut professeur de chimie à la Faculté des sciences de Paris. Il remplaça Wurtz à l'Académie des sciences. Ses travaux de Physique portèrent sur la mesure des hautes températures, et la densité des vapeurs. Ses mémoires sont nombreux.

Wiedemann *Gustave*, 1826-1899, était de Berlin. Il fut professeur à Bâle, Brunswick, Carlsruhe, Leipzig. Ses études portèrent sur le magnétisme et les relations entre la chaleur et l'électricité. Il succéda à Poggendorf en 1877, aux Annales de Physique et de Chimie.

Berthelot *Marcelin*, 1827-1907, sera davantage à sa place parmi les Chimistes. Fils d'un médecin, il fut docteur ès-sciences et professeur au Collège de France, enfin membre de l'Académie des sciences. Il fut le créateur de la thermo-chimie, science qui touche à la Physique, et le fondateur de la science des explosifs, dont les effets relèvent de la physique également.

Berthelot perfectionna aussi la calorimétrie.

Zeuner *Gustave*, 1828-?, était de Chemnitz en Saxe. Il fut professeur au Polytechnicum de Zurich, puis Directeur de cet établisement. Il remplit les mêmes fonctions à Freiberg, puis à Dresde. Ses travaux portent sur la tension des vapeurs, la thermodynamique, les machines à vapeur. Son fameux diagramme est toujours utilisé par les constructeurs pour la bonne marche des moteurs.

Gernez *Désiré*, 1831 (ou 1834), fut élève de l'Ecole Normale et professeur de Physique à Agen, Dijon, Versailles, Paris. Il fut élève de Sainte-Claire-Deville et de Pasteur, et enfin membre de l'Institut. Il fit une théorie précise de l'ébullition, à la suite de ses recherches sur les liquides surchauffés et les solutions gazeuses sursaturées. Comme conséquence, il trouva

la cause de la cristallisation subite des solutions sursaturées, etc. Il mesura aussi le pouvoir rotatoire des
combinaisons chimiques.

BOSSCHA *Jean*, 1831-?, était un physicien hollandais, né à Bréda ; il fut professeur, puis directeur
de l'Ecole polytechnique de Delft.

Il s'occupa d'acoustique, d'électricité, et de l'équivalent mécanique de la chaleur.

CAILLETET *Louis-Paul*, 1832-1913, était de Châtillon-
sur-Seine. Il fut élève de l'Ecole des mines de Paris, et
s'occupa de métallurgie. Les hauts-fourneaux et les
puissantes machines dont il avait la charge lui servirent en même temps à étudier diverses questions de
physique sur la dissociation des gaz, le passage de
l'hydrogène à travers des lames de fer, les hautes près-
sions, la compressibilité des gaz, etc.

Il réalisa la liquéfaction de l'air, de l'oxygène, de
l'azote et de la plupart des gaz permanents.

La pompe de Cailletet pour comprimer les gaz, formée de tubes métalliques, et contenant environ quatre litres, est construire de façon spéciale pour résister à plusieurs centaines d'atmosphères.

CAZIN *Achille-Auguste*, 1832-1877, de Perpignan,
fut professeur au lycée Bonaparte.

Ses recherches portèrent sur l'électricité, la thermodynamique, les machines à air chaud, l'étude calorifique des gaz et des vapeurs.

Cazin eut le mérite de faire seul sa carrière, il était
si pénétré de sa vocation scientifique qu'il est parvenu
à exposer les plus difficiles théories, de la chaleur

spécialement, de façon à les rendre compréhensibles presque à tous, malgré l'emploi qu'elles nécessitent des hautes mathématiques. C'est plus que de la vulgarisation. L'ouvrage s'appelle : la Chaleur et les Forces physiques.

GUTHRIE *Frédéric*, 1833-1886, était anglais. Il étudia à Marburg, et fut professeur à Edimburg, à Manchester, à l'Ile Maurice et à Londres. Il s'occupa surtout de chimie organique. Et il étudia la conductibilité calorifique.

MALLARD *François-Ernest*, 1833-1894, sortit de l'Ecole polytechnique et de l'Ecole des Mines, fut professeur à l'Ecole des mines de Saint-Etienne puis à celle de Paris. Il fut membre de l'Académie des Sciences en 1890. Il fut avant tout un minéralogiste, et laissa une œuvre inachevée, mais supérieure. En Physique il étudia l'air comprimé, les mélanges gazeux détonants, la chaleur spécifique des gaz. Ses études du grisou lui permirent de déterminer l'emploi absolument sûr des lampes de sûreté. Avec Le Chatelier il détermina diverses chaleurs spécifiques.

LANGLEY *Samuel-Pierpont*, 1834-1896, était de Roseburg, Etats-Unis. Il fut d'abord ingénieur, puis astronome à Cambridge, Annapolis, Alleghany en Pensylvanie.

Il étudia les radiations solaires au moyen du bolomètre qu'il inventa vers 1880. Il trouva ainsi que le rayonnement du soleil est 5.300 fois celui du fer en fusion. Ce même instrument lui permit de modifier les idées admises sur la distribution de la chaleur dans le spectre.

Enfin, il s'occupa d'aviation sur la rivière Potomac, 1903-1904, mais ses essais échouèrent, alors que ceux des frères Wright à la même époque avaient un plein succès, mais restaient secrets.

MENDELEIEF *Dimitri*, 1834-?, naquit à Tobolsk en Sibérie. Ses études achevées, il vint à Paris, travailla quelque temps du laboratoire de Würtz, alla ensuite étudier les pétroles du Caucase.

Il fut plus tard professeur de Chimie à l'Université de Petrograd.

Mendeleief est fort connu par ses travaux en Chimie, et sa loi de Périodicité des éléments.

Il étudia aussi la compression des gaz, la thermochimie, les dissolutions aqueuses, etc.

STEFAN *Joseph*, 1835-1893, était autrichien, de Klagenfurt, et mourut à Vienne. Il fut professeur de Physique à l'Université de Vienne, et membre de l'Académie des sciences.

Ses travaux concernent la diffusion des liquides et des gaz, l'évaporation, la conductibilité calorifique des gaz ; en optique, la polarisation, les interférences, etc. ; en électricité, les théories d'Ampère qu'il a complétées sur les courants induits, etc.

SARRAU *Jacques*, 1837-?, était de Perpignan, sortit ingénieur de l'Ecole Polytechnique, et entra dans le service des poudres et salpêtres. Il s'est beaucoup occupé de la poudre et des explosifs.

Il devint professeur à l'Ecole Polytechnique et membre de l'Académie des Sciences.

Excellent mathématicien, autant que physicien, il peut figurer à côté de Berthelot et de Vieille parmi ceux qui ont fait faire le plus de progrès à la balistique. Ce sont ses formules qui servent aujourd'hui à déterminer pour un calibre et un projectile connus, la poudre qui donnera la vitesse initiale et la pression maxima. Il imagina avec Vieille le manomètre enregistreur donnant la loi du développement de la pression en fonction du temps.

Il s'occupa aussi de la lumière, de la thermodynamique, et de la compressibilité des gaz, ce qui lui permit de déterminer le point critique de l'oxygène.

LÉVY *Maurice*, 1838-?, était de Ribeauvillé, Alsace. Il sortit de l'Ecole polytechnique comme Ingénieur des Ponts et Chausées, et ensuite il devint professeur de mécanique.

Le principe de l'énergie lui doit quelques précisions mathématiques.

VIOLLE *Jules*, 1841-?, était de Langres, il devint docteur ès-sciences, puis profeseur à la Faculté de Lyon, et ensuite à l'Ecole normale à Paris. Depuis 1891, il est professeur de physique au Conservatoire des Arts et Métiers. Il partage avec Hirn le mérite des premières expériences précises pour déterminer l'équivalent mécanique de la chaleur.

Il étudia aussi la température du soleil.

Pour mémoire, je citerai aussi ses expériences d'acoustique, science sur laquelle il a publié le plus intéressant volume de son traité de Physique.

DEWAR *James*, 1842-?, fut un physicien anglais. Il s'occupa aussi beaucoup de chimie, de l'aniline, de la picoline, etc. En Physique, il détermina la chaleur spécifique du charbon à haute température ; il s'attache aussi à l'étude des très basses températures obtenues par l'ébullition de l'air liquide et même de l'hydrogène liquide.

En physiologie, il étudia l'action de la lumière sur les organes.

PICTET *Raoul*, 1842-?, était de Genève, et fut professeur à l'Université de cette ville. Il habita ensuite Berlin pendant longtemps.

A peu près en même temps que Cailletet, il réussit à liquéfier plusieurs gaz permanents : l'hydrogène, l'azote, l'oxygène, par une méthode un peu différente de celle du savant français.

Il fit un ouvrage sur la synthèse de la chaleur, et prit des brevets pour des procédés de fabrication de l'acétylène, du carbure de calcium, etc. ; ces brevets sont exploités par la Cie Raoul Pictet.

DITTE *Alfred*, 1843-?, était de Rennes, et sortit de l'Ecole normale ; il fut professeur de chimie à Caen, puis à la Sorbonne.

La chimie fut envisagée par lui au point de vue de la thermochimie.

BOLTZMANN *Louis*, naquit à Vienne (Autriche), en 1844. Il fut professeur de Physique à Graz, Munich, Leipzig et Vienne, et en 1900, correspondant de l'Académie des sciences de Paris.

Ses travaux portent sur le magnétisme, les gaz et la thermodynamique.

LIPPMANN *Gabriel*, 1845-?, naquit dans le Luxembourg, à Hallerich. Il fut élève de l'Ecole normale supérieure à Paris, puis passa 3 ans dans de grands laboratoires de Chimie et de Physique en Allemagne.

Sa thèse de doctorat à Paris eut pour sujet : Relation entre les phénomènes électriques et capillaires.

En 1883, il fut professeur de Physique mathématiques à la Faculté des sciences de Paris, et en 1886, professeur de Physique expérimentale. Il remplaça Desains à l'Académie des Sciences.

Ses expériences portent sur les phénomènes électro-capillaires, la polarisation des électrodes, l'électromagnétisme et la chaleur. Dans ce dernier domaine, il a étudié la dilatation électrique du verre, le pouvoir inducteur spécifique des gaz, la thermodynamique.

C'est à Lippmann qu'on doit les curieuses photographies en couleurs obtenues par les interférences lumineuses, et que malheureusement on n'a pu encore reproduire sur papier.

Lippmann, en mathématique, démontra la formule de Laplace relative à l'équation de la surface capillaire.

WROBLEWSKY, 1848-1888, était Polonais et fut professeur à l'Université de Cracovie.

Il s'occupa davantage de chimie que de Physique.

TOMMASI, 1848-?, naquit à Naples : son père était marquis. Il devint docteur ès-sciences, et fit de nom-

breuses recherches en thermo-chimie, et en électricité.

Il découvrit les constantes thermiques, dont il exprima la loi générale qui, jusqu'ici, n'a trouvé aucune exception.

Rowland, 1848-1901, était Américain. Il fut professeur de Physique à l'Institut Troy, de New-York,
puis alla travailler avec Helmholz sur l'Electricité,
en Allemagne. Il fut alors nommé Professeur à Baltimore.

Il travailla à l'Equivalent mécanique de la chaleur,
au spectre solaire, aux réseaux de diffraction, etc.

Ramsay *William*, 1852-?, était de Glascow, où il
fit ses études et où il devint professeur.

Il passa ensuite à Bristol, puis à Londres. Il eut
le prix Nobel en 1904.

Il fit surtout de la chimie et découvrit *l'argon* avec
Lord Rayleigh et *l'hélium*.

Exner *Franz*, 1849-?, est professeur de Physique à
Vienne, en Autriche.

Il s'occupa avec Roentgen de la chaleur solaire.

Note. — Il est plus difficile de parler des savants
nés après 1850, parce qu'ils sont très nombreux, les
documents font défaut, et les théories sont parfois
si enchevêtrées, même contradictoires, qu'on ne sait
plus laquelle adopter ; le doute finit par atteindre
les résultats qui semblaient le plus solidement acquis.

C'est un peu au hasard et par acquit de conscience que je vais citer encore quelques noms :

Cabart s'occupa de Calorimétrie, *Wullner*, professeur à Aix-la-Chapelle, s'occupa de la dilatation, *Saïotchevsky*, des points critiques, *Jeannetaz*, de la conductibilité colorifique, comme *Lundquist* ; *Trentinaglia* des chaleurs latentes, *Woestyne*, des chaleurs spécifiques, etc., etc.

Il s'est créé récemment toute une nouvelle branche de la science, les moteurs à explosion, à la suite de la découverte de Lenoir : tels sont les moteurs *Dietz, de Dion-Bouton, Benz, Daimler, Diesel.*

Je ne parle que pour mémoire du moteur *Serpollet* qui est à vapeur.

Enfin l'aviation a vu naître de nouveaux moteurs du même genre, mais encore plus légers, plus puissants et spéciaux : tels sont les moteurs *Renault, Esnault-Pelterie, Gnôme,* etc.

4° L'Optique et l'Astronomie au XIXe siècle.

Biographies

LAGRANGE *Louis-Joseph*, 1736-1812, descendait d'une famille de Touraine, alliée à celle de Descartes : mais, depuis plusieurs générations, cette famille de militaires avait passé au service du roi de Sardaigne, et Lagrange naquit à Turin. La ruine de son père l'obligea à comprendre jeune la nécessité du travail, et il reconnut toujours dans ce malheur l'origine de son propre bonheur de mathématicien. Tant il est vrai que la nécessité seule fait accomplir de grandes choses.

A 19 ans, Lagrange était professeur à l'Ecole d'artillerie de Turin ; en 1759, il fonda avec ses élèves l'Académie de Turin qui publia tout de suite ses premières théories, et la méthode d'où sortit ensuite le Calcul des Variations. Euler comprit aussitôt la valeur de cette méthode et fit associer Lagrange à l'Académie de Berlin. D'Alembert se mit aussi en relations avec lui, et lui soumit des problèmes, alors qu'il avait à peine 25 ans. Malheureusement l'excès de travail causa à Lagrange une maladie de la bile qui altéra sa santé déjà mauvaise.

Il ne peut être question ici des beaux travaux mathématiques de Lagrange, mais en Astronomie, il avança beaucoup le problème des attractions mutuelles de plusieurs corps, à propos du Soleil, de Jupiter et de ses quatre satellites. A cette occasion il fit un voyage à Paris où il fut reçu avec distinction par d'Alembert, Clairaut, Condorcet, etc.

C'est alors qu'Euler, ayant quitté Berlin pour Petrograd, d'Alembert qui devait le remplacer comme Président de l'Académie de Berlin, et ne voulait pas y aller, fit nommer Lagrange. C'est à Berlin que Lagrange composa sa Mécanique analytique. A la mort de Frédéric de Prusse, Louis XVI le fit venir en France, et ses ouvrages furent imprimés à Paris. La Révolution, surtout la mort de Lavoisier, l'affecta beaucoup, mais lui-même ne fut pas inquiété. Sous l'Empire, il reçut de grands honneurs, et à sa mort, ses restes furent déposés au Panthéon.

Marié deux fois, à Berlin et à Paris, il ne laissa pas d'enfants.

En Astronomie, Lagrange établit les équations de plusieurs problèmes, celles de la libration de la Lune, commença la théorie des variations séculaires des orbites planétaires, etc.

Il s'occupa aussi de la théorie du son, comme nous l'avons vu.

HERSCHELL *Guillaume*, 1738-1822, né Hanovre. Il fit d'abord de la musique en Allemagne, comme son père, et se rendit à 20 ans en Angleterre pour continuer une profession où il fit une certaine fortune.

En 1774, il essaya de construire un télescope, et prit le goût de l'astronomie. En 1781, il découvrit Uranus, ce qui lui valut des distinctions honorifiques.

Aidé de sa sœur, il fit un catalogue d'étoiles ; grâce à la perfection de ses instruments et à leur grandeur, il atteignait un grossissement d'environ 6.000 fois.

Uranus avait été déjà vu en 1690, mais comme il lui faut 84 ans pour faire le tour du ciel, son déplacement est lent. Herschell prit d'abord cette prétendue étoile pour une comète. Plus tard, il trouva ses six satellites, quand Méchain eut montré que c'est une planète. Il observa le premier les étoiles multiples, les deux petits satellites de Saturne, l'aplatissement de Jupiter et sa durée de rotation, celle de Mars, etc.

Rochon *Alexis*, 1741-1817, fut bibliothécaire de l'Ecole de marine de Brest, et plus tard astronome de la marine. Après diverses expéditions en mer pour reconnaître les longitudes des stations navales, il fut nommé directeur du cabinet de physique du roi à La Muette.

Pendant la Révolution il se retira à Brest, et sous l'Empire, il fut nommé à Paris.

Son principal instrument d'optique est le diasporamètre dont on s'est beaucoup servi pour la polarisation.

Méchain *Pierre*, 1744-1804, était fils d'un architecte. Admis à l'Ecole des Ponts et Chaussées, il fut appelé par Lalande au service d'hydrographie, et pour faire les cartes de la marine.

Il fit alors de l'Astronomie. C'est lui qui, en 1781, donna le nom de planète à l'astre que venait de découvrir Herschell. Il prit part avec Delambre à la mesure du méridien pour l'établissement du système métrique.

Une petite erreur de 3" qu'il avait faite à Barcelone empoisonna sa vie ; quand il s'en aperçut il voulut faire de nouvelles observations, revint en Espagne et mourut de la fièvre jaune. On ne sut qu'après sa mort le motif de sa singulière conduite.

PIAZZI *Guiseppe*, 1746-1826, était de l'ordre des Théatins et fut professeur de Mathématiques à Malte. Il trouva la première planète télescopique : sa découverte ccnfirma la loi de Bode.

BODE *Jean-Elert*, 1747-1820, était fils d'un instituteur. Scn goût dès l'enfance pour l'astronomie l'amena à Berlin où il devint directeur de l'Observatoire. La loi de Bode, ou de Titius (1776) est de pure imagination, mais commode.

MONGE *Gaspard*, 1746-1818, était de Beaune. Son père, un pauvre marchand forain lui fit cependant donner une bonne instruction dans un collège oratorien. Vers 15 ans, il fit un plan de la ville Beaune, qui existe encore. Ce plan frappa un colonel du génie qui prcposa à Monge d'entrer à l'Ecole d'artillerie de Mézières. N'étant pas de famille noble, le jeune homme ne put entrer qu'à l'Ecole des sous-officiers, mais il s'y fit remarquer à tel point par ses méthodes de calculs et ses dessins pour les fortifications, qu'on le nomme répétiteur de mathématiques.

Monge avait ainsi conçu le plan de la Géométrie descriptive ; il écrivit alors son traité. On admit ses méthodes, mais à condition de les tenir secrètes, pour que l'étranger n'en pût profiter. La théorie des surfaces fut la continuation analytique de ces beaux travaux.

A 25 ans, Monge était professeur de Physique à Mézières. Il composa pour l'Ecole de médecine son traité de Statique, et s'occupa aussi d'Hydraulique.

Sous la Révolution, dont il était enthousiaste, il fut ministre de la marine, sans cesser d'enseigner. Au Comité du Salut public, lors de la défense nationale, il déploya une très grande activité dans la fabrication de la poudre et des armes ; il donna l'idée de chercher du salpêtre dans les écuries et les caves. Il redevint professeur en 1794, à l'Ecole normale, de création nouvelle ; il fut un des fondateurs de l'Ecole polytechnique, la même année.

. En 1795, membre de la commission envoyée à Rome pour choisir des tableaux cédés par le Pape, il se lia avec Bonaparte d'une amitié qui devait être durable. Il fit partie de l'expédition d'Egypte, où il expliqua le phénomène du *mirage*.

Devenu sénateur, comte, grand cordon de la Légion d'honneur, etc., il perdit toutes ses charges sous la Restauration ; le bannissement des conventionnels, parmi lesquels se trouvait son gendre, acheva d'ébranler son esprit et hâta sa fin.

Monge fut un modèle de désintéressement, et Napoléon mit un jour son cas en évidence pour faire une leçon à d'autres savants.

Les travaux de Monge concernent surtout les mathématiques. Il donna le premier l'explication du timbre en musique. En optique, il étudia la double réfraction.

DELAMBRE *Jean-Baptiste*, 1749-1822, naquit à Amiens où il fit ses études, et devint fort en latin et en grec avant de se tourner vers les mathématiques et l'astronomie. Il ne se mit à ces études difficiles qu'à l'âge de trente-six ans.

Dès 1790, Delambre eut le prix de l'Académie pour ses tables d'Uranus.

En 1792, il se mit à celles de Saturne et des satellites de Jupiter.

Il achéra à la Révolution sans y prendre part et fit partie de l'Institut en 1795. A partir de 1803, il fut membre de toutes les Académies d'Europe. En 1807, il eut la chaire d'Astronomie à la place de Lalande. La Restauration lui enleva sa place, tout en le décorant.

Les dernières années de Delambre furent employées à écrire l'histoire de l'Astronomie.

Le caractère de Delambre fut à la hauteur de son grand talent.

Laplace *Pierre-Simon*, 1749-1827, était de Beaumont (Calvados) et d'une famille de pauvres cultivateurs. On sait peu de choses sur sa famille, car Laplace eut la faiblesse de caractère de faire tout son possible pour cacher son origine, lorsqu'il fut arrivé aux honneurs. Comme il était assez fort en théologie, on pense qu'il fût destiné au clergé, et élevé par charité.

Mais avant 20 ans, il s'occupait des plus hautes questions de mathémaitques, ce qui séduisit d'Alembert. En 1773, il était adjoint mécanicien à l'Académie des sciences ; en 1784, il remplaçait Bezout comme examinateur de l'Ecole d'artillerie. En 1794, il était professeur à l'Ecole normale, puis membre de l'Institut, et enfin, en 1816, de l'Académie française. Il fut membre associé de toutes les Sociétés savantes de l'Europe.

Malheureusement, on lui reproche une versatilité de caractère touchant à la servilité pour tous les régimes. Comme administrateur, il fut plus que médiocre, se perdant dans les détails mesquins.

Mais ses travaux mathématiques le placent hors de pair, à côté de Lagrange.

Sa mécanique céleste embrasse tout ce qui a été fait depuis Newton, en y comprenant toutes ses découvertes personnelles, notamment les lois qui portent son nom au sujet des satellites de Jupiter, et qui donnent des règles aussi simples que rigoureuses pour leurs mouvements. Dans l'étude de la Lune, Laplace surpasa Euler et Lagrange, en trouvant la véritable cause de l'équation séculaire de cette planète.

Laplace s'occupa aussi de la réfraction astronomique, des phénomènes capillaires, de la hauteur barométrique, des dilatations, de la vitesse du son, des actions moléculaires, etc.

Son hypothèse cosmographique contribua à répandre sa célébrité partout. Son fameux mot sur l'hypothèse de Dieu, dont il aurait dit qu'il pouvait se passer, a été expliqué par les mots suivants sous-entendus : « A partir de la création de la nébuleuse primitive et de son mouvement ». D'ailleurs l'hypothèse de Laplace a été combattue et tend à être remplacée par d'autres.

Niepce *Joseph-Nicéphore*, 1765-1833, était fils d'un fonctionnaire des finances. Il fut officier, et participa comme lieutenant aux campagnes d'Italie de 1792. La faiblesse de sa vue le fit renoncer au métier militaire et il rentra dans l'administration. Avec son frère aîné, il s'occupa de science, et d'abord des machines thermiques et des pompes, puis de la culture du pastel et de sa matière colorante (1811).

La lithographie se développait en ce moment ; la

pierre étant rare, Niepce esaya de l'étain. Pour remplacer le crayon lithographique, il conçut l'idée de faire faire le dessin par la lumière, et il n'eut bientôt plus d'autre idée que celle-là (1813). En 1822, à l'aide d'un vernis bitumineux sur de l'étain poli, il put reproduire une gravure, le portrait de Pie VII. Deux ans après, il fixait couramment les images de sa chambre noire sur l'étain, puis sur le cuivre, et enfin l'argent.

En 1829, il fit un traité avec Daguerre pour perfectionner sa découverte. Néanmoins, il mourut pauvre et ignoré. Daguerre, nous le verrons, découvrit l'image latente. L'invention de Niepce consistait dans l'emploi du bitume de Judée qui blanchit dans les parties exposées à la lumière ; ces parties sont alors insolubles dans l'essence de lavande, les autres se dissolvent, on grave les creux avec un acide, on enlève le bitume restant et il reste une image en relief qu'on tire en gravures.

NIEPCE DE S. VICTOR, cousin du précédent, inventa, en 1845, la photographie sur verre, au moyen d'une couche d'albumine imbibée d'argent (découverte de Talbot). Il obtenait un négatif, base de la photographie actuelle.

WOLLASTON *William*, 1766-1828, que nous n'avons pas cité en Électricité, fut médecin avant de se consacrer à la Physique et à la chimie. Il construisit une pile.

En Optique, il étudia les raies des spectres, les doublets, etc. Il imagina un procédé de photographie repris plus tard. Il construisit un goniomètre et étudia la vision. En chimie, il découvrit le palladium et le rhodium, en opérant la métallurgie du platine ; avant Berzélius, il fit une table d'équivalents.

Bouvard *Alexis*, 1767-1843, était de la Haute-Savoie, de Contamines, près de Chamonix. Fils de pauvres bergers, il montra une facilité étonnante pour le calcul : on l'envoya à Paris. Son pécule épuisé, il trouva à donner des leçons de calcul, et put ainsi vivre quelque temps. Un ouvrage d'astronomie, qui lui tomba sous la main l'enthousiasma pour les phénomènes célestes, et il obtint une place d'élève astronome à l'Observatoire. En 1794, il fit la connaissance de Laplace, qui lui fit faire tous les calculs de sa Mécanique céleste. En reconnaissance, il le fit nommer astronome-adjoint, puis membre de l'Académie des sciences.

Bouvard découvrit huit comètes nouvelles, et donna le calcul de leurs éléments paraboliques. Il discuta plus de 4.000 observations relatives à la Lune. Il constata le premier en 1820, les perturbations d'Uranus, et les attribua à une 8ᵉ planète encore inconnue, ce que confirma Leverrier en 1846.

Nicol *William*, 1768-1851, était d'Edimbourg où il devint professeur de Physique.

Il imagina en 1828 le prisme biréfringent dit Nicol si usité pour l'étude de la polarisation.

Bichat *Marie-François-Xavier*, 1771-1802, du Jura, fut surtout un célèbre médecin et chirurgien, mort à 31 ans d'excès de travail. Il s'occupa d'Electro-Optique.

Young *Thomas*, 1773-1829, était doué d'une manière remarquable pour toutes les branches de l'entendement. Il cultiva la médecine, les mathématiques, l'optique, la botanique, les langues orientales, etc. « Rien de ce qui est possible à un homme, disait-il, n'est impossible à un autre homme. » Il fut cavalier accompli et même acrobate. Il devint sceptique en médecine, démontrant que la nature agit seule aussi efficacement que les plus savants médecins, aussi le corps médical l'obligea-t-il à quitter Londres pour Paris, où il rencontra Fresnel et ce fut l'occasion de la naisance de cette merveilleuse théorie des interférences et des ondes lumineuses qui est le plus grand chef-d'œuvre de la Physique. Young avait remarqué et étudié le phénomène, Fresnel en découvrit la théorie mathématique complète et incontestable.

Brown *Robert*, 1773-1858, fit ses études à Aberdeen et à Edimbourg, fut d'abord militaire, puis chirurgien, enfin naturaliste. Il publia la flore de toute une partie de l'Australie, ajoutant des perfectionnements aux méthodes de la botanique. Resté ignoré et sans fortune, le gouvernement dut lui faire une pension.

La célébrité lui vint après sa découverte du mouvement appelé brownien ; c'est le mouvement perpétuel qu'exécutent des particules organiques ou minérales en suspension dans des gouttes liquides, même dans tout liquide, le plus tranquille en apparence. On l'attribue à des influences de calorique rayonnant ; la chaleur augmente beaucoup en effet ces mouvements.

Biot *Jean-Baptiste*, 1774-1862, célèbre mathématicien ; connu aussi en Electricité par sa théorie sur les attractions et les répulsions.

MALUS *Etienne-Louis*, 1775-1813, fils d'un trésorier de France : très doué au point de vue littéraire, il entra pourtant à l'Ecole du génie de Mézières. Renvoyé comme sergent en 1793, il s'engagea comme simple soldat et travailla aux réparations du port de Dunkerque. L'ingénieur Lepère le remarqua et l'envoya à l'Ecole Polytechnique, où il suppléa quelque temps Monge pour le cours d'Analyse. En 1796, passé lieutenant, puis capitaine, il prit part aux campagnes de Bonaparte, notamment à celle d'Egypte, et rentra en France en 1801. Il s'occupa alors des fortifications. En 1811, il était directeur des études à l'Ecole Polytechnique, et reprenait d'anciennes recherches d'optique analytique. Il publia alors son traité d'Optique où il inséra un travail datant de 1809 dans lequel il exposait sa découverte remarquable de la polarisation de la lumière réfléchie. Cette découverte était due en partie au hazard de la réflexion du soleil sur une vitre éloignée que Malus observait avec un cristal de spath d'Islande. Il eut un prix pour son explication.

Membre de l'Institut en 1810, il mourut deux ans après, à 36 ans, de phthisie pulmonaire.

BENZENBERG, 1777-1846, de Dusseldorf, étudia les distances des étoiles filantes et leur orbite, fut professeur d'astronomie et de physique. Ennemi de Napoléon, il se réfugia en Suisse, où il prépara un plan de levée en masse contre les Français. Plus tard, il construisit à Dusseldorf un observatoire.

Brewster, 1781-1868, né en Ecosse, passa sa vie à Edimbourg et dans ses propriétés.

Il fut Président de l'Académie d'Edimbourg, correspondant de l'Académie des sciences de Paris, et reçut le titre de Professeur, à la suite de ses travaux d'optique sur la polarisation, les spectres d'absorption, l'achromatisme, etc. Il perfectionna le stéréoscope, et imagina le Kaléidoscope.

Dupin *Pierre-Charles-François*, 1784-1873, était de la Nièvre. Il sortit de l'Ecole Polytechnique dans le génie. Il ajouta à la théorie de Monge celle de l'indicatrice de courbure des surfaces, utilisée en optique. Sous la Restauration il défendit chaudement Carnot et Monge, puis il se lança exclusivement dans les questions économiques et politiques.

Arago *François*, 1786-1853. Cité en Electricité. Nous le citons encore en optique, à cause du grand nombre de ses travaux dans cette partie de la physique, qui témoigne de son énergie et de son opiniâtreté dans tous les domaines. Son Astronomie populaire et ses études d'étoiles représentent à eux seuls un très grand travail.

Chevreul *Michel-Eugène*, 1786-1889. Il sortit de l'Ecole centrale d'Angers, et entra à 17 ans dans la fabrique de produits chimiques de Vauquelin. En 1810, il fut préparateur de Vauquelin pour son cours de Chimie appliquée, au Muséum. En 1813, il était professeur de Chimie au lycée Charlemagne. Puis il passa aux Gobelins et enfin au Muséum à la place de Vauquelin.

Chevreul fit une vraie moisson de découvertes, surtout en chimie organique ; il assimila les corps gras aux éthers, donna la théorie de la saponification, séparant la glycérine de la matière graisseuse. Les bougies stéariques furent le résultat de ces découvertes et valurent à Chevreul un prix de 12.000 francs. Le désintéressement de ce savant pendant toute sa vie fut ausi magnifique que son talent qui aurait enrichi on ne sait combien d'autres.

Chevreul, en optique, s'occupa des couleurs et de leurs applications.

Amici *Jean-Baptiste*, 1786-1867, fut professeur de Mathématiques à Modène et directeur de l'Observatoire de Florence. Il observa les étoiles doubles, et réalisa d'excellents instruments : un appareil de polarisation ,un microscope achromatique, un microscope par réflexion, une chambre claire, etc.

Daguerre *Louis-Jacques*, 1781-1851, s'occupa d'abord de la peinture des décors de théâtre. Il organisa un diorama avec grand succès, puis s'intéressa aux recherches de Niepce qu'il compléta comme nous l'avons vu. Sa première épreuve est de 1839, et le procédé du daguerréotype fut acheté par l'Etat la même année. Mais il devait rapidement évoluer vers d'autres méthodes plus pratiques avec Talbot (l'iodure d'argent) et Niepce de S. Victor (la gélatine sur verre).

Fraunhofer *Joseph*, 1787-1826, était fils d'un pauvre vitrier, et fut orphelin à 12 ans. Il fut engagé comme apprenti par un fabricant de glaces, ce qui lui donna le goût de l'optique.

Un accident lui procura la bienveillance du roi de
Bavière qui lui fit étudier les sciences. A 20 ans, il
entra dans une fabrique d'instruments de mathématiques, dont il finit par être propriétaire. Il inventa
le micromètre filiaire répétiteur, et un héliomètre,
et perfectionna le télescope de Dorpat. Ce qui le fit
surtout connaître, ce sont ses études du spectre solaire, inaugurées déjà par Wollaston, qui d'ailleurs,
n'avait pas saisi leur importance.

Fresnel. *Augustin-Jean*, 1788-1827, de Broglie,
Eure, était fils d'un architecte qui se retira à la Révolution et s'occupa seul de l'éducation de ses quatre
enfants. A huit ans, Augustin savait à peine lire,
il ne prit ensuite aucun goût littéraire, mais il se
passionra pour la mécanique et les expériences. Il
faisait des canonnières de sureau si réussies que ses
camarades l'appelaient l'homme de génie.

A seize ans, bien que de santé faible, il entra à
l'Ecole Polytechnique ; à sa sortie, il fut nommé ingénieur des Ponts et Chaussées en Vendée, puis dans
la Drôme où il resta jusqu'en 1815. Destitué pendant
les Cent Jours parce qu'il avait offert ses services aux
Bourbons, il se retira en Normandie, où il commença
ses fameuses recherches d'optique. A la fin de 1814,
il ignorait encore ce que c'est que la polarisation,
et huit mois après, il avait fait de véritables découvertes bien au-delà de ce domaine. A mesure ensuite
que ses nouvelles découvertes se succédaient, il était
nommé de toutes les Académies. Il mourut prématurément à l'âge de 39 ans et 2 mois.

Dans la double réfraction, il découvre la loi du
rayon extraordinaire, dont les lois de Descartes et de

Huyghens ne sont que des cas particuliers. Il montre que la biréfringence peut être produite artificiellement par la compression. Dans les interférences, découvertes par Grimaldi et étudiées par Young, il montre ce que deviennent les rayons polarisés dans des azimuts différents; il explique les phénomènes de coloration et en détermine les lois. Il faut dire que c'est Young qui vint le voir en France, et le poussa dans ces recherches que lui, Young était trop peu mathématicien pour conduire au succès. Fresnel découvre en outre la polarisation circulaire et en fait la théorie. En dépit de Newton, Képler et Laplace, il adopte la théorie des ondes de Huyghens et Descartes, non seulement en démontre l'exactitude, mais explique par elle tout ce que la théorie de l'émission était impuissante à résoudre. Avec la diffraction, il achève de lever touts les doutes. Sa théorie analytique des ondes reste comme un monument de la puissance de l'esprit humain ; les conséquences, bien plus variées et lointaines que celles de l'attraction, en voie même d'englober les phénomènes électriques, en font le chef d'œuvre des sciences physiques.

Enfin, Fresnel est l'inventeur dés phares lenticulaires, beaucoup plus éclairants que les miroirs, parce que la perte d'intensité est bien moindre. — On a donné son nom à deux intégrales célèbres, $\int \cos^2 x\, dx$ et $\int \sin^2 x\, dx$ parce qu'il les utilisa dans une circonstance mémorable.

C‌auchy *Augustin-Louis*, 1789-1857, de Sceaux, était fils d'un administrateur de l'Etat passionné pour le latin et parfait catholique. Il fit surtout des études littéraires, et obtint à 15 ans le grand prix d'humanités institué par l'empereur.

L'année suivante, après dix mois de sciences seulement, il était reçu second à l'Ecole Polytechnique. Il en sortit le premier, entra dans les Ponts et Chaussées, puis fut mis en congé en 1813 pour raisons de santé. Rentré à Paris, il se consacra tout entier aux Mathématiques. Il avait déjà une réputation de savant en Europe par ses solutions de divers problèmes sur les polyèdres, les fonctions symétriques, les racines des équations, les intégrales définies, etc. ; enfin il résolut le problème de Fermat sur les nombres polygones qui avait rebuté Lagrange, Legendre et Gauss.

En 1815 son mémoire sur la théorie de la propagation des ondes obtient le grand prix de l'Institut.

De 1816 à 1830 il est professeur à l'Ecole Polytechnique, à la Faculté des sciences, et au Collège de France, et fonde ses remarquables théories mathématiques.

Sous la Révolution de Juillet, il suit le Roi en exil, il va à Fribourg, puis à Turin ; en 1833, Charles X lui confie l'éducation scientifique du comte de Chambord à Goritz et à Prague. Il revint en France en 1838 et fut proposé au Collège de France. Mais il refusa de prêter serment au nouveau roi. La Révolution de 1848 le maintint, mais l'Empire l'écarta jusqu'en 1854 pour son nouveau refus de prêter serment.

Cauchy fut surtout un mathématicien ; son influence fut immense, même sur Abel comme celui-ci se plut à le reconnaître. En Optique, il vérifia les lois de Fresnel, et donna les équations générales de la lumière sans recourir à aucune hypothèse douteuse, fonda la théorie des rayons *évanescents*, et fixa les lois de la dispersion. Enfin il fit des vraies découvertes dans les calculs astronomiques.

Mossorti *Octavien*, 1791-1863, fut astronome à Milan puis à Pise. Il étudia les taches du soleil, le scintillement des étoiles, la comète d'Encke.

Schwerd *Frédéric*, 1792-1871, étudia à Mannheim et à Mayence et fut 55 ans professeur à Spéyer. Il étudia les phénomènes des réseaux.

Whewell *William*, 1794-1866, fut professeur de mathématiques à Cambridge ; il s'occupa d'astronomie et de physique générale.

Babinet *Jacques*, 1794-1872, sortit de l'Ecole Polytechnique comme officier, puis il devint professeur de Physique, il étudia en Optique le retard de la lumière dans les milieux réfringents.

Quételet *Lambert*, 1796-1874, était de Gand, et étudia à Bruxelles. Il demeura quelque temps à l'observatoire de Paris, et construisit celui de Bruxelles, où il enseigna l'astronomie et les mathématiques. Il fit de beaux travaux de mathématiques et de statistique dans le but d'en tirer des résultats physiques et moraux.

Pontécoulant, 1795-1874, naquit à Paris, et entra dans l'armée où il devint colonel. Plus tard, il s'adonna uniquement aux mathématiques et devint membre des Académies de Londres et de Berlin. Il fit une étude spéciale des inégalités de Jupiter et de Saturne, de la comète de Halley, etc.

BEER *Guillaume*, 1797-1850, de Berlin, était le frère du compositeur Meyerbeer. Il prit parti contre la France dans les guerres de 1813 à 1815, puis succéda à son père comme banquier, tout en consacrant ses loisirs à l'astronomie. Il construisit un Observatoire, et fit une carte de la Lune.

DRUMMOND *Thomas*, 1797-1840, d'Edimbourg, sortit du corps royal des Ingénieurs ; il étudia la Chimie avec Brande et Faraday, et imagina en 1820 la lumière qui porte son nom. La lampe Drummond rendit de grands services pour faire des signaux lorsqu'on entreprit le plan géodésique de l'Irlande : la brume rendait inutilisables les signaux ordinaires. En 1883, Drummont devint secrétaire du Chancelier de l'Echiquier, et en 1835, sous-secrétaire d'Etat pour l'Irlande. Il réussit fort bien dans ce poste, fit construire les premiers chemins de fer de l'Irlande, et à sa mort une statue lui fut élevée à Dublin. La lumière Drummond, très usitée encore dans les cabinets de Physique, est produite par un chalumeau à gaz d'éclairage et oxygène, dont la flamme est projetée obliquement sur un cylindre de chaux.

NEUMANN, 1798-1895, célèbre par ses théories électriques, étudia la réflexion et la polarisation.

LLOYD *Humphrey*, 1800-1881, était de Dublin. Il devint professeur de Physique, puis Directeur de l'Observatoire de Dublin. Il fit partie de la Société Royale de Londres. Ses travaux en Optique concernent **la double réfraction conique.**

NACHET *Camille*, 1801-1881, fonda une maison d'instruments qui se spécialisa, dès 1839, dans les microscopes. Ses beaux instruments destinés à la Chimie, la biologie, la pétrographie, la cristallographie, sont les plus parfaits du monde entier. Nachet absorba en 1896 l'ancienne firme Harnack et Praznówsky.

PLUCKER *Jules*, 1801-1868, fut professeur de mathématiques à Bonn et à Halle. Ses principaux travaux concernent la géométrie analytique. Mais il s'occupa en physique des phénomènes lumineux produits par l'électricité : tubes de Geissler, fluorescence des rayons cathodiques, etc.

AIRY *Georges*, 1801-1892, était un astronome anglais. Il enseigna la théorie ondulatoire de la lumière à Cambridge. Devenu astronome, il perfectionna les méthodes de calcul et introduisit de nouveaux instruments. En 1834, lorsque les étalons nationaux des poids et mesures furent détruits par l'incendie du Parlement, Airy fut nommé président de la commission chargée des nouveaux étalons, et se prononça pour le système décimal. Il s'occupa de la boussole, de la détermination du poids de la terre, etc. Il semble avoir trop négligé la découverte d'Adams.

PLATEAU *Joseph*, 1801-1883, était belge, fit ses études à Liège et fut professeur de physique et d'astronomie à Gand. Ses principaux travaux regardent l'optique : il inventa l'anorthoscope.

Wheastone, 1803-1892, est surtout connu en électricité, mais aussi pour son miroir tournant et son étude de la vision.

Sturm *Jacques*, 1803-1855, naquit à Genève d'une famille Fribourgeoise. Il est célèbre par son théorème d'analyse et devint professeur à Paris à l'Ecole polytechnique.

Il fit de belles recherches sur l'optique, les caustiques, les lignes focales.

Doppler *Christian*, 1803-1853, était de Salzbourg dans le Tyrol et mourut à Venise. Il fut professeur de mathématiques à Vienne en Autriche, et à Prague. En optique, on connaît le principe de Doppler : l'attribution des étoiles colorées à leur approche ou à leur éloignement, comme le changement de hauteur d'un son peut être causé par le fait qu'il s'approche ou s'éloigne.

Breguet *Louis*, 1803-1883, s'occupa en optique de la vitesse de la lumière (V. en électricité).

Hamilton, 1805-1865, mathématicien anglais bien connu. Très précoce, il connaissait treize langues à l'âge de treize ans. A 25 ans, il fut nommé astronome royal, et à 32 ans, président de l'Académie irlandaise. Sa petite note : « Caustics. » renferme le germe de sa théorie des réfractions optiques.

Masson, 1806-1858, connu en Electricité, etc., s'occupa en optique, des raies spectrales.

Dupré *Athanase*, 1808-1869, sortit de l'Ecole normale à 18 ans, et fut agrégé des sciences à 21 ans.

Il devint professeur de mathématiques et de physique à Rennes.

Sénarmont, 1808-1862, cité dans la chaleur, s'occupa en optique de la double réfraction et de la lumière elliptique.

Muller *Jean*, 1809-1875, de Cassel, fut professeur à Darmstadt et à Fribourg-en-Brisgau. En optique, il s'occupa de la vitesse de la lumière : il s'attacha aussi à la Chaleur et à l'Electricité.

Grassmann *Hermann*, 1809-1877, était de Stettin. Il fut professeur de mathématiques à Berlin et se fit apprécier par une méthode de généralisations successives en mathématique. Il s'occupa de la théorie de l'Electro-dynamique et de l'optique.

Barnard *Frédéric*, 1809-1889, américain, du Massachussets, fut professeur de mathématiques, de chimie et d'Astronomie aux Etats-Unis.

Kohlrausch *Franz*, 1840-?, était professeur de Physique à Strasbourg.

Leverrier *Urbain-Jean-Joseph*, 1811-1877, le célèbre astronome, était de Saint-Lô, Manche. Fils d'un employé des domaines, il se présenta à l'Ecole polytechnique en 1830, et échoua, mais en 1831, il était reçu parmi les premiers. Il s'occupa d'abord de chimie et avec succès, mais les mathématiques l'attiraient. Il donna sa démission d'ingénieur de l'Etat, pour ne pas aller en province, en 1836, et se contenta d'être professeur au Collège Stanislas. Mais dès 1837, il était répétiteur d'astronomie à l'Ecole polytechnique et s'attaquait de suite aux grands problèmes de l'attraction.

Pour son début il indiqua les limites numériques entre lesquelles doivent osciller les excentricités et les inclinaisons des orbites planétaires. Il s'occupa ensuite des tables de Mercure, et des comètes périodiques, montrant que les comètes de Faye et de Vico ne pouvaient être celles de Lexell et de Tycho. Il fut alors nommé membre de l'Institut.

C'est en faisant la révision des tables d'Uranus, tables désespérantes pour les astronomes, qu'il entreprit la recherche de la cause de leurs irrégularités. Bouvart en 1821 et Bessel en 1840 avaient émis l'hypothèse d'une planète inconnue. Leverrier chercha sa place par le calcul et l'annonça le 31 août 1846. Trois semaines après, le 23 septembre, l'astronome Galle de Berlin, la rencontra à 52 minutes du point indiqué par Leverrier comme devant être sa place au 1ᵉʳ janvier 1847.

La célébrité de Leverrier devint immense, et les honneurs affluèrent vers lui. Un jeune étudiant de Cambridge, Adams, avait commencé les mêmes recherches en 1841 et était arrivé un peu avant Leverrier, paraît-il, aux mêmes résultats. Mais son travail ne parut qu'après. La Société royale de Londres partagea entre lui et Leverrier la médaille Copley. Adams était né en 1819. Son travail était fini en novembre 1845, et dès juillet 1846, un astronome anglais, Challis cherchait la planète. Mais en août, Leverrier publiait son travail et Galle faisait la découverte. Adams envoya ses résultats à Airy le 2 septembre, et les présenta le 13 novembre 1846 à l'association britannique qui les publia en 1851. Leverrier ignorait complètement le travail d'Adams qui cependant, d'après la Biographie Nationale anglaise, donnait complètement l'orbite de Neptune.

Leverrier fut élu député en 1849, mais il manquait totalement d'éloquence ; il s'occupa surtout de l'Ecole Polytechnique et de celle des Ponts et Chaussées. En 1852 il fut sénateur et inspecteur général de l'Enseignement supérieur, mais ses innovations eurent de mauvais résultats, et furent abandonnée. Aussi à la mort d'Arago, 1854, fut-il nommé Directeur de l'Observatoire. Là encore il manqua tellement de mesure et de tact qu'après toutes sortes d'atermoiements, il fallut le remplacer par Delaunay en 1870. Mais il y revenait à la mort de Delaunay en 1873, mitigé il est vrai par un Conseil de surveillance. Il mourut le 23 septembre 1877, jour anniversaire de la découverte de Neptune. Cette découverte avait été un détail pour lui, on prétend qu'il ne voulut jamais voir son astre dans une lunette. On se demande aussi pourquoi il n'examina jamais les calculs d'Adams qui se montra très déférent vis-à-vis de lui. Leverrier entreprit la révision complète des mouvements de toutes les planètes ; ce fut un travail de 35 ans au bout duquel il laissa de nouvelles tables beaucoup plus exactes que les précédentes, et permettant l'hypothèse des planètes intramercurielles. On conçoit de la sorte que la découverte de Neptune ne fut qu'un incident dans ces immenses calculs.

Leverrier était profondément pénétré du sentiment

religieux ; il avait fait placer, dit-on, un grand cru-
cifix dans la salle de l'Observatoire, rendant ainsi insé-
parables l'infini des mondes matériels et le non moindre infini du perfectionnement moral.

La biographie des hommes célèbres montre com-
men, les qualités et les défauts se balancent chez l'homme ; il faut les voir sans prévention ni thèse, et tenir
compte des flatteries dont ils purent être l'objet.

DRAPER *William*, 1811-1882, né à Liverpool, mort
à New-York. Professeur de chimie et physiologie à
New-York, il travaillait aussi en optique.

BRAVAIS *Auguste*, 1811-1863, était d'Annonay dans
l'Ardèche. Il est surtout connu en cristallographie,
mais aussi dans l'optique et le magnétisme. Il entra à
l'Ecole Polytechnique et sortit dans la marine où il
devint lieutenant de vaisseau. Mais il démissionna pour
entrer dans l'Université et il fut bientôt professeur de
physique à l'Ecole Polytechnique.

Sa théorie des réseaux est une des bases de la cristallographie.

Il s'occupa du mirage, des halos, de la réfraction et
de la dispersion de la glace, de la vitesse du son, etc.

ANGSTROM *Anders*, 1814-1874, était suédois ; il mourut à Upsal. Après avoir pris ses grades universitaires,
il fut astronome adjoint à l'Observatoire de Stockholm,
puis directeur de celui d'Upsal. Plus tard, il devint
professeur de physique à Upsal. Ses travaux concernent surtout l'analyse spectrale, la polarisation et la
réfraction des cristaux.

FROMENT *Paul-Gustave*, 1815-1865, naquit à Paris. Il sortit de l'Ecole Polytechnique, et étudia la construction des instruments de précision, d'abord en Angleterre, puis chez Gambey.

Il acquit une grande habileté dans la fabrication des moteurs électriques, et des appareils télégraphiques ; en optique il réalisa l'éclairage des réticules des lunettes astronomiques pour les observations nocturnes. Il construisit le gyroscope et le pendule dont se servit Foucault.

WERTHEIM *Guillaume*, 1815-1861, fut professeur à Paris, et depuis 1855 examinateur à l'Ecole Polytechnique.

WARREN DE LA RUE, 1815-1889, naquit dans l'île de Guernesey et mourut à Londres. Son père était fabricant de papier, et il fut longtemps associé avec lui à Guernesey : il fabriqua du papier photographique, et en 1856 fonda un observatoire dans le Middlessex pour prendre part aux observations photographiques des astres. Ses photographies de la Lune et du Soleil furent longtemps des modèles insurpassables.

Il fit une pile au chlorure d'argent dont une batterie de 14.400 éléments lui permit en 1874 de réaliser des effets extraordinaires.

DELAUNAY *Charles*, 1816-1872, fut ingénieur des mines, mathématicien et astronome. On lui doit de nouvelles méthodes qui furent appliquées par Tisserand.

MILLER *Allan*, 1817-1870, du comté de Suffolk, fut

professeur de chimie à Londres, et s'occupa d'analyse spectrale.

Buys-Ballot *Christophe*, 1817-1890, était hollandais ; il fut professeur à l'Université d'Utrecht et Directeur de l'Institut météorologique. C'est de lui que datent les observations annonçant les tempêtes, par la marche des dépressions à la surface du globe. Ses principes sur la direction des vents et des tempêtes portent le nom de Loi de Buys-Ballot. Il s'occupa aussi d'optique.

Secchi (Le P. Angelo), 1818-1878, était de Reggio en Emilie et mourut à Rome. Il entra tout jeune dans l'ordre des Jésuites, où il compléta son éducation.

L'optique lui doit des études sur les spectres des étoiles.

L'astronomie lui doit de nombreuses observations sur le Soleil.

Bertin *Pierre-Augustin*, 1818-1884, était de Besançon ; il sortit de l'Ecole normale, et devint professeur à la faculté de Strasbourg, puis à l'Ecole normale et au Collège de France. Il s'occupa beaucoup de la polarisation rotatoire, des anneaux colorés, des franges de la polarisation chromatique, du radiomètre, etc.

Jamin, 1818-1886, bien connu en électricité, s'occupa en optique des interférences, de la réflexion et de la lumière elliptique. Il fut professeur à l'Ecole Polytechnique, et publia avec *Bouty* un cours de physique qui fit longtemps autorité dans toute l'Europe et garde encore toute sa valeur.

Fizeau *Hippolyte-Louis*, 1819-1896, était fils d'un médecin, professeur à la Faculté de médecine de Paris. Très doué pour les sciences, et indépendant par sa situation de fortune, il s'occupa volontairement de recherches d'optique ; il arriva à de tels résultats qu'il eut le grand prix de l'Institut en 1856, et entra à l'Académie des sciences en 1860.

Il s'occupa d'abord de la daguerréotypie ; puis l'étude des interférences amena à perfectionner les appareils qui les produisent. Il observa les interférences entre des rayons lumineux de marche différente, celles des rayons calorifiques, et en fit l'application à la dilatation des cristaux. Il se servait des ondes lumineuses comme d'un micromètre naturel d'une extrême perfection.

Il construisit un appareil pour mesurer la vitesse de la lumière, moins précis que celui de Foucault, et pourtant il obtint avec M. Cornu des résultats presque identiques.

Il ajouta un condensateur à la bobine de Ruhmkorf pour augmenter la longueur des étincelles.

Foucault *Léon*, 1819-1868, était fils d'un libraire-éditeur à Paris. Il fit ses études de médecine, mais les abandonna avant d'avoir le grade de docteur.

Comme Fizeau, il se passionna d'abord pour le daguerréotype, puis pour l'optique.

Pour la microscopie médicale, il imagina un régulateur électrique permettant de maintenir la lumière très longtemps malgré l'usure des charbons, le courant actionnant partiellement ce régulateur.

Les interférences lumineuses l'occupèrent avec Fizeau. Il parvint, avec une lumière homogène, à centupler le nombre des anneaux de Newton.

Sa plus belle expérience fut celle par laquelle il détermina la vitesse de la lumière, avec un rayon lumineux long de quelques mètres seulement. Même il montra que cette vitesse est plus grande dans l'air que dans l'eau. Cette expérience détruisait définitivement l'hypothèse de Newton sur l'émission, hypothèse qui conduisait à une vitesse plus grande dans l'eau que dans l'air, tandis que l'hypothèse des ondulations de Descartes, Huyghens, Euler, assurait le contraire.

Une autre magnifique expérience de Foucault est celle du pendule par laquelle il démontra la rotation de la terre sur elle-même. Avec le gyroscope, il fit mieux encore ; il obtint la direction du méridien sans observation astronomique.

Foucault construisit des miroirs paraboliques de télescope et de grandes lentilles astronomiques incomparablement supérieures aux meilleurs instruments connus avant lui.

En électricité, il fit cette belle observation qu'un disque qui tourne entre les pôles d'un fort aimant s'échauffe et bientôt résiste au mouvement de rotation ; cette propriété a été utilisée pour diminuer les oscillations des aiguilles aimantées. A la suite de ce travail, Foucault reçut la médaille Copley, la plus haute récompense de la Société Royale de Londres.

Adams *John-Couch*, 1819-1892, était le fils d'un fermier de Cornouailles, assez aisé. Il lut de bonne heure des ouvrages d'astronomie dont sa mère avait hérité et construisit lui-même des cadrans solaires dans son village. A 16 ans à peine, il fit une description d'une éclipse du soleil si détaillée que les journaux de Londres la publièrent ; la même année il aperçut la comète de Halley. Ses dispositions pour les mathématiques le firent envoyer par ses parents à Cambridge d'où il sortit en 1843.

Dès l'âge de 22 ans, il avait attribué les irrégularités d'Uranus à une autre planète, et à peine en possession de ses titres de Cambridge, il attaqua le problème. Il demanda les données d'observation à Airy, et obtint les éléments elliptiques, la masse et la longitude héliocentrique du nouvel astre qu'il communiqua en septembre 1845 à Challis. Le 21 octobre 1845 il déposait à l'observatoire de Greenwich un mémoire identique. Airy et Challis cherchèrent l'astre, mais ne découvrirent rien.

Et sept mois plus tard, Leverrier annonçait les mêmes résultats qu'Adams. Challis recommença à chercher le 29 juillet 1846, mais c'est Galle qui le 25 septembre trouvait Neptune.

On fut très étonné à Londres du silence d'Adams. Celui-ci expliqua, 40 ans plus tard, que son intention était de laisser à un astronome anglais la gloire complète de la découverte. Le 2 septembre il avait envoyé à Airy ses résultats améliorés, mais il arriva à Southampton trop tard pour le rencontrer.

Adams fut un des plus grands admirateurs de Leverrier qu'il rencontra à Oxford en 1847, puis à Collingwood chez Herschell. Il fonda un prix en 1848 pour perpétuer le souvenir de sa découverte de Neptune. Il fut professeur de mathématiques à Cambridge en 1858.

Il démontra une inexactitude de Laplace dans l'accélération séculaire du mouvement moyen de la lune, qui fut réduite de 10" à 6". Il étudia les mouvements des petits astres appelés Léonides, et calcula définitivement leurs orbites et leur révolution.

Ses travaux mathématiques se remarquent par leur précision.

En 1861 il succéda à Challis comme directeur de l'observatoire de Cambridge, et dès 1870, commença à étudier une zone d'étoiles. En 1881, il refusa de succéder à Airy à l'observatoire royal. En 1884, il fut un des délégués à la conférence internationale du méridien à Washington.

Adams connaissait la géologie et la botanique ; il était généreux et sympathique, et resta modeste au milieu des honneurs, laissant le souvenir d'un caractère bien équilibré.

STOKES *Georges-Gabriel*, 1819-1903, né en Irlande, fut professeur de physique à Cambridge, et membre de la Société Royale de Londres. Il fit de très curieuses expériences sur le spectre, la fluorescence, les anneaux colorés, etc.

BECQUEREL *Alexandre-Edmond*, 1820-1891. Son père était déjà connu comme physicien, et comme un des fondateurs de l'électricité. Edmond Becquerel s'occupa davantage de la chaleur et de la lumière. Il fut professeur au Muséum et membre de l'Institut. C'est la conductibilité calorifique qui le retint plus spécialement.

POITEVIN *Alphonse*, 1820-1882, sortit de l'Ecole centrale, et fut surtout un chimiste. Il s'intéressa beaucoup aux débuts de la photographie, et ses procédés aux sels de fer ont été longtemps employés.

PUISEUX *Victor-Alexandre*, 1820-1883, sortit de l'Ecole normale et fut surtout mathématicien et astronome. Il devint professeur à la Faculté des sciences, où il remplaça Cauchy, astronome-adjoint à l'Observatoire et membre de l'Académie des sciences.

Ses recherches portent sur les calculs employés en mécanique céleste, ; il est connu aussi par ses travaux purement mathématiques. Son caractère eut le rare privilège de ne donner jamais lieu à la critique.

KIRCHHOF, 1824-1887, connu en Electricité, est célèbre en Optique par ses études sur les raies noires du spectre, et la théorie qu'il sut en déduire, avec la collaboration de Bunsen.

JANSSEN *Pierre-Jules-César*, 1824-1907, né à Paris, étudia la peinture en même temps que les sciences ; il ne devint licencié ès-sciences physiques et mathématiques qu'à 28 et 31 ans. Il fit en 1858 un voyage au Pérou avec les Grandidier pour déterminer l'équateur magnétique. De 1865 à 1871 il fut professeur de physique générale.

Son étude de l'œil au point de vue de la chaleur rayonnante obscure, en 1860, fut remarquée. En 1876 il construisit l'observatoire de Montmartre, qui fut ensuite transféré à Meudon. Il s'y occupa surtout de photographie astronomique. Il fit de nombreuses missions, notamment pour observer le soleil, en Italie, aux Indes, en Algérie, au Japon. Enfin il construisit en 1891 l'observatoire du Mont-Blanc, aidé par M. Bisshofsheim.

VERDET *Marcel-Emile*, 1824-1866, fut professeur de physique à Paris. Il étudia les lentilles, la double réfraction et en électricité l'induction. Il fut un des promoteurs de l'électro-optique.

WIEDEMANN *Gustave-Henri*, 1826-1899, fut professeur à Bâle, Karlsruhe et Leipzick. Il fit une théorie électrique et étudia la polarisation rotatoire.

OUDEMANS *Jean*, 1827-1906, fut un astronome hollandais, d'Amsterdam. Il devint chef du service géographique à Java, où il étudia aussi les comètes, les satellites de Jupiter, etc.

DUBOSQ, 1827-1886, imagina un photomètre.

SWAN *Joseph*, 1828-?, était anglais. Il s'occupa d'électricité, mais surtout il découvrit le procédé photographique au charbon toujours employé.

MAREY *Etienne-Jules*, 1830, était docteur en médecine. Sa contribution à l'optique consiste dans une méthode graphique par l'emploi de la photographie.

LANDOLT *Henri*, 1831-   , fut membre de l'Académie de Berlin, s'occupa de la polarisation rotatoire, des tensions de vapeur, etc.

MAXWELL *Clark*, 1831-1879, est célèbre par sa théorie électromagnétique de la lumière ; sa vie a été exposée à propos de l'électricité.

CROOKES, 1832-   ; il a été question de lui en électricité. Il réalisa l'influence mécanique de la lumière qui sembla être un retour en faveur de la théorie de l'émission.

MALLARD, 1833-94. Ses travaux de cristallographie l'ont conduit à l'étude de la chaleur, comme de l'optique. Il fut professeur à l'Ecole des Mines de Paris.

VOGEL *Hermann-Wilhelm*, 1834-1898, chimiste allemand, se mit en tête du mouvement photographique dans son pays ; il eut une chaire de photochimie à l'Ecole technique de Charlottenbourg. En 1878, s'étant mis à l'analyse spectrale, il découvrit la raie ultra-violette de l'hydrogène. Il imagina un photomètre, et s'occupa enfin de chromophotographie.

ZOLLNER *Charles-Frédéric*, 1834-1882, de Berlin, fût professeur à Leipzick. Il finit par s'adonner au spiritisme après s'être beaucoup occupé des spectres.

LANGLEY, 1834-1906, est cité déjà dans les études d'électricité.

NEWCOMB *Simon*, 1835-1909, était un astronome américain, de la Nouvelle-Ecosse. Il fut professeur de mathématiques dans la marine, puis d'astronomie à Baltimore. C'est lui qui fit construire le télescope géant de Washington ; il étudia les orbites de Saturne et de Neptune.

SCHIAPARELLI *Giovanni-Virginio*, 1835-1910, était du Piémont. A 24 ans, il était second astronome de l'observatoire de Milan, et deux ans après, directeur. Depuis il devint sénateur, correspondant de l'Académie des sciences, etc.

Ses plus beaux travaux concernent les étoiles filantes qu'il identifia avec des courants de matière cométaire que rencontre notre atmosphère. Il étudia les étoiles doubles, et fit la plus belle carte de Mars qui ait encore été donnée. Il étudia aussi Mars et Vénus et arriva à conclure que ces deux planètes présentent toujours la même face au Soleil, comme la lune vis-à-vis de nous.

TOEFLER *Auguste*, 1836-   , était de Bruhl, près de Cologne, et fut professeur à Riga, puis à Gratz et à Dresde. Il s'occupa des flammes vibrantes et d'autres questions d'optique, comme aussi d'électricité et de magnétisme.

KETTELER *E.*, 1836-   , fut professeur de physique à Bonn, où il étudia la dispersion.

MASCART *Eleuthère*, 1837-1908, naquit dans le Nord. Il sortit de l'Ecole normale, et fut docteur ès-sciences en 1834. Il devint professeur de physique au Collège de France, et directeur du Bureau central météorologique, enfin membre de l'Académie des sciences.

Ses travaux concernent l'électricité, la météorologie et l'optique. Dans ce dernier chapitre, il étudia les longueurs d'onde, la dispersion de la lumière, les rayons ultra-violets, les interférences, les vibrations de la lumière polarisée, la réfraction des gaz et de l'eau comprimée, les modifications de la lumière en mouvement, etc. Il imagina plusieurs instruments pour ces expériences.

Kuhne *Guillaume*, 1837-1900, était de Hambourg. Il étudia à Goettingue, Iéna, Berlin, puis à Paris et à Vienne avec Woehler, Claude Bernard, Virchow, etc. Il fut assistant de chimie à Berlin, puis professeur à Amsterdam, et enfin à Heidelberg. Il fut surtout physiologiste, et s'occupa de l'œil et de la vision.

Lecoq de Boisbaudran *Paul-Emile*, 1838-   , était de Cognac en Charente, fils d'un riche négociant en eaux-de-vie. Il s'intéressa de bonne heure à la spectroscopie et se lia avec Mendeleief. Il découvrit dans les blendes de Pierrefitte un nouveau métal, le gallium, qu'il obtint ensuite à l'état pur et dont il étudia les propriétés et les composés. Il n'a jamais eu de situation officielle.

Javal *Louis-Emile*, 1839-   , fils d'un député connu, sortit de l'Ecole des Mines de Paris en 1864, puis il fut docteur en médecine, et se consacra à l'optique ; il étudia le strabisme et l'astigmatisme. Il fut un député très actif, s'occupant beaucoup de la dépopulation de la France. Il traduisit en français l'optique physiologique d'Helmholz.

Stanhope *Edouard*, 1840-1893, était fils d'un lord anglais, comte de Chesterfield. Il fut secrétaire de Disraeli, puis sous-secrétaire d'Etat pour les Indes. En 1886, dans le cabinet Salisbury, il fut ministre de la guerre et secrétaire d'Etat pour les colonies. Il avait

un grand talent de mathématicien et étudia spécialement la loupe.

CORNU *Marie-Alfred*, 1841-1902, fut professeur à
l'Ecole Polytechnique et membre de l'Institut en 1878.
Le principal objet de ses travaux a été l'optique, spécialement la vitesse de la lumière.

VIOLLE, 1841-   , est bien connu par ses travaux
en acoustique et chaleur. En optique, Violle fit des
recherches pour un étalon lumineux, il étudia les radiations émises par les solides et les liquides.

ANDRÉ *Charles*, 1842-   , naquit dans l'Aisne.
Agrégé des sciences physiques en 1863, il fut nommé
à l'observatoire de Paris, et dirigea une mission à
Nouméa afin d'observer Vénus. Comme professeur
d'astronomie à Lyon, il alla en Utah observer Mercure. Ses études d'optique se rapportent à la diffraction.

BOUSSINESQ *Valentin-Joseph*, 1842-   , était de
l'Hérault. Il fut professeur de mathématiques à Lille,
puis à la Sorbonne, et enfin membre de l'Institut. Il
s'occupa des théories de la chaleur et de l'optique, de
la capillarité, de l'écoulement des liquides, etc.

CROS *Charles*, 1842-1888, frère d'un sculpteur de
talent, était de l'Aude. Il étudia la philologie et la médecine. En même temps que *Ducos du Hauron*, qu'il
ne connaissait pas, il découvrit le procédé indirect de
la photographie en couleurs. Son procédé avait été

décrit dans un pli cacheté déposé à l'Académie des sciences en 1867 et ouvert en 1876.

En 1877, il avait déposé un autre pli cacheté qu'il fit ouvrir six mois après ; il y décrivait le principe du phonographe, dont il avait eu l'idée avant Edison.

Guyou *Emile*, 1843- , sortit de l'Ecole navale, étudia l'astronomie nautique ; on lui doit un système ingénieux de la projection de la sphère entière, des théories nouvelles sur la houle, l'équilibre des corps flottants, la théorie des navires, etc.

Lippmann, 1845- , est devenu célèbre par son invention de la photographie en couleurs. Il est également connu par ses travaux sur la chaleur.

Tisserand *François-Félix*, 1845-1896, était de Nuits dans la Côte-d'Or. Il sortit de l'Ecole normale en 1866 et entra la même année à l'Observatoire. Il fut professeur d'astronomie à Toulouse, se rendit en mission au Japon avec Janssen. En 1878 il succéda à Leverrier à l'Institut, puis devint professeur de mécanique céleste et enfin directeur de l'observatoire de Paris.

Il s'occupa surtout d'astronomie mathématique, d'après les méthodes de Delaunay. Sa mécanique céleste complète celle de Laplace ; il fit une étude curieuse sur la marche de la pendule de l'Observatoire.

Kerr (1845), connu par le phénomène électrique qui porte son nom, et qui répond à une propriété optique. Kerr était anglais.

Glan *P*. (1846), fit ses études à Berlin, et s'occupa de la photométrie de la lumière colorée.

Eörvös *Laurent* (1848), fils d'un ministre d'Etat hongrois, fut lui-même ministre. Mais il démissionna, préférant s'occuper de physique, dont il était professeur à l'Université de Buda-Pesth. Il s'occupa surtout d'électricité et d'optique.

Rowland, 1848-1901, est connu par ses travaux sur la chaleur, et sur les réseaux optiques.

Bigourdan *Guillaume* (1851), était du Tarn-et-Garonne. Il entra en 1880 à l'Observatoire de Paris. Il a fait un catalogue des nébuleuses visibles à Paris et en trouva de nouvelles. Ses travaux furent surtout pratiques, il perfectionnait les instruments et les corrections d'erreurs.

Becquerel *H.* (1852), est connu par ses travaux sur la chaleur, sur le spectre infra rouge et sur l'électro-optique.

Michelson *Albert* (1852), s'occupa de la vitesse de la lumière, ainsi que *J. Young* et *G. Forbes*.

Deslandres *Henri-Alexandre* (1853), était de Paris. Il sortit de l'Ecole Polytechnique et entra dans le génie, mais en 1883, il quitta l'armée pour se consacrer à la science. En 1888 il était docteur, et bientôt il entra à l'observatoire de Meudon. Ses découvertes ont trait à la spectroscopie du ciel. Il put photographier la chromosphère, appliquer le principe Doppler-Fizeau à la mesure de la vitesse des astres, et étudier les radiations ultra-violettes.

En 1902 il fut élu à l'Académie des sciences en remplacement de Faye.

Poincaré *Henri*, 1854-1912, s'occupa d'électricité et d'optique au point de vue mathématique.

Zeemann *Pierre* (1865), est célèbre par le phénomène électro-lumineux qui porte son nom et que nous avons décrit à propos de l'électricité.

Citons encore quelques physiciens connus : *Bouty*, dans tout le domaine de la physique ; *Righi* et *Blondlot* en électro-optique ; *Lebedew*, qui montra la pression exercée par la lumière, et expliqua ainsi l'action répulsive du soleil sur les comètes ; *Thollon, Chappuis, Cooke, Gassiot*, pour leurs belles expériences sur les spectres ; *Gouy* pour la polarisation rotatoire et le spectrophotomètre, etc.

5ᶜ La Chimie au XIXᵉ siècle : biographies

LAVOISIER *Antoine-Laurent*, 1743-1794 ; il est mort avant l'aurore du XIXᵉ siècle, mais prématurément et son œuvre domine tellement tout le développement actuel de la chimie dans ce siècle qu'elle en fait nécessairement partie. Le père de Lavoisier, riche commerçant de Paris, le fit élever au collège Mazarin. Les sciences exactes, qui attirèrent le jeune écolier, décidèrent sa carrière : l'astronomie avec La Caille, la chimie avec Rouelle, la botanique avec Jussieu, absorbèrent ensuite son temps à tel point qu'il évita totalement les écarts de la jeunesse. A 23 ans, il eut un prix de l'Académie des sciences sur la question du meilleur système d'éclairage de Paris ; d'autres mémoires le firent entrer à cette Académie à 25 ans.

C'est pour être plus libre de se livrer à ses travaux scientifiques qu'il demanda en 1769, une place de fermier général, dont les revenus étaient considérables. Plût à Dieu que tous les fermiers généraux eussent aussi bien employé leurs revenus ! D'ailleurs, Lavoisier remplissait tous les devoirs de sa charge et même améliorait cette charge : c'est ainsi qu'il délivra les juifs de Metz d'un odieux impôt.

Sur la proposition de Turgot, à cause de ses recherches sur la poudre, il fut nommé inspecteur des poudres et salpêtres. Il perfectionna la poudre, puis voulut essayer l'emploi du chlorate de potasse, mais les expériences faites à Essonne furent négatives, l'explosif était trop brisant, plusieurs ouvriers furent tués. Il eut le même échec avec Berthollet plus tard ; tous deux faillirent être tués. Depuis lors, on a renoncé à cet explosif, jusqu'à l'époque actuelle, où on l'utilise avec la graisse sous le nom de *cheddite*.

Lavoisier appliqua la chimie à l'agriculture dans le Vendômois : en neuf ans, d'après Lalande, les revenus de ces terres avaient doublé.

En 1789, il fut député suppléant à l'Assemblée des États généraux, à qui il présenta le rapport de la caisse d'escompte. Il avait, en 1788, présenté le projet d'une caisse de ce genre dans l'Orléanais, ainsi qu'une caisse d'épargne et de retraite pour le peuple. En 1790 il fit partie du comité chargé d'établir le nouveau système des poids et mesures. Comme secrétaire de la trésorerie, il présenta un mémoire sur un plan nouveau de perception des impôts qu'il rendait plus équitables.

Sa mort sur l'échafaud est due à la haine aveugle des conventionnels contre *tous* les fermiers généraux. Le 2 mai, l'acte d'accusation était dressé par Dupin, le 3, Lavoisier se constituait prisonnier, et le 6 il était condamné et exécuté. Il mourut le quatrième des 28 fermiers généraux, après M. Paulze, dont il avait épousé la fille en 1771. « La République, dit un forcené, n'a pas besoin de chimistes. »

Lavoisier découvrit d'abord l'oxygène : la question de son existence était posée à la suite d'expériences mal faites et inexpliquées. Eck de Suchbach avait constaté que le mercure chauffé augmente de poids (il passe, disait-il, à l'état de chaux) ; le cinabre par contre re-

devient du mercure par la chaleur, et dégage un fluide. Jean Rey avait observé les mêmes faits, avec le
plomb. D'autres arrivèrent même à isoler un gaz qui
devait être l'oxygène, mais ils ne comprenaient pas ce
qu'ils faisaient, gênés par la théorie du *phlogistique*.
L'expérience célèbre de Lavoisier se fit sur le mercure
qu'il chauffa pendant douze jours : ce mercure com-
muniquait avec une éprouvette pleine d'air ; au bout
de douze jours, cet air avait sensiblement diminué.
Dans le gaz restant, Lavoisier vit les bougies s'éteindre et les animaux périr, aussi donna-t-il à ce gaz le
nom d'azote (sans vie). Quant au composé qu'était
devenu le mercure, il le chauffa à son tour jusqu'à
sa réduction en mercure métallique ; il recueillit le
gaz dégagé, et y vit brûler le charbon d'une manière
très brillante : il l'appela plus tard oxygène. Enfin,
en mélangeant l'azote et l'oxygène, il obtint de nouveau l'air ordinaire. Et dire que des savants allemands, comme Ostwald, osent remettre en honneur
Stahl, Allemand, et son phlogistique, et dénigrer la
valeur de Lavoisier !

Le grand mérite de Lavoisier est d'avoir prolongé
cette expérience, qu'il avait le premier comprise ; il
trouva l'oxygène partout et en fit l'élément de la genèse chimique des acides, lorsqu'il est en forte proportion, puis des bases et des sels neutres, d'où le nom
d'oxygène (qui engendre les acides).

Cavendish avait découvert l'hydrogène, mais Lavoisier trouva la composition de l'eau, et donna son
nom à l'hydrogène (qui engendre l'eau). Il trouva
l'azote dans l'ammoniaque, et arriva à concevoir les alcalis et les terres comme des oxydes métalliques.

Il manqua de près la découverte du chlore (acide

muriatique non oxygéné) ; il remarqua bien que l'acide chlorhydrique additionné d'oxygène devient plus volatil, et moins acide, au lieu de l'être davantage comme les acides du soufre, mais il n'en trouva pas l'explication. Son idée de l'oxygène présent partout l'empêcha de trouver son concurrent, le chlore. C'est Davy qui, jaloux des succès de Lavoisier, réussit à lui opposer ce concurrent. Plus tard on en trouva d'autres.

Lavoisier fit une autre découverte importante, celle du rôle de l'oxygène dans la respiration ; il le définit comme une lente combinaison de carbone et d'oxygène, à la façon d'une lampe qui brûle : c'est la respiration qui entretient la chaleur des animaux. Lavoisier allait entrevoir même le rôle de la chaleur en physique, quand il mourut si malheureusement, à peine âgé de cinquante ans.

Guyton de Morveau *Louis-Bernard*, 1737-1816, né à Dijon, mort à Paris. Fils d'un professeur de droit, il était à 18 ans, avocat général au Parlement de Dijon. Mais la chimie le détourna de cette profession, et à la suite de quelques tracasseries, il abandonna sa charge. En 1791, il siégea à l'Assemblée législative, et en devint le président. Il vota la mort de Louis XVI, et fut membre du comité de Salut public, puis de celui d'instruction publique. Les services qu'il rendit firent oublier ses anciennes violences : il essaya de sauver la tête de plusieurs savants. A la fondation de l'Ecole Polytechnique, il fut nommé professeur de chimie et y enseigna pendant 11 ans : il en devint directeur en 1800. Il fut aussi directeur de la Monnaie sous Napoléon, puis déplacé sous la Restauration. Il fit partie de l'Institut et de la Société Royale de Londres.

Guyton de Morveau découvrit les propriétés désinfectantes du chlore qu'il employa en 1773 pour combattre les miasmes de la cathédrale de Dijon, puis celles des prisons. La nomenclature chimique fut en partie son œuvre avec Lavoisier, Berthollet, Fourcroy, etc. Il s'occupa aussi des aérostats.

Ses autres travaux sont très disséminés : ils concernent la baryte, les ciments, la magnésie, la combustion du diamant, l'acier, la congélation de l'acide sulfurique, etc., aussi n'arriva-t-il à rien d'important.

BERTHOLLET *Claude-Louis*, 1749-1822, né à Talloires, Haute-Savoie, mort à Paris. Il devint docteur en médecine à Turin, alors capitale de la Savoie, puis médecin de la maison d'Orléans à Paris. Il put alors s'occuper beaucoup de chimie, sa science favorite. En 1794, il fut chargé de la professer à l'Ecole normale, puis à l'Ecole polytechnique. Il devint membre de l'Institut. En Egypte, faisant partie de l'expédition, il étudia la formation du carbonate de soude dans les lacs de natron. Avec Lavoisier, Fourcroy et Guyton de Morveau, il établit la nomenclature chimique. Berthollet fut un chimiste de premier ordre par son analyse de l'ammoniaque, de l'acide prussique, de l'argent fulminant ; avec Lavoisier, il essaya les dangereux effets du chlorate de potasse. En teinture, il étudia le blanchiment des toiles par le chlore, enfin il fit un ouvrage théorique de valeur : *la statique chimique,* où il tenta de ramener les phénomènes chimiques aux lois de la physique : les réactions s'expliqueraient par l'évaporation, la solubilité, etc., mais les résultats exigeaient des conditions déterminées qui ne furent établies que bien plus tard par Berthelot.

Il eut une longue discussion avec Proust au sujet de la loi des proportions définies dans les combinaisons chimiques ; il tendait trop à la mécanique, et à la cristallisation. Napoléon lui conféra les plus grands honneurs, et le créa comte. Il fut pair de France sous la Restauration. Tous ses travaux sont remarquables par la netteté scientifique.

LEBLANC *Nicolas*, 1755-1806, né dans l'Indre, à Issoudun, et mort à Saint-Denis. Fils d'un maître de forges, il étudia la médecine et devint chirurgien du duc d'Orléans. Il cherchait à faire cristalliser les sels neutres, et il trouva en 1789 le procédé de fabrication artificielle de la soude, à l'aide du sel marin. Cette découverte eut d'immenses conséquences industrielles, malheureusement les débuts de l'industrie créée furent ruineux ; les secrets furent dévoilés, Leblanc ne reçut du gouvernement que des allocations dérisoires, et réduit à la misère, il se suicida. Il avait cependant occupé des situations élevées, comme régisseur des poudres et salpêtres, administrateur de la Seine, etc.

FOURCROY *Antoine-François*, 1755-1809, né et mort à Paris. Il était d'une vieille famille de robe, déchue, et son père était apothicaire. La misère était telle que le jeune homme songea au théâtre, il devint copiste ; à 20 ans, il était sans ressources ni situation. C'est Vicq d'Azyr, en pension chez son père, qui l'engagea à étudier la médecine : ses progrès furent rapides et en 1870, il était docteur, grâce aux amis de Vicq d'Azyr, qui avancèrent les 6.000 fr. nécessaires. Il ouvrit des cours particuliers, où sa magnifique éloquence naturelle attira beaucoup d'élèves, malgré l'hostilité de la Faculté.

En 1784, il fut préféré à Berthollet pour la chaire de chimie du Jardin du Roi, et alors le succès de sa science jointe au talent de parole qu'il possédait fut tel qu'il lui vint des auditeurs de toute l'Europe. Il fallut agrandir son amphithéâtre.

Il resta d'abord effacé, à la Révolution. A la mort de Marat, 1793, appelé à siéger, il ne s'occupa que de questions d'enseignement, de poids et mesures, de la défense nationale, des salpêtres, des canons. Il usa de son crédit pour sauver de la mort Darcet, Chaptal, etc. Il échoua pour Lavoisier, et on l'accusa même de l'avoir négligé volontairement, mais Cuvier qui étudia la question, le justifia de cette accusation. Sous Napoléon, il fut directeur général de l'instruction publique, et son activité y fut énorme ; il érigea trois écoles de médecine, douze de droit, trente lycées, trois cents collèges communaux, etc. dont il rédigea tous les règlements, programmes, et nominations. Il mourut d'une maladie de cœur, causée par l'excès de travail.

Le nom de Fourcroy est surtout attaché à la chimie animale et végétale ; analyse du lait, du sang, de la bile, des larmes, du chyle, des céréales, du quinquina, de la fibrine, de la gélatine, de la moelle, etc. Il isola la baryte et la strontiane, étudia les eaux minérales, les fulminates, les aérolithes, l'aragonite ; il découvrit plusieurs composés oxygénés du chlore, détonant par simple percussion, etc.

Proust *Louis-Joseph*, 1755-1826, né et mort à Angers. Il commença ses études à la pharmacie de son père, puis les continua à Paris, et obtint au concours la place de pharmacien en chef de la Salpêtrière. Il se lia avec Pilatre de Rozier et fit avec lui une ascension en ballon à Versailles.

Il enseigna plus tard la chimie en Espagne à l'Ecole d'artillerie de Ségovie, puis il dirigea le laboratoire du roi à Madrid. C'est là qu'il réussit à faire du sucre avec le raisin, et en 1805, il offrit le procédé à l'Institut pour en user pendant le blocus continental. Mais il ne voulut pas courir lui-même les risques de l'entreprise, malgré les cent mille francs que lui offrait Napoléon.

Tennant *Smithson*, 1761-1815, né à Selby, York, étudia la médecine et la chimie à Edimbourg et à Cambridge, voyagea en Suède, où il connut Scheele, en France et en Hollande. Il eut la médaille de Copley en 1804, et la chaire de chimie à Cambridge en 1813. Il fut membre de la Société Royale de Londres.

Tennant adopta tout de suite les théories de Lavoisier. Il étudia le diamant, l'or et le platine, l'émeri, les pierres à chaux, etc. et il découvrit l'osmium et l'iridium.

Vauquelin *Louis-Nicolas*, 1763-1821, né dans le Calvados, fils de petits cultivateurs. Il alla à Rouen à l'âge de quatorze ans chez un apothicaire, comme garçon de laboratoire, et il y apprit vite la chimie, malgré son patron. Renvoyé, il alla se placer à Paris chez un pharmacien. Il y tomba malade et fut soigné à l'Hôtel-Dieu ; sorti de là sans ressources, il ne savait que devenir quand un autre pharmacien, Chéradame, le prit à son service. Parent de Fourcroy, et voyant son zèle pour la chimie, il le recommanda à ce grand homme ; Vauquelin devint bientôt l'ami intime de

Fourcroy et le resta pendant plus de vingt-cinq ans.

Vauquelin devint peu à peu professeur à l'Ecole des Mines, à l'Ecole Polytechnique, au Collège de France, essayeur de la Monnaie, professeur à la Faculté de médecine et au Muséum. A la mort de Fourcroy, il recueillit chez lui ses deux sœurs, pauvres et âgées, jusqu'à leur mort, en reconnaissance des bienfaits de son ami. Il fut nommé député en 1827, à Lisieux.

Vauquelin étudia surtout les matières organiques, les os, les œufs, les cheveux, la nourriture des poules, les spermes végétaux, le mucus animal, le cerveau et les nerfs, puis les farines, l'ellébore, le tamarin, le quinquina, l'ipéca, les daphnés ; avec Haüy, il développa la cristallographie ; il découvrit le chrome et le glucinium. Jusqu'à la fin de sa vie, il resta foncièrement simple, sans aucune vanité de ses succès.

RICHTER *Jérémie-Benjamin*, 1762-1807, né en Silésie, mort à Berlin. Il fut chimiste dans une fabrique de porcelaine. Il est l'inventeur de la stœchiométrie, ou méthode pour régler les proportions des éléments chimiques. Il imagina aussi un aréomètre.

WOLLASTON *William-Hyde*, 1766-1828. Il étudia à Cambridge, et devint docteur en médecine, mais il réussit fort mal, et déclara qu'il ne ferait plus aucune ordonnance, fût-ce même pour son père. Son tempérament d'expérimentateur, auquel les malades se prêtaient mal, le porta vers la physique et la chimie. Il y fit de nombreuses et belles découvertes qui assurèrent sa fortune, car il se proposait toujours un but industriel bien défini. Il savait fort bien garder le secret de ses découvertes et personne ne pouvait pénétrer dans son laboratoire.

Très occupé de ses travaux, et plutôt que de faire des démarches auprès du gouvernement en faveur d'un ami qui avait perdu sa fortune, il préféra lui faire cadeau de dix mille livres sterling, trait bien anglais.

Les théories ne l'intéressaient que médiocrement. Il découvrit un procédé pour isoler le platine ; il découvrit le palladium et le rhodium. Il améliora la pile de Volta, inventa le goniomètre qui porte son nom, et il s'en servit pour rappeler au public savant la théorie de Huyghens sur la double réfraction qu'on avait tout à fait oubliée : il vérifia ainsi les lois posées par Huyghens.

DALTON *Jean*, 1766-1844, né dans le Cumberland, mort à Manchester. Son père était quaker. Dalton s'occupa d'abord de météorologie. Puis il fut professeur d'histoire naturelle au Collège de Manchester de 1793 à 1804. Il voyagea beaucoup dans toute la Grande-Bretagne pour vulgariser les sciences. Il fut en 1820 membre de la Société Royale de Londres, puis correspondant de l'Institut de France.

Dalton ébaucha en chimie la théorie atomique, il émit la loi qui porte son nom.

En physique il s'occupa des dilatations des gaz, de leurs chaleurs spécifiques, des tensions maximum de la vapeur d'eau. Il décrivit le défaut de l'œil, appelé Daltonisme, dont il était affecté, et qui lui faisait confondre les couleurs complémentaires.

LINK, 1767-1851, fut professeur de chimie à Breslau, puis à Berlin. Il s'occupa aussi de botanique.

LEBON *Philippe*, 1769-1804, né dans la Haute-Mar-
ne et mort à Paris. Il était à vingt-cinq ans ingénieur
des Ponts et Chaussées. Peu après il professait la mécanique à l'Ecole des Ponts et Chaussées.

En 1797 il commença ses expériences sur les gaz
provenant de la distillation de la houille, du bois, etc.
Son brevet est du 21 septembre 1799, il l'expérimenta
à Paris, on lui concéda des terrains au Havre pour le
développer, et il réussit parfaitement l'éclairage au gaz
pour la première fois. Mais ce fut l'Angleterre qui
profita de sa découverte : l'Académie dut faire la
preuve plus tard que l'invention était française. Lebon
avait refusé à la Russie de lui vendre son procédé. Il
mourut subitement à Paris aux fêtes du sacre de Napoléon

AVOGADRO (*Amédée, comte d'*), 1766-1856, né et
mort à Turin. Il étudia le droit et devint fonctionnaire de préfecture. Il poursuivit seul l'étude des
sciences, et en 1809 siégea comme professeur de physique à Verceil, puis en 1820 à l'université de Turin.
Rentré dans la magistrature, le roi Charles-Albert lui
rendit plus tard sa place de professeur. La loi d'Avogadro a fait époque en chimie, mais elle ne fut pas
comprise au début, il fallut les travaux et les découvertes d'Ampère pour la mettre en valeur.

PAYEN, *Anselme*, 1795-1871, né à Paris, fils d'un
magistrat. Il suivit les cours de Vauquelin, Chevreul,
Thénard, et sortit de l'Ecole Polytechnique. Son père

avait établi à Vaugirard une fabrique de sucre de betterave : il la dirigea de 1825 à 1838. En 1835 cependant, il succéda à Dumas à l'Ecole centrale, comme professeur de chimie industrielle ; puis il passa au Conservatoire des Arts et Métiers, et devint membre de l'Académie des sciences.

Il contribua beaucoup aux progrès de l'industrie chimique, à son usine de Vaugirard, pour obtenir d'abord un sucre brut immédiatement propre à la consommation, puis des sirops de fécule. Il obtint à bon marché le borax artificiel, le chlorure de chaux, etc.

Avec Persoz il trouva la transformation des fécules en dextrine. Plus tard il se mit à l'étude des plantes alimentaires, des amendements, des engrais. Il découvrit de nombreuses falsifications. Son analyse du grain de blé est restée un chef-d'œuvre et a contribué à améliorer la panification.

DUBRUNFAUT *Auguste-Pierre*, 1797-1881, né à Lille, mort à Paris, fut surtout un industriel. Mais il fit des découvertes scientifiques dans la distillation des alcools. C'est lui qui imagina l'emploi de l'acide sulfurique dilué pour hâter la fermentation des moûts de betterave. Il publia beaucoup d'ouvrages, sur les fermentations alcoolique et lactique, etc.

SAINT-VENANT, 1797-1886, né à Melun, fut surtout un mathématicien, mais entra dans le service des poudres et salpêtres, et devint professeur de génie rural à l'Institut agronomique de Versailles. Il fut nommé en 1868 membre de l'Académie des sciences.

REICH *Ferdinand*, 17999-1882, né à Bernburg, mort à Fribourg en Saxe ; fils d'un fonctionnaire, il étudia à Leipzig et à Freiberg, puis à Paris où il était recommandé par Humboldt. Il vit surtout Gay-Lussac. Plus tard il devint professeur de physique à Freiberg, Leipzig et Dorpat. Il répéta l'expérience de Cavendish sur la densité de la terre et trouva 5,58. Il fit d'autres expériences sur la chute des corps, le magnétisme, la chimie.

WOEHLER *Frédéric*, 1800-1882, naquit près de Francfort-sur-le-Mein et mourut à Goettingue. Il était docteur en médecine, mais ne pratiqua jamais. Il se passionna pour la chimie et fut le préparateur de Berzélius à Stockholm. Il professa ensuite la chimie à Berlin, puis à Cassel, enfin à Goettingue. Il obtint le premier en 1822, l'acide cyanique à Heidelberg, ce qui le conduisit à la synthèse de l'urée.

En 1827 et 28 il découvrit trois corps simples : l'aluminium, le glucinium et l'yttrium.

Ensuite il devint l'associé de Liebig, et collabora à ses travaux sur le chlorure benzoïque, l'amygdaline, l'acide urique, enfin la théorie des radicaux. Il étudia les propriétés du titane et du tungstène. Avec Saint Claire Deville, il fit connaître le silicium en cristaux et le bore adamantin. Son ouvrage sur la chimie inorganique (1835) fut traduit dans toutes les langues. Lui-même traduisit en allemand le traité de chimie de Berzélius.

BOUSSINGAULT *Jean-Baptiste-Joseph-Dieudonné*, 1802-1887, né à Paris, sortit de l'Ecole des mineurs de S. Etienne.

Il partit alors pour l'Amérique du Sud diriger des exploitations de mines. Les colonies espagnoles s'étant insurgées, il fut attaché à l'armée de Bolivar comme colonel d'état-major.

Revenu en France, il fut nommé professeur de chimie à la Faculté des Sciences de Lyon, puis professeur de chimie agricole au Conservatoire des Arts et Métiers à Paris.

En 1848, il siégea à l'Assemblée constituante pour le département du Bas-Rhin, mais dès 1852, il abandonna la politique pour la chimie où il rendit de grands services. Ses travaux de chimie agricole lui font une place presque unique ; il étudia l'azote des fourrages, l'alimentation des animaux (sujet si développé depuis en Allemagne), le gluten des farines, la fixation de l'azote de l   la matière sucrée du tilleul, le fer contenu dans le   ng et les aliments, etc. Il écrivit, en sept volumes, un grand traité d'agronomie, ou chimie agricole et de physiologie.

BALARD *Antoine-Jérôme*, 1802-1876, fut professeur à Montpellier, puis au Collège de France à Paris. Il découvrit le brôme en 1826, et retira le sulfate de soude de l'eau de mer. On en retira depuis la soude. Balard fut un savant modeste, mais qui rendit de grands services.

LIEBIG *Justus de*, 1803-1873, naquit à Darmstadt et mourut à Munich. Il était fils d'un apothicaire et fit d'abord son apprentissage dans cette profession, mais dès 1819 il suivit les cours des Universités de Bonn et Erlangen. Nommé Docteur, il fut envoyé par le gouvernement grand ducal à Paris, où il se lia avec Dumas, Gay-Lussac, Pelouze, et où il présenta à l'Académie un mémoire intéressant sur l'acide fulminique. Lorsqu'il rentra en Allemagne, Humboldt le fit nommer professeur de chimie à Giessen. Son laboratoire devint un modèle qui attira de nombreux élèves et fut bientôt imité partout. A partir de 1852 il professa à Munich, avec la charge des collections scientifiques de la Bavière. Il était membre correspondant des Académies de Londres et de Paris.

Liebig fut un vrai savant et un excellent expérimentateur ; il reste un des fondateurs de la chimie organique pour laquelle il créa l'appareil d'analyse qui porte son nom. Sa théorie des radicaux exerça une grande influence en Allemagne. Il fut le premier à peser l'acide carbonique ; il obtint l'acide acétique et les aldéhydes par transformation de l'alcool, les cyanures de potassium et de soufre, l'acide pyrogallique dont il étudia les propriétés, ainsi que celles des combinaisons de l'huile d'amandes douces.

Avec Wohler, il étudia une quantité de substances organiques, les acides urique, hippurique, et cynurique, la créatine, la caséine, les sucs de viande si connus sous le nom de Liebig, la tyrosine et la syntonine, les mellonures, etc., etc, Le nombre de ses analyses est très grand.

Par suite de ces recherches, Liebig arriva à des idées neuves sur la nature des acides organiques, la décomposition spontanée, la fermentation, enfin sur toutes les métamorphoses de la nature organisée.

Plus tard, enfin, il s'occupa des applications de la chimie à l'agriculture, à l'industrie, à la pathologie. Ses mémoires dépassent le nombre total de quatre cent, et il fit plusieurs ouvrages sur les analyses organiques, la chimie organique appliquée à l'agriculture, sur la pharmacie, sur l'économie domestique, sur l'origine de la force musculaire, etc.

Ses extraits de lait condensé, de viande, son pain artificiel, etc., lui ont procuré une grande fortune, mais ont nui quelque peu à sa gloire de chimiste véritable. La réclame qu'on lui a fait a fini par le faire considérer un peu à tort comme un simple fabricant de conserves : mais la science allemande est presque toujours pénétrée de pensées pratiques, voire même lucratives.

ERDMANN, *Otto-Linné*, 1804-1869, né à Dresde, mort à Leipzig. Il fut nommé professeur de chimie à Leipzig en 1830 et y organisa un laboratoire modèle. Il étudia surtout l'indigo et le nickel. Avec Marchand, il fit un travail sur les poids atomiques des corps simples.

GRAHAM *Thomas*, 1805-1869, né à Glascow et mort à Londres. Il fit ses études à Edimbourg puis à Londres où il devint directeur de l'hôtel des monnaies.

En chimie, il étudia les lois de diffusion des gaz, la diffusion des liquides, et il établit la distinction entre les corps cristalloïdes et colloïdes. Il fit des découvertes intéressantes sur les acides phosphoriques, émit l'hypothèse que l'hydrogène est un métal. Son traité de chimie a fait longtemps autorité en Angleterre et a même été traduit en allemand.

Il étudia le phénomène de l'*occlusion* ou propriété des métaux de condenser les gaz et de les conserver même dans le vide, surtout le platine et le palladium.

Berthelot a fait rentrer ce fait dans les phénomènes chimiques, les combinaisons ou hydrures.

PERSOZ *Jean-François*, 1805-1867, né à Gex, fut d'abord préparateur de Thénard, puis professeur de chimie à la faculté des sciences de Strasbourg et directeur de l'Ecole de Pharmacie. Enfin il fut chargé de la chaire de chimie appliquée au Conservatoire des Arts et Métiers à Paris. Il s'occupa de chimie organique et de chimie industrielle et surtout de la teinture et de l'impression des tissus.

LAURENT *Auguste*, 1807-1853, naquit près d'Arc (Haute-Saône). Fils de paysans, il fréquenta l'école de son village, mais fut remarqué et envoyé à Paris où il entra à l'Ecole des Mines. Il devint répétiteur du cours de Dumas à l'Ecole centrale, puis chimiste à la manufacture de Sèvres, ensuite à celle du Grand Duché de Luxembourg. Plus tard à Paris, avec Gerhardt, il fonda le « *Compte rendu des travaux chimiques à l'étranger* » destiné à rendre de grands services en France. Il fut quelque temps suppléant à la Sorbonne et essayeur à la Monnaie. Très désintéressé et modeste, il mourut pauvre. Et cependant c'est lui qui obtint la naphtaline du goudron de houille : il étudia les chlorures, et en arriva à conclure à l'identité, dans les combinaisons, des rôles du chlore et de l'hydrogène. De là sa théorie des noyaux qui se transforma avec Gerhardt dans la théorie des types.

On peut dire que Laurent et Gerhardt ont été les fondateurs de la théorie atomique ; Würtz, le propagateur de cette théorie, les place sur le même rang, l'un comme esprit de généralisation, l'autre comme analyste et classificateur. Laurent fit en effet une quantité de recherches et de découvertes, surtout en chimie organique.

Pelouze, Théophile-Jules, 1807-1867, né à Valognes (Manche). Son père fut directeur des Forges du Creusot. Il entra à Paris dans le laboratoire de Gay-Lussac, professa la chimie à Lille, fut répétiteur de chimie à l'Ecole polytechnique, et essayeur à la Monnaie. En 1836, il alla en Allemagne collaborer aux recherches de Liebig en chimie organique. Il suppléa Thénard et Dumas au Collège de France et y devint professeur titulaire.

En 1846, il fonda un laboratoire-école et y fit de nombreuses découvertes, surtout en chimie organique. Il trouva l'aventurine artificielle à base de chlore, le cyanure vert de fer, les nitrosulfites ; il parvint le premier à isoler l'acide tannique ; il identifia le sucre de betterave et le sucre de canne, imagina des méthodes de dosage du cuivre, de préparation de la soude artificielle, obtint la première préparation du coton-poudre en France. Il étudia avec Frémy et Cahours, les acides gallique et malique, les huiles de pétrole, etc. Son traité de chimie générale a eu de nombreuses éditions.

REGNAULT, 1810-1878, célèbre par ses expériences sur la chaleur. En chimie, il avait fait en 1835, un remarquable mémoire sur les éthers.

DRAPER, 1811-1882, Docteur de l'Université de Pensylvanie (Etats-Unis), puis professeur de Chimie et aussi d'optique à New-York, photographia le spectre, étudia la force chimique d'après les raies du spectre, obtint la première photographie de la lune, étudia l'énergie radiante, etc.

ARRHENIUS, *Jean*, 1811-1899, né à Jacreda en Suède, étudia l'h stoire naturelle à Upsal, où il devint professeur. Il fut ensuite directeur de l'Institut agricole d'Ultuna. Il voyage beaucoup en Europe, notamment à Paris. Arrhenius fut surtout un botaniste, mais ses études d'économie rurale touchent à la chimie. (Ne pas le confondre avec Svante Arrhenius, un des théoriciens de l'Electro-Chimie).

BUNSEN, 1811-1899, bien connu en électricité, et en analyse spectrale. En chimie, ses travaux sur le cacodyle, prototype des radicaux métalliques composés, sont classiques. Il étudia la poudre à canon, les cyanures doubles, la photochimie, etc., l'absorption et la diffusion des gaz.

CAHOURS, *Auguste-André-Thomas*, 1813-1891, né à Paris, sortit de l'Ecole Polytechnique comme officier d'état-major. Mais au bout d'un an, il démissionna pour entrer au Muséum d'histoire naturelle, comme préparateur de Chevreul. Il y étudia l'huile de pommes de terre, ou alcool amylique, donnant naissance à des éthers avec les acides oxygénés et hydrogénés. Il fut longtemps examinateur, puis professeur à l'Ecole Polytechnique, et en outre à l'Ecole centrale. Il fut membre de l'Académie des sciences, etc.

Ses travaux, remarquables par la précision, portent aussi sur la chimie minérale, les combinaisons sulfurées et phosphorées, les radicaux organo-métalli-

ques, etc., mais la chimie organique le retint davantage
avec les amides, les éthers, les acides volatils, l'anisol
et le phénétol, le salicylol, l'engénol, etc.

Fick, 1813-1858, professeur d'anatomie à Marburg,
où il fut un des créateurs du musée d'anatomie.

Bernard *Claude*, 1813-1878, né à S. Julien (Rhône),
mort à Paris, célèbre physiologiste, mais aussi chimiste, et dont l'influence fut très grande sur toutes les
sciences par ses doctrines philosophiques.

Fils de petits propriétaires campagnards, c'est le
curé de S. Julien qui le remarqua et lui fit poursuivre
ses études à Lyon pour être pharmacien. Mais il visait
la littérature ; heureusement le bon sens de S. Marc
Girardin le détourna de cette voie et il prépara sa
médecine. Le docteur Magendie, un des promoteurs
de la méthode expérimentale, le prit comme préparateur au Collège de France, et bientôt ses travaux d'a-
natomie et de physiologie le firent remarquer. Dès
1843, il était connu partout et pourtant il échouait au
concours d'agrégation en 1844. En 1847, il succéda à
Magendie dans sa chaire au Collège de France, puis il
entra à la Sorbonne et au Muséum d'histoire naturelle.

Claude Bernard a représenté réellement l'école française de biologie dans le monde entier. Malgré son
caractère simple et bienveillant, il en imposait par sa
haute stature et son air de dignité. Il eut des funérailles nationales.

La Chimie ne prit qu'une faible part dans l'œuvre
de Claude Bernard : cette part consiste dans le domaine commun aux fermentations et aux phénomènes

de destruction vitale, la combustion, la synthèse chimique et morphologique. Ce domaine reste encore en grande partie à explorer. A un point de vue plus général, Claude Bernard a fixé le rôle de l'hypothèse qui ne doit être qu'un instrument de recherches.

Stas *Jean-Serrais*, 1813-1891, était de Louvain. Il fut professeur de chimie à l'Ecole militaire de Bruxelles. Ses travaux concernent la chimie organique, la nicotine, l'acétal. Avec de *Koninck*, il découvrit la phlorizine. Il fut associé aux recherches de Dumas sur les poids atomiques des métalloïdes, et sur l'acide carbonique. Il fit partie de la commission internationale du mètre.

Andrews *Thomas*, 1813-1886, né à Belfast, où il devint professeur de chimie.

Il s'occupa spécialement de l'ozone et de la thermochimie, ceci en dehors de la physique où il s'occupa de la dilatation et de la compression des gaz.

Dans ses études sur la saturation des acides et des bases, il établit cette loi importante que le déplacement des bases les unes par les autres, quel que soit l'acide, dégage toujours la même quantité de chaleur.

Il fit une découverte capitale, celle du point critique entre l'état liquide et l'état gazeux.

Frémy *Edme*, 1814-1894, né à Versailles. Il fut préparateur de Pelouze, puis professeur de chimie au Muséum et à l'Ecole Polytechnique. En 1864 il fonda au Muséum un laboratoire gratuit de chimie.

Il étudia surtout la chimie appliquée aux minéraux

et aux végétaux, et la métallurgie : les ferrates, plombates, stannates, l'acide osmique ; en chimie organique, l'acide tartrique, les fermentations lactique et pectique, l'acide palmitique, etc.

En chimie appliquée, Frémy fit des recherches sur les os, la fibrine, les œufs, les cristallins, les muscles, les matières colorantes des feuilles et des fleurs, etc.

En métallurgie, il étudia les fers, fontes, aciers, les pouzzolanes, les ciments hydrauliques.

Avec Pelouze, il fit un traité de chimie en 6 volumes. Il dirigea la publication de l'Encyclopédie chimique.

GERHARDT *Charles-Frédéric*, 1816-1856, né à Strasbourg, où il fit ses études au gymnase protestant. En 1831-32, il suivit les cours de l'Ecole Polytechnique de Carlsruhe, puis travailla la chimie à Giessen sous la direction de Liebig, dans sa nouvelle école. C'est sur le conseil de Liebig qu'il vint à Paris en 1838 au Laboratoire de Chevreul. En 1844 il enseignait la chimie à Montpellier, et en 1848 il revenait à Paris où il fondait une école de chimie. En 1855 il est nommé aux chaires de chimie de la Faculté des Sciences et de l'Ecole de Pharmacie de Strasbourg. Gerhardt fut surtout un théoricien, plus qu'un expérimentateur, aussi joua-t-il un rôle important dans les théories de la chimie.

En chimie organique, ses recherches portèrent sur les essences de moutarde, d'estragon, de valériane, l'acide salicylique, etc. Poursuivant les idées de Dumas sur les acides gras, il fit voir que les substances organiques se classent en séries de corps homologues caractérisées non seulement par l'accroissement régulier des atomes de carbone et d'hydrogène, mais par la similitude des réactions. Après avoir prédit la non-existence des acides organiques anhydres, il les découvrit lui-même en 1852.

En théorie générale, avec Laurent, à la suite de l'étude minutieuse des relations numériques dans la composition des formules, il arriva à doubler d'abord les équivalents du carbone et de l'oxygène, ce qui constituait le premier pas, déjà très grand, vers la notation atomique actuelle. Sa théorie des types, généralisation des idées de Dumas, tend à ramener tous les corps minéraux et organiques à un petit nombre de types, qui sont l'hydrogène, l'eau, l'ammoniaque et l'acide chlorhydrique. Elle est beaucoup trop exclusive. Il étudia enfin la chimie appliquée à l'agriculture.

Würtz *Charles-Adolphe*, 1817-1884, né à Strasbourg où il fut reçu docteur en 1843. Il vint à Paris en 1845 comme préparateur de chimie à la Sorbonne. Il y devint professeur en 1875 après avoir professé dès 1851 à Versailles, puis à la Faculté de médecine de Paris. Il fut sénateur.

Ses travaux ont contribué à la notation atomique ; il découvrit les ammoniaques comparés, le glycol, l'aldol et la théorie de *l'aldolisation*, qui explique certains procédés de la nature, une sorte de soudure, dans la synthèse organique, comme pour l'aldéhyde éthilique.

Roussin *François*, 1817-1894, de la Bretagne, étudia à Rennes, fut professeur au Val-de-Grâce à Paris. Il découvrit des colorants importants, et la naptazarine. Ses mémoires concernent surtout la chimie organique.

Sainte-Claire Deville, 1818-1881, né à S. Thomas, aux Antilles, était le frère cadet d'un météorologiste et géologue qui fit une étude des phénomènes volcaniques de la Guadeloupe. Mais le chimiste dépassa de beaucoup la renommée de son aîné. Il termina ses études à Paris, et, très indépendant, fit construire à ses frais un laboratoire de chimie où il travailla seul, sans maître, pendant huit ans. Il avait fait, en 1844, plusieurs découvertes si remarquables que le gouvernement lui confia l'organisation de la Faculté des sciences de Besançon. Il y enseigna la chimie, puis il fut nommé à Paris, à l'École normale et à la Sorbonne où il succéda à Dumas. En 1861, il devint membre de l'Académie des Sciences.

Sainte-Claire Deville est un des vrais génies de la science au xix° siècle. Il découvrit dès 1857 la dissociation, et en dégagea peu à peu les conséquences si importantes.

En 1849, il découvrit l'acide azotique anhydre, dont il reconnut les propriétés.

Il indiqua, le premier, le procédé industriel de préparation du sodium.

Il obtint le silicium à l'état cristallin en fondant du silicium amorphe dans un creuset de platine, garni de chaux caustique. Il améliora, avec Debray, la métallurgie du platine. Il trouva les propriétés hydrauliques de la magnésie. Il indiqua l'emploi des huiles lourdes et du pétrole comme combustibles.

Et enfin, il fut le premier à préparer industriellement l'aluminium, en 1854, à l'usine de Javal ; il chauffait au rouge un chlorure double d'aluminium et de sodium.

En théorie, Sainte-Claire Deville résolut une mé-

thode nouvelle d'analyse, dite *par voie moyenne*, au
moyen de laquelle on obtient des résultats d'une grande précision. Ses études de chimie minérale, où les
progrès sont bien plus difficiles qu'en chimie organique, le classent au premier rang des chimistes.

Hoffmann *Frédéric-Edouard*, 1818-1892, de la Saxe,
fut plutôt un industriel. Il est connu par son fameux
four circulaire pour fabriquer les tuiles. Il fit de nombreuses recherches de laboratoire.

Kolbe *Adolphe-Guillaume*, 1818-1884, fut élève de
Woehler, puis de Bunsen et de Liebig. Il poursuivit
ses études à Londres, et devint professeur de chimie
à Marburg, et ensuite à Leipzig en 1865. Il s'occupa
surtout de chimie organique. Par l'électrolyse, il décomposa les sels de l'acide acétique et d'autres acides
volatils analogues, et obtint une série de nouveaux
carbures d'hydrogène. Il établit, *a priori*, la distinction des alcools primaire, secondaire et tertiaire, réalisée plus tard par Friedel et Boutlerof.

En chimie industrielle, il prépara en grand l'acide
salicylique et en découvrit les vertus antiseptiques ;
il étudia la coralline avec R. Schmidt, etc.

Chancourtois, 1820-1886, est connu en géologie surtout, mais il fit une étude de classement des corps simples par sa vis tellurique avant Mendeléief.

Helmholz, 1821-1894, célèbre dans l'acoustique
et l'électricité, s'occupa aussi de physiologie et de
chimie.

Pasteur, 1822-1895, connu en cristallographie. Les études célèbres de Pasteur touchent plutôt à la science de la vie, mais son nom est si grand qu'il faut le rappeler aussi en chimie. Il enseigna cette science à Paris, et tira les premiers germes de ses théories de la stéréochimie de Le Bel et Van t'Hoff. Il détruisit cette idée de Liebig que les ferments sont des substances azotées qui s'altèrent au contact de l'air, et il vit dans la fermentation alcoolique, non pas une combinaison chimique, mais un acte vital. Ce fut l'idée géniale d'où Pasteur fit sortir tant de découvertes et qui plaça son nom si fort au-dessus d'un Liebig, malgré les mérites et l'habilité pratique de celui-ci.

Williamson *Alexandre*, 1824-1904, naquit près de Londres, étudia la chimie et les mathématiques en Allemagne et à Paris. Il devint en 1848 professeur de chimie appliquée à Londres, puis de chimie pure ; il succéda à Graham en 1855. Il présida la British Association, et fut membre de la Société Royale.

Il contribua au progrès des théories chimiques ; il découvrit les éthers mixtes en 1851, ce qui, en introduisant dans la science le type eau, conduisit Gerhardt à sa théorie des types. Il fit une classification des corps simples d'après leur atomicité. Il découvrit l'éthérification ou la transformation de l'alcool en éther. Sa Chimie pour les étudiants à été classique.

Schloésing *Jean-Jacques*, 1824-1900, était de Marseille et sortit de l'Ecole Polytechnique. Il resta quarante ans dans les manufactures de l'Etat, spécialement dans celle des tabacs. Il professait la chimie agricole et fut membre de l'Académie des sciences.

Il étudia la composition de la terre végétale, la fixation de l'azote par les végétaux, l'emploi des divers engrais, le traitement et l'utilisation des déjections des grandes villes. Ces travaux eurent d'importantes conséquences utiles pour la généralité des hommes, et non pas seulement pour quelques industries.

Troost *Louis-Joseph*, 1825-1911, né à Paris, sortit de l'École normale supérieure, où il professa la chimie avant de l'enseigner à la Faculté des sciences de Paris. Il remplaça Würtz à l'Académie des sciences.

En chimie, il étudia les alliages des métaux par combinaison et par dissolution. Son traité de chimie est encore classique. En physique, il étudia la mesure des hautes températures, la densité des vapeurs, etc.

Frankland *Edouard*, 1825-1899, était anglais. Après avoir étudié à Lancastre et à Londres, il suivit les leçons de Bunsen et de Liebig, puis fut nommé professeur de chimie à Manchester.

Il fit de nombreuses découvertes sur les alcools et leurs dérivés, les composés ammoniacaux, les radicaux organiques, les corps métallo-organiques, la composition de l'air, la combustion des gaz, les acides des séries lactique et acrylique, les éthers, la corruption des eaux de rivière, etc. Il contribua à améliorer la notation chimique. En physique, il fit progresser l'analyse spectrale.

Debray *Henry*, 1827-1888, d'Amiens, fut le successeur de Sainte-Claire Deville. Il étudia le glucinium et ses combinaisons, le molybdène et le groupe du platine. En physique, son expérience sur le carbonate de chaux est célèbre, parce qu'elle ramène la décomposition physique aux conditions de l'évaporation, suite des travaux de Deville sur la dissociation.

BERTHELOT *Pierre-Eugène-Marcelin*, 1827-1907, né à Paris, place de Grève (place de l'Hôtel-de-Ville actuelle), était fils d'un médecin. Dès le collège Henri IV, il se distingua par la variété de ses aptitudes. Il eut le prix d'honneur de philosophie au concours général de 1846. Il se voua ensuite aux sciences, sans passer par aucune école, et devint docteur en 1854.

Il avait été en 1851 préparateur de chimie au Collège de France et le resta pendant neuf ans, jusqu'à ce qu'il fût nommé professeur de chimie organique à l'Ecole supérieure de pharmacie. En 1861, il reçut de l'Académie des sciences le prix Jecker pour ses recherches sur la synthèse des produits organiques. Et peu après, sur l'initative des professeurs du Collège de France et de l'Académie des Sciences, une chaire de chimie organique fut créée pour lui au Collège de France. Il l'occupa sans interruption depuis 1865. Tous les honneurs lui échurent peu à peu dans l'enseignement de la part des Académies de France et de l'étranger. Il réorganisa l'enseignement des sciences, les laboratoires, les Facultés, où il poussa à la culture scientifique avec tendance à la spécialisation, méthode qui a été suivie depuis avec grand succès, en Allemagne plus qu'en France.

Pendant le siège de Paris, Berthelot s'occupa de la fabrication des explosifs et des canons, et aussi des tentatives de correspondance entre Paris et la province. En raison de ces services, il fut élu député sans se présenter, en 1871. En 1881, il devint sénateur inamovible et participa aux lois destinées à fournir les ressources nécessaires aux bâtiments et laboratoires d'enseignement des sciences. Il poussa à l'adoption de la loi sur la laïcité de l'enseignement primaire, ce qui était moins de son ressort que l'enseignement supérieur. Il fut pendant six mois (1886-7) ministre de l'Instruction publique et fit plusieurs discours remarqués, notamment sur la séparation progressive entre la société laïque et les organisations religieuses. Il fut encore ministre des affaires étrangères pendant 5 mois (1895-6) mais ce n'était plus sa partie et il échoua tout à fait.

Berthelot voyagea dans presque toute l'Europe, assista à l'inauguration du canal de Suez en 1869, et visita l'Egypte à cette occasion. Il mourut à 80 ans en 1907.

Avant de parler de son œuvre scientifique, il faut dire un mot de sa philosophie (1), puisqu'il lui dut son premier succès de jeunesse. Le mérite de Berthelot est d'avoir établi une plus grande unité de la matière en écartant l'idée d'une force vitale, c'est-à-dire en montrant que les lois de la matière organisée sont les mêmes que celles qui régissent la matière brute ; ses belles expériences de synthèse en furent la claire démonstration.

Le positivisme de Berthelot est différent de celui de Comte ; il subordonne la métaphysique à la science, la philosophie au progrès scientifique, tout en gardant la liberté des hypothèses sur ce que la science ignore

(1) Nous empruntons ces données à la *Grande Encyclopédie* en majeure partie (A. B.).

encore. Cependant, la philosophie ne peut être un jeu d'esprit, elle doit jouer un rôle pratique en se fondant toujours sur des données positives, la psychologie par exemple doit être basée sur la physiologie, l'âme est inséparable du corps.

Les découvertes scientifiques de Berthelot sont d'une portée générale, indépendantes de toute notation ou symbolisme, ce qui est remarquable quand on sait l'importance attachée à ces travaux au commencement du xixe siècle ; le caractère des recherches de Berthelot est encore tout philosophique.

Berthelot est le fondateur de deux parties essentielles de la chimie : la synthèse organique, d'où la classification de la chimie organique en partant des éléments par synthèse progressive, universellement adoptée depuis ; et la mécanique chimique, fondée sur les lois de transformation des substances.

Avant Berthelot, on n'avait pas d'espoir de découvrir les lois de la chimie organique, à cause de cette force vitale mystérieuse qu'on y supposait. Berthelot a réalisé la synthèse par les seules forces de la physique : la chaleur, l'électricité, etc., éliminant ainsi tout à fait la prétendue force vitale. Sa première découverte fut la synthèse de l'acétylène par l'arc voltaïque ; il fit ensuite celles du gaz oléfiant et du gaz des marais. Il en fit sortir celles des alcools, des acides, de la série grasse, puis celles de la benzine, de la naphtaline, de l'antracine.

Berthelot réalisa ce tour de force, bien plus magique que tout ce qu'avait fait l'alchimie, et en pleine lumière, de reproduire les couleurs et les parfums de la nature. Dans la série aromatique, il obtint le parfum de la violette. Dans les matières colorantes, il obtint l'indigo, la garance, l'aniline et des couleurs plus éclatantes encore. Il alla plus loin dans le domaine du goût, et réalisa les acides des fruits : l'acide malique, l'acide oxalique, les acides cyanhydrique, glycollique, acétique. Enfin il se dépassa lui-même pour obtenir les carbures des matières organiques fabriqués par les êtres vivants, l'acide formique, etc. ; il fit la synthèse des corps gras et des combinaisons des sucres ; il fixa l'azote sur les matières organiques ou sur la terre par la seule influence de l'électricité à basse tension. Et son unique moyen fut le contact direct en vase clos, avec le concours du temps. Berthelot, fut un bien plus grand magicien que tous ceux dont il eut la fantaisie d'écrire l'histoire, et ceci d'une manière très neuve et intéressante.

Ce n'est là encore qu'un chapitre de l'œuvre de Berthelot.

Dans la mécanique chimique, il étudie les affinités des corps, les vitesses des réactions et les lois des équilibres chimiques. Il montre que l'affinité dépend uniquement de la chaleur de combinaison. Il mesure les quantités de chaleur dégagées ou absorbées par les transformations. Ce furent d'immenses travaux qui nécessitèrent, sans exagérer, des milliers d'expériences, et pour lesquels il fallut imaginer de nombreux appareils spéciaux : calorimètres, bombes calorimétriques, etc.

La loi, qui se dégagea des travaux de Berthelot est la suivante, à laquelle on a donné le nom de principe du travail maximum : tout changement chimique accompli sans l'intervention d'une énergie étrangère tend vers la production du corps ou du système de corps qui dégage le plus de chaleur. C'est cette loi qui a rendu tant de prévisions possibles, en particulier une science rigoureuse des corps explosifs. Ici les expériences étaient dangereuses ; il fallait aborder les chaleurs de formation des composés explosifs, tels que l'acide picrique, le fulminate de mercure, etc. Berthelot, le créateur de cette science, forma de nombreux élèves à l'étranger et en France, parmi lesquels Vieille, l'inventeur des poudres progressives.

Enfin la grande révolution de Berthelot fut de ramener la chimie aux méthodes des sciences physiques, à la loi universelle des mouvements et des forces naturelles. Il reste encore à faire, au moins dans l'étude des métaux, mais ceci fait l'objet surtout de la métallurgie. Pour Berthelot, la mécanique se substitue aux formules symboliques, et régit le monde organique, comme le monde matériel. Les conceptions mécaniques de Descartes approchent de leur réalisation. Après la chimie minérale de Lavoisier, vient la chimie organique de Berthelot, il reste pour l'avenir la chimie biologique ou l'étude de la vie. On doit faire remarquer cependant qu'en négligeant la théorie atomique, Berthelot a inconsciemment causé un certain arrêt de la science chimique en France, alors que le développement de cette théorie produisait le grand essor industriel allemand de la fin du xixe siècle.

Voici, pour compléter notre étude de la chimie, la classification de Berthelot dans la chimie organique, fondée sur les propriétés communes de composés homologues. Cette classification est adoptée dans tous les traités.

1. Corps à deux éléments, hydrocarbures.

2. Corps à trois éléments, carbone, hydrogène, oxygène : ce sont les alcools, les aldéhydes, les acides

et les éthers. Les phénols se rattachent aux alcools, formant des éthers avec les acides.

3. Corps à quatre éléments : les précédents et l'azote : ce sont les alcalis et les amides.

4. Les radicaux métalliques composés.

On obtient ainsi huit types rationnels de composés organiques au lieu des quatre types fantaisistes qu'avait imaginés Gerhardt.

La chimie organique, devenue ainsi une science purement déductive, a pris un immense développement en Allemagne, où elle s'adaptait particulièrement bien aux tendances déductives de la race, mais c'est Berthelot qui l'a créée.

SCHÜTZENBERGER *Paul*, 1829-1897, fils d'un professeur de droit à Strasbourg. Il fut d'abord docteur en médecine, puis docteur ès-sciences à Paris et professeur de chimie minérale au Collège de France, enfin Directeur de l'Ecole de physique et de chimie industrielles.

Il s'occupa de chimie industrielle et de chimie organique, des matières colorantes, des alcaloïdes végétaux, des matières albuminoïdes : il découvrit plusieurs substances, dont l'indéline.

Parmi les métaux et métalloïdes, il étudia le platine, le silicium, les états allotropiques de divers métaux, les acétonitrates de chrome, le brôme, le chlorure de carbone, l'action de l'effluve sur les gaz carburés, l'anhydrique sulfurique.

En chimie organique, il étudia l'action des métaux alcalins sur la benzine, de l'iode sur les carbures aromatiques, la préparation de l'éthane, les pétroles du Caucase, l'acide carminique, la cochenille, la lutéoline, les matières colorantes de la garance, l'isatine et l'indigotine, la levure, la respiration des végétaux aquatiques, les dérivés acétiques des hydrocarbures, etc.

KÉKULÉ *Frédéric-Auguste*, 1829-1896, né à Darmstadt, étudia à Heidelberg, et professa pendant huit ans la chimie en Belgique à l'Université de Gand. Il fut nommé ensuite professeur à Bonn.

Kékulé fit faire à la théorie atomique un pas décisif par ses hypothèses de la tétratomicité du carbone, et de la saturation réciproque des éléments. Pour représenter les composés organiques dans la notation atomique, il imagina les formules à *chaîne ouverte* et à *chaîne fermée*, telles que la formule hexagonale de la benzine qu'il proposa en 1866, et qui montre l'existence de trois dérivés bisubstitués.

GIRARD *Aimé*, 1830-   . Il entra en 1851 au laboratoire de Pelouze, et fut professeur de chimie au Conservatoire des Arts et Métiers et à l'Institut agronomique. Il découvrit l'acide picramique par l'action de l'hydrogène sulfuré sur l'acide picrique. Il prépara le disulfométhylène avec le sulfure de carbone.

Girard obtint le prix Jecker en 1873 pour la production de trois sucs bien cristallisés, la dambonite, la bornézite, la matézite, retirés du caoutchouc de certaines lianes, et qui sont des éthers métyliques des inosites. Il étudia la valeur alimentaire des diverses parties du grain de blé, la betterave au point de vue du sucre, la pomme de terre, dont il améliora la culture en France, montrant qu'on pouvait en tripler le rendement sur une surface donnée, en matière alcoo-lisable spécialement.

Il fit aussi de longues recherches sur la photographie avec M. Davanne.

RAOULT *François-Marie*, 1830-1901, de Fournes, Nord, fut professeur de chimie à la faculté des sciences de Grenoble. Il s'occupa de physique et de chimie. En physico-chimie, il étudia les quantités de chaleur dégagées dans les piles par les actions chimiques des courants, les tensions de vapeur des liquides volatils tenant en dissolution des corps fixes, et il devint célèbre par ses expériences de congélation, la cryoscopie et la tonométrie.

LOTHAR-MEYER, 1830-1895, d'Oldenbourg, fut professeur de physique et de chimie à Breslau, Carlsruhe, Tubingen. Son travail le plus connu porte sur les poids atomiques et leur système périodique.

CAILLETET, 1832-1913, est connu en physique, par ses travaux sur la chaleur.

MENDELEIEF *Dmitri-Ivanovitch*, 1834-1907, naquit à Tobolsk en Sibérie. Après avoir fait ses études en Russie, il vint à Paris et entra au laboratoire de Würtz. Il alla étudier au Caucase et en Pensylvanie les propriétés chimiques du pétrole et devint ensuite professeur de chimie à l'Université de Pétrograd. Sa grande célébrité lui vient de la découverte de la loi périodique des éléments chimiques (Paris, 1879). En outre il étudia l'isomorphisme, la thermo-chimie, le pétrole, les dissolutions aqueuses, les densités des mélanges d'alcool et d'eau, la compression des gaz, l'élasticité de l'air raréfié, etc.

BAEYER *Adolphe*, 1835, fils d'un général prussien, naquit à Berlin. Il s'occupa surtout de chimie organique, du groupe de l'urée, de l'acide urique et du cacodyle. Il étudia aussi l'action des aldéhydes sur les hydrates de carbone, les phénols et les oxyphénols ; il découvrit ainsi les teintures de phtaléine, en particulier une couleur verte, la céruléine, et une rouge, l'éosine bien connue. Il réussit la préparation artificielle de l'indigo, à grand frais d'ailleurs, et obtint l'indol par l'action du bleu d'indigo sur la poudre de zinc. Ses élèves Graebe et Libermann découvrirent dans son laboratoire l'alizarine artificielle et les couleurs dérivées du goudron de houille, d'où est sorti l'énorme développement de la fabrication des couleurs en Allemagne. C'est là aussi que Fischer trouva en 1877 l'essence d'amandes amères artificielle, ou essence de mirbane. Baeyer fut un des signataires du manifeste insensé des 93 intellectuels allemands en 1914.

LAUTH *Charles*, 1836, naquit à Strasbourg et fut le préparateur de Gerhardt. Il s'occupa des matières colorantes ; il inventa en 1876 le violet Lauth au moyen du chlorure de fer et du paraphénylène-diamine, d'où sortirent d'autres colorants, tels que le bleu de méthylène. Lauth fut directeur de la manufacture de Sèvres, où il imagina une nouvelle méthode de fabrication de la porcelaine.

Bourgoin *Edme-Alfred*, né en 1836 dans l'Yonne, devint docteur en médecine et pharmacie. Il travailla au laboratoire de Berthelot, puis fut professeur à la Faculté de médecine et à l'Ecole de pharmacie. Il montra la loi suivante dans l'électrolyse : le courant sépare l'élément basique, hydrogène ou métal, qui va au pôle négatif, tandis que les autres éléments vont au pôle positif. Il montra qu'en réalité, l'eau n'est pas decomposée par le courant, il faut l'aciduler par l'acide sulfurique, et c'est ce dernier qui est décomposé. Bourgoin a déduit de cette loi une méthode pour reconnaître la nature des groupements moléculaires dans les dissolutions aqueuses. Ses recherches portèrent sur la série succinique, etc.

Gautier, 1837, né à Narbonne, professeur à **Paris,** étudia les alcaloïdes organiques, les sels de cuivre, d'arsenic, etc.

Solvay *Ernest*, 1838-1894, né à Bruxelles. Il découvrit en 1861 le procédé de la soude ammoniacale qui remplaça le procédé Leblanc et prit un immense développement dans toute l'Europe.

Yungfleisch, né en 1839, étudia les dérivés chlorés de la benzine, la lévulose, le sucre interverti, etc.

Sebert, né en 1839, général d'artillerie, membre de l'Académie des sciences, contribua à l'amélioration des poudres de guerre.

Gibbs *Willard*, 1839-1903, fut à la fois chimiste et mathématicien, ce qui est rare. Né à New-Haven,

(Etats-Unis), il fut professeur à l'Université d'Yale où il se rendit célèbre par sa théorie des *phases*, 1874-1878. Voici à peu près la liste de ses travaux.

Méthode graphique en thermodynamique ; représentation géométrique des effets thermodynamiques au moyen des surfaces ; équilibre des substances hétérogènes. Étude des densités de vapeur du peroxyde d'azote, de l'acide formique, de l'acide acétique et de l'acide perphosphorique. La thermodynamique. La pression osmotique.

La loi des phases, que nous avons exposée ailleurs, résulte de la théorie générale de Gibbs sur les équilibres chimiques, basée sur la thermodynamique.

Gibbs s'occupa aussi d'optique, et d'électromagnétisme ; pour mémoire, il est bon de citer ici ses principaux travaux sur ces deux sujets. Il étudia la double réfraction, la dispersion, la polarisation circulaire, etc.

Il établit les équations générales de la lumière monochromatique à travers des milieux d'un degré de transparence quelconque. Il fit une étude du procédé employé par Foucault pour mesurer la vitesse de la lumière, et étudia à ce propos la vitesse de propagation de la force électrostatique.

Gibbs établit enfin une comparaison entre les théories électrique et élastique de la lumière, en s'appuyant spécialement sur les travaux de W. Thomson.

En mathématiques pures, il s'occupa de l'analyse vectorielle, et du rôle des quaternions dans cette théorie ; il reprit les séries de Fourier, etc.

En astronomie, il fit le calcul des orbites elliptiques par trois observations au moyen du calcul vectoriel.

GRAEBE *Charles* (1841), né à Francfort-sur-le-Mein, fut élève de Bunsen et Kolbe, professeur à Kœnigsberg, et ensuite à Genève à l'Ecole de chimie organique, s'occupa des couleurs tirées du goudron, et fit avec Liebermann la synthèse de l'alizarine.

AMAGAT *Emile-Hilaire* (1841), naquit dans le Cher, fut professeur à Fribourg en Suisse, puis à Alençon, à la Faculté libre des sciences de Lyon et répétiteur à l'Ecole Polytechnique. En physique, il étudia les dilatations, les compressibilités, les densités des liquides saturés, les points critiques, les chaleurs spécifiques des fluides, l'élasticité des solides. Il fit aussi quelques recherches de chimie pure.

LEMOINE, né en 1841, à Tonnerre, professeur de chimie à l'Ecole Polytechnique.

DEWAR, 1841-1915. Connu en physique, dans la chaleur, autant qu'en chimie générale.

PFEFFER *Guillaume-Frédéric*, 1845-   , fut surtout un botaniste. Né près de Cassel, il fut professeur à Bâle, Tubingue, Leipzick. Il étudia la pression osmotique, la physiologie des plantes, etc. En 1900, il devint correspondant de l'Académie des Sciences de Paris.

MÜNTZ *Achille-Charles*, 1846, de Soultz, en Alsace, fut chef des travaux chimiques à l'Institut agronomique, et membre de l'Institut. Il étudia surtout les engrais, l'alimentation du cheval, la nutrition des végétaux, les fraudes des huiles et des beurres, etc.

Le *Bel. Joseph-Achille*, 1847, naquit à Pechelbronn en Alsace, sortit de l'Ecole Polytechnique, fut préparateur de Balard, de Würtz, puis dirigea une exploitation de pétrole en Alsace. Plus tard, il créa à Paris un laboratoire privé où il fit des recherches importantes sur le pouvoir rotatoire, la fermentation, etc. Son nom est souvent associé à celui de Van T'Hoff, et nous le retrouverons.

Tiemann *Jean-Charles-Frédéric*, 1848-1899, naquit dans le Hartz et mourut à Méran. Il étudia la chimie en Allemagne, dans le duché de Brunswick, puis à Berlin dans le laboratoire de W. Hoffmann. Il fit la guerre de 1870-71 comme adjudant, puis lieutenant d'infanterie, et redevint ensuite professeur de chimie. Ses premiers travaux portèrent sur la guanidine, et les nitrobolnènes dont il retira les acides dinitro et trinitrolbenzoïques. Avec Haarmann et en se servant des travaux de Kubel sur la sève des conifères, il prépara la vanilline artificielle. Il fit ensuite la synthèse de la vanilline avec le même Haarmann. Il fit aussi la synthèse de l'acide caféique et de l'umbelliférone. Pendant plusieurs années il étudia le groupe des *terpènes*. En étudiant le parfum de la racine d'iris, l'irone, il chercha à le préparer en partant du citral, mais il obtint un autre parfum très fin, l'ionome, comme il l'appela. Il fit encore d'autres recherches de chimie organique.

Wroblewsky Stanislas, 1848-1888, fut professeur de physique à Cracovie, étudia l'oxygène et l'azote liquides avec Olszewsky.

Meyer *Victor*, 1848-1897, né à Berlin, se suicida à Heidelberg. Il fut professeur à Stuttgard, Goettingue, Zurich ; il s'occupa surtout de chimie organique, découvrit le thiophène dans le benzol, imagina une nouvelle méthode d'estimation des densités de vapeur.

Haller, né en 1849, de Werserling, Alsace, étudia le camphre, le menthol, l'acide citrique, les corps gras, etc.

Le Chatelier *Henri-Louis*, 1850, sortit de l'Ecole Polytechnique et entra aux mines. Il devint professeur de chimie minérale à l'Ecole des Mines de Paris, étudia les mortiers hydrauliques, le grisou, etc. Sa belle théorie des ciments et mortiers est fondée sur les théories de Gibbs dont il traduisit les ouvrages en français.

Bourquelot Elie-Emile, 1851, né dans les Ardennes, fut interne des hôpitaux, puis docteur ès-sciences en 1884. Il devint professeur à l'Ecole supérieure de pharmacie et s'occupa surtout de chimie biologique. Il découvrit plusieurs ferments solubles, maltase, tréhalase, etc., et d'autres principes nouveaux qu'il retira de diverses plantes.

Van T'Hoff *Jakob-Hendrik*, 1852, était de Rotterdam. Il mérita le nom de *Berthelot hollandais* par les beaux travaux qu'il publia à Berlin, et qui furent traduits en français. Ses études sont tout à fait personnelles, ce sont les conditions d'équilibre d'un système chimique, la vitesse des réactions, etc. Il s'occupa de la statique chimique, ou des propriétés de l'individu chimique, indépendamment des conditions de sa formation ou de sa destruction. La théorie atomique, et la stéréochimie sont en partie l'œuvre de Van t'Hoff, ainsi que les relations entre les poids moléculaires et les propriétés physiques dés corps. Il étudia enfin les lois des formes cristallines. En 1901, le prix Nobel lui fut décerné. L'Allemagne lui rendit de grands honneurs et le nomma directeur de l'Institut de physique de Charlottenbourg. Ses formules stéréochimiques ont eu l'avantage de permettre la prévision de découvertes nouvelles : elles doivent beaucoup aussi au chimiste français Le Bel.

Fischer *Émile* (1852), né à Euskirchen, fit ses études à Bonn et à Strasbourg. Reçu docteur à Munich, il devint professeur de chimie à Erlangen, puis à Wurtzbourg, enfin succéda à Berlin en 1892 à Hoffmann. Il fit des découvertes importantes en chimie organique : ce fut d'abord la composition de la rosaniline, puis ce furent l'hydrazine, et l'action de la phénylhydrazine sur l'aldéhyde et l'acétone, dont il put se servir pour l'étude des sucres. Il arriva ainsi à établir la constitution des différentes sortes de sucres, et à faire la synthèse du sucre de raisin, découverte qui se trouve dans un domaine analogue à celles de Berthelot, et qui marque un pas de plus en avant en chimie organique, dans cette partie de la chimie qui va se rapprochant des phénomènes de la vie, et devient le champ d'avenir de la science.

La chimie biologique doit beaucoup à Fischer, mais cette science, comme celle de Claude Bernard et de

Pasteur, déborde les limites du cadre imposé à notre ouvrage.

Fischer, comme Baeyer, Rontgen, etc., fut un des tristes signataires du manifeste des 93 intellectuels allemands en 1914.

Moissan *Henri*. 1852-1907, né à Paris, fut reçu docteur ès-sciences en 1885 avec une belle thèse sur la série du cyanogène. Il devint professeur de toxicologie à l'École de pharmacie de Paris, puis professeur à la Sorbonne, en 1900. Il fut le premier à isoler nettement le fluor et à faire connaître ses étonnantes réactions. En 1893, ses études sur les diamants naturels attirèrent l'intérêt général en lui permettant d'arriver à la synthèse du diamant, qu'il produisit en petits cristaux au moyen du four électrique perfectionné. Il s'occupa aussi du nickel.

Demarçay *Eugène*, 1852-1903, fut élève de Cahours, et répétiteur à l'École Polytechnique. Il découvrit l'acide tétrique et ses homologues, fit des recherches sur les sulfures d'azote, et surtout étudia la séparation des terres rares par la méthode spectroscopique ; il arriva ainsi à préparer les sels purs de néodyme, de praséodyme, de samarium, et put isoler, le premier, un métal de ce groupe, l'*europium*.

Ramsay *William*, 1852-1918, naquit à Glasgow, fut professeur à Bristol, et en 1887 à Londres. Il reçut le prix Nobel en 1894. Cette même année 1894, il découvrait avec lord Rayleigh, l'argon dans les gaz de l'atmosphère. Les années suivantes, il découvrait encore l'hélium, puis d'autres gaz, le crypton, le néon et le xénon. En 1905, il trouva encore le radiothorium. Ses ouvrages de chimie sont très originaux.

Ostwald Guillaume, 1853   , né à Riga, étudia à Dorpat, où il devint assistant à l'Institut de physique de l'Université ; en 1881, il est professeur au Polytechnicum de Riga, et en 1887 à l'Université de Leipzig. Ses travaux se rapportent uniquement aux affinités chimiques, et le font considérer comme un des principaux auteurs de la chimie physique. Il étudia la conductibilité électrique des acides organiques, et les rapports entre cette conductibilité et les capacités de réactions chimiques ; ensuite il fit des recherches sur les ions, leur coloration, le siège des différences de potentiel électrique, etc. Ses livres s'intitulent : Chimie générale et électrochimie. Il traduisit la thermodynamique de Gibbs, fit des recherches historiques dans lesquelles, entre parenthèses, il traite avec un dédain marqué le grand Lavoisier.

Ostwald, en physico-chimie, fut un successeur de Berthelot. Il poursuivit les traces de celui-ci dans la science des explosifs où il chercha surtout des substances dangereuses utilisables pour la guerre destructrice, l'incendie, etc. Non seulement il fut un des signataires de l'absurde manifeste de 1914, mais il fit jusqu'en Suède des conférences pour y développer cette thèse, que la supériorité des Allemands sur les autres peuples, grâce à leur organisation, est aussi grande que celle de l'homme sur les animaux. C'est un exemple de l'état d'esprit où peut conduire l'orgueil d'un savant.

Sabatier *Paul*, 1854   , était de Car cassonne. Il

sortit de l'Ecole normale et devint professeur de physique à Nîmes, puis préparateur de Berthelot au Collège de France. Ensuite il devint professeur aux Facultés des sciences de Bordeaux et de Toulouse. Ses travaux concernent la chimie minérale, les sulfures alcalins et alcalino-terreux, puis les sulfures de bore et de silicium. Le premier, il obtint, par distillation, un persulfure d'hydrogène. Il isola le chlorhydrate ferrique, et un chlorhydrate cuprique rouge cristallisé. Il prépara l'acide nitro-sodisulfonique bleu, son sel cuprique bleu, et son sel ferrique rose. Son étude des spectres d'absorption des chromates alcalins le conduisit à une loi sur le partage d'une base entre deux acides. Il étudia les métaux nitrés, la vitesse de transformation de l'acide métaphosphorique, l'action des oxydes insolubles dans les dissolutions salines, fit la synthèse des pétroles, du cuprène, etc. On lui doit une centaine de mémoires originaux intéressants.

VIEILLE, né en 1854, sorti de l'Ecole Polytechnique, fonda le laboratoire central des poudres et salpêtres, est devenu célèbre comme inventeur des poudres progressives et des poudres sans fumés.

ARRHÉNIUS *Svante*, 1859, naquit à Upsal en Suède, où il fit ses études. De 1886 à 89, il votagea à l'étranger, travailla avec Ostwald à Riga et Leipzig, avec Kohlrausch à Wurtzbourg, Van t'Hoff à Amsterdam. En 1891, il devint professeur à Stockolm. Il s'occupa surtout d'électrochimie. De la conductibilité galvanique des électrolytes, il chercha à tirer les principales propriétés chimiques. Van t'Hoff améliora beaucoup les résultats d'Arrhénius. Dans un travail sur la dissociation des substances dissoutes dans l'eau, il étudia une théorie de la dissociation électrolytique, où les acides, les bases et les sels en dissolution dans l'eau sont subdivisés en ions.

Il appliqua cette théorie à la conductibilité des flammes des gaz, à l'influence des rayons lumineux et des décharges électriques sur le passage d'un courant dans l'air raréfié, à l'influence des rayons solaires sur les phénomènes électriques de l'atmosphère, etc.

Curie *Pierre*, 1859-1906, déjà cité en Physique, célèbre en chimie par sa découverte du radium.

Madame Curie, 1867 découvrit le polonium. Voici l'histoire de ces découvertes.

Edmond Becquerel étudiait la fluorescence ; le maximum était obtenu par les sels d'uranium : le verre d'urane fournit des vases d'un effet très agréable. Or la fluorescence n'a rien à voir avec l'uranium, et pourtant sans uranium il n'y a aucun effet de radio-activité. En exposant une plaque photographique, sous un chassis, à des cristaux d'uranium, Becquerel les vit apparaître sur la plaque, sans même qu'ils eussent été soumis à la fluorescence par la lumière solaire : de fait, il s'était passé cinq jours sans un rayon de soleil.

Il devait donc se trouver un autre corps que l'uranium. Curie se mit à l'œuvre, il fallait opérer au moyen de mesures précises mais très délicates, pour étudier ces radiations. La pechblende, minéral d'uranium, était quatre fois plus radioactive que l'uranium pur, de même la chalcolythe (phosphate de cuivre et d'uranium). Les recherches durèrent plusieurs années, pour réussir à éliminer toutes les parties inactives.

Partant d'une tonne, Curie arriva à 250 milligrammes de bromure cristallisé et pur d'un corps qu'il appela le radium, et qui est deux millions de fois plus actif (au galvanomètre, etc.) que l'Uranium.

Aujourd'hui la préparation est relativement facile, mais toujours longue et coûteuse. Le radium revient à 200.000 fr. le gramme, mais il garde indéfiniment sa radioactivité, ce qui a bouleversé toutes les idées de la science sur la matière, en substituant à celle-ci l'énergie, à l'origine de toutes choses. Curie a fait subir à la science une transformation radicale, et son nom y restera éternellement attaché. Le monde entier ne possède guère que 10 à 12 grammes de ce précieux corps, mais les recherches continuent.

Dans le polonium, l'activité se perd. Un collaborateur de Curie, M. *Debierne* découvrit en outre l'actinium dans le pechblende, mais ce corps est encore mal connu.

Les études spectroscopiques suivirent les analyses. Curie découvrit les trois raies nouvelles du Radium, mesure son poids spécifique qui est très élevé, entre ceux du plomb et de l'uranium. Le radium possède les propriétés étonnantes des rayons Roentgen, et d'autres encore ; ses brulûres ne se cicatrisent pas, elles causèrent la mort de Becquerel ; il dévie les rayons électriques ; il donne naissance à l'émanation qui se transforme à son tour en hélium au bout de quatre jours, première véritable transmutation chimique, autrement difficile et inattendue que celle des alchimistes d'autrefois.

Voici les principaux passages de ces extraordinaires transformations, terme actuel de la chimie.

Corps	Poils atomique	Durée
Uranium.	238,5	cinq milliards d'années
Ionium	230,5	?
Radium	226,5	mille trois cents ans
Emanation. . . .	222,5	quatre jours (hélium)
Radium A, B, C . .	218 à 214	de trois à vingt-huit minutes
d° D, E . . .	210	quarante ans, puis six jours
Polonium	210	cent-quarante trois jours
Plomb	206	indéfinie

Les corps moins lourds seraient simplement plus jeunes, déjà transformés. Cette transformation se fait surtout à haute température, dans le soleil par exemple. A haute température, les raies spectrales changent, les corps simples sont donc dissociables, et ceci laisse problématiques la nature et l'avenir du soleil.

Duhem *Pierre*, 1861-1916, est bien connu par ses études en électricité.

Il poursuivit en chimie les théories de Gibbs, les compléta par les faux équilibres, etc.

Citons enfin quelques noms récents en chimie : *Locker, Will, Warrentrapp, Newlands, Pia, Lossen, Harmann, Odling, Loth, de Laire*, etc., *Verneuil* surtout qui avec Frémy a reproduit de magnifiques rubis et saphirs artificiels.

6° La Géologie au XIX° Siècle : biographies.

DESMARETS *Nicolas*, 1725-1815, fils d'un pauvre maître d'école, montra l'origine ignée des basaltes, fit une carte géologique de l'Auvergne, et un mémoire prouvant que la France et l'Angleterre ont dû être autrefois réunies.

DE SAUSSURE *Horace-Bénédict*, 1746-1799 naquit et mourut à Genève, d'une vieille famille protestante, originaire de Lorraine. Un de ses ancêtres, Mengin Schouel, dit de Saulxures, fut conseiller d'Etat. Le fils de celui-ci, en 1550, avait dû se réfugier en Suisse à cause de ses opinions religieuses. — Le père de Bénédict et son oncle, Ch. Bonnet, lui donnèrent le goût des sciences naturelles. En 1762, à 22 ans, il était nommé professeur de philosophie expérimentale à l'Académie de Genève. L'observation de la nature l'attirait, et il se mit à parcourir les Alpes à partir de 1768 et pendant près de vingt ans : il fit trente excursions dans les montagnes de Savoie et de Suisse, et parcourut en outre les Vosges, l'Auvergne, l'Ecosse, la Sicile, l'Italie, etc., rapportant toujours échantillons et documents. Il fit en août 1787, l'ascension du Mont Blanc, avec dix-huit guides, n'ayant été précédé que par Jacques Balmat, qui l'accompagnait. En 1788, il séjourna trois semaines au col du Géant, à 3.428 m. d'altitude ; et en 1789, il fit de nombreuses recherches dans le massif du Mont Rose. Mais il contracta une maladie aggravée par la perte de sa fortune, et les chagrins que lui causaient les événements de Genève : il eut plusieurs attaques de paralysie et mourut en 1799. Napoléon l'avait nommé en 1798 professeur honoraire d'histoire naturelle à l'Ecole centrale du nouveau département du Léman. Il laissait deux fils, dont l'un, Théodore, fut aussi un savant, et une fille qui devint Mme Necker.

Saussure fut un des fondateurs de la Géologie, science qui date réellement de la fin du xviiᵉ siècle. On connaissait fort mal les roches. Saussure constata que le granite est à la base des autres roches, qu'il s'est formé par cristallisation, qu'il est en couches redressées par suite de révolutions intérieures. Il montra la présence d'amas de roches brisées et roulées entre les différentes chaînes de montagnes. C'était bien le commencement de la tectonique moderne : mais Saussure se contenta des observations, et ne construisit pas de système.

Il étudia les eaux courantes et les glaciers, où il montra les réservoirs qui alimentent les grands fleuves ; la météorologie l'occupa beaucoup et il imagina l'hygromètre à cheveu, un anémomètre, un eudiomètre, un électromètre pour étudier la composition de l'air et l'électricité atmosphérique et même un instrument pour étudier la couleur du ciel (cyanomètre) aux différentes altitudes.

Pallas *Pierre-Simon*, 1741-1811, naquit et mourut à Berlin. Il étudia la médecine et les sciences naturelles, et fut reçu docteur en 1760. Il se rendit en Russie en 1768, où il devint assesseur du Collège de Pé-

trograd. Vers 1771, il accompagna, comme naturaliste, une expédition scientifique en Sibérie. Il y passa
six ans, allant du Caucase et des bords de la mer Cas-
pienne dans l'Altaï et dans la région du lac Baïkal.
Les collections qu'il rapporta formèrent le noyau du
magnifique musée de l'Institut des mines à Pétrograd.
Plus tard il étudia la flore russe.

Pallas eut le mérite de s'occuper de paléontologie dès
cette époque de la fin du xviiie siècle ; ses études ethno-
graphiques ont été très développées ensuite par les
Russes.

En 1796, retiré à Simféropol, et molesté par les Tar-
tares, il revint à Berlin, où il mourut.

Haüy *René-Just*, 1743-1822 était d'une pauvre famille de Saint-Just (Oise). Tout enfant, il se fit remarquer de ses maîtres par sa vivacité d'esprit ; aussi
sa mère se décida-t-elle à l'envoyer à Paris. Sans doute
elle fut aidée par les religieux Prémontrés qui avaient
élevé son fils. Au collège de Navarre où il termina ses
études il fut nommé régent de quatrième. Il entra
dans les ordres, et fut nommé au Collège du Cardinal-
Lemoine, où il se lia avec Lhomond. C'est celui-ci,
amateur d'herborisations, qui lui donna le goût des
sciences naturelles. Il se mit à suivre le cours de minéralogie de Daubenton et sentit s'ouvrir son génie à
cette étude.

Il devina alors les liens qui devaient relier les formes cristallines, et arriva à les faire dériver toutes,
par des lois très claires et précises, d'un nombre restreint de types ou formes simples. Sa timidité était
telle qu'il fallut l'autorité de Lavoisier et de Laplace
pour le faire professer en public.

Arrêté comme réfractaire en 1789, il faillit être massacré en Septembre, et dut son salut à Geoffroy Saint-Hilaire et à l'Académie des sciences. En 1802, il fut nommé professeur au Muséum, où il commença ses fameuses collections de minéralogie.

Haüy avait créé une science, la cristallographie et sa réputation était européenne.

Son frère, Valentin Haüy, acquit une célébrité presque aussi grande que la sienne comme fondateur de l'Institution des Jeunes Aveugles, et inventeur de l'écriture en relief. Et pourtant l'un et l'autre étaient des modestes, même des timides. Valentin Haüy fut appelé successivement à Petrograd et à Berlin pour y organiser des Ecoles d'aveugles ; revenu à Paris, cet homme de bien y mourut dans une profonde obscurité en 1817. Le minéralogiste lui survécut cinq ans.

De Lamarck, *Jean-Baptiste-Pierre-Antoine*, 1744-1829, naquit à Barentin, en Picardie, d'une famille noble, originaire du Béarn. Comme huitième enfant, il était destiné à l'état ecclésiastique. Mais à seize ans, alors que son père venait de mourir, il préféra l'état militaire et rejoignit l'armée de Broglie en Hanovre. Il se distingua très vite par une action d'éclat et fut nommé officier sur le champ de bataille de Jillingshausen. Il acheva ainsi la guerre de sept ans, âgé de 19 ans, en 1863.

Revenu à Paris, il quitta le service militaire pour faire des observations scientifiques. Linné avait mis l'herborisation à la mode, et Lamarck devait s'y mettre aussi, mais il fit d'abord une étude sur les vapeurs de l'atmosphère qu'il étudiait de sa mansarde « *plus qu'il n'aurait voulu* » et cette étude fut remarquée par l'Académie des sciences. Son herborisation s'étendit à la France entière, et il chercha une méthode naturelle de classification, ce que devait faire Jussieu un peu plus tard. La *Flore française* ouvrit cependant les portes de l'Académie à Lamarck en 1779, et il fut chargé de visiter les musées de botanique de l'étranger. Il visita la Hollande et l'Allemagne, et peu à peu écrivit presque seul les quinze volumes du *Dictionnaire de botanique*. A la mort de Buffon, il entra comme adjoint de Daubenton, au Jardin du roi, en 1788, mais la Révolution fit subir une éclipse à cet établissement comme à tant d'autres. En 1793, la Concention lui donna une chaire de zoologie, pour l'histoire des Animaux sans vertèbres. C'est alors que Lamarck ouvrit dans son cours une classification analogue à celle qu'il poursuivait pour les plantes et prépara les progrès de la connaissance des coquillages fossiles. Allant plus loin, il chercha à généraliser ses idées, entrevoyant la variabilité des espèces qu'avait pressentie Buffon, et parvenant à l'établir sur des observations sérieuses. C'est là base du *transformisme*, que Darwin devait développer plus tard avec des idées assez différentes sur les causes de cette transformation, mais où l'avantage devait rester peu à peu à Lamarck dans les découvertes subséquentes.

Dans ses *Recherches sur l'organisation des Corps vivants*, Lamarck montre la dégradation progressive des organes spéciaux, jusqu'à leur anéantissement. Il refit la classification, créant les Annélides, les Radiaires, les Polytes, les Infusoires, etc... Il arrive même à concevoir l'idée de génération spontanée. En chimie, il arrive à la conception des atômes et à la loi des proportions définies ; il crée le mot de biologie, et avec son idée de la loi de continuité, il finit pas oser assimiler *la pensée* aux autres fonctions de l'organisme, dont elle serait la plus élevée. Lamark fut un grand initiateur scientifique.

DE DOLOMIEU, *Déodat-Guy-Sylvain-Tancrède*, 1750-1802, naquit à Dolomieu, Isère. Il eut un duel à 18 ans, à la suite duquel il fut emprisonné pendant quelques mois. Dans son cachot, il s'était mis à étudier la Physique et la Géologie. Remis en liberté, il se rend à Metz pour continuer ses Études, et en 1775, il publie des recherches sur la Pesanteur qui lui valent le titre de Correspondant de l'Académie des sciences. Il parcourt les Alpes, les Pyrénées, l'Italie, l'Espagne, s'occupant de géologie, de volcans, de tremblements de terre, et décrivant exactement beaucoup de phénomènes encore mal connus. En France, il étudie les Vosges et l'Auvergne, faisant à peu près comme Saussure. Son étude de certaines roches leur a fait donner le nom de *Dolomie*.

En 1796, il est professeur à l'École des Mines et membre de l'Institut.

En 1798, il prend part à l'expédition d'Égypte, mais revient l'année suivante pour cause de santé ; son navire fait naufrage dans le golfe de Tarente, il est fait prisonnier et conduit à Malte. Là il subit l'effet d'une erreur de jeunesse : il s'était fait affilier à l'ordre de Malte : ses confrères l'enferment comme ennemi dans un cachot. Il trouve cependant le moyen d'écrire dans sa prison une sorte de philosophie minéralogique, entre 1799 et 1801. Le gouvernement français réclame sa liberté, et ensuite le nomme professeur à Paris, au

Muséum. Malheureusement la santé de Dolomieu l'oblige à passer l'hiver dans le Midi et il y meurt en 1802.

WERNER *Abraham-Gottlob*, 1750-1817, né en Lusace et mort à Dresde. Il fit ses études à Freiberg, célèbre par ses mines de plomb et argent ; nommé à 25 ans professeur de minéralogie à l'Ecole des mines de cette ville, il y resta jusqu'à sa mort. Il fit une classification des minéraux d'après leurs caractères chimiques, et essaya de séparer la géologie de la minéralogie, mais son essai ne fut pas heureux, il ne comprit ni les forces volcaniques ni les plissements, faisant des dépôts de l'Océan la source de toutes les formations terrestres. Il fut le premier à donner à un minéral le nom d'un savant. Nous avons vu que Dolomieu fut l'objet d'une dénomination de ce genre.

HALL *James*, 1761-1832, né à Douglas, en Ecosse et mort à Edimbourg, des barons de Douglas ; il fut membre du Parlement, et président de la Société Royale d'Edimbourg.

Il fit des recherches expérimentales sur l'origine des volcans, et obtint la transformation artificielle par fusion, du carbonate de chaux en marbre.

CUVIER *Georges*, 1769-1832, naquit à Montbéliard et mourut à Paris. Son père était protestant et avait servi la France dans un régiment suisse, puis il s'était retiré à Montbéliard qui appartenait alors au duc de Wurtemberg. Il était fort intelligent et surtout dessinait très bien : il coloria ,dit-on toutes les figures de l'ouvrage de Buffon d'après les seules descriptions ; ces dons particuliers attirèrent l'attention du duc de Wurtemberg qui lui fit obtenir une bourse à l'Université de Stuttgard. Il y étudia la philosophie, puis l'histoire naturelle, et ses observations l'amenèrent à se lier avec divers professeurs et à fonder une académie d'histoire naturelle qu'il présida : *Pfaff* en fit partie.

Rentré à Montbéliard, il entra en 1791 comme précepteur chez le comte d'Héricy en Normandie. A la campagne, près de Fécamp, il étudia la faune maritime, et grâce à un agronome, Tissier, il se lia avec Geoffroy Saint-Hilaire à qui il envoya ses manuscrits. Celui-ci l'engagea à venir à Paris, et il y vint, comme précepteur toujours, en 1795. Jussieu et Lacépède l'aidèrent et lui firent donner la place de suppléant à la chaire d'anatomie comparée au Muséum ; la même année on le nommait membre de l'Institut, bien qu'il n'eût encore presque rien publié.

En 1796, il était professeur d'histoire naturelle à l'Ecole centrale du Panthéon ; en 1801, au Collège de France, en 1802, au Muséum. Sa fortune était extraordinaire pour sa jeunesse, mais il travaillait en proportion.

Lié avec Napoléon, il put cumuler un grand nombre d'emplois, et contribua à créer la Faculté des Sciences de Paris. En 1809 et 1810, il contribua aussi à organiser celles de Gênes, Pise, Parme, Turin, Florence, Sienne, puis celle de Hollande en 1811, et celle de Rome en 1813.

En 1818, il devint membre de l'Académie française, puis directeur des cultes au ministère de l'intérieur, il avait refusé le ministère même. Il parcourut ainsi toute une carrière politique honorable et finit par être nommé pair de France en 1832, peu avant sa mort. Ce fut une vie extraordinairement remplie, même indépendamment de ses immenses travaux scientifiques.

Ces travaux comprennent d'abord des Études historiques sur les sciences naturelles depuis 1789.

Ce sont ensuite des études d'anatomie comparée, où il se montra absolument supérieur. Il établit le premier la solidarité de tous les organes, les uns par rapport aux autres, et les modifications qui en résultent. Cette loi de corrélation des parties rendit à Cuvier de continuels services en paléontologie, lui permettant presque, d'après certains os, de prédire quels seraient les autres. Il mit en relief une foule de faits chez les oiseaux, les cétacés, dans l'ostéologie des grands mammifères, etc.

Ces études prédisposaient admirablement Cuvier à la paléontologie. Toute l'histoire naturelle en effet n'est que l'aboutissement de l'étude des fossiles et ne trouvera jamais qu'en cette étude les explications qui lui manquent encore. C'est pourquoi la Géologie et la Paléontologie embrassent si complètement les sciences naturelles. Cuvier eut le mérite de montrer le premier que les restes de grands mammifères connus à son époque appartiennent à des espèces éteintes, vérité qui nous paraît banale aujourd'hui. Il trancha les différences entre le mastodonte et l'éléphant, entre la paléotherium et le tapir, etc.

Il est seulement étrange que Cuvier, dont les recherches établissaient si bien ces transformations, ait volontairement établi des barrières qu'il jugeait infranchissables entre les espèces. Il lui fallait des cataclysmes pour produire des changements, et cette exagération a jeté quelque ridicule sur ses idées : toutefois elles n'enlèvent rien à la valeur des reconstitutions vraiment géniales qu'il a réalisées. Comme le dit A. Gaudry, on peut seulement dire que les reconstitutions eussent été, et sont encore, autrement difficiles quand il s'agit d'espèces animales des temps primaires ou même secondaires.

Les classifications de Cuvier avaient forcément quelque chose d'artificiel, en l'absence de données suffisantes : les progrès récents de l'embryologie ont permis de mieux faire. Sa longue discussion en 1830 avec Geoffroy Saint-Hilaire sur l'unité de type, ou de composition organique, ne reposait de sa part que sur des faits d'observation trop peu nombreux. Gœthe qui suivit cette discussion avec tant d'intérêt, lui donnait complètement tort. On est allé jusqu'à dire que, pour maintenir ses arguments, il était allé jusqu'à cacher ou à détruire certains ossements qui contredisaient ses assertions. Contre Geoffroy Saint-Hilaire, il se servit du principe d'autorité religieuse bien qu'il fût protestant. Et quant à Lamarck, qui, il est vrai, ne l'avait pas aidé, il le fit passer pour fou, et contribua peut-être à son éclipse devant Darwin, éclipse d'où Lamarck est heureusement sorti.

Humboldt, *Alexandre de*, 1769-1859, né et mort près de Berlin, était frère cadet du littérateur Guillaume de Humboldt. Leur père était major dans l'armée prussienne et avait pris part à la guerre de Sept ans. Alexandre termina ses études à Goettingue et y prit le goût de l'histoire naturelle et de la Géologie. En 1790, il partit en voyage à travers la Belgique, la France et l'Angleterre. Revenu à Hambourg, où sa famille le destinait aux affaires, il alla à Freiberg visiter les mines, et y rencontra Werner : il publia alors son étude de la flore fossile de l'Ertzgebirge. Il fut alors pendant cinq ans directeur général des mines de Franconie tout en continuant à voyager en Suisse, dans le Tyrol et la Lombardie.

Cependant il préparait un grand voyage dans les contrées tropicales. A la mort de sa mère (1796), il résigna ses fonctions de directeur des mines, vendit plusieurs propriétés, acheva diverses études à Iéna, et à Vienne, et se rendit à Paris pour acheter les instruments nécessaires. Il s'y lia avec Gay-Lussac, Laplace, Berthollet, Arago. Après diverses hésitations sur le but de ses voyages, Egypte, Tunisie, etc., il partit avec le naturaliste Bonpland pour l'Espagne où il passa l'hiver 1798-99 et d'où le ministre leur offrit un passeport pour l'Amérique espagnole. Les voyages, même en Méditerranée, étaient autrement aléatoires qu'à présent.

Les voyageurs passèrent 18 mois au Vénézuéla. Ils allèrent à Cuba, puis revinrent dans l'Amérique du Sud, à Carthagène. Ils franchirent les Cordillières, passèrent 5 mois dans les massifs de Quito et du Chimborazo. Ces voyages furent des plus intéressants et aventureux.

En avril 1803, c'était le tour du Mexique ; en septembre il fit l'ascension du Jorullo, puis celle du pic de Toluca, etc. En 1804, il était à Philadelphie, et à la fin de cette même année, il rentrait à Bordeaux. Les relations de ce voyage de 5 à 6 ans comprennent des observations géographiques, zoologiques et botaniques, astronomiques, minières et géologiques. La rédaction demanda près de 20 ans, pendant lesquels Al. de Humboldt resta à Paris malgré les sollicitations du gouvernement prussien. Il ne retourna à Berlin qu'en

1827 et y fit des leçons, devenues célèbres de Cosmographie physique.

En 1829, nouveau voyage dans l'Asie russe, à la demande du tzar. Humboldt visita l'Altaï, la steppe Kirghize, et alla jusque dans la Dzoungarie chinoise. Ce furent l'occasion de nouvelles observations.

De 1830 à 1848, il fit de fréquents voyages à Paris. En 1846, il y publia son ouvrage en 4 volumes, le *Cosmos*, ou inventaire des sciences physiques et naturelles à la fin de la première moitié du XIX⁰ siècle. C'est une œuvre magnifique, au point de vue littéraire aussi bien que scientifique. A 89 ans il livrait les dernières feuilles à l'impression et mourait peu après.

Humboldt fut un des derniers hommes universels et pour cette raison même, il ne put être un savant hors ligne, mais il a fait une quantité d'observations et même de découvertes de détail intéressantes : ses observations de géologie, de botanique, sont surtout remarquables. Il fit surgir certains côtés neufs de la science : la physique des mers, la géographie des climats, et celle des plantes, etc. On le lit encore avec intérêt, bien que certains récits qu'il tenait de gens trop primitifs, comme celui de l'éruption du Jorullo, ne puissent résister aux critiques modernes.

Berlin lui fit de superbes funérailles, et célébra son centenaire en 1869.

SMITH *William*, 1769-1839 né près d'Oxford, d'une famille d'agriculteurs, était l'aîné de quatre enfants. Il suivit l'école de son village, mais il restait solitaire, et cherchait des fossiles. Il apprit aussi la géométrie, et fut capable de rendre service dans les opérations d'arpentage qui se faisaie... alors. Pour la construction d'un canal, il fit preuve de connaissances heureuses de stratigraphie ; en 1796 il possédait assez de matériaux pour faire un ouvrage de classification des terrains de l'Angleterre, d'après leurs fossiles, depuis la craie jusqu'au carbonifère.

Tout ce qu'il gagnait dans son métier très apprécié, il le dépensait à faire la cárte d'Angleterre et du pays de Galles. Son travail officiel concernait surtout le drainage et l'irrigation, et il en avait en quelque sorte le monopole.

En 1810 il était fort occupé aux eaux de Bath qui menaçaient de tarir : il découvrit leur nouveau chenal, le combla et la ville de Bath vit s'accroître, avec ses eaux, sa prospérité.

Les travaux de Smith en géologie furent encouragés par des médailles, puis par des articles de la Revue d'Edimbourg. La carte géologique à échelle réduite fut publiée en 1819, et l'atlas en 1824. Mais Smith avait perdu sa fortune dans ce travail et il était obligé de vendre sa maison de Londres, et même ses livres. Un ami heureusement l'aida à conserver ses papiers et ses instruments. Sa santé, son cerveau même, en furent atteints. Il continua pourtant ses courses géologiques, et fit des conférences à leur sujet, mais il éprouvait une véritable aversion à les faire imprimer. Enfin, en 1831, ses grands services furent reconnus, il reçut la médaille de la Société de Géologie, et une pension annuelle de cent livres sterling. Mais avec l'âge lui venait la surdité ; il mourut au moment où la célébrité lui arrivait.

W. Smith est considéré comme « *le père de la géologie anglaise* » ; ses travaux portèrent leurs fruits

dans l'œuvre de ses successeurs ; on le regarde géné-
ralement comme le fondateur de la géologie stratigra-
phique, et cela, il le dut à sa passion d'enfant pour les
fossiles.

BRONGNIART *Alexandre*, 1770-1847, fils d'un architecte qui construisit la Bourse de Paris, naquit et mourut à Paris. Il fit en 1790 un voyage en Angleterre
pour se perfectionner comme émailleur, puis il devint
ingénieur des mines, et professeur à l'Ecole centrale
des quatre nations. En 1800, il était Directeur de la
manufacture de Sèvres, enfin, en 1822, professeur de
minéralogie au Muséum.

Il s'était constamment occupé de zoologie, de géo-
gnosie, etc. En appliquant les méthodes de Cuvier,
il fit une classification des reptiles. Il fit un traité de
minéralogie et publia avec Cuvier une description géologique des environs de Paris, premier ouvrage où
le terrain tertiaire est sérieusement étudié.

A la suite de cette étude, Brongniart voyagea en
Suède, en Norwège, en Italie, en Grèce, avec le souci
d'étudier les formations de ces pays : il arriva ainsi
à fixer les notions de terrain et de fossiles caractéristiques pour les différentes formations. Dans un ouvrage de 1829, il donna la première chronologie démontrée des assises supérieures de la croûte terrestre.

DE BUCH *Léopold*, 1774-1853, né à Ukermarck et
mort à Berlin. Il fut élève de Werner, à Freiberg, et
étudia aux Universités de Halle et de Goettingue. Sa
description de la Silésie est de 1797 ; à l'exemple de
Werner, il fait du basalte, du gneiss et du micaschiste

des formations aqueuses ; mais la même année, il parcourt la Styrie avec Humboldt et reconnaît la nature éruptive des basaltes. Il va voir le Vésuve, puis l'Auvergne, revient au Vésuve avec Gay-Lussac et Humboldt, et ses idées se confirment. En Suède, il remarque le premier l'ascension lente et graduelle du pays et essaye une théorie des montagnes. Depuis son étude de Werner, il a tout à fait changé d'idée, il veut même attribuer aux dolomies une origine volcanique, et ses théories généralisées vont devenir celles d'Elie de Beaumont, presque entièrement fondées sur les soulevements. Le sens éruptif de ce mot, encore réel chez de Buch, passe chez E. de Beaumont au sens de plissement, comme on n'en peut douter.

L. de Buch visita encore les Hébrides, les côtes d'Ecosse et d'Irlande, cultivant, outre la géologie, l'étude des fossiles : ammonites, térébratules, cératites, etc.

Les idées de de Buch eurent le mérite de faire concevoir certains faits géologiques comme la *chimie profonde de la terre.* Et en fait, soit pour les roches éruptives, soit pour l'apparition et la formation même des métaux et de certains minerais, on n'arrive à les comprendre que comme des opérations chimiques où le temps, la chaleur et la pression ont été des facteurs incomparablement plus puissants que dans la chimie du laboratoire. Ainsi la géologie se rattache-t-elle à la chimie, comme plus tard, nous le verrons, elle se rattachera aussi à la mécanique physique.

DESMAREST *Anselme-Gaétan,* 1784-1838, mort professeur à Alfort, près de Paris, travailla avec Brongniart à l'histoire des crustacés fossiles.

Sedgwick *Adam*, 1785-1873, est l'auteur du système cambrien, opposé au idées de Murchison.

Murchison *Roderick-Impey*, 1792-1871, d'Edimbourg, fut élève au collège militaire de Durham, en sortit enseigne, et combattit en 1808 en Portugal, puis en Espagne, où il devint aide-de-camp de son oncle, le général Mackenzie. Il se retira en Angleterre en 1814 et s'y maria. C'est l'influence de sa femme qui le tourna vers les sciences : il fit la connaissance de Davy et se mit à étudier l'Ecosse au point de vue géologique ; il visita l'Auvergne avec Lyell, puis le Nord de l'Italie et le Salzkammergut. Elu président de la Société de Géologie, il se mit à l'étude des roches anciennes, et c'est lui qui donna le nom de *silurien* aux couches dont les plus basses correspondent au *cambrien* de Sedgwick. Son système silurien parut en 1838 avec atlas, fossiles, etc. Avec Sedgwick il établit le système dévonien entre le silurien et le carbonifère, et visita le Boulonnais et l'Allemagne pour confirmer ses suppositions.

Ayant fait un héritage, il partit pour la Russie avec de Verneuil, et visita le pays, de Moscou à la mer Blanche, de l'Oural à la mer d'Azof. L'ouvrage signé de Murchison, Verneuil et Keyserling, parut en 1845. De 1847 à 1850, il parcourut avec sa femme les Apennins, les Carpathes, puis l'Auvergne.

En 1854, Murchison reprit l'étude des côtes d'Ecosse avec Geikie, et chercha à expliquer certains schistes cristallins par un métamorphisme du gneiss fondamental, n'y trouvant pas trace de fossiles. Le professeur *Nicol* discuta cette idée ; actuellement l'hypothèse a prévalu que ce sont des gneiss véritables, provenant

eux-mêmes de sédiments métamorphysés Murchison
mourut comblé de distinctions honorifiques.

DUFRÉNOY *Ours-Pierre-Armand*, 1792-1857, fils d'une
femme de lettres distinguée, naquit en Seine-et-Oise
et mourut à Paris. Il sortit de l'Ecole Polytechnique
et de l'Ecole des Mines, dont il devint plus tard directeur. Il y professa la minéralogie. Son œuvre principale est l'entreprise de la carte géologique de France,
avec Elie de Beaumont : cette carte parut en 1848 au
500.000ᵉ, et fut un évènement scientifique. Les explorations faites pendant douze ans furent publiées en
trois volumes, le dernier en 1873.

Dufrénoy découvrit plusieurs espèces minérales nouvelles, écrivit un traité de minéralogie, enfin c'est lui
qui donna à l'Ecole des Mines de Paris sa complète
organisation.

BARRANDE *Joachim*, né en 1797 (ou 99), mort en 1833
était de la Haute-Loire. Il sortit de l'Ecole Polytechnique, comme ingénieur des Ponts et Chaussées, et donna sa démission en 1830 pour devenir précepteur du
comte de Chambord. Ce fut l'occasion pour lui d'étudier la Bohême, se trouvant habiter Prague, et il devait y acquérir une éclatante renommée. Son ouvrage
sur le système silurien du centre de la Bohême est
devenu classique par la description minutieuse de la
succession des couches et de leurs fossiles, les trilo-
bites, dont il étudia une immense quantité de formes.
Barrande était un homme très modeste, il refusa même le titre de membre correspondant de l'Institut pour
la minéralogie.

Il mourut à Frohsdorf où il avait suivi le comte de

Chambord. Il avait étudié ausi la faune primordiale et le système taconique en Amérique. Il fut un adversaire déclaré du Darwinisme.

Lyell *Charles*, 1797-1875, fils d'un botaniste qui eut dix enfants, fut élevé dans le sud de l'Angleterre. Il n'aimait pas les classiques, et leur préférait les insectes et les cailloux. A Oxford, il s'intéressa aux fossiles et à la succession de leurs faunes, ce qui le conduisit à l'étude de la géologie. Il voulut ensuite juger des transformations du passé par celles du présent. Après avoir visité les monts Grampians, il vint en France et en Italie étudier les montagnes. En 1829, il parcourut la Sicile, étudiant les couches tertiaires, et les divisant en éocène, miocène et pliocène, suivant les proportions de formes fossiles éteintes avec les formes encore vivantes. Son ouvrage de géologie eut douze éditions jusqu'en 1875 : il donnait le coup de grâce aux partisans du système *catastrophique*, en établissant les mouvements très lents de soulèvement.

Lyell soutient aussi l'état progressif de la vie sur le globe : la probabilité en est prouvée, dit-il, par les analogies des changements dans la vie organique : il y a ainsi une extinction graduelle d'espèces, et une sorte de création continuelle de nouvelles espèces. Lyell fut cependant un adversaire de la théorie de Lamarck jusqu'à ce que Darwin et Russel Wallace eussent apporté des témoignages évidents du passage de formes inférieures à des formes supérieures.

En 1830, il visita Bordeaux et les Pyrénées. Trois fois il parcourut les Etats-Unis, en 1841, 1845 et 1853, et ses idées d'évolution et de lentes transformations se confirmèrent de plus en plus. Il est d'autant plus étonnant que cet homme ait pu faire tant d'observations, qu'il avait la vue très basse, et était obligé de tout regarder de très près. Il gravit l'Etna encore en 1857 et réfuta les idées de de Buch sur les cratères de soulèvement.

Jusqu'à sa mort, à 78 ans, il conserva des opinions religieuses très libérales.

Hutton *William*, 1798-1860, fut élevé à Newcastle-on-Tyne et fut d'abord agent d'assurances. Son étude des houillères et de leurs fossiles lui ouvrit la renommée. Il publia diverses notes et finalement trois volumes sur la flore fossile de l'Angleterre, avec John Lindley.

De Beaumont *Elie-Jean-Baptiste*, 1798-1874, né et mort à Canon, Calvados. Il entra le second à l'École Polytechnique et en sortit le premier dans les mines. En 1823, il accompagna Dufrénoy et Brochant de Villiers en Angleterre pour une étude minière et en vue de la future carte géologique de France. Les travaux relatifs à cette carte lui prirent seize ans, 1825-1841, mais ils furent poursuivis longtemps après ; la première carte détaillée parut à l'Exposition universelle de 1867.

En 1835, Elie de Beaumont était professeur de géologie à l'École des Mines de Paris, puis inspecteur général des Mines et membre de l'Institut : il fut aussi de l'Académie de Berlin et de la Société Royale de Londres. Il cessa d'enseigner en 1852, mais son cours fut continué par Béguyer de Chancourtois.

Les conceptions géologiques d'Elie de Beaumont se rapportent à l'âge des chaînes de montagnes et à leur disposition géométrique. Son mérite fut de montrer que les chaînes de montagnes ont apparu à des époques différentes ; elles sont, dit-il, les majuscules du manuscrit de la terre ; et en fait, les conceptions actuelles de Marcel Bertrand, etc., en font dériver tous les dépôts sédimentaires. Mais Elie de Beaumont alla trop loin : de l'identité de direction des chaînes, il voulut conclure à l'égalité d'âge, c'était par trop géométrique, et le fameux réseau pentagonal qui en résulta, est aujourd'hui abandonné.

Il faut établir, à propos du terme de soulèvement qu'emploie souvent Elie de Beaumont, qu'il entend par là le terme plissement, dans le sens actuel, sans rien de volcanique. Et ainsi on peut bien dire qu'il fut l'initiateur de toute la géologie tectonique contemporaine. Il est impossible de voir du premier coup toutes les conséquences d'un système, mais c'est beaucoup que de pressentir une vérité.

Le travail d'Elie de Beaumont sur les émanations volcaniques et métallifères, en y comprenant une étude des eaux minérales, est encore une œuvre de valeur. Elle fut discutée par *Pozsepuy* et *Groddeck*, qui furent surtout partisans des théories hydrothermales, mais eux non plus ne furent pas en possession de toute la vérité, et le chapitre des origines hydrothermales et ignées de bien des minéraux n'est pas encore terminé.

Les soulèvements, d'après Elie de Beaumont, sont dus à la contraction du globe par son refroidissement, et les montagnes sont des rides. Il est donc clair qu'il s'agit bien de plissements. Cette idée fut féconde, parce que d'elle naquirent les études des époques où ces rides se produisent, d'où les chaînes d'âges différents.

Milne-Edwards *Henri*. 1800-1855, de Bruges (Belgique), était docteur en médecine. Il s'occupa surtout d'histoire naturelle, de zoologie, d'anatomie et de physiologie. Il toucha à la paléontologie et mérita d'être appelé le digne successeur de Cuvier.

Brougniart *Adolphe-Théodore*, 1801-1876, fils du géologue cité plus haut, fut surtout un botaniste, mais un botaniste des âges antédiluviens. Pour ses études de végétaux fossiles, il fit de nombreux voyages en Angleterre, en Allemagne, en Italie, même en Suède et Norwège.

Sa collection de plantes fossiles fut continuée, et se trouve être actuellement la plus complète du monde : elle appartient au Muséum.

D'Archiac *Etienne de Saint-Simon*, 1802-1868, était de Reims. Il sortit de Saint-Cyr, mais après la révolution de 1830, il abandonna la carrière militaire pour se consacrer à l'histoire et à la science.

Il se mit à étudier les terrains du département de l'Aisne et en donna une description détaillée.

Son œuvre importante est une histoire très fouillée des progrès de la géologie, de 1834 à 1862, en huit volumes. Il fut membre de l'Institut, et en 1861 il remplaça d'Orbigny au Muséum comme professeur de paléontologie.

D'Orbigny *Alcide*, 1802-1857, de la Loire-Inférieure, était fils d'un chirurgien. Il s'occupa tout jeune d'histoire naturelle ; en 1825 il envoya à l'Académie un mémoire important sur les Foraminifères. Aussi en 1826 fut-il chargé d'une mission scientifique dans l'Amérique du Sud. Il revint en 1834, eut le grand prix de géographie, et publia sa relation en neuf volumes. Il se mit alors à l'étude de la paléontologie française ; pour son ouvrage en quatorze volumes, il reçut deux fois le prix Wollaston de la Société géologique de Londres. En 1853, la chaire de paléontologie fut créée spécialement pour lui au Muséum, mais il mourut quatre ans après.

AGASSIZ *Louis-Jean-Rodolphe*, 1807-1873, naquit à Mottier, canton de Fribourg, Suisse, et mourut aux Etats-Unis, à Cambridge. On l'a comparé à Humboldt. Il était d'une famille de pasteurs de père en fils. Très jeune il se passionna pour la nature, pendant ses études à Bienne et à Lausanne. Il étudia ensuite la médecine à Zurich, à Heidelberg et à Munich. Son premier ouvrage fut la rédaction d'une étude sur les Poissons du Brésil due à Spix. Il fit une autre étude sur les Poissons d'Europe et acquit la réputation d'un ichtyologiste.

Docteur en médecine en 1830, il visita Vienne et Paris où il rencontra Cuvier et Humboldt.

De 1832 à 1846 il resta à Neuchâtél où une chaire d'histoire naturelle avait été créée pour lui. Il étudia alors les échinodermes, les poissons fossiles, et s'occupa aussi des glaciers.

En 1846 il fut envoyé en mission dans l'Amérique du Nord, par le roi de Prusse, et finit par s'y fixer comme professeur de zoologie et d'anatomie comparée.

En 1865, il dirigea une expédition scientifique dans l'Amérique du Sud, pour explorer le cours de l'Amazone, aux frais d'un riche négociant, Thayer. Son ouvrage sur les résultats qu'il obtint eut six éditions en deux ans.

En 1871, il fit un grand voyage maritime avec d'autres savants pour explorer les grandes profondeurs de l'Atlantique austral et du Pacifique ; à son retour, il reçut de J. Anderson, comme cadeau, l'île de Penikese pour y fonder une école d'été d'histoire naturelle. Il se tua, dit-on, à organiser cette œuvre.

Les progrès dus à Agassiz concernent la classification des poissons, l'étude des mollusques et des échinodermes, enfin il est le promoteur de l'ontogénie, ou l'étude des caractères de jeunesse, qui fut plus tard poursuivie par *Haeckel*.

Comme géologue, Agassiz est le promoteur des idées sur les anciens glaciers et leur extension marquée par les blocs erratiques ; il les étudia pendant huit ans, surtout ceux de l'Aar où il construisit une hutte de bois. Son œuvre était un coup décisif porté aux théories éruptives des géologues d'alors, notamment à Léopold de Buch qui partout ne voyait qu'éruptions. Aussi de Buch fit-il une résistance désespérée, d'où le mérite d'Agassiz ne sortit que plus grand. L'hypothèse d'une période glaciaire a pris place dans la science les faits subséquemment découverts n'ont fait que la confirmer.

Le dernier ouvrage d'Agassiz, bien que fortement charpenté, sur *l'Espèce et les Classifications*, est loin d'avoir la même valeur, parce qu'il est fondé sur des idées préconçues, celles de Cuvier et surtout d'Oken, adversaires irréductibles des théories évolutives. Il admet les créations successives, les centres de créations distincts, etc.

Quoi qu'il en soit d'ailleurs, il nous semble difficile

de ne pas reconnaître à Agassiz comme savant une valeur même supérieure à celle de Humboldt.

Von Cotta *Bernard*, 1808-1879, fit ses études à Freiberg, puis à Heidelberg, et devint professeur à l'Ecole des mines de Freiberg. Il travailla à la carte géologique de la Saxe, et publia des ouvrages sur les mines de Hongrie et de Transylvanie, puis du Banat et de la Serbie. Dans ses lettres sur le Cosmos de Humboldt, il développe pour le monde inorganique des idées évolutives, du genre de celles de Darwin pour le monde des organismes.

Burat, *Amédée* 1809-1833, né et mort à Paris. Il fut de 1841 à 1881 professeur à l'Ecole centrale des Arts et Manufactures. Il s'occupa de la géologie de la France et de ses mines. Surtout il fut le premier en France à écrire un ouvrage de géologie appliquée en deux volumes, correspondant largement aux ouvrages similaires de Groddeck en Allemagne et de Pozsepny en Autriche-Hongrie : l'ouvrage de Burat contient même des gravures plus claires, et son texte est plus précis. De plus il ne s'embarrassa pas de classifications aventureuses d'après des origines ignées ou hydrothermales encore mal élucidées à son époque, mais qui firent la réputation de Pozsepny et de Groddeck.

Darwin *Charles-Robert*, 1809-1882, né à Shrewsbury, fils d'un médecin, était l'avant-dernier de six enfants. L'œuvre de Ch. Darwin, qui nous paraît maintenant, sauf des exagérations presque naïves, une œuvre de simple bon sens, témoignait cependant d'une telle ouverture d'esprit, elle était si courageuse en face de l'immense majorité des opinions, qu'on peut la mettre en parallèle avec celle de Copernic. Et de fait Copernic ne témoigna certes pas de plus de capacité intellectuelle. Galilée fut bien supérieur sans doute, mais comme technicien et inventeur.

Darwin perdit sa mère à neuf ans et fut élevé par ses sœurs ; il garda toujours un profond sentiment de la famille. Ses études furent très irrégulières, aussi peut-être sa personnalité s'en dégage-t-elle plus vite. Il devint médecin, mais sa supériorité se manifesta surtout par sa puissance d'observation et son intuition du caractère des hommes. Tout jeune il fut collectionneur, mais non pas de fossiles, de coléoptères vivants.

A Cambridge, la botanique l'intéressa, et il accompagna un professeur dans quelques courses géologiques. En 1831, il partit pour son premier voyage dans l'Amérique du Sud, comme naturaliste. Ce voyage mémorable détermina sa carrière ; il dura cinq ans et deux jours. Darwin en revint avec un tel bagage de connaissances naturelles et géologiques qu'il put commencer son ouvrage sur l'évolution : « *l'origine des espèces* ».

Tandis qu'il s'occupait de ses collections et de ses notes, il se maria en 1839. Il avait cependant dès cette époque des symptômes de maladie de cœur, ce qui le détermina à vivre à la campagne dans la tranquillité. Durant 40 ans, il n'eut presque pas un jour de santé, il fut sans cesse en lutte avec la maladie.

Ses idées sur l'évolution datent de 1834, tandis qu'il observait en Amérique des fourmis-lion et les comparait à celles d'Europe, trouvant impossible de les attribuer à deux créations différentes. Il fut encouragé par la comparaison des squelettes d'animaux sauvages avec ceux d'animaux domestiques. Ce furent ses amis qui firent publier ses travaux. L'ouvrage parut en 1859, et le jour même de la publication, 1250 exemplaires furent vendus. L'auteur reçut une quantité de lettres de félicitation et de la part de naturalistes, et de géologues comme Lyell.

Son second ouvrage sur les animaux et les plantes domestiques parut en 1868, il était fondé sur la théorie de la « *Pangénèse* » ou transmission des caractères. L'homme, le plus domestiqué des animaux, était réservé pour un autre ouvrage : « *The Descent of Man* », 1871, qui eut moins de succès que l'origine des espèces. Mais pour l'ouvrage suivant : « Expression des émotions chez l'homme et les animaux », qui parut en 1872, il y eut 5.267 exemplaires vendus en un jour. Un dernier ouvrage, sur les vers de terre et leur fonction avec la terre végétale, parut en 1881.

L'œuvre botanique de Darwin est entièrement expérimentale ; elle concerne particulièrement les orchidées.

Darwin était grand, d'un abord très sympathique, sans aucune prétention, et très bon. Sa vie était simple et régulière ; il aimait les romans et la musique, mais à l'anglaise, comme passe-temps, et il estimait la valeur du temps. Parmi ses grandes facultés, étaient la mémoire, et le don de saisir les caractéristiques des objets et des êtres qu'il étudiait. Enfin il aimait la bonne chère.

Tout jeune il avait fait partie d'un Club des Gourmets, et le goût des mets nouveaux l'accompagna toujours dans ses études naturalistes. Il avait le nez fort, et ce nez faillit le faire juger défavorablement au moment de son grand voyage : il ne témoignait pas, pen-

sait-on, d'une énergie suffisante pour un voyage difficile. A la campagne, pour observer, il se rendait tellement immobile que les écureuils et d'autres bêtes lui
grimpaient sur les jambes. On ne peut lui comparer
dans ce sens que *Fabre*, le Virgile des insectes, qu'il
connut d'ailleurs, et qu'il appelait *le plus grand des
observateurs*. Il se disait d'un esprit lent, toujours en-
clin à admirer ; il était maladroit et disséquait mal,
restait muet d'admiration devant le zoologiste Huxley.
Le bruit et la réclame lui faisaient horreur : il recon-
naissait ses insuffisances.

En géologie, sa théorie sur les récifs de corail a
longtemps prévalu. Il reconnut les analogies du tatou
fossile et du tatou actuel, et il y vit l'influence modi-
ficatrice de l'adaptation à l'existence. L'ouvrage de
Wallace sur les tendances des variétés à s'écarter du
type originel, contient presque la même théorie que
l'Origine des Espèces, et hâta sa publication. Ces deux
ouvrages et leur succès montrent bien que les idées
étaient dans l'air, tout comme autrefois celles de Copernic attendaient depuis plus de quinze cents ans
qu'un homme les mît au jour. On eut tort pour Darwin de porter la lutte sur le terrain religieux, comme
on avait fait encore pour Copernic. Darwin lui-même
fut beaucoup plus modéré que certains de ses partisans,
tels ses traducteurs dans leurs préfaces, et tel surtout
Haeckel qui l'exagéra jusqu'à l'absurde. D'ailleurs les
idées de Lamarck sur l'influence du milieu l'emportent à l'heure actuelle sur la sélection naturelle de
Darwin.

Les restes de Darwin furent placés à Westminster
près de ceux de Newton. Si Lamarck n'a pas eu, en
France, à beaucoup près, la même réputation, c'est

d'abord qu'il est resté plus abstrait, et puis c'est qu'il ne fut pas alors question de religion. Il y a d'ailleurs, dans les ouvrages de Darwin, une quantité d'imperfections, de choses bizarres, même inexactes : on a remarqué qu'il confondit souvent la race et l'espèce. Il faut qu'une idée soit bien juste et arrivée à toute sa maturité pour résister vigoureusement aux maladresses. L'œuvre de Darwin est sincère et maladroite, comme il jugeait sa propre personne.

De Boucheporn, 1811-1857, sortit de l'Ecole Polytechnique, écrivit un ouvrage sur l'histoire de la terre et les causes des révolutions de sa surface, s'occupa de la carte géologique, explora la voie du canal de Panama.

Bravais *Auguste*, 1811-1863, était d'Annonay. Il sortit de l'Ecole Polytechnique pour entrer dans la marine où il devint lieutenant de vaisseau. Il quitta alors cette carrière pour devenir professeur à l'Ecole Polytechnique. En 1854, il fut nommé membre de l'Académie des sciences.

Ses travaux de physique portèrent sur la vitesse du son, l'électricité et l'optique, mais surtout sur la cristallographie : c'est à lui qu'est due la théorie des réseaux ; elle permet d'expliquer par la géométrie, la formation des formes secondaires des cristaux et leurs relations avec les faces principales. C'est le complément nécessaire des théories d'Hauy.

Hall *James*, 1811-1890, naquit au Massachussetts, de parents anglais. Il fut attaché au département géologique des Etats de New-York, d'Iowa, de Wiscousin, puis il fit des explorations de paléontologie dans les Etats et au Canada. Il professa la géologie à New-York et fut directeur du Musée de l'Etat de New-York. Il devint en 1884 correspondant de l'Académie des sciences.

Son ouvrage de paléontologie est une œuvre immense et de grande valeur, qui fut éditée aux frais du gouvernement.

DANA *James-Dwight*, 1813-1895, naquit à Utica, près de New-York. Il fit partie de l'expédition de Wilkes dans l'océan Pacifique comme géologue et minéralogiste. Depuis lors il devint professeur au Collège d'Yale. Son fils continua ses travaux de cristallographie.

Outre ses rapports géologiques, il écrivit un ouvrage de géologie en 1864 et un système de minéralogie en 1871 qui, malgré bien d'autres livres postérieurs du même genre, sont restés classiques aux Etats-Unis.

DAUBRÉE *Gabriel-Auguste*, 1814-1896, naquit à Metz, sortit de l'Ecole Polytechnique et de l'Ecole des Mines. Il fut d'abord professeur de minéralogie et de géologie à Strasbourg, puis à l'Ecole des Mines à Paris et au Muséum d'histoire naturelle. Il fut membre de l'Académie des sciences en 1861. Il remplit des missions en Algérie, en Angleterre, en Suède et mourut à Paris.

Ses principaux travaux se rapportent aux expériences de torsion et de fracture, telles qu'on peut les observer dans les roches, à la recherche des eaux minérales, à l'influence des failles sur les éruptions et les tremblements de terre, aux minerais de fer, d'étain, d'arsenic, aux bitumes, aux météorites, dont il a fait une collection et essayé une synthèse ; enfin au striage des roches et à leur métamorphisme par la chaleur et la pression.

Lowrman *Green-William*, 1819-1890, né à Londres, étudia à Liverpool, et dans l'île de Man. Ses parents étaient dans le commerce et l'envoyèrent à Buenos-Ayres. En 1848, il participa au *rush* de l'or en Californie, puis il s'occupa des volcans des îles Hawaï et enfin se rendit à Honolulu, comme associé de la maison Janion, Green et C°. Il s'y maria et y resta. C'est là qu'il imagina sa fameuse hypothèse tétraédrique.

Il était très habile au jeu d'échecs.

Pasteur *Louis*, 1822-1895. Bien qu'il ne fût pas géologue, mais minéralogiste et surtout chimiste et biologiste, ses découvertes touchent trop aux théories générales de la science naturelle pour qu'on n'en dise pas quelque chose. Il naquit à Dôle (Jura) et passa son enfance à Arbois où son père avait une tannerie. Il avait du goût pour le dessin, mais ne se mit sérieusement à l'étude que vers 15 ou 16 ans. Il fut bachelier à 18 ans à Besançon, et y devint répétiteur. Il échoua une première fois à l'École normale, puis à sa sortie, se passionna pour la chimie et la *cristallographie* où il fit sa belle théorie de la dissymétrie moléculaire. Il devint alors professeur à Dijon, à Strasbourg, enfin à Paris en 1867. Il était déjà connu par ses travaux sur les fermentations, la génération spontanée, les maladies de la vigne et des vers à soie. Il remplaça Sénarmont à l'Académie des sciences pour la section de minéralogie.

Nous passons sur les grandes distinctions qu'il reçut de France, d'Autriche, d'Allemagne, d'Angleterre, etc.,

et sur ses hautes récompenses si méritées. Il refusa
après 1870 l'ordre du Mérite de Prusse. Il avait eu une
attaque d'hémiplégie en 1868, mais il mourut d'un
accès d'urémie. Ses funérailles furent nationales et son
corps repose à l'Institut Pasteur.

En cristallographie, à la suite des travaux restés in-
fructueux, de Biot et Mitscherlich, sur la dissymétrie
des cristaux dans les tartrates, etc., il parvint à faire
apparaître dans toutes les substances douées d'un pouvoir rotatif, des facettes dissymétriques inclinées dans
le sens de la déviation. C'est la loi de corrélation entre
ces deux phénomènes et le germe de la stéréochimie
de Le Bel et Van t'Hoff.

Pasteur obtint encore un résultat qui forme comme
un passage entre la cristallographie et les fermentations : certains organismes choisissent pour leur nourriture une des deux formes dissymétriques (droite ou
gauche), de préférence à l'autre. D'autre part, Pasteur
réduisit à néant toutes les théories de la génération
spontanée. C'est lui pourtant qui découvrit les organismes des fermentations, contre Liebig, etc.

Ce n'est pas ici le lieu de parler des découvertes de
Pasteur sur les virus et les vaccins, mais tout cela,
ferments et germes, sortit semble-t-il, de ses premiers
travaux sur la cristallographie, image peut-être de ce
qui a dû se passer, il y a des temps incalculables, dans
le laboratoire de la nature.

Sorby *Henry-Clifton*, 1826-   , naquit près de Shef-
field. Il écrivit de nombreux mémoires sur la structure
des roches, qu'il examinait à l'aide des procédés de la
physique, de la chimie et de la minéralogie. En géologie, il s'applique à l'étude de la géographie primi-

tive de l'Angleterre. Il a le premier l'idée d'appliquer l'examen microscopique à l'étude des roches.

GAUDRY *Albert*, 1827-1908, né à S. Germain-en-Laye. Il voyagea en Orient et en Grèce, où il fit ses premières découvertes paléontologiques ; il y resta cinq ans. Il devint ensuite aide naturaliste au Muséum, professeur de paléontologie, administrateur du Muséum et membre de l'Académie des sciences. Son ouvrage célèbre : *Les Enchaînements du monde animal*, exerça une grande influence en France sur les idées générales. Sans avoir fait de découvertes scientifiques, ni même avoir créé de théorie comme Ed. Cope, par exemple, Gaudry eut le mérite, surtout dans son volume consacré à l'ère tertiaire, de mettre en relief les véritables points de départ des espèces, à partir desquels elles divergent. Ce livre fournit un exemple du secours que l'image bien choisie peut apporter à la science.

FOUQUÉ *Ferdinand*, 1828-1904, était de Mortain, dans la Manche. Il fut professeur à Paris, et il y fit avec Michel Lévy de belles recherches sur la constitution et la synthèse des minéraux et des roches. Il fut membre de l'Académie des sciences en 1881.

SUESS *Edouard*, 1831-1914, de nationalité autrichienne, naquit à Londres. En 1857, à 26 ans, il devint professeur de géologie à Vienne, où il était assistant depuis 5 ans. Il fut élu au Parlement autrichien et devint un des plus brillants orateurs de la gauche. Puis il se consacra entièrement à la géologie. Après avoir étudié les graptolithes de Bohême, la faune tertiaire de l'Italie, les minerais d'argent et d'or, il se mit à composer une vaste synthèse des mouvements orogéniques de la terre, en se servant de toutes les publications qu'il pouvait réunir. L'ouvrage s'appelle : *La Face de la Terre*. La traduction française de Margerie est plus complète encore que l'original.

On peut dire que Suess a fait vivre la science géologique, qui avant lui était presque un échafaudage de matériaux simplement ordonnés. Il a montré les causes de cet ordre, de sorte qu'au lieu de les étudier par la mémoire, on suit avec l'intérêt de l'intelligence les phases de leur succession. La doctrine des effondrements est le fil conducteur qui guide le grand géologue avec une sûreté vraiment merveilleuse. La tectonique est sortie des travaux de Suess, qui d'ailleurs a rendu pleine justice aux travaux de beaucoup de géologues dans le même sens, spécialement de Marcel Bertrand. Nulle part mieux que dans Suess on ne peut voir que le génie est souvent le fruit d'une longue patience.

Le style de Suess, qui s'élève parfois à la plus haute poésie, poésie alors plus grandiose que celle des poètes d'imagination, parce qu'elle est soutenue par la nature même des choses, ajouté à la valeur de l'ouvrage. De plus, n'étant pas allemand au fond, Suess a un style à lui, où le verbe n'est ni forcément séparé de ses suffixes, ni toujours rejeté à la fin. Il se rapproche du style des langues latines, et se lit plus facilement que l'allemand. C'est un vrai progrès sur la langue allemande.

MAILLARD *François-Ernest*, 1833-1894. Il sortit de

l'Ecole Polytechnique et entra dans les Mines. Il débuta par des cartes géologiques, et des découvertes curieuses de gisements d'étain dans la Marche et le Limousin. De 1859 à 1872 il fut professeur à l'Ecole des Mines de Saint-Etienne, étudia le grisou, les gaz détonants, la chaleur spécifique des gaz, de sorte que ses travaux lui donnent une place en physique et chimie. Il était au Chili avec Fuchs en 1870, il en revint pour offrir ses services à la France. En 1872, il succéda à Doubrée comme professeur à l'Ecole supérieure des Mines où il enseigna la minéralogie. Ses élèves se rappellent la hauteur de vues de son cours de cristallographie. Le traité qu'il écrivit sur ce sujet fut malheureusement interrompu par la mort. Ses théories, comme ses découvertes, portent sur la polarisation, l'isomorphisme, le polymorphisme, etc.

Ses études sur le grisou permirent l'emploi scientifique des lampes de sûreté. En 1890, il fut élu membre de l'Académie des Sciences.

RICHTOFEN *Ferdinand*, 1833-1905, naquit en Silésie. Il fit ses études à Breslau et à Berlin, et en 1860, partit pour un grand voyage d'études géologiques. Il visita le Japon, la Chine, le Siam, les Philippines et l'Archipel Indien. Il revint à Chang-Haï et en Chine en 1868 pour ne rentrer en Europe qu'en 1872. Il fut nommé alors président de la Société de Géographie physique de Berlin, puis professeur de géologie à Bonn, ensuite à Leipzick. Son principal ouvrage s'appelle la *Chine*. Il a fait longtemps autorité pour la géologie de ce pays. Depuis quelques années, d'autres géologues ont pu mieux élucider certains traits par une connaissance plus approfondie des détails de structure et des fossiles.

GEIKIE *Archibald*, 1835-1904, naquit à Edimbourg. Très actif, il fut à 20 ans, membre de la Commission d'Etudes géologiques et bientôt membre de la Société royale de Londres.

Avec Murchison, il détermina la stratigraphie véritable des Hautes-terres d'Ecosse ; il succéda à ce même Murchison dans la chaire de minéralogie et de géologie d'Edimbourg.

En 1881, il était directeur du Muséum de Géologie à Londres.

POZSEPNY *François*, 1836-1895, était d'origine tchèque et naquit en Bohême, où il fit ses études. Il devint professeur de géologique pratique à Doebling et à l'Ecole des Mines de Przibram. Ses études portèrent sur la région de Przibram et de Mies, comme minéralogie, et sur les Hohe Tauern, Raibl et le Tyrol, comme géologie.

C'est à Pozsepny qu'on attribue le mérite d'avoir reconnu une origine hydrothermale à beaucoup de minerais, à l'encontre des idées éruptives de sublimation, etc. d'autrefois. Mais il semble que Groddeck, Fuchs, et même Burat, ont eu les mêmes idées ; depuis Pozsepny, de nombreuses études ont été faites sur ce sujet. Les Américains ont presque adopté cette science qui convient si bien à leur génie pratique. Mais nous verrons qu'avec L. de Launay, la France les a dépassés.

FUCHS *Edmond*, 1837-1889, naquit à Strasbourg et

mourut à Paris. Il sortit de l'Ecole Polytechnique et
entra dans les mines. Dès sa sortie, il devint professeur à l'Ecole des Mines, et enseigna d'abord la topo-
graphie. Puis il se lança dans des missions techniques
et des voyages. Il fit ainsi plus de soixante missions,
soit officielles, soit industrielles, tout en s'y occupant
de géologie. Il vit le Chili, la Tunisie, le Tonkin et le
Cambodge, la Californie, le Mexique, etc. Ces voyages lui firent créer à l'Ecole des Mines la chaire de
géologie appliquée où ses leçons, appuyées par tant
d'exemples personnels et vécus, eurent un succès extraordinaire. Il rendait la géologie vivante tout comme Suess, bien qu'il ne fût pas guidé par une idée
maîtresse, comme ce dernier : certaines de ses études même purent contribuer aux résultats obtenus par
Suess.

C'est des ouvrages de Fuchs que sont sortis ceux de
L. de Launay où la théorie des gîtes appuyée sur la
géologie générale et la technique complète heureusement les travaux de Suess.

Fuchs travailla à la carte géologique de France dont
il dressa personnellement une dizaine de feuilles. Il
établit le véritable caractère de la dépression saha-
rienne et fit abandonner le projet de jonction à la mer.
Comme nous l'avons dit, il contribua à faire reconnaître le caractère hydrothermal de certains minéraux,
tout en restant convaincu de l'origine éruptive de beaucoup d'autres ; même il resta partisan, contre toute
évidence, du fameux réseau pentagonal, que l'Europe
ne prenait pas au sérieux.

GRODDECK (*Albert von*), 1837-1887, naquit à Dant-
zig, étudia à Berlin, Brunswick, Breslau, et à l'Ecole

des Mines de Clausthal. Il fut ensuite ingénieur des mines à Zorge, à Konigshutte, etc. En 1864, il devint professeur d'exploitation des mines à l'Ecole des Mines de Clausthal, puis de géologie et la minéralogie. Il étudia spécialement la géologie du Harz, la région de Clausthal ; c'est d'après ces études qu'il établit sa théorie de l'origine et la formation des gîtes métallifères, théorie qui fait le pendant de celle de Pozsepny en Bohême.

LAPPARENT (*Albert de*), 1839-1908, naquit à Bourges, sortit le premier de l'Ecole Polytechnique et de l'Ecole des Mines. Il travailla plusieurs années à la carte géologique de France. A la création de l'Institut catholique de Paris, il y entra comme professeur de géologie et de minéralogie.

Il écrivit une série d'études sur le pays de Bray, les combustibles minéraux, les variations du niveau de la mer, les tremblements de terre, un traité de minéralogie, etc. Mais son ouvrage capital est son traité de géologie paru en 1882, et dont la 6ᵉ édition a vu le jour en 1906. Cet ouvrage a remplacé tous les précédents ; il a pu, grâce à son succès, être tenu à jour, et renfermer dans les deux dernières éditions, les essais de reconstitution des mers aux anciennes époques géologiques. Sans doute il restera longtemps encore comme un répertoire des connaissances de la terre à notre époque, toutefois l'ouvrage de Suess, grâce à son point de départ tectonique, qui lui donne davantage de vie, il a fait surgir d'autres livres, celui de Hang par exemple, où l'enseignement par les gravures, enlève définitivement à la géologie ce quelle avait autrefois d'un peu rébarbatif.

La géologie de Lapparent restera le répertoire des savants, comme un dictionnaire à consulter. Il est possible que pour les élèves, les idées nouvelles prennent plus d'attrait, mais eux aussi viendront plus tard consulter Lapparent.

ZITTEL (*Charles-Alfred von*), 1839-1904, était du duché de Bade, étudia à Heidelberg et à Paris. En 1863 il fut nommé professeur de minéralogie à Karlsruhe, et en 1866 professeur de paléontologie à Munich. Il fit partie en 1873-74 de la mission Rohlfs dans le désert de Lybie.

Ses ouvrages sont capitaux dans le développement de la paléontologie, dont il entreprit la révision complète. Pour chaque groupe de fossiles, il étudie son origine et son développement. Il ne cache jamais les incertitudes et les mécomptes de l'évolution, comme dans le passage entre les amphibies et les reptiles, et surtout celui qui sépare les mammifères des autres vertébrés.

GEIKIE *James*, 1839-1915, frère d'Archibald Geikie, né à Edimbourg. Il devint professeur de géologie et de minéralogie, membre de la Société Royale de Londres, etc.

Il étudia surtout le métamorphisme des roches, et fit un ouvrage sur l'Europe préhistorique.

COPE *Edouard*, 1840-1897, naquit aux Etats-Unis, à Philadelphie, fut professeur d'histoire naturelle au Collège Harward, puis de géologie et de paléontologie à l'Université de Pensylvanie.

Il découvrit en divers endroits, des séries de fossiles, spécialement de mammifères ongulés, qui permirent de combler beaucoup de lacunes : de là ces idées supérieures qui font de Cope un des créateurs de la science contemporaine.

Par ses théories, Cope est le chef de l'Ecole néo-lamarkienne, doctrine qu'il a profondément remaniée. Dans ses explications intervient toujours une énergie spéciale aux êtres vivants qu'il appelle *bathmisme* ou localisation de la force de croissance. Cette force est telle qu'elle serait capable, lorsqu'une fonction est acquise, comme les battements du cœur, de se porter sur une autre fonction, la première subsistant par vitesse acquise, pour ainsi dire. La vie serait ainsi presque indépendante des êtres.

Une autre idée féconde de Cope est celle-ci : la spécialisation trop avancée est une cause de dégénérescence et d'extinction des formes, même les plus puissantes. Les grands types d'animaux ont tous commencé par des types de petite taille et de faible force, puis ont disparu. Cette loi est un véritable fil conducteur pour toute la paléontologie. Enfin dernière idée à citer ici : l'évolution n'est pas toujours progressive, mais souvent régressive. Nous y avons fait allusion en parcourant le développement de la géologie.

CRECNER *Hermann*, 1841-1903, né à Gotha. Son père était un géographe distingué. Il parcourut en 1865-68, l'est et le centre de l'Amérique du Nord, devint en 1870 professeur de géologie et de paléontologie, et s'occupa de la carte géologique de la Saxe. Il étudia l'éocène, la craie, le permien, etc., les mines d'Andreasberg, les formations glaciaires. Dans ses éléments de géologie, il essaie de représenter la terre comme un individu cosmique vivant en voie de développement.

MURRAY *sir John*, 1841-   , de la maison de Falkland, Fife, en Ecosse, naquit à Cobourg, Canada, parcourut tous les continents et les mers, fit partie de la fameuse expédition du Challenger, dont la relation fut publiée en 50 volumes 1882-95. Murray est l'auteur de tout ce qui touche aux sciences naturelles, géologie et paléontologie dans cette relation.

MUNIER-CHALMAS *Ernest*, 1842-1903, né à Tournus, mort à Aix-les-Bains. D'abord préparateur du cours de géologie à la Faculté des Sciences de Paris, il fut ensuite directeur du laboratoire d'études géologiques, puis professeur de géologie à la Faculté des Sciences et à l'Ecole des Hautes-Etudes, enfin membre de l'Académie des Sciences en 1903.

Il organisa le laboratoire de géologie de la Nouvelle-Sorbonne. Ses travaux portent sur l'océanographie, la direction des courants marins aux époques jurassique et crétacée ; elle ont donné l'explication de bien des faits difficiles à interpréter.

Munier-Chalmas étudia aussi la tectonique et la pétrographie avec succès.

WYROUBOF *Grégoire*, 1843, naquit à Moscou, et fut naturalisé français en 1888. Il étudia en Russie et en France où il devint docteur ès-sciences physiques. Il écrivit beaucoup de mémoires sur la physique, la chimie, la géologie, la minéralogie et fut nommé professeur au Collège de France en 1904. Il dirigea avec Littes, puis Robin, la « *Revue de philosophie positive* ».

MICHEL-LÉVY *Auguste*, 1844-1911, né à Paris, sortit de l'Ecole des Mines, devint inspecteur général des

Mines et professeur au Collège de France. Il s'occupa
surtout de la synthèse des roches qu'il arrive à pouvoir
désigner au moyen de lettres indiquant leur composition minéralogique. Fouqué et Lacroix furent souvent ses collaborateurs. Il nous manque encore, à vrai
dire, une classification des roches qui corresponde à
celles de l'histoire naturelle, comme divisions et subdivisions.

PERRIER *Edouard*, 1844, né à Tulle, Corrèze. Il fut
professeur à l'Ecole normale, puis au Muséum d'histoire
naturelle dont il devint directeur à la mort de Milne-
Edwards.

Ses travaux concernent surtout la zoologie, mais il
doit être coté ici à cause de ses idées sur le transformisme qui touchent à la paléontologie, comme celles
de Milne-Edwards.

NEUMAYR *Melchior*, 1845-1890, né à Munich et mort
à Vienne : il étudia à Munich et à Heidelberg ; il devint en 1880 professeur de paléontologie à l'Université
de Vienne. Il fit des voyages géologiques dans les Carpathes, les Alpes, l'Italie, la Dalmatie, les Balkans et
l'Asie-Mineure.

Il étudia spécialement l'étage jurassique, s'efforça
de découvrir l'enchaînement des organismes par la
théorie de Darwin, s'attaquant surtout aux invertébrés. Son grand ouvrage : l'histoire de la Terre, eut
un grand succès en Allemagne par la valeur du texte
et le choix des illustrations (1885-87). C'était la première fois que la géologie se présentait sous un aspect
aussi attrayant. La géologie de Haug sous ce rapport,

comme sous celui de la mise à jour des idées modernes, a bien dépassé l'ouvrage de Neumayr.

Douvillé *Henry*, né en 1845, professeur de paléontologie à l'Ecole des Mines de Paris, fit faire de grands
progrès à cette science par le soin qu'il apporta aux
classifications.

Bertrand *Marcel*, 1847-1907, né à Paris, sortit de
l'Ecole Polytechnique et de l'Ecole des Mines, devint
professeur de géologie à l'Ecole des Mines de Paris, et
membre de l'Institut. Il fut un des premiers à saisir la
valeur de l'œuvre d'Ed. Suess pour expliquer les phénomènes de la géologie. Avant lui, les progressions
et les régressions de la mer pour former les strates
géologiques n'avaient vraiment pas d'explication claire. C'est des travaux de Suess et de Bertrand qu'est
sortie la tectonique, la science des mouvements qui
ont formé les chaînes anciennes, aujourd'hui disparues comme relief, mais dont il reste les plissements
cachés en profondeur, et mis à jour par les travaux de
mines, tunnels, etc. La destruction de ces montagnes
donne la clef des phénomènes de dépôts anciens. C'était
fort simple, mais comme en toute chose, le difficile
est de trouver cette clef.

Marcel Bertrand poursuivit et améliora l'œuvre de
Suess, en ajoutant aux effondrements de celui-ci l'idée
dse charriages provenant de mouvements tangentiels,
c'est-à-dire l'idée des forces qui ont produit les plis
couchés, les transports de lambeaux énormes de terrains, d'écailles, comme on les a appelés, parfois bien
loin au delà de l'extrémité de la racine encore en
place, de ces plis couchés.

*La géologie moderne doit peut-être autant à Marcel
Bertrand qu'à Edouard Suess : on ne peut que regretter la mort prématurée de Bertrand, car il aurait
peut-être donné un ouvrage définitif. Il rendit
toute justice à Suess, disant même qu'on peut juger
les géologues d'après leur compréhension de l'œuvre
de ce grand savant autrichien.*

De Vries *Hugo*, 1848-   , né à Haarlem, en Hollande. Il suivit les cours des Université de Leyde, Heidelberg, Wurtzbourg, et devint en 1871, professeur
à Amsterdam, et plus tard à Wurtzbourg, sans cesser
d'être directeur du jardin botanique d'Amsterdam.

Hugo de Vries fut surtout un botaniste, mais il doit
être cité ici à cause de la grande influence qu'exercèrent ses idées sur la paléontologie. C'est un bel exemple des rapports inattendus que peuvent avoir les
sciences entre elles. Les théories de la mutation, puis
de la saltation, observées et démontrées dans le cas
des végétaux, donnèrent une explication de certaines
énigmes des fossiles végétaux et par extension, une
explication des lacunes entre des formes animales que
la paléontologie ne pouvait expliquer.

Les découvertes de de Vries ont remis en vogue
quelques idées du catastrophisme de Cuvier et d'Elie
de Beaumont que les théories de l'évolution lente semblaient avoir condamnées sans retour.

Zeiller *Charles-René*, 1847-1915, né à Nancy, sortit
de l'Ecole Polytechnique en 1867, le premier. Il fut
d'abord ingénieur à Tours, puis au chemin de fer
d'Orléans. En 1881, il fut chargé des collections de

paléobotanique à l'Ecole des Mines et il y devint professeur de paléontologie végétale en 1887. Il devint membre de l'Institut. Ses études ont trait presque uniquement aux végétaux fossiles, sauf un mémoire sur les roches éruptives et les filons métallifères de Schemnitz en Hongrie.

Il étudia les végétaux du terrain houiller en France, ceux du charbon du Tonkin, et les empreintes végétales de la formation charbonneuse supracrétacée des Balkans, sans parler d'autres mémoires moins importants. Il était l'expert presque unique pour tout ce qui touche à la flore fossile des terrains anciens.

BARROIS, né en 1851, à Lille, étudia surtout la Bretagne et le terrain crétacé en France.

DEPÉRET *Charles*, 1854, né à Perpignan, docteur ès-sciences, professeur de Géologie à la Faculté des sciences de Lyon, étudia la géologie des Carpathes, du Plateau Central, des Vosges, de la Vallée du Rhône et de la région méditerranéenne. Il eut le mérite d'exposer et de montrer le phénomène des migrations chez les animaux fossiles.

TERMIER, né en 1859, à Lyon, professeur à l'Ecole des Mines de Paris, étudia spécialement le Plateau Central et les Alpes, contribua particulièrement avec Marcel Bertrand et après lui, à établir la théorie des nappes de charriage et des recouvrements, et la transformation des roches sédimentaires en gneiss et micaschistes par des apports d'origine profonde.

De Launay *Louis*, 1860, sortit de l'Ecole Polytechnique et de l'Ecole des Mines où il devint professeur de géologie appliquée à la mort d'Edmond Fuchs en 1890. Encore jeune, il sut utiliser les travaux de Fuchs pour en tirer une œuvre de plus en plus complète, à la fois expérimentale et théorique sur les formations métallifères. Il imagina le nom de métallogénie pour désigner cette science. Actuellement il est parvenu non seulement à construire une théorie qui équivaut largement aux travaux de ce genre des Allemands et des Américains, même il les a tous dépassés en montrant le lien intime qui rattache les gîtes minéraux aux formations géologiques et aux plissements des chaînes tant anciennes que récentes. Les gîtes arrivent à être classés ainsi par types régionaux, ce qui a l'immense avantage de permettre certaines prévisions indubitables sur leur allure en profondeur. On peut dire que c'est là un très grand progrès sur tous les ouvrages de ce genre des Poszepny, des Groddeck, des Emmons, etc.

En géologie, M. de Launay a traité les questions générales de la tectonique qu'il a contribué à élucider dans son ouvrage : *la Science géologique*. Enfin il a fait de nombreuses monographies sur les gîtes d'or du Transvaal, sur le titane, etc.

Lacroix *François-Antoine-Alfred*, 1863, né à Mâcon, professeur de minéralogie au Muséum est un spécialiste de la minéralogie. En 1902 il fut chargé d'une mission officielle à la Martinique pour étudier l'éruption de la Montagne-Pelée. Son rapport éclaira beaucoup la question des volcans. En 1906, il remplit une mission de ce genre au Vésuve. Plus récemment il donna une série d'études sur les roches et les minéraux de Madagascar. Il est membre de l'Académie des sciences depuis 1904.

Les travaux de Lacroix et sa compétence presque unique dans les questions de minéralogie permettent de penser qu'il laissera un ouvrage d'avenir.

WALLERANT étudia en cristallographie les groupes asymétriques de molécules, qui donnent naissance aux particules complexes possédant deux sortes d'éliments de symétrie. Il s'occupa également de la formation des cristaux mous.

FRIEDEL réalisa des cristaux de quartz en faisant intervenir des carbonates alcalins comme minéralisateurs, il obtint aussi la synthèse de l'orthose.

CONCLUSION

De toute cette histoire il ressort clairement qu'au xix° siècle, la science a franchi une étape décisive que les siècles précédents n'avaient fait que préparer : l'homme est entré en possession de moyens extraordinaires et les a délibérément mis en œuvre pour la conquête du monde. Nous avons vu, et nous allons montrer une dernière fois, sans le chercher, le rôle glorieux de la France dans la préparation de cet épanouissement de la science, rôle d'autant plus grand qu'il s'est désintéressé de la domination mondiale, et qu'ainsi il est demeuré dans la véritable voie scientifique.

Les progrès si rapides de la science au xix° siècle s'expliquent d'abord par sa diffusion. Comme nous l'avons vu, pour la Chine, la Turquie, etc., lorsque la science est réservée aux puissants, fermée au peuple comme un ensemble de secrets redoutables, l'esprit, qui n'est pas alimenté, finit par s'éteindre. Au contraire, l'instruction une fois répandue par les Écoles, l'esprit se réveille, et c'est alors que la floraison peut s'épanouir.

Une autre cause de la lenteur des progrès anciens de la science, c'est que la première solution d'un problème est toujours pénible et compliquée, surtout lorsqu'on ne peut pas l'embrasser d'ensemble ; la solution véritable, élégante et simple, n'apparaît que plus tard. L'homme est d'abord comme un aveugle devant la science, il ne voit aucun des chemins de la nature, et sa marche est hazardeuse jusqu'à ce que sa raison éclairée commence à le guider.

Voici quelques exemples de la lenteur et des voies détournées de la science avant le xix° siècle, et de la manière fortuite dont l'homme pénétra les secrets de la nature. Ce sera revenir à notre introduction et la confirmer par des exémples plus anciens.

Les lunettes datent de l'époque de Galilée. Depuis les Grecs jusqu'à ce moment, l'astronomie avait fait peu de progrès. On peut presque dire que les idées de *Copernic* seraient sorties naturellement des travaux d'Hipparque sans le système de Ptolémée, qui faussa toutes les données. Les lunettes allaient décupler le nombre et la valeur des observations ; la théorie exacte en devenait la déduction nécessaire. En somme, l'inventeur *inconnu* des lunettes rendit plus de services que Coprenic, Tycho-Brahé, et même Képler. Or, depuis longtemps, trois ou quatre cents ans, on connaissait la loupe et son pouvoir grossissant ; il suffisait de disposer plusieurs lentilles convenablement, et de cela sans doute, le hazard se chargea, et nul homme n'en tira vanité. Quand aux calculs de Newton, d'où fut tirée la loi de l'attraction, ils furent le résultat des expériences de Galilée.

Une idée des anciens, qualifiée d'absurde, est celle de l'horreur du vide. Eclairée par l'expérience, cette idée devait conduire à la naissance du grand essor industriel du xix° siècle. Galilée resta embarrassé devant le problème. Mais la solution ne put échapper à un esprit de l'envergure de celui de Descartes, qui parle en effet de la pesanteur de l'air dès avant la mort de Galilée ; il assure à Pascal qu'il rapporte à la pesanteur tout ce que les philosophes attribuaient à l'horreur du vide ; s'il ne fit pas d'expériences, celà tient à son caractère, c'est qu'il était convaincu qu'elles ne pouvaient manquer de réussir ; Pascal fit la première expérience. Pour justifier la haute valeur de Descartes, n'oublions pas le mot de Huxley : « Descartes exprime des pensées qui, plusieurs siècles plus tard, seront les pensées de tout le monde. »

Mais revenons à l'horreur du vide : après le baromètre, la pompe de compression, la cloche à plongeur, la conséquence la plus extraordinaire de cette observation si ancienne va être la machine à feu. Tandis qu'avec la pompe pneumatique, Guericke et d'autres se contentent d'étonner les gens par d'étranges expériences, Denis Papin, comprenant toute la portée du poids de l'air, conçoit l'importance du gaz comprimé et imagine de se servir de la compression de la vapeur. Renversant le principe de la pompe à air, il invente le moteur à piston, et il ne reste qu'à réaliser la condensation, pour créer la machine à laquelle le XIXe siècle doit son développement industriel, ses chemins de fer et ses navires. C'est bien la grande révolution du monde : on a calculé qu'aujourd'hui, en tenant compte des vitesses de translation acquises, le monde est 64 fois plus petit qu'au début du XIXe siècle. C'est de l'horreur du vide qu'est sortie la locomotive.

Le pendule, qui rendit possibles les horloges et tous les chronomètres, sortit des ébauches de Galilée et des inventions d'Huyghens. Mais si on se rappelle que Huyghens vécut longtemps à Paris, y connut

Descartes et d'autres savants français, et y fit ses principales découvertes, on constate que la théorie mathématique du pendule, comme sa réalisation, si importante pour toute la science du xix⁰ siècle, est au fond une œuvre française.

Je passe sur la presse hydraulique de Pascal, sur sa machine à calcul, deux inventions françaises grandes par leurs conséquences actuelles, pour dire un mot de la théorie des ondes qui date de si loin. L'origine en est bien simple : ce sont ces rides, ces ondulations que produit une pierre jetée dans l'eau. Le P. Grimaldi, en 1650, réalise avec la lumière des raies bordées de bleu et de rouge qui lui semblent reproduire le phénomène des ondulations de l'eau. Huyghens, avec sa pénétration si grande, imagine la théorie. Descartes l'avait pressentie, comme il avait pressenti la vitesse de la lumière, mais il faut attendre deux siècles, et le génie de Fresnel, pour soupçonner que, de même que dans l'eau, la vibration se fait perpendiculairement à la direction du choc ou du rayon, et achever la théorie des ondes. Et depuis lors, la fin du xix⁰ siècle a vu naître la théorie électromagnétique de la lumière.

En chimie, la révolution n'est pas moins complète.

De la même manière qu'en astronomie, une théorie s'ébauche dans l'antiquité, se fausse dans la suite des temps, pour retrouver le droit chemin et fleurir à l'aurore du xix⁰ siècle. Du temps de Platon, on appelait rouille le changement d'état du fer exposé à l'air ; on sait, plutôt on croit savoir, que la rouille n'est pas une substance absorbée, mais une chose perdue, une *terre*, comme dit Platon ; si le génie grec eût été observateur, avec quelques pesées, il eût évité une longue erreur. Mais plus tard, Geber et les Arabes reprennent cette théorie et l'étendent : pour eux, tous les métaux sont composés de deux éléments dont les proportions seules varient. Ces deux éléments ou plutôt principes, sont, l'un comburant, l'autre combustible ; le combustible, c'est le soufre : en brûlant, les métaux perdent leur soufre.

Bien plus tard, Stahl, avec son phlogistique, donne un nouvel élan à cette fausse idée : le phlogistique, ou feu, c'est l'élément que perdent les corps en brûlant. Ainsi le carbone, le soufre, le phosphore, brûlent et disparaissent, et Stahl triomphe. Mais le fer, le manganèse, le plomb, le zinc, augmentent de poids. Comment alors peuvent-ils perdre quelque chose? Qu'à cela ne tienne, dit Stahl, le phlogistique est tellement léger qu'il allège les autres corps en s'unissant à eux, il forme aérostat. Même Priestley, lorsqu'il reproduit l'expérience de Van Helmont, obtient l'azote, y voit périr les animaux, Priestley veut encore expliquer le phénomène par le phlogistique, tant les mots ont de prestige ! « Ces faits extraordinaires, avoue-t-il pourtant, peuvent conduire à de grandes découvertes. » Ils y conduisent en effet, mais Lavoisier. Et la vérité mise au jour, quelles moisson de découvertes fait le XIXᵉ siècle, nous l'avons vu dans cette histoire.

La géologie, cette chimie de la terre, nous découvre la charpente du globe, et à l'heure actuelle, se montre comme la seule science capable de trouver un jour la clef de l'énigme de la vie. En attendant, elle ouvre scientifiquement les richesses de la terre.

A la fin du XIXᵉ siècle, la pensée de Descartes, confirmée par celle de Lavoisier, puis par celle de Berthelot, va étendre les lois mécaniques de Galilée à tout l'univers ; tous les phénomènes se réduisent d'abord à de la matière et du mouvement, puis à des forces agissant sous une loi. Certaines substances organiques vivantes, sont déjà régies par des lois, et le laboratoire peut les reproduire par synthèse artificielle. N'allons pas plus loin, bien qu'une organisation systématique reproduise en grand beaucoup de ces substances. Elle tend à donner à ce qui était un idéal, un but commercial, afin de s'en servir pour la conquête purement matérielle du monde. La pensée se matérialiserait au point que le patriotisme ne serait plus qu'une affaire financière à la disposition de quelques-uns. Notre bon sens se refuse, et s'est toujours refusé, à une pareille transposition du sentiment.

Lorsque l'électricité parut, d'Alembert écrivit un vers célèbre sur Franklin : ce vers avait un sens aussi symbolique que littéral ; il pouvait s'appliquer aussi bien à l'électricité comme force qu'à Franklin lui-même :

« Eripuit cœlo fulmen, sceptrumque tyrannis. »

Avec l'avènement de la science, les dieux anciens ont perdu leur auréole de mystère terrifiant, et les tyrans ont enfin abandonné leur sceptre ; n'oublions pas cependant que si la science est dans l'ordre de l'évolution, la morale est d'un autre ordre, et concluons enfin, comme le disait notre introduction, qu'il ne peut y avoir de science bienfaisante qu'unie à un sentiment plus vraiment civilisateur.

LISTE ALPHABÉTIQUE

DES NOTICES BIOGRAPHIQUES

TABLE DES MATIÈRES

PREMIÈRE PARTIE

Chapitre Premier. — La Mécanique et la Physique moléculaire.

Quantités de mouvement. — Liaisons de Lagrange. — Transformations de la force. — L'Entropie. — Théorie pure : l'éther. — Gravitation. — Mécanique de Hertz. — Principes de Lagrange. — Les couples. — Le moindre effort. — Fonction potentielle. — Travail. — Force centrifuge. — Pendule de Foucault. — Gyroscope. — Mouvements de rotation. — Causes de la gravitation. — Elasticité. — Frottement. — Capillarité. — Osmose. — Adhérence. — Hydraulique. — Elasticité des solides. — Théories générales. — Méthodes

Chapitre II. — L'Électricité.

Galvanisme. — Volta. — Premières théories. — La pile. — L'aiguille aimantée. — Les courants. — Le mouvement. — Thermo-magnétisme. — Mesures. — L'induction. — Electro-moteurs. — La force transformable. — Galvanoplastie. — Télégraphie. — Théories et mesures. — Bobine d'induction. — Suite des théories. — L'Ether. — Frottement et chaleur. — Electro-technique. — Accumulateurs. — Téléphone. — Photophone. — Ondes électriques. — Electro-optique. — Rayons x. — Résumé

Chapitre III. — L'Acoustique.

Figures des sons. — Vibrations longitudinales, torsionnelles, etc. — Son de l'hydrogène. — Harpes éoliennes. — Harmoniques. — Ondes sonores, ondes liquides. —